Roland Baumhauer, Christof Kneisel,
Steffen Möller, Brigitta Schütt,
Elisabeth Tressel

Einführung in die Physische Geographie

GEOWISSEN KOMPAKT

Roland Baumhauer ist Professor für Physische Geographie an der Universität Würzburg.
Christof Kneisel ist außerplanmäßiger Professor am Lehrstuhl für Physische Geographie an der Universität Würzburg.
Steffen Möller ist Lecturer für Physische Geographie an der Georg-August-Universität Göttingen.
Elisabeth Tressel ist Lehrbeauftragte für Physische Geographie und Fachbereichsreferentin im Fachbereich VI - Raum- und Umweltwissenschaften an der Universität Trier.
Brigitta Schütt ist Professorin für Physische Geographie an der FU Berlin.

Herausgegeben von
Bernd Cyffka und Jürgen Schmude

Begründet von
Hans-Dieter Haas

GEOWISSEN KOMPAKT

Roland Baumhauer,
Christof Kneisel,
Steffen Möller,
Brigitta Schütt,
Elisabeth Tressel

Einführung in die Physische Geographie

WBG
Wissen *verbindet*

Die Deutsche Nationalbibliothek verzeichnet diese Publikation in der Deutschen Nationalbibliografie; detaillierte bibliografische Daten sind im Internet über http://dnb.de abrufbar.

Die Herausgabe dieses Werkes wurde durch
die Vereinsmitglieder der WBG ermöglicht.
Satz: Lichtsatz Michael Glaese GmbH, Hemsbach
Einbandabbildung: Herbstlandschaft © EinBlick-Fotolia.com
Einbandgestaltung: schreiberVIS, Bickenbach
Gedruckt auf säurefreiem und alterungsbeständigem Papier
Printed in Germany

Besuchen Sie uns im Internet: www.wbg-wissenverbindet.de

ISBN 978-3-534-26869-6

Elektronisch sind folgende Ausgaben erhältlich:
eBook (PDF): 978-3-534-74253-0
eBook (epub): 978-3-534-74254-7

Inhaltsverzeichnis

1 Geomorphologie

Roland Baumhauer

1.1 Geomorphologie, Grundanschauungen und Gliederung

Überblick

Die Geomorphologie, unbestritten eines der Kerngebiete der Geographie, beschäftigt sich mit der wissenschaftlichen Untersuchung der Formen der Erdoberfläche, dem Relief der festen Erde. Neben der systematischen Beschreibung und Ordnung der einzelnen Oberflächenformen, den unterschiedlichen Formentypen, den charakteristischen Formengesellschaften und ihrer räumlichen Verbreitung sind die Entwicklung der Landformen im Raum und in der Zeit und die Prozesse, die dazu geführt haben, ebenso Forschungsgegenstand der Geomorphologie, wie die Prozesse, die heute beobachtbar sind. Obwohl auch die Oberflächenformen des Meeresbodens Gegenstand geomorphologischer Forschung sind, stehen die Landgebiete im Vordergrund des wissenschaftlichen Interesses.

1.1.1 Entwicklungen und Forschungsansätze in der Geomorphologie

Im Relief der Erde als Grenzraum zwischen Atmosphäre einerseits und Lithosphäre andererseits überlagern sich in komplexen Wirkungsgefügen die Lebensräume der Pflanzen- und Tierwelt und die des Menschen. Dadurch spielen die Reliefverhältnisse als Steuerungskomponente in den Geoökosystemen eine maßgebliche Rolle und geomorphologische Forschung (und Anwendung) erfolgt daher a priori in **interdisziplinärer Zusammenarbeit** mit geowissenschaftlichen und naturwissenschaftlichen Nachbarwissenschaften (Geologie, Klimatologie, Bodenkunde, Hydrologie, Biologie). In jüngerer Zeit haben zahlreiche **regionale Untersuchungen** über aktuelle geomorphologische Formen und Prozesse das Wissen differenziert und damit nicht nur die theoretischen und methodischen Ansätze grundlegend weiterentwickelt, sondern vermehrt Schnittstellen auch mit nicht-naturwissenschaftlichen Disziplinen aufgezeigt.

Historisch-genetische Geomorphologie

Betrachtet man Methode und Forschungsentwicklung, hat sich als Teilgebiet der Erd- und Landschaftsgeschichte die historisch-genetische Geomorphologie (**Geomorphogenese**) entwickelt, d.h. die langzeitliche Entwicklung der Formen der Erdoberfläche unter der Einbeziehung von Ereignissen, die außerhalb des engeren Systems der Reliefentwicklung liegen, wie Klimaentwicklung oder Vulkanismus. Die geologischen Verhältnisse wie Gesteinsuntergrund und Tektonik führten zunächst zur Entwicklung der **Strukturgeomorphologie**. Davis (1912) entwarf daran anknüpfend seine „Zyklustheorie". Danach lassen sich nach dem allgemeinen Reliefcharakter Stadien des Abbaus der „Reliefenergie", d.h. der relativen Höhenunterschiede, unterscheiden: die Reliefentwicklung vom Hochgebirge zur Abtragungs- und Sedimentationsfläche, dem Endrumpf, auf dem Niveau des Meeresspiegels als absolute Erosionsbasis. Diese Entwicklung wird lediglich durch jeweils unterschiedliche Gesteine und deren Verwitterung und Abtragung modifiziert.

Mit dem zunehmenden Wissen um die unterschiedliche Steuerung der geomorphologischen Prozesse durch die klimatischen Verhältnisse entwickelte sich die **Klimageomorphologie**. Weltweite Klimaschwankungen haben vielfach weit verbreitet Reste von Oberflächenformen als Spuren hinterlassen, die mit den aktuellen Formungskräften nicht zu erklären sind. So sind beispielsweise im Relief der mittleren, kühlgemäßigten Breiten Spuren glazialer und periglazialer Formen und Prozesse (s. Kap. 1.7, 1.8) festzustellen, bei denen es sich um Vorzeitformen aus den quartären Eiszeiten handelt. Diesen reliefhistorisch-prozessualen Ansatz, der die Zusammensetzung unseres Reliefs aus **Reliefgenerationen** ableitet, verfolgt die **klimagenetische Geomorphologie**. Sowohl Klimageomorphologie als auch klimagenetische Geomorphologie leiten aus der Untersuchung repräsentativer und regional begrenzter Ausschnitte der Erdoberfläche, die als Langzeitversuchsanordnungen der Natur aufgefasst werden, übertragbare qualitative Modellvorstellungen ab. Versuche zur Quantifizierung stecken insbesondere aufgrund der vielfältigen regionalen Besonderheiten noch in den Kinderschuhen.

Funktionale Geomorphologie

Im Gegensatz zu den historisch-genetischen Ansätzen in der Geomorphologie geht die funktionale Geomorphologie (**Prozessgeomorphologie**) von aktuell beobachtbaren Ereignissen aus. Mit Messungen, dem Versuch, die Randbedingungen quantitativ zu bestimmen, sowie Gelände- und Laborexperimenten wurde ein unmittelbarer Bezug zur gängigen naturwissenschaftlichen Methodik hergestellt. Jedoch stehen die Ergebnisse stets unter einem zeitlichen und räumlichen Vorbehalt, d.h. im Verhältnis zur Reliefgeschichte sind die empirischen Messreihen und die daraus abgeleiteten Modelle, die notwendigerweise nur zum geringsten Teil durch die aktuell zu beobachtenden (und zu messenden) Prozesse entstanden sind, kaum in andere zeitliche und räumliche Maßstäbe zu übertragen. Dennoch haben sich gerade in den letzten Jahren innerhalb der funktionalen Geomorphologie die **methodisch-theoretische** und die **angewandte Geomorphologie** (z.B. auch die Ingenieurgeomorphologie) insbesondere in den angelsächsischen Ländern sehr stark weiterentwickelt. Auf der lokalen und regionalen Maßstabsebene geht es dabei um Gefahren- und Risikoabschätzungen wie Bodenerosionsschutz oder Untersuchungen zur Hangstabilität.

Methodischer Ansatz

Grundlegender methodischer Ansatz geomorphologischer Forschung ist die systematisierende Beobachtung durch Geländearbeit. Im Vordergrund steht dabei stets der Vergleich der unmittelbaren komplexen Formen der Erdoberfläche. Theoretische Ableitungen aus naturwissenschaftlichen Einzelgesetzen und Experimenten dagegen sind von nachrangiger Bedeutung. Grundlegend für die Geomorphologie ist der methodische Ansatz, dass die Gegenwart der Schlüssel zur Vergangenheit ist. Dieses Prinzip des **Aktualismus** geht davon aus, dass die aktuellen geomorphologischen Prozesse prinzipiell auch in der Vergangenheit wirksam waren und führt zu der Möglichkeit, über eine vergleichende Beobachtung durch eine einfache Ortsänderung eine andere geomorphologische Entwicklungsstufe kennen zu lernen. Durch diese „Zeitreise" („**Raum-Zeit-Analogie**") werden beispielsweise die Polarzonen zu Regionen, in denen die Eiszeit noch stattfindet und die entsprechenden geomorphologischen Prozesse zu beobachten sind.

Eine weitere Grundanschauung in der Geomorphologie ist die Aktivierung von Prozessen zur Formung der Erdoberfläche durch **katastrophale Ereignisse** wie Erdbeben, Hochwässer oder Bergstürze. Damit wird auch deutlich, dass die geomorphologische Entwicklung nicht kontinuierlich erfolgt, sondern diskontinuierlich über Schwellenwerte, die durch Stärke (**Magnitude**) und Häufigkeit (**Frequenz**) von Ereignissen gekennzeichnet sind: Stärke und Häufigkeit von Niederschlägen in einem Flusseinzugsgebiet bestimmen die Talbildung und Talentwicklung. Obwohl zwischen Größe und Entwicklungs- bzw. Existenzdauer unterschiedlicher Formen der Landoberfläche ein zeitlicher Zusammenhang besteht, lassen sich die Fragen nach der Zeit und damit der Geschwindigkeit der

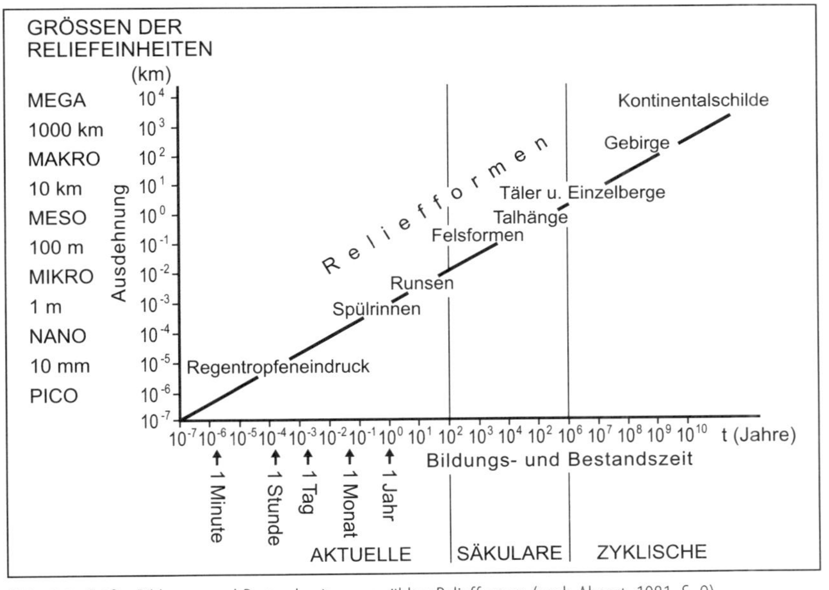

Abb. 1.1 Größe, Bildungs- und Bestandszeit ausgewählter Reliefformen (nach Ahnert, 1981, S. 9).

Entwicklung nicht allgemein beantworten. Hintergrund hierfür ist, dass im Rahmen der in Jahrmillionen gemessenen erdgeschichtlichen Zyklen andere Systemänderungen zu berücksichtigen sind, als auf der in Jahrhunderten rechnenden säkularen Zeitschiene oder gar aktuell über einige Jahre oder Tage. So wird die Höhe der Schichtstufe der Schwäbischen Alb im Laufe eines Zyklus stark abgebaut, in säkularer Betrachtung wird die relative Höhe schwanken und in aktueller Zeitbetrachtung werden keinerlei Änderungen zu konstatieren sein (vgl. Abb. 1.1).

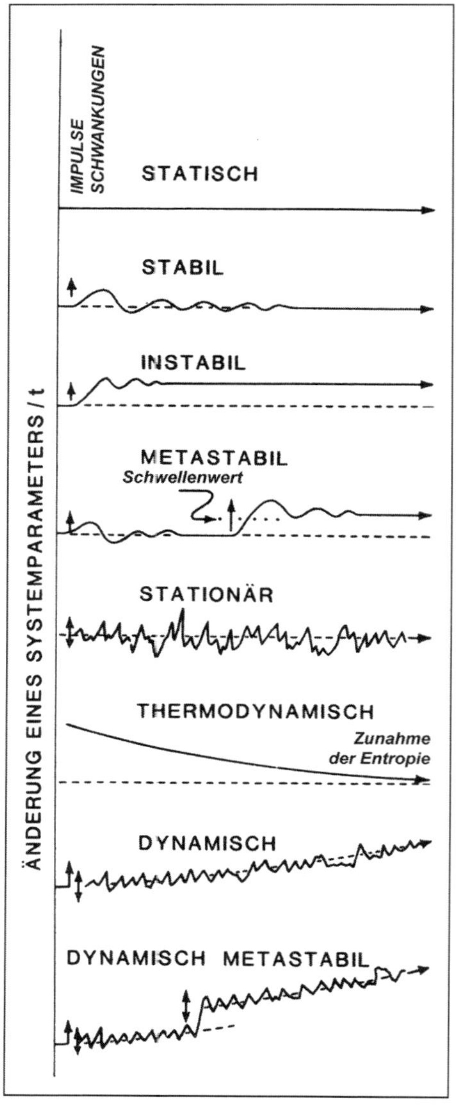

Abb. 1.2 Gleichgewichtstypen von Geosystemen (verändert nach Chorley & Kennedy, 1971).

Systemgleichgewicht

Dadurch wird deutlich, dass das Relief ein komplexes System ist, in dem es nicht nur zur Überschneidung der Wechselwirkungen ökologischer Phänomene mit der Vielskaligkeit von Prozessen kommt. Die Betrachtung von Systemen in unterschiedlichen Maßstäben erfordert darüber hinaus stets eine skalenabhängige Gewichtung der Faktoren, da sich auch die räumlichen Verteilungsmuster skalenabhängig verhalten. Das Relief lässt sich daher durch sein Systemgleichgewicht beschreiben. Auf dieser Grundlage entspricht das Relief einem gemittelten Entwicklungszustand der einzelnen messbaren Reliefparameter z. B. Hangneigung oder absolute Höhe. Entwicklungsrichtungen, die aus den Messwerten von Systemparametern ableitbar sind, können verschiedenen Gleichgewichtstypen zugeordnet werden (vgl. Abb. 1.2).

Systemzustände

Ob sich ein gegebener Systemzustand nach der Überschreitung eines Schwellenwertes und einer Relaxationszeit wieder einstellt oder ob er sich ändert, kennzeichnet die Flexibilität, die Belastbarkeit oder das Pufferungsvermögen des Systems. Im Allgemeinen unterscheidet man zwischen offenen Systemen und geschlossenen Systemen. Ein **abgeschlossenes System** erhält keine Energiezufuhr von außen und gibt keine Energie nach außen ab, während **offene Systeme** Energie von außen beziehen und Energie an ihre Umwelt abgeben. Die erkennbare, d.h. wissenschaftlich erfassbare Umwelt und damit auch das Relief bestehen ausschließlich aus offenen Systemen. Offene Systeme können temporär bei vorübergehendem Ausbleiben der Energiezufuhr den Charakter geschlossener Systeme übernehmen. Jedes offene System ist zugleich Bestandteil größerer Systeme, indem es Energie von jenen empfängt und Energie an sie abgibt. Die Zufuhr und Abgabe von Materie ist dabei als Form des Energieaustausches zu verstehen. Bei den Merkmalen, die einen Raum bzw. ein System kennzeichnen, wird unterschieden zwischen **Formvariablen**, d.h. statischen Eigenschaften, und **Prozessvariablen**, d.h. dynamischen Komponenten. In der Geomorphologie gehören Formen (z.B. Flusstäler oder Schichtstufen), Formeigenschaften wie die Hangneigung, Materialarten wie Gesteine und Böden sowie Materialeigenschaften (z.B. Korngröße oder Klüftung eines Gesteins) zu den statischen Komponenten. Verwitterung, Flusserosion oder Rutschungen und Erosionsraten oder die Abflusshäufigkeit kennzeichnen Prozesse und Prozesseigenschaften. Je nachdem welche Komponenten im System betrachtet werden sollen, sind drei Systemtypen zu unterscheiden:

- **Statische Systeme** lassen sich in Form- und Materialsysteme (d.h. regelhafte Assoziationen von Formeigenschaften mit Materialeigenschaften) untergliedern und stellen Zustände dar. Der Faktor Zeit bleibt dabei unberücksichtigt. Die Zuverlässigkeit der jeweiligen Aussage beruht auf der Häufigkeit der beobachteten Assoziation der Werte. Die Funktionalbeziehungen zwischen Form- und Materialeigenschaften sind nicht kausal, da zur Kausalität die Identifikation der verursachenden Prozesse gehört.
- **Prozesssysteme** bestehen aus regelhaften Assoziationen zwischen Prozessen und Prozesseigenschaften untereinander. Da vielfach Materialien von einem Prozesssystem zum nächsten „weitergereicht" werden, können Prozesssysteme auch als Cascade-Systems bezeichnet werden.
- Aufgrund der häufigen Rückkopplungseffekte in Prozesssystemen wurde von Ahnert der Begriff des **Process-Response-Systems** eingeführt. Hierbei sind die einzelnen Komponenten durch negative Rückkopplung miteinander verknüpft, die als Mechanismen der Selbstregulierung wirken und das System in Richtung eines Gleichgewichtszustands lenken. So führt die Erosion eines in das Meer mündenden Flusses zu einer Verminderung des Gefälles des Flusslaufs. Da die Gefällsabnahme wiederum zu einer Abnahme der Erosionsrate führt, die ja eine Funktion des Gefälles ist, besteht eine negative, intensitätsdämpfende Rückkopplung, die idealerweise zu einem ausgeglichenen Flusslängsprofil führt.

1.1.2 Teilgebiete der Geomorphologie

Die Gliederung der inhaltlichen Teilgebiete der Geomorphologie orientiert sich an ihrem Forschungsgegenstand, der Erklärung der Einzelformen, der Formtypen, der Formengesellschaften, ihrer Verbreitung, Entstehung und Weiterentwicklung aus Prozessen und der Landschaftsgeschichte der Landformen der festen Erde und erfolgt sowohl nach den dominierenden Formungskräften als auch den jeweils vorherrschenden Gesteinen, aus denen sich die Landformen entwickelt haben. Die einzelnen Bereiche können sich teilweise überlagern und wechselseitig beeinflussen.

Endogene und exogene Dynamik

Medium und determinierender Faktor zugleich sind die Lithosphäre mit ihren tektonischen Prozessen sowie den Gesteinen einerseits und die atmosphärischen Prozesse andererseits. Tektonische Kräfte aus dem Erdinneren, die als **endogene Prozesse** bezeichnet werden, bestimmen die Struktur und die Beschaffenheit der Erdkruste und führen zu ständigen Veränderungen der Landformen. Endogene Vorgänge bestimmen den Großbau der Formen der Erdoberfläche. Formen, die durch endogene Prozesse entstanden sind, werden als **Strukturformen** bezeichnet. **Exogene Prozesse**, die maßgeblich von den klimatischen Bedingungen gesteuert werden, finden an der Erdoberfläche statt und

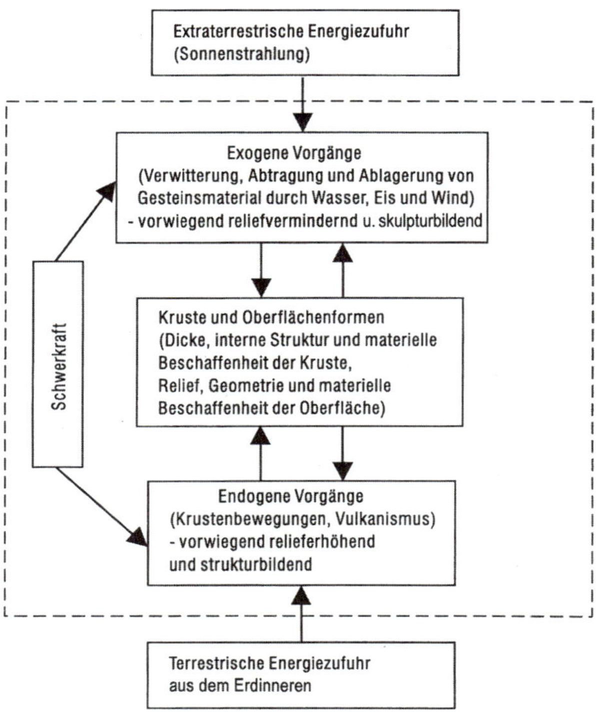

Abb. 1.3 Wirkungsgefüge endogener und exogener Prozesse (verändert nach Ahnert, 1996, S. 35).

schaffen dort die Detailformen des Reliefs (**Skulpturformen**), dessen weites Spektrum an Einzelformen von den unterschiedlichen Gesteinen bedingt wird.

Exogene Vorgänge sind immer durch Materialumlagerungen, entweder Abfuhr (Abtragung) und/oder Zufuhr (Ablagerung) von Gesteinssubstanz, gekennzeichnet. Dadurch wird eine bestehende Abtragungsform zu einer neuen, veränderten Ablagerungsform, die dem jeweiligen reliefbildenden oder morphogenetischen Prozess entspricht. Natürlich können auch Strukturformen auf Abtragungsprozesse zurückzuführen sein, z.B. wenn durch die entsprechenden Vorgänge härtere Gesteine gegenüber weniger widerständigen Gesteinen herauspräpariert werden. Letztlich sind die Oberflächenformen der Erde stets das Ergebnis einer Wechselbeziehung von endogenen und exogenen Prozessen.

Gliederung der Geomorphologie

Gravitative Massenbewegungen werden bei ausreichend steilen Reliefverhältnissen und lockerem, fließ- oder rutschfähigem Material allein durch die Schwerkraft ausgelöst (Felsstürze, Rutschungen). Fließendes Wasser, Eis und Wind als vorherrschende Formungskräfte bilden die Voraussetzung für die fluviale, glaziale und äolische Geomorphodynamik mit ihren jeweils charakteristischen Prozessen und Formenschätzen.

Die **fluviale Formung** (**Fluvialmorphologie**) umfasst alle Prozesse, die unmittelbar oder mittelbar auf die Arbeit des fließenden Wassers zurückzuführen sind, d.h. auch die Täler mit ihren Talhängen gehören zum fluvialen Formungsbereich. Fließendes Gletschereis ist die wesentliche morphodynamische Kraft der **glazialen Formung** (**Glazialmorphologie**). Allerdings kommt es bei der Formung durch Schmelzwasser in den Gletschervorfeldern zu Überschneidungen mit der Fluvialmorphologie. Diese glazifluviale Formung ist Teil der Glazialmorphologie. **Periglaziale Prozesse** sind an die Wechselwirkung von Wasser und (Boden)eis und an die Schwerkraft gebunden.

Der **litorale Formenschatz** umfasst jene Vorgänge der Abtragung und der Akkumulation, die mit den Wellenbewegungen und Strömungen des Meeres an den Küsten zusammenhängen und sich dort mit den geomorphologischen Prozessen des Festlandes wechselseitig beeinflussen.

Morphodynamische Kräfte der **Karstformung** schließlich sind gesteinsabhängige chemisch-physikalische Lösungsprozesse, die sowohl an der Erdoberfläche als auch im Gesteinsuntergrund stattfinden können. Die Überschneidungsmöglichkeiten der hier nach den dominierenden Formungskräften dargestellten Teilgebiete der Geomorphologie werden offensichtlich, wenn man sich verdeutlicht, dass endogene und exogene Prozesse nicht nur eine regionale Differenzierung aufweisen, sondern auch zeitlichen Wandlungen unterliegen und dadurch ständig veränderte Bedingungen für die Reliefformung entstehen. Hinzu kommt bei bestimmten Formungsbereichen, z.B. bei der Karstformung, dass unterschiedliche klimatische Bedingungen zur Ausbildung von differenzierten Formen und Formengruppen führen. ■

Wissens-Check

1. Nennen Sie Teilgebiete und Methoden der Geomorphologie.
2. Was versteht man in der Geomorphologie unter dem Relief?
3. Erläutern Sie das Axiom der „Raum-Zeit-Analogie" in der Geomorphologie!
4. Bei der Reliefentwicklung wird die Entwicklungsgeschwindigkeit der einzelnen Prozessaktivitäten durch Magnitude und Frequenz erzeugt. Erläutern Sie dieses an einem Beispiel.
5. Inwieweit hilft das „Prinzip des Aktualismus" beim Verstehen der Erdgeschichte?

Literaturhinweise

Ahnert, F. (2009): Einführung in die Geomorphologie. 4. Auflage. Stuttgart (Ulmer).

Büdel, J. (1981): Klima-Geomorphologie. 2. Auflage. Berlin, Stuttgart (Borntraeger).

Bremer, H. (1989): Allgemeine Geomorphologie. Methodik, Grundvorstellungen, Ausblick auf den Landschaftshaushalt. Berlin, Stuttgart (Borntraeger).

Davis, W.M. (1912): Die erklärende Beschreibung der Landformen. Leipzig, Berlin (Teubner).

Hagedorn, J., Poser, H. (1974): Räumliche Ordnung der rezenten geomorphologischen Prozesse und Prozesskombinationen auf der Erde. In: Abh. der Akademie der Wissenschaften in Göttingen, Math.-Phys. Klasse, 3. Folge, 29, 426–439.

Rohdenburg, H. (1989): Landschaftsökologie – Geomorphologie. Darmstadt (Catena).

Summerfield, M.A. (1991): Global Geomorphology. New York (Wiley & Sons).

Thorn, C.E. (1988): Introduction to theoretical geomorphology. Boston, London (Unwin Hyman).

1.2 Geologische Grundlagen, endogene Dynamik und Strukturformen

Überblick

Die endogene Dynamik umfasst all jene Prozesse, die sich auf Kräfte (Energiezufuhr) aus dem Erdinneren zurückführen lassen und in das plattentektonische Gesamtkonzept eingebettet sind. Zu den endogenen Prozessen zählen lang andauernde und großräumige, als Epirogenese (s. Kap. 1.2.4) bezeichnete Hebungen und Senkungen von Krustenteilen, die Kontinentaldrift mit der Öffnung und Schließung von Ozeanen, Erdbeben und magmatische Erscheinungen (Vulkanismus und Plutonismus, s. Kap. 1.2.5) sowie die Orogenese (s. Kap. 1.2.4).

1.2.1 Hypsographische Kurve

Höhenverteilung auf der Erdoberfläche

Durch die hypsographische Kurve wird die auf der Erdoberfläche vorhandene Höhenverteilung dargestellt. Die mittlere Höhe der Kontinente beträgt 875 m über NN, die mittlere Tiefe der Ozeane etwa 3800 m unter NN. **Tiefseeebenen** (4000 bis 6000 m u. NN) und **Kontinentalplattformen** (200 m u. NN bis 2000 m ü. NN) nehmen die anteilsmäßig größten Flächen ein. Der Kontinentalschelf und damit auch die Flachseebereiche zwischen dem Meeresspiegel und 200 m u. NN werden noch dem Kontinentalbereich zugerechnet, so dass die strukturelle Grenze der Kontinente nicht vom variablen Meeresniveau, sondern vom **Kontinentalhang** gebildet wird. Von Meeresspiegelschwankungen sind besonders die Kontinentalschelfbereiche und die Tiefebenen der Kontinente betroffen. So lagen weite Teile des heutigen Kontinentalschelfs während der Kaltzeiten des Pleistozäns über dem Meeresspiegel. **Hochgebirge** und **Tiefseegräben** umfassen nur geringe Flächenanteile. Hier finden sich allerdings mit knapp 8867 m ü. NN der Mt. Everest als höchste und der Marianengraben im westlichen Pazifik mit 11 034 m unter dem Meeresspiegel als tiefstgelegene Stellen des Planeten.

1.2.2 Schalenbau der Erde

Erdentstehung und -entwicklung

Heute geht man davon aus, dass sich vor ca. 4,6 Mrd. Jahren durch Akkretion von meteoritischem Material eine **Urerde** bildete, ein willkürliches Gemisch von Materieklumpen. Bei der fortdauernden Kollision des frühen Erdkörpers mit Planetesimalen (aus Materie bestehende Vorläufer und Bausteine der Planeten unterschiedlicher Größe) und größeren extraterrestrischen Körpern wurde deren Bewegungsenergie zu einem Großteil in Wärme umgewandelt. Aufgrund der zunehmenden Größe dieses frühen Erdkörpers erhöhten sich Druck und Temperatur in seinem Inneren. Eine weitere Hypothese geht davon aus, dass auch die Wärmeabgabe durch Kernspaltung eine Rolle bei der Aufheizung des Planeten gespielt hat. Die genannten Prozesse führten zu einem tiefgründigen bis vollständigen **Aufschmelzen der Erde**. Einige Wissenschaftler führen das Aufschmelzen auch auf einen gigantischen Impakt in der Frühzeit des Planeten zurück, bei dem ein Körper von der doppelten Größe des Mars mit der Erde kollidierte. Gleichzeitig soll nach dieser Hypothese auch der Mond durch Abspaltung von der Erde entstanden sein.

Beim Aufschmelzen konnten **gravitative Differenzierungsprozesse** wirksam werden: Schwere Elemente wie Eisen und Nickel sammelten sich im Zentrum und bildeten den Kern, leichtere Elemente wie Silizium, Magnesium oder Aluminium reicherten sich dagegen im peripheren Bereich an. Durch Aufschmelzen, gravitative Entmischung und anschließende Abkühlung entwickelte sich die Erde also von einem homogenen Körper zu einem **schalenartig aufgebauten Planeten**.

Aufbau der Erde

Die Kenntnisse um den Aufbau der Erde resultieren im Wesentlichen aus geophysikalischen Untersuchungen, insbesondere dem Ausbreitungsverhalten **seismischer Wellen, d.h. Erdbebenwellen**, im Erdinneren. Die wichtigsten seismischen Wellen sind die P-Wellen (**Primärwellen**) und die S-Wellen (**Sekundärwellen**). Sprunghafte Veränderungen der Ausbreitungsgeschwindigkeit der Wellen

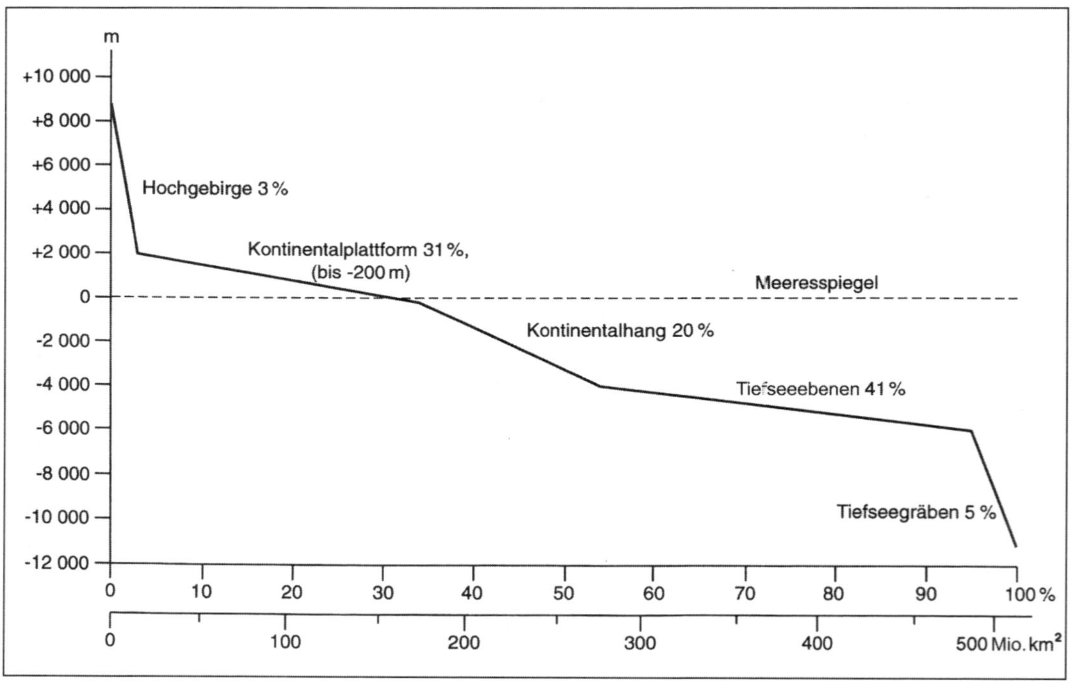

Abb. 1.4 Hypsographische Kurve (eigener Entwurf).

in bestimmten Tiefen des Erdkörpers werden auf Änderungen der chemischen Zusammensetzung der Erdmaterie bzw. auf Modifikationen ihres Phasenzustandes zurückgeführt. Im Wesentlichen aufgrund dieser Unstetigkeitsflächen innerhalb des Erdkörpers, die auch **Diskontinuitäten** genannt werden, nimmt man heute an, dass die Erde aus konzentrischen Schalen aufgebaut ist. Diese bezeichnet man als **Erdkern**, **Erdmantel** und **Erdkruste**, die aufgrund weiterer Unstetigkeitsflächen in Obere und Untere Erdkruste, Oberen Mantel, Übergangszone, Unteren Mantel, Äußeren Kern und Inneren Kern untergliedert werden (vgl. Abb. 1.5).

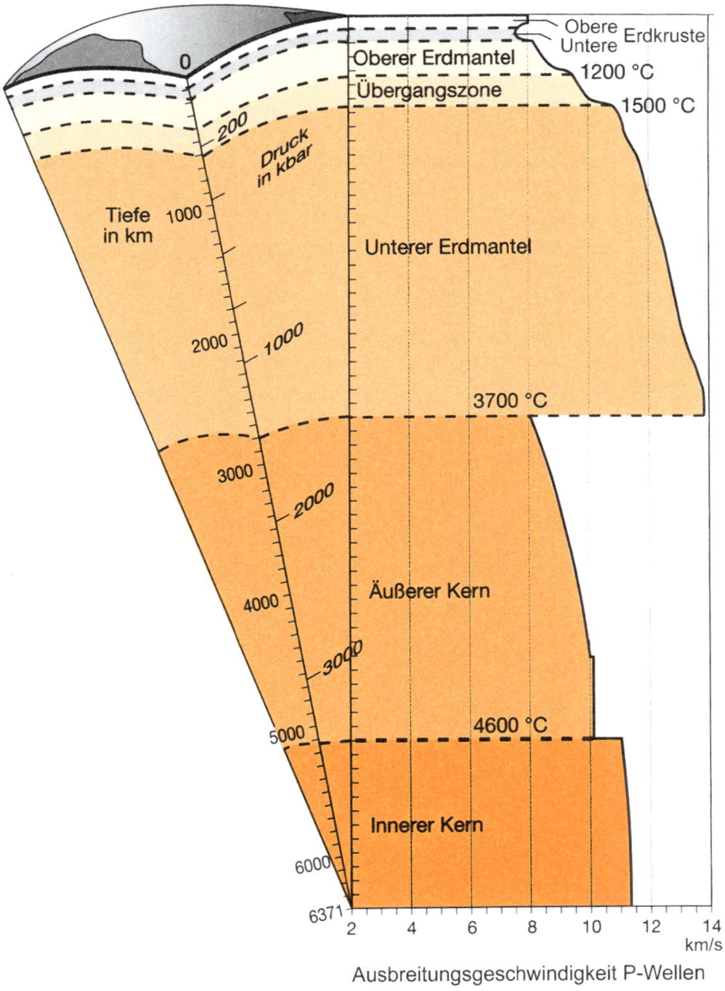

Abb. 1.5 Schalenbau der Erde und Ausbreitungsgeschwindigkeit der Primärwellen (P-Wellen) (verändert nach Bauer et al., 2001, S. 14).

Stichwort

Erdbebenwellen

Erdbebenwellen oder seismische Wellen können durch Erdbeben natürlich oder durch Sprengung oder Vibration künstlich ausgelöst werden. Man unterscheidet zwischen Rayleigh-Wellen und Love-Wellen, die sich an der Erdoberfläche verbreiten und P-Wellen (undae primae), die sich entlang der Fortpflanzungsrichtung in Form einer periodischen Verdichtung und Verdünnung des Mediums ausbreiten (und deshalb auch als Longitudinal- oder Kompressionswellen bezeichnet werden) und S-Wellen (undae secundae, Transversalwellen), die senkrecht zur Ausbreitungsrichtung schwingen und als Raumwellen durch das Erdinnere laufen. P-Wellen benötigen zum Durchlauf durch die Erde rund 20 Minuten und sind mit Schallwellen zu vergleichen. Sie durchdringen Gesteine, Flüssigkeiten und Gase und komprimieren diese dabei. Daher werden sie an der Erdoberfläche als Stoß wahrgenommen. S-Wellen haben eine langsamere Ausbreitungsgeschwindigkeit und können sich nur in Gesteinen ausbreiten, die sie quer (transversal) zu ihrer Ausbreitungsrichtung beanspruchen. Das Gestein erfährt durch die S-Wellen eine sinusförmige Vertikalbewegung verbunden mit einer hin- und herschwingenden Horizontalbewegung. Aufgrund der Abhängigkeit ihrer Ausbreitungsgeschwindigkeit von der mineralogischen Zusammensetzung und der Dichte der Gesteine werden Rückschlüsse auf physikalische Zusammenhänge im Erdinneren ermöglicht. So vermutet man durch das Ende der Ausbreitung im Erdinneren an der Grenze von Erdmantel zum äußeren Erdkern einen flüssigen äußeren Erdkern. Die Oberflächenwellen stellen Überlagerungserscheinungen beim Zusammentreffen von P- und S-Wellen dar. Rayleigh-Wellen versetzen die Erdoberfläche in wellenförmige Schwingungen, Love-Wellen, führen zu horizontalen Querschwingungen des Gesteins. Beide können zu großen Zerstörungen führen.

Erdkruste

Die Erdkruste ist die äußerste Schale des Planeten. Sie reicht von der Erdoberfläche bis zur Mohorovicic-Diskontinuität, die Unstetigkeitsfläche, die die Kruste gegen den darunter liegenden Erdmantel abgrenzt. Grundsätzlich unterscheidet man zwischen **kontinentaler** und **ozeanischer Kruste**. Die mittlere Mächtigkeit der kontinentalen Kruste beträgt 35–40 km. Im Bereich junger Orogenesen (Gebirgsbildungen) liegen die größten Mächtigkeiten mit 50–80 km vor. Dort führt die Kollision von Lithosphärenplatten zu Krustenverdickungen. Geringe Mächtigkeiten weist die kontinentale Kruste dagegen unter jungen Riftzonen auf. Dort ist sie nur 20–25 km mächtig. Die mittlere Dichte der kontinentalen Kruste beträgt 2,7–2,8 g/cm^3. In ihrem oberen Bereich besteht die kontinentale Kruste überwiegend aus sauren Magmatiten und Sedimentgesteinen (s. Kap. 1.3.2), während in den tieferen Abschnitten der Anteil an metamorphen Gesteinen (s. Kap. 1.3.2) zunimmt. Die ozeanische Kruste unterscheidet sich grundlegend von der kontinentalen Kruste. Ihre Mächtigkeit schwankt zwischen 3 und 15 km. Sie besteht überwiegend aus basischen Magmatiten (Basalt und Gabbro), die von Tiefseesedimenten überlagert werden. Ihre mittlere Dichte beträgt 3,0 g/cm^3. Die ozeanische

Kruste ist jünger als die kontinentale Kruste. Sie wird an den Mittelozeanischen Rücken ständig neu gebildet und im Bereich von Subduktionszonen (s. Kap. 1.2.3) dem oberen Erdmantel zugeführt und dort wieder aufgeschmolzen.

Erdmantel

Der Erdmantel erstreckt sich von der **Mohorovicic-Diskontinuität** bis in eine Tiefe von 2900 km und umfasst damit etwa 84 Vol.-% (68 Gew.-%) des Erdkörpers. Der Erdmantel wird durch Übergangszonen – gekennzeichnet durch Laufzeitdiskontinuitäten der seismischen Wellen – in 400 und 670 km Tiefe untergliedert. Als Ursache für die Übergangszonen werden druck- und temperaturbedingte Veränderungen der Struktur der Mantelminerale angenommen, wobei mit zunehmender Tiefe Minerale mit größerer Dichte und kleinerem Volumen entstehen. Die in 670 km Tiefe gelegene Übergangszone trennt den **Oberen** vom **Unteren Mantel**. Aufgrund seismischer Untersuchungen nimmt man an, dass der Mantel zwar weitgehend fest ist, dass unter den bestehenden Drücken und Temperaturen aber eine **gewisse Fließfähigkeit** (einige cm/a) als Voraussetzung für die Mantelkonvektion gegeben ist.

Erdkern

Der Erdkern wird vom Erdmantel durch eine etwa 200 km mächtige thermische Grenzschicht mit stark ansteigenden Temperaturen getrennt. Ebenso wie der Mantel wird auch der Erdkern in einen äußeren und einen inneren Kern gegliedert. An der Grenze zum **Äußeren Erdkern**, in einer Tiefe von 5140 km, kommt es zu einer plötzlichen Geschwindigkeitsabnahme der P-Wellen, die Ausbreitung der S-Wellen kommt völlig zum Erliegen. Das Verschwinden der S-Wellen zeigt den flüssigen Zustand des äußeren Kerns an, da sich S-Wellen in derartigen Medien nicht ausbreiten können. Man vermutet heute, dass der Erdkern aus einer metallischen Legierung aus Eisen, Silizium, Nickel und weiteren leichten Zusätzen aufgebaut ist. Am Übergang vom äußeren zum **Inneren Erdkern** lässt sich eine erneute Zunahme der Ausbreitungsgeschwindigkeit von P-Wellen beobachten, ein Hinweis auf einen – aufgrund der hohen Drücke in diesem Bereich – festen inneren Kern.

Lithosphäre

Die mechanisch relativ steife und spröde „Außenhaut" der Erde wird als **Lithosphäre** bezeichnet. Die Lithosphäre umfasst sowohl die Erdkruste als auch den äußersten, festen Bereich des Oberen Mantels und reicht bis in eine Tiefe von etwa 100–250 km. Die Lithosphäre „schwimmt" auf der unterlagernden **Asthenosphäre**, einem partiell aufgeschmolzenen, zähplastischen Bereich, der sich in Tiefen bis rund 500 km erstreckt. Wenn sich die Lithosphäre in einem stabilen „Schwimmgleichgewicht" befindet, spricht man von **Isostasie**. Das heißt, dass nach dem archimedischen Prinzip die Masse im Oberen Mantel verdrängt wird. Sie entspricht der Masse der aufschwimmenden Kruste. Somit muss die kontinentale Kruste, die, im Gegensatz zur ozeanischen Kruste, mit einer mittleren Dichte von 3,2 g/cm^3, eine mittlere Dichte von 2,7 g/cm^3 besitzt, an Stellen, an denen sie höher emporragt, gleichzeitig auch mächtiger sein und weiter in den Mantel reichen. Veränderungen der Auflast können isostatische Ausgleichsbewegungen in Form von Hebungen oder Senkungen hervorrufen. Dabei wird die Lithosphäre durch Erhöhung der Auflast tiefer in die Asthenosphäre „eingedrückt"; umgekehrt wird durch Entlastung ein „Auftauchen" hervorgerufen. Als Ursache kommen Veränderungen der Verteilung von Gesteinsmassen im Zuge der Gebirgsbildung, die Ablagerung großer Sedimentmassen, Abtragungsprozesse oder der Aufbau bzw. das Abschmelzen großer Eismassen in Frage. Skandinavien oder Teile Kanadas, die bis vor rund 10000 Jahren mit mehreren tausend Meter mächtigen Eisschilden bedeckt waren, unterliegen aufgrund der Gewichtsentlastung durch das Abschmelzen der Eismassen auch heute noch **glazialisostatischer Hebung**, teilweise um mehrere Zentimeter pro Jahr.

1.2.3 Plattentektonik

Theorieentwicklung

Als Vorläufer der Theorie der Plattentektonik gilt die **Kontinentalverschiebungstheorie** des deutschen Geophysikers und Meteorologen Alfred Wegener (1880–1930). Er erkannte, dass die Küstenlinien zu beiden Seiten des Atlantiks sehr gut zusammenpassen und dass darüber hinaus die Fortsetzung gleicher geologischer Strukturen, gleicher Sedimentgesteine sowie gleicher terrestrischer Fossilien zu beiden Seiten des Ozeans auf eine ehemalige Verbindung der Kontinente hindeuten. Daraufhin postulierte er die Existenz eines Superkontinents **Pangäa**, der vor rund 200 Mio. Jahren auseinandergebrochen ist. Nachdem Wegeners Hypothese zunächst kaum Beachtung fand, wurde seine Theorie in der zweiten Hälfte des 20. Jahrhunderts durch die Entdeckung des **Sea Floor Spreading** (s.u.) zu einer der Grundlagen der modernen Plattentektonik. Sie liefert die theoretischen Grundlagen für das Verständnis der größten Formanlagen. Die häufig bemühten Vergleiche mit der Relativitätstheorie in der Physik oder der Entdeckung des genetischen Codes in Form der DNA unterstreichen die Bedeutung der sich erst in den 1960er Jahren etablierenden Theorie der Plattentektonik für die Geowissenschaften. Vor dem Hintergrund der plattentektonischen Vorstellungen lassen sich Gebirge, Mittelozeanische Rücken, Tiefseegräben, Inselbögen sowie die globale Verteilung von Erdbeben und Vulkanismus plausibel erklären.

Theoriegrundlagen

Nach den Vorstellungen der Plattentektonik besteht die Lithosphäre aus einem Mosaik tektonischer Platten unterschiedlichster Größe. Neben Großplatten (afrikanische Platte, eurasische Platte, indisch-australische Platte, pazifische Platte, amerikanische Platte und antarktische Platte) existiert eine Reihe kleinerer Platten wie z.B. die karibische Platte, die Cocosplatte, die philippinische oder die arabische Platte. Einige bestehen nahezu ausschließlich aus ozeanischer Kruste, während andere sowohl kontinentale als auch ozeanische Kruste umfassen. Die Platten bewegen sich mit unterschiedlichen Geschwindigkeiten relativ zueinander, indem sie passiv auf der mehr oder minder beweglichen Asthenosphäre driften. Die typischen Bewegungsraten liegen bei

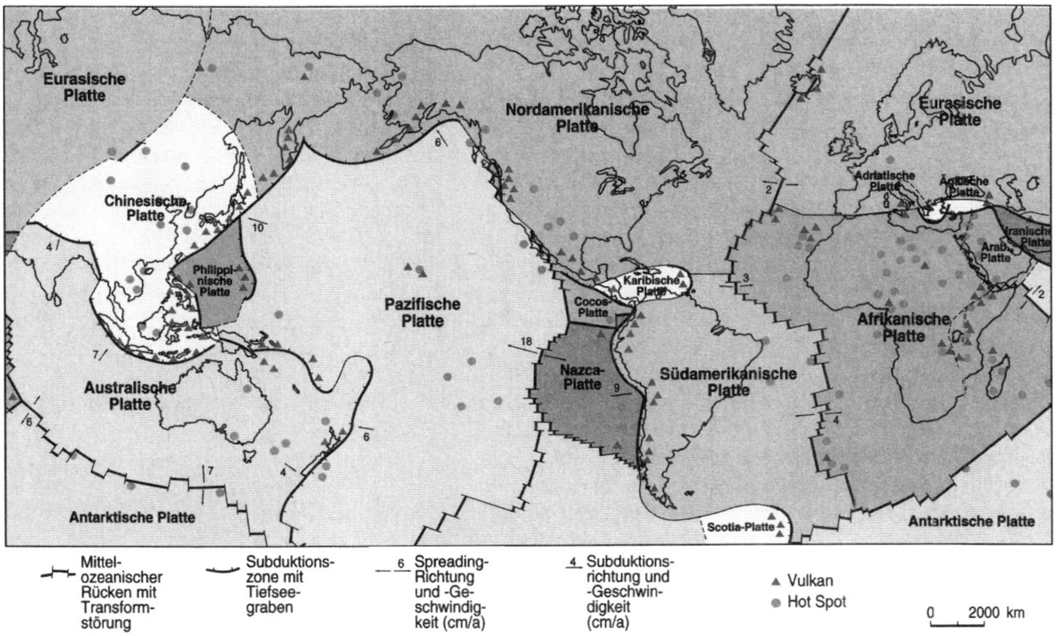

Abb. 1.6 Lithosphärenplatten (aus Bauer et al., 2001, S. 16).

etwa 0,1-10 cm/a. Die Kontinente sind - von wenigen Randbereichen abgesehen - Bestandteile der Platten und werden mit diesen bewegt.

Die Relativbewegungen an den Grenzen der Lithosphärenplatten können unterschiedlicher Natur sein. Im Allgemeinen unterscheidet man drei Typen von Plattengrenzen: Plattenränder

- Im Zuge der Dehnung ozeanischer oder kontinentaler Lithosphäre kann diese an Schwächezonen aufreißen, und zwischen den auseinander driftenden Plattenstücken bildet sich neue Lithosphäre. Bewegen sich zwei Platten voneinander weg, spricht man von **divergenten** (auch: **divergierenden**) Plattengrenzen. Auf dem Meeresboden finden sich diese typischerweise an den **Mittelozeanischen Rücken** (MOR), die in nahezu allen Weltmeeren vorhanden sind. Morphologisch treten sie als untermeerische Gebirgsketten mit einer zentralen Grabenstruktur, dem so genannten **Rift**, in Erscheinung. An der Plattengrenze wird Magma gefördert und es bildet sich neue ozeanische Lithosphäre. Aus diesem Grund wird diese Art der Plattengrenze auch als **konstruktive Plattengrenze** bezeichnet, an der Sea Floor Spreading stattfindet. Dehnungskräfte beim Auseinanderdriften der Platten verursachen aktiven basaltischen Vulkanismus, Flachherdbeben und Abschiebungen. Ein charakteristisches Beispiel für diesen Typ von Plattengrenze ist der Mittelatlantische Rücken, der im Bereich von Island sogar über den Meeresspiegel hinausragt. Im kontinentalen Bereich, beispielsweise in Ostafrika, existieren ausgeprägte Grabensysteme mit Erdbeben und Vulkanismus, die als ein Frühstadium von Plattendivergenz betrachtet werden und „Rift Valleys" genannt werden. Bei fortschreitender Entwicklung des „Rifting" kann die kontinentale Lithosphäre schließlich völlig aufreißen. So lässt sich das Rote Meer als Folge der Auseinanderbewegung Afrikas und Südwestasiens interpretieren. Belege für das Sea Floor Spreading finden sich in der Magnetisierung der Gesteinsserien am Meeresboden. Wenn ozeanische Kruste an Mittelozeanischen Rücken neu gebildet wird, werden die Gesteine entsprechend dem gerade herrschenden Erdmagnetfeld magnetisiert. Die derzeitige Polarisation wird als „normal" bezeichnet. Allerdings wechselte die Ausrichtung des irdischen Magnetfeldes in der Vergangenheit immer wieder in unregelmäßigen Abständen zwischen normal und „invers". Das magnetische Muster der Meeresbodengesteine entspricht der zeitlichen Abfolge der magnetischen Umpolungen des Erdmagnetfeldes. Aus der Korrelation zwischen der Magnetisierung der ozeanischen Kruste mit der magnetischen Zeitskala lassen sich Rückschlüsse ziehen auf Spreading-Raten und das Alter der Ozeanböden. Wie das Magnetfeld der Erde entsteht, ist bis heute unklar. Ein dauerhafter Magnet im Erdmittelpunkt ist kaum vorstellbar, da bei Temperaturen über dem Curie-Punkt (etwa 500 °C) keine Polung magnetischen Materials mehr erfolgt. Aus diesem Grund wird vermutet, dass das Magnetfeld nach dem Prinzip eines Dynamos durch Fließbewegungen im flüssigen Erdkern entsteht.

- **Konvergente** (auch: **konvergierende**) Plattenränder treten dann auf, wenn sich zwei Platten aufeinander zu bewegen. Grundsätzlich können ozeanische und ozeanische, ozeanische und kontinentale oder kontinentale und kontinentale Ränder aufeinander treffen. Wenn ozeanische Kruste beteiligt ist, findet bei dieser aufgrund der vergleichsweise hohen Dichte im Normalfall **Subduktion** statt, ansonsten – also beim Zusammentreffen zweier kontinentaler Platten – **Kollision**. Bei der Subduktion taucht eine Platte unter die andere in den Erdmantel ab, wobei dort Lithosphärenmaterial der abtauchenden Platte aufgeschmolzen und assimiliert wird. Man spricht hier von **destruktiven Plattenrändern**. Da durch die Subduktion Lithosphäre zerstört wird, erfolgt durch diesen Vorgang die Kompensation der im Bereich der Mittelozeanischen Rücken neu gebildeten Lithosphäre. Bei der Subduktion von Lithosphärenplatten können die „Eintauchwinkel" beträchtlich variieren. So taucht die Pazifische Platte bei den Marianen-Inseln mit einem Winkel von fast 90° unter die Philippinische Platte ab, während an der Westküste Südamerikas unter den peruanischen Anden teilweise Subduktionswinkel von nur 1° auftreten. Der Abtauchwinkel der subduzierten Platte ist u. a. vom Alter der Lithosphäre abhängig. Je älter eine Platte ist, umso kälter ist sie und weist dementsprechend eine höhere Dichte auf. Darüber hinaus wird vermutet, dass auch die Richtung der regionalen Mantelkonvektion den Abtauchwinkel beeinflusst. Eine Subduktionszone gliedert sich in Tiefseerinne (trench), Fore Arc, Magmatischer Bogen (Arc) und Back Arc. Die **Tiefseerinne** ist als verhältnismäßig schmale Eintiefung der Küste des Kontinents beziehungsweise des Inselbogens, unter den die ozeanische Kruste subduziert wird, vorgelagert. Sie markiert die Kontaktlinie der konvergierenden Platten an der Oberfläche. Der Bereich zwischen Tiefseerinne und Arc wird **Fore Arc** genannt. Am Übergang zwischen Trench und Fore Arc kann ein Akkretionskeil (auch: Akkretionsprisma) ausgebildet sein. Akkretionskeile sind komplexe Gebilde aus Sedimenten und Krustenmaterial, das im Zuge der Subduktion von der ozeanischen Unterplatte abgeschürft wird. Der **Magmatische Bogen** als Hauptzone der magmatischen Aktivität ist durch Plutonismus und Vulkanismus geprägt und findet sich sowohl an aktiven Kontinentalrändern als auch an Inselbögen am Rande ozeanischer Oberplatten. An den magmatischen Bogen schließt sich rückseitig, also zum Platteninneren hin, der **Back Arc** an. Da der Magmatismus jedoch häufig bis in den Back-Arc-Bereich hineinreichen kann, ist dieser nicht in jedem Fall deutlich vom Magmatischen Bogen zu trennen. Typisch für Subduktionszonen ist eine hohe seismische und vulkanische Aktivität. Die meisten Erdbeben mit einer Herdtiefe von mehr als 100 km (**Tiefherdbeben**) sind an Subduktionszonen gebunden. Dieser seismisch hoch aktive Bereich wird als Wadati-Benioff-Zone bezeichnet. Die vulkanische Aktivität beruht darauf, dass aus den Gesteinen der subduzierten Lithosphärenplatte Wasser in den Mantelbereich eindringt und dort wegen der den Schmelzpunkt erniedrigenden Eigenschaft des Wassers zu partiellem Aufschmelzen führt. Diese Schmelzen steigen durch die Kruste auf, wobei sie durch verschiedene Prozesse (magmatische Differenzierungen, Assimilation von Nebengestein) Veränderungen ihrer chemischen Zusammensetzung erfahren. Die meist kieselsäurereichen Schmelzen speisen die Vulkane der Inselbögen bzw. der Gebirgsketten. Ozeanische Kruste kann, wie bereits erwähnt, entweder unter ozeanische oder unter kontinentale Kruste subduziert werden. Ein charakteristisches Beispiel einer **Ozean-Kontinent-Kollision** findet sich an der Westküste Südamerikas. Dort taucht die Nazca-Platte unter die Südamerikanische Platte ab. Vor der Küste befindet sich die Atacama-Tiefseerinne, auf dem Kontinent schließt sich das junge Faltengebirge der Anden mit seinen Vulkanen und der starken seismischen Aktivität an. Vulkanische Inselbögen wie z.B. Japan oder die Alëuten haben ihre Ursache in der Kollision und **Subduktion ozeanischer unter ozeanische Lithosphäre**. Auch hier kommt es zu starken Erdbeben. Kleine kontinentale Krustenfragmente, die als Bestandteil der Unterplatte an die Subduktionszone herangeführt, aufgrund ihrer geringen Dichte aber nicht subduziert werden können, gliedern sich der Oberplatte an und werden als Terranes bezeichnet. Unter bestimmten Umständen kann es dazu kommen, dass ozeanische Kruste bei einer Plattenkollision über den Meeresspiegel herausgehoben und auf einen Kontinent überschoben wird. Derartige durch Obduktion auf kontinentale Kruste aufgebrachte Fragmente ozeanischer Lithosphäre werden als Ophiolithe bezeichnet. Ein bekanntes Beispiel für einen Ophiolithkomplex findet sich in der Semail-Decke in Oman. Wenn wie bei der Kollision der indischen Platte mit der eurasischen Platte kontinentale auf kontinentale Kruste trifft, kann keine der beiden Platten aufgrund ihrer ähnlichen, geringen Dichte subduzieren. Diese **Kontinent-Kontinent-Kollision** führt daher zu teilweise mächtigen Krustenverdickungen (Himalaya).

- An **Transformstörungen** bewegen sich Platten aneinander vorbei, ohne dass Lithosphäre gebildet oder zerstört wird. In diesem Fall spricht man von **konservativen** Plattenrändern. Allerdings kann aufgrund der Reibung keine kontinuierliche Bewegung stattfinden. Es kommt zum Aufbau einer Scherspannung (s. Kap. 1.2.4), die so lange zunimmt, bis der Reibungswiderstand überwunden wird und ein Bruch erfolgt. In diesem Moment wird die Spannung, die sich über lange Zeit aufgebaut hat, binnen kurzer Zeit in Form seismischer Wellen freigesetzt und es kommt zu einem Erdbeben, während die Platten ruckartig horizontal gegeneinander versetzt werden. Ein Beispiel für eine Transformstörung ist die San-Andreas-Spal-

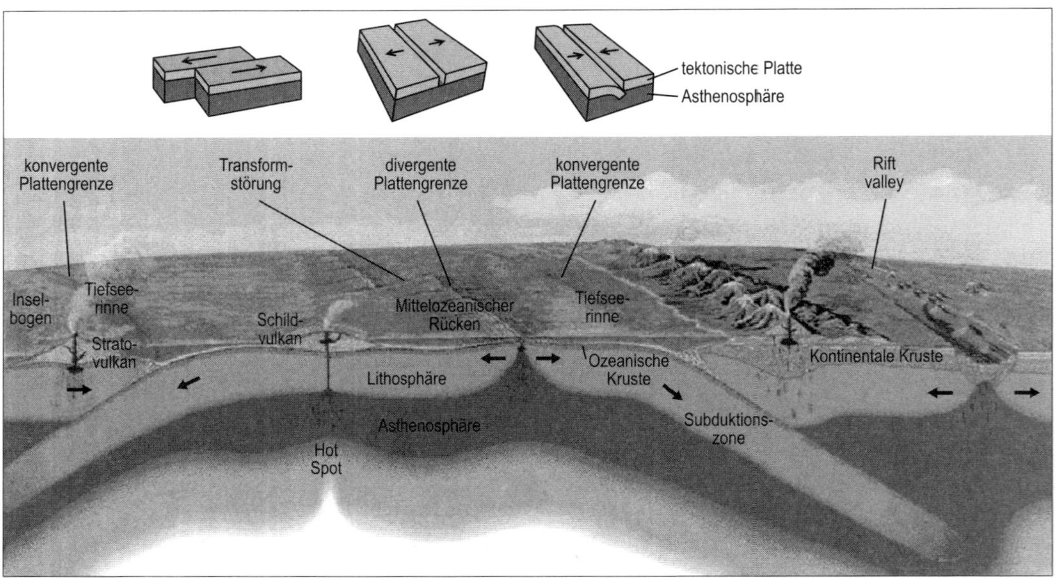

Abb. 1.7 Plattentektonische Grundstrukturen (verändert nach Press & Siever, 1998).

te in Kalifornien, an der die Nordamerikanische und die Pazifische Platte aneinander vorbei gleiten.

Wenn drei Plattengrenzen an einem Ort zusammentreffen, spricht man von einer **Triple Junction**. Dabei spielt der Typus der Plattengrenze keine Rolle, d.h. es können drei Mittelozeanische Rücken wie an der Galapagos-Triple-Junction zusammentreffen oder Plattengrenzen unterschiedlichen Typs, beispielsweise zwei Mittelozeanische Rücken mit einer Transformstörung bei der Azoren-Triple-Junction.

Erdbeben und Vulkane sind nicht zufällig auf der Erde verteilt, sondern sie sind zum überwiegenden Teil an Plattengrenzen gebunden. Etwa 80% der aktiven Vulkane sind an Subduktionszonen gelegen sowie 15% an divergierenden Rändern. Aufgrund der Vulkan-Konzentration rund um den Pazifischen Ozean spricht man in diesem Zusammenhang auch vom **zirkumpazifischen Feuerring** – von Seismologen aufgrund der Verteilung der Erdbeben-Epizentren auch als zirkumpazifischer Erdbebengürtel bezeichnet.

Kontinentalränder

Plattengrenzen sind nicht identisch mit Kontinentalrändern. Kontinentalränder umfassen den Übergangsbereich vom Kontinent zum Ozean und können sehr weit entfernt von Plattengrenzen liegen. In diesem Fall bildet der Kontinentalrand lediglich den Übergang von kontinentaler zu ozeanischer Lithosphäre innerhalb einer aus beiden Krustentypen zusammengesetzten Platte. Er wird **passiver Kontinentalrand** genannt, da hier – abgesehen von einer Ausdünnung der Kruste mit Dehnungsstörungen – tektonische Ruhe herrscht. Passive Kontinentalränder finden sich beispielsweise an der Ostküste Nord- und Südamerikas oder der Westküste Afrikas. Im Gegensatz dazu sind die **aktiven Kontinentalränder** direkt an konvergente Plattengrenzen mit Erdbeben und Vulkanismus gebunden, wie z.B. vor der Westküste Südamerikas.

Antriebskräfte

Als Antriebsmechanismus der Plattenbewegungen werden verschiedene Prozesse und Mechanismen diskutiert, so Konvektionsströmungen im Oberen Mantel zum Ausgleich der Temperaturdifferenz zwischen Kern und Erdoberfläche. Der Vorgang der Konvektion wird verständlich, wenn man sich einen mit Wasser gefüllten Topf vorstellt. Wird dieser erhitzt, so strömt das erwärmte Wasser unmittelbar über der Wärmequelle nach oben, da seine Dichte geringer ist als die des kühleren Wassers darüber. An der Oberfläche angekommen kühlt das Wasser wieder ab, seine Dichte nimmt zu und es sinkt an den Wänden des Topfes wieder nach unten. Analog werden einerseits die Zonen unter den Mittelozeanischen Rücken mit ihren divergierenden Plattengrenzen sowie andererseits die Manteldiapire (mantle plumes) als Lokalitäten aufsteigenden heißen Materials interpretiert, während an den Subduktionszonen kälteres und somit schwereres, weil dichteres Material absinkt. **Manteldiapire** sind aus großen Tiefen (Kern-Mantel-Grenze) aufsteigende Säulen heißen Mantelmaterials von mehreren hundert Kilometern Durchmesser, die regional begrenzte

Aufschmelzungszonen im Oberen Erdmantel verursachen und sich an der Erdoberfläche durch hohen Wärmefluss und basischen Vulkanismus (s. Kap. 1.2.5) äußern (**Hot Spot**).

Obwohl der **Bewegungsmechanismus** noch nicht gänzlich verstanden ist, wird derzeit ein gravitativ bedingtes Gleiten der Lithosphärenplatten über die Asthenosphäre für wahrscheinlich halten, d.h. die Lithosphäre gleitet von der aufgewölbten Asthenosphäre an den Mittelozeanischen Rücken ab, während sie gleichzeitig an den Subduktionszonen von ihrem eigenen Gewicht in den Mantel gezogen wird. Auch Manteldiapire und Hot Spots könnten bei der Bewegung der Lithosphärenplatten eine Schlüsselrolle spielen. Sie lassen sich als Teil eines den gesamten Erdmantel umfassenden Konvektionssystems interpretieren, bei dem die Lithosphärensubduktion den nach unten gerichteten Rückstrom repräsentiert.

„Wilson-Zyklus"

Eine auf den Geophysiker Wilson zurückgehende Hypothese geht von einer Zyklizität des Entstehens und Vergehens von Kontinenten und Ozeanen aus („Wilson-Zyklus"): Aus einer kontinentalen Riftzone über die Bildung erster ozeanischer Kruste entwickelt sich ein Ozean mit passiven Kontinentalrändern, der schließlich in einen Ozean mit Subduktionszonen und aktiven Kontinentalrändern übergeht (z.B. Rift Valley - Rotes Meer - Atlantik - Pazifik) und durch Kollision seiner Ränder (Himalaya) letztlich wieder zu einem Megakontinet (Pangäa) wird. Ein Wärmestau unter der isolierenden kontinentalen Kruste von Pangäa sowie die gleichzeitig stattfindende Auskühlung und das daran gekoppelte Einsinken der ozeanischen Randbereiche führen dann wieder zum Aufbrechen des Megakontinents und ein neuer Zyklus mit neuen Kontinenten beginnt. Man geht davon aus, dass ein Zyklus 300-500 Mio. Jahre dauert.

1.2.4 Tektonik und tektonische Strukturen

Die Tektonik befasst sich mit den Deformationen in der äußeren Gesteinshülle der Erde, der Lithosphäre. Diese Deformationen sind das Ergebnis mechanischer Belastungen und Beanspruchungen, denen das Gestein im Zuge plattentektonischer Vorgänge unterliegt.

Epirogenese

Die tektonischen Großstrukturen der Erde sind sehr eng mit plattentektonischen Vorgängen verknüpft. Die tektonisch stabilen Kernbereiche der Kontinente werden als **Kratone** bezeichnet. Ihre Stabilität ist durch weitgehendes Fehlen von seismischer und vulkanischer Aktivität seit dem **Präkambrium** (s. Kap. 1.2.6) vor mehr als 500 Mio. Jahren gekennzeichnet. Sie besitzen aktuell ein relativ ausgeglichenes Relief. Die tektonische Aktivität im Bereich der Kratone beschränkt sich auf epirogenetische Deformation. Unter Epirogenese versteht man lang andauernde Aufwölbungen oder Einsenkungen der Erdkruste, deren Ausdehnung zwischen einigen hunderten und mehreren tausend Kilometern liegen kann. Im Bereich der Kratone wird die epirogenetische Aufwölbung von Abtragungsvorgängen begleitet, so dass häufig das **kristalline Grundgebirge** zutage tritt. Das Grundgebirge kann aber auch von Sedimentgesteinen, dem **Deckgebirge**, überlagert sein.

Orogenese

Im Gegensatz zur Epirogenese bezeichnen Orogenesen kleinräumigere und zeitlich erheblich kürzere Gebirgsbildungsphasen im geologischen Sinne von Krustendeformationen. Junge Orogene treten aktuell als lang gestreckte Gebirgsketten in Erscheinung (z.B. die Anden). Sie sind gleichzeitig die morphostrukturellen Einheiten mit den derzeit höchsten Erhebungen der Erde. Sie entstehen als Verdickungen der Erdkruste an aktiven Kontinentalrändern durch tektonische Einengung bzw. durch magmatische Prozesse. Als Folge der Einengung bilden sich durch interne Deformation charakteristische Strukturformen wie Falten, Überschiebungen und Decken. Orogene haben häufig einen bogenförmigen Verlauf. Das Vorland ist im kontinentalen Bereich dem konvexen Teil vorgelagert, während die konkave Seite des Bogens als Rückland bezeichnet wird. Im Fall der Alpen ist das Vorland demzufolge auf der Nordseite (z.B. Bayerisches Alpenvorland), das Rückland in Oberitalien gelegen.

Nach ihrer Lage unterscheidet man **marginale Orogene** von **intrakontinentalen Orogenen**. Beide Typen differieren aber nicht nur durch ihre Position, sondern auch in Struktur und Entstehung. Marginale Orogene befinden sich an den Rändern der Kontinente (Anden), oder sie sind diesen als Inselbögen vorgelagert (Japanischer Inselbogen, Alëuten). Ihre Entstehung lässt sich zum Großteil auf die Subduktion ozeanischer Lithosphäre zurückführen. Typisch für diesen Gebirgstyp sind **magmatische Prozesse**, mäßige Einengung und damit auch geringe interne Deformation. Die intrakontinentalen Orogene befinden sich innerhalb von Kontinenten (z.B. Himalaya) und trennen Kratone voneinander, weshalb man sie auch als intrakratonische Orogene bezeichnet. Sie sind durch Kontinent-Kontinent-Kollision entstanden und durch sehr starke tektonische Einengung geprägt. Vielfach findet sich Deckenbau, wobei die Vergenzen – als Vergenz wird die Richtung, in die eine geneigte Falte verkippt ist, bezeichnet – der Falten und die Überschiebungen zum Vorland hin ausgerichtet sind. Charakteristisch sind darüber hinaus **Metamorphose-Prozesse** (s. Kap. 1.3.2) bis hin zur Aufschmelzung und Intrusion von Granitoiden. Vulkanismus kann ebenfalls stattfinden, allerdings in unterschiedlich starker Ausprägung bei generell geringerer Intensität als im Bereich der marginalen Orogene. Als Hochgebirge treten heute lediglich die jungen Orogene in Erscheinung, während die Gebirge früherer Bildungsphasen bereits abgetragen sind.

Großräumige **tektonische Dehnungsprozesse**, die auf Störungen des thermischen Gleichgewichts im Erdmantel zurückgeführt werden, können eine Ausdünnung der Kruste, auch im Bereich der Kratone, verursachen. Die Folge sind Bruchstrukturen mit Abschiebungsformen und häufig beträchtlicher linearer Erstreckung. Derartige Grabenstrukturen werden als Rift, Riftzonen oder Rift Valleys bezeichnet, die ein Initialstadium plattentektonischer Bewegungen darstellen und durch seismische und vulkanische Aktivität gekennzeichnet sind. Die größte kontinentale Grabenzone der Erde mit einer Längserstreckung von mehr als 5000 km ist das ostafrikanische Rift Valley. Es trifft im Norden auf die Spreizungszone des Roten Meeres und den Golf von Aden. In Europa erstreckt sich mit der Mittelmeer-Mjösen-Zone (Oslograben - Oberrheingraben - Rhônetalgraben) ebenfalls ein großes Grabensystem von der Nordsee bis zum Mittelmeer.

Gesteinsdeformation

Im Gesteinskörper kommt es durch die einwirkenden tektonischen Kräfte zum Aufbau von Spannungen. Spannung ist definiert als Kraft/Fläche. Die Kräfte lassen sich auf drei grundlegende Erscheinungsformen zurückführen. Durch **Kompression** oder Einengung wird ein Körper zusammengedrückt. **Extension** bedingt eine Dehnung des Körpers, die letztlich zu seinem Zerreißen führen kann. Bei der **Scherung** entstehen zwei aneinander vorbeigleitende Teilkörper. Die jeweils dominierenden Kräfte stehen in engem Zusammenhang zur Plattentektonik und den verschiedenen Typen von Plattengrenzen. Kompressionskräfte treten überwiegend im Zusammenhang mit Lithosphärenplattenkollisionen an konvergierenden Grenzen auf. An divergierenden Lithosphärenplattengrenzen driften Platten auseinander und es herrschen Extensionskräfte vor. An Transformstörungen entstehen in erster Linie Scherkräfte. Kompression und Extension äußern sich in senkrecht auf eine Fläche wirkenden Normalspannungen, Scherung durch die parallel zu einer Fläche wirkende Scherspannung. Eine Spannungsänderung im Gestein kann zu dessen Deformation führen. Deformationen sind Veränderungen der Gestalt oder des Volumens, mit denen ein Körper auf das Einwirken einer äußeren Kraft reagiert. Sie können bruchartig oder bruchlos erfolgen.

Streichen und Fallen

Tektonische Prozesse verändern die Raumlage von Gesteinen. Die dreidimensionale Raumlage aller geologischen Flächen ist durch das **Streichen** und **Fallen** eindeutig festgelegt. Das Streichen ist die Schnittlinie mit einer gedachten Horizontalebene. Sie wird als Winkel gegen die Nordrichtung zwischen 0° und 180° beschrieben. Stellt man sich das Dach eines Hauses vor, so wäre das Streichen durch den Verlauf des Dachfirstes bzw. der Regenrinne gekennzeichnet. Das Dach eines NE-SW-orientierten Hauses hätte demnach eine Streichrichtung von 45°. Das Fallen oder Einfallen ist der Betrag der Verkippung. Es ist durch die Fallrichtung und den Fallwinkel, um den die Schicht gegen die Horizontale geneigt ist, festgelegt. Betrachtet man wieder das Dach eines Hauses, so würde vom Dach abfließendes Regenwasser dem Fallen folgen. Eine SE-exponierte Dachfläche hätte eine Fallrichtung von 135°, eine NW-exponierte von 315°. Der Fallwinkel bewegt sich zwischen 0° und 90°. Streichen und Fallen stehen stets im rechten Winkel zueinander.

Faltung

Wird eine ursprünglich normal, d.h. horizontal abgelagerte Sedimentschicht (bergmännisch: **söhlige Lagerung**) durch tektonische Beanspruchung verstellt, kann dieses von der geneigten Lagerung über die senkrechte Aufstellung (**saigere Lagerung**) und Überkippung bis zur Faltung - der Verbiegung durch bruchlose Deformation - reichen. Die meisten Falten entstehen durch Einengung und lassen sich durch Wellenlänge, Amplitude, Faltenhöhe und Faltenbreite beschreiben. Analog einem Blatt Papier, das sich sowohl durch Zusammenschieben als auch durch Aufwölbung in Falten legen lässt, können die auslösenden Kräfte der Faltenbildung horizontal oder vertikal wirken. Darüber hinaus kann die Raumlage der Achsenfläche als Unterscheidungsmerkmal dienen. Ist diese vertikal ausgebildet, spricht man von einer aufrechten, stehenden oder symmetrischen Falte. Falten können bei geneigter Achsenfläche auch asymmetrisch ausgebildet sein und heißen dann „vergent". Die Vergenz kennzeichnet die Richtung der Verkippung.

Zur Beschreibung der Vielzahl möglicher Faltenformen und deren Teile hat sich eine eigene Terminologie etabliert. Eine Aufwölbung von Gesteinsschichten wird Sattel oder Antiklinale genannt, eine nach unten durchgebogene Einwölbung heißt Mulde oder Synklinale. Während sich bei **Antiklinalstrukturen** die ältesten Gesteine im Zentrum und die jüngsten im Randbereich befinden, bilden bei **Synklinalstrukturen** die jüngsten Schichten den Zentralbereich. Bei einer **Flexur** wird eine Schichtfolge durch Verbiegung vertikal gegeneinander versetzt. Größere Brüche treten dabei nicht auf, lediglich lateral oder in die Tiefe können sich die Deformationen in Verwerfungen fortsetzen. Geländestufen, die auf Flexuren beruhen, werden - analog zu den durch Bruchtektonik entstandenen Bruchstufen - als Flexurstufen bezeichnet. Gesteinsschichten können nicht nur entlang einer Achse, sondern auch um ein Zentrum herum auf- bzw. eingewölbt sein. Die Ausstrichlinien haben in diesem Fall runde oder ovale Formen. Großräumige Aufwölbungen mit von einem Zentrum nach außen einfallenden Schichten werden als **Dome** bezeichnet. Wenn die Gesteinsschichten dagegen schüsselförmig zu einem Mittelpunkt hin einfallen, spricht man von einem **Becken**.

Bruchtektonik

In den oberflächennahen Bereichen der Erdkruste verhalten sich die Gesteine bei niedrigen Drücken und Temperaturen überwiegend spröde, so dass sie auf mechanische Beanspruchung mit schneller, bruchhafter Deformation reagieren. Durch das Zerbrechen wird in den betroffenen Lithosphärenteilen ein Spannungsabbau hervorgerufen. Tiefer im Erdinneren reagieren die Gesteine auf Drücke nicht mehr durch Brechen, sondern sie werden kontinuierlich (duktil) deformiert. Grundsätzlich lassen sich zwei Arten von Brüchen unterscheiden:

- **Klüfte** sind feine Fugen oder Trennflächen im Gestein. Dislokationen, also Lageveränderungen der ursprünglich zusammenhängenden Gesteinspartien, finden nicht oder nur in sehr geringem Umfang statt. Klüfte treten meist an Stellen stärkerer mechanischer Beanspruchung im Gestein auf.

Tektonische Klüfte werden durch Spannungen aufgrund von Krustenbewegungen verursacht und kennzeichnen die Auswirkungen lokaler Spannungskonzentrationen. Klüfte können aber auch nicht-tektonische Ursachen haben. **Druckentlastungsklüfte** entstehen beispielsweise nach Abtragung der überlagernden Schichten durch den Wegfall des Auflastdruckes. Bei der Abkühlung von Magma können sich durch die damit einhergehende Volumenverminderung Kontraktionsklüfte bilden. Besonders bei basaltischen Laven ist die Absonderung hexagonaler Säulen häufig zu beobachten. Sie führen zur Ausbildung eines entsprechenden Kluftnetzes. Verlaufen mehrere Klüfte parallel oder subparallel zueinander, spricht man von einer Kluftschar. **Spalten** sind durch Zug geöffnete Klüfte. Neben tektonischer Entstehung durch Extension können sie auch atektonisch (z.B. durch abkühlungs- oder austrocknungsbedingte Kontraktion oder als Abrissspalte bei Massenbewegungen) geöffnet werden. Klüfte und Spalten sind von großer Bedeutung für die Gesteinsverwitterung. Sie schwächen einerseits die Gesteinsstruktur und fungieren darüber hinaus als Ansatzstellen exogener Kräfte, insbesondere Wasser und Luft.

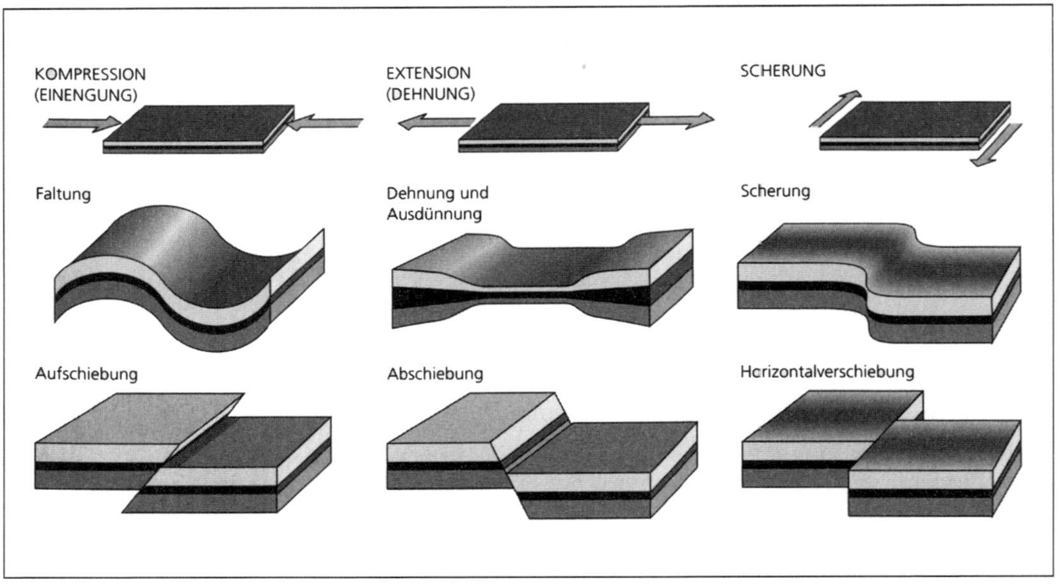

Abb. 1.8 Formen der Gesteinsdeformation (nach Press & Siever, 1998).

- An **Verwerfungen** (Verschiebungsbrüche) werden Gesteinskörper entlang von Bruchflächen gegeneinander versetzt. In Abhängigkeit von der zugrunde liegenden Deformation entstehen Abschiebungen bei Extension, Aufschiebungen bei Kompression und Seitenverschiebungen bei Scherung. Durch die Kombination von Kräften können sich schließlich

Schrägauf- bzw. Schrägabschiebungen als Mischformen von Verwerfungen bilden. Die Verschiebungen vollziehen sich parallel zum Bruch. Die Bewegung auf der Bruchfläche erfolgt im Fallen (Auf- und Abschiebung), im Streichen (Seitenverschiebung) oder schräg zum Fallen und Streichen (Schrägabschiebung, Schrägaufschiebung). Bei **Abschiebungen** bewegen sich die Gesteine auf der Störungsfläche nach unten, wobei im Normalfall nicht nur ein vertikaler Versatz, der als Sprunghöhe bezeichnet wird, festzustellen ist, sondern zusätzlich ein durch die Krustendehnung verursachtes laterales Auseinanderweichen der Gesteinspakete (Abschiebungsbetrag), dessen Folge Raumgewinn ist. Bei **Aufschiebungen** bewegt sich ein Gesteinspaket aufgrund von Einengung auf der Störungsfläche nach oben (Raumverlust). Die dabei erzielte horizontale Krustenverkürzung ist die Förder- oder Schubweite. Wenn die Störungsfläche mit einem Winkel von weniger als 45° einfällt, spricht man von einer **Überschiebung**. Häufig haben größere Überschiebungen einen gestuften Verlauf mit mehr oder weniger horizontalen Flachbahnen und steilen Rampen. Deckenüberschiebungen können Förderweiten von mehreren 100 km erreichen. Bei **Horizontal-, Seiten- oder Blattverschiebungen** gleiten die Bruchschollen an einer steil stehenden oder vertikalen Störungsfläche seitlich aneinander vorbei. Entsprechend der Bewegung der gegenüberliegenden Scholle unterscheidet man dextrale oder rechtshändige von sinistralen oder linkshändigen Seitenverschiebungen. An Seitenverschiebungen können Versatzbeträge von mehr als 100 km erreicht werden. Große, derzeit aktive Seitenverschiebungen finden sich beispielsweise in Kalifornien mit der San-Andreas-Verwerfung oder in Europa im Norden der Türkei mit der Nordanatolischen Blattverschiebung. Groß dimensionierte Seitenverschiebungen weisen häufig Krümmungen in ihrem Verlauf auf, so dass in diesen Bereichen zusätzlich Einengung oder Dehnung auftreten können. Man spricht dann von **Transpression** und **Transtension**.

Abschiebung und Aufschiebung

Die bei Verwerfungen mit horizontalem Versatz relativ gehobenen bzw. abgesenkten Krustenteile werden mitunter auch als Hoch- und Tiefscholle bezeichnet. Wird im Zuge der Dehnung der Erdkruste ein lang gestrecktes Krustensegment als Tiefscholle an zwei annähernd parallel verlaufenden Abschiebungen gegenüber seiner Umgebung abgesenkt, entsteht ein **Graben**. Neben kleineren Gräben existieren groß dimensionierte Grabensysteme von kontinentalem Ausmaß und häufig komplexem Aufbau. Diese Rift Valleys oder Riftzonen kennzeichnen Spannungsbereiche der Erdkruste. Bekannte Beispiele sind der Oberrheingraben, das Ostafrikanische Grabensystem, das Rote Meer oder der Baikalsee. Am Ozeanboden finden sich Gräben bzw. Rift Valleys an den Mittelozeanischen Rücken. Halbgräben werden im Gegensatz zu Gräben nur an einer Seite von einer Verwerfung begrenzt.

Horste entstehen in der Regel wie Gräben durch Extension. Allerdings bildet bei Horsten das zentrale Krustensegment die Hochscholle, die durch Abschiebungen gegenüber den beiden begleitenden Tiefschollen abgegrenzt wird. Während sich die Randverwerfungen von Gräben mit zunehmender Tiefe dem Grabeninneren annähern, sind sie bei Horsten nach außen orientiert. Häufig finden sich am Übergang von der Hoch- zur Tiefscholle **Staffelbrüche**. Dabei werden an mehreren hintereinander liegenden, parallelen Störungen die einzelnen Teilschollen treppenartig gegeneinander versetzt. Gräben und Horste müssen morphologisch nicht zwangsläufig als Senken oder Hochgebiete in Erscheinung treten, denn sie können durch Abtragungsprozesse eingeebnet sein, was bis zu einer **Reliefumkehr** führen kann: Steht im Bereich der Hochscholle weniger widerständiges Gestein an als an den Tiefschollen, wird dieses leichter erodiert und ausgeräumt, so dass das eigentliche Hochgebiet schließlich als Senke in Erscheinung tritt. Umgekehrt können bei einem Graben die Hochschollen abgetragen werden, so dass das Grabeninnere als Hochgebiet herauspräpariert wird. Reliefumkehr wird also letztlich durch die unterschiedliche Abtragungsresistenz der beiderseits der Verwerfung anstehenden Gesteine verursacht. Dabei muss im Bereich der Tiefscholle das im Vergleich zur Hochscholle härtere, gegenüber der Abtragung widerständigere Gestein anstehen.

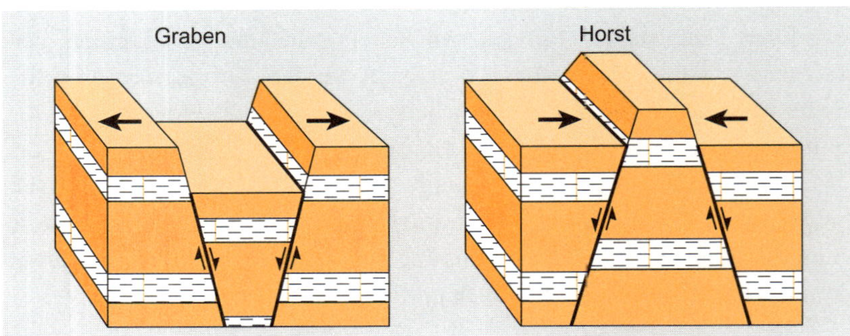

Abb. 1.9 Graben und Horst (eigener Entwurf).

Kipp- und Pultschollen

Kipp- oder Pultschollen sind schräg gestellte Krustenblöcke, die auf der einen Seite entlang einer Verwerfung gehoben wurden. Ein Beispiel für eine Pultscholle ist der Schwarzwald, der bei flacher Abdachung nach Osten im Westen steil zum Oberrheingraben hin abfällt, oder das Erzgebirge mit seiner nach Nordwesten gerichteten Abdachung. **Bruchstufen** sind Geländestufen, die an Verwerfungen mit horizontalem Versatz gebunden sind. Sie treten im Relief als deutlich sichtbare, steil ansteigende Böschungen in Erscheinung, die eine große Ähnlichkeit zu Schichtstufen aufweisen. Im Kartenbild sind sie im Allgemeinen jedoch gut zu unterscheiden: Bruchstufen weisen einen weniger stark zerlappten Verlauf auf und sind einer tektonischen Hauptrichtung untergeordnet. Die Höhe von Bruchstufen ist stets an die Sprunghöhe der Verwerfung gebunden. In der Realität ist sie jedoch deutlich geringer, da im Bereich der Hochscholle syngenetisch, also bereits während der Hebung, die Abtragung einsetzt und gleichzeitig Sedimentation auf der Tiefscholle stattfindet. Bruchschollengebirge wie der Harz, das Rheinische Schiefergebirge oder der Thüringer Wald haben meist Mittelgebirgscharakter. Sie sind dadurch gekennzeichnet, dass sie durch Bruchstufen begrenzt und durch Verwerfungen in ein Bruchschollenmosaik zerlegt sind. Der durch präalpidische Faltung (s. Kap. 1.12), metamorphe Überprägung und Abtragung starre und spröde Untergrund reagiert auf Beanspruchung mit Bruchtektonik. Im Fall der deutschen Bruchschollengebirge resultierte diese Beanspruchung aus dem Druck der sich nach Norden bewegenden Afrikanischen Platte und der daran gekoppelten alpidischen Orogenese. Bedingt durch Zerbrechen und lokale Hebungs- bzw. Senkungsprozesse werden die Schollen gegeneinander versetzt und bilden je nach Bewegung der Schollen zueinander unterschiedliche Oberflächenformen mit den oben angeführten Elementen.

Stichwort

Die Gebirgsbildung in Europa

Die geologische Entstehung Europas ist auf drei große Gebirgsbildungsphasen (Orogenesen) zurückzuführen. Die kaledonische Orogenese begann im frühen Paläozoikum vor 530 Millionen Jahren. Durch die Kollision von Laurentia (Kanadischer Schild) mit der osteuropäischen Plattform wurden Irland, Schottland, Nordengland und Norwegen herausgebildet. Vor rund 400 Millionen Jahren im mittleren Paläozoikum begann die variskische Orogenese während der, im Zuge der Bildung des Großkontinents Pangäa, die geologisch-tektonische Grundstruktur Mitteleuropas durch die Kollision von Gondwana und Laurasia angelegt wurde. Bereits am Ende des Paläozoikums waren diese Varisziden wieder weitgehend abgetragen und in den Randbereichen begannen sich in Senkungsgebieten die Steinkohlevorkommen des Ruhrgebiets und des saarländisch-lothringischen Raums zu bilden. Im Zuge der alpidischen Orogenese, der dritten großen Gebirgsbildungsphase, in der neben den namengebenden Alpen auch die Pyrenäen und die Karpaten entstanden, kam es seit dem mittleren Mesozoikum in Europa zu weiträumigen bruchtektonischen Bewegungen, die zur erneuten Hebung der Mittelgebirge und zur Bildung zahlreicher Grabenbrüche (Oberrheingraben, Leinegraben) führten. Auf den herausgehobenen und bruchtektonisch verstellten Schollen wurden die mesozoischen Sedimente (Deckgebirge) häufig bis auf das bei der variskischen Orogenese gebildete Grundgebirge abgetragen. Diese mit der alpidischen Gebirgsbildungsphase zusammenhängenden bruchtektonischen Bewegungen sind bis heute nicht abgeschlossen. Darauf deuten neben leichteren Erdbeben im Bereich der tektonischen Grabenzonen auch die Vorkommen von Thermalwässern in diesen Regionen.

1.2.5 Vulkanismus und Plutonismus

Vulkanismus und Plutonismus führen durch die Förderung von Gesteinsschmelze aus dem Erdinneren zu Strukturformen. Diese natürlich entstandene Gesteinsschmelze wird als **Magma** bezeichnet. Gesteine, die sich aus Magma bilden, heißen entsprechend Magmatite (s. Kap. 1.3.2). Wenn Magma durch vulkanische Prozesse an der Erdoberfläche ausströmt, spricht man von **Lava**. Als Intrusion (Plutonismus) bezeichnet man das Eindringen von Magma in die Lithosphäre, ohne dass dabei die Erdoberfläche erreicht wird. Augenscheinlichster Unterschied zwischen magmatischen Gesteinen, die in der Tiefe entstehen (**Plutonite**, **Intrusivgesteine**) und den Gesteinen, die sich beim Erkalten von Lava an der Erdoberfläche bilden (**Vulkanite**, **Effusivgesteine**), ist ihre unterschiedliche Struktur (s. Kap. 1.3.2).

Magmatite

Magmen und magmatische Gesteine können entsprechend ihrem Gehalt an SiO_2 in sauer (> 65% SiO_2), intermediär (65–52% SiO_2) und basisch (< 52% SiO_2) untergliedert werden. Rhyolith (**sauer**), Andesit (**intermediär**) und Basalt (**basisch**) sind die wichtigsten Effusivgesteine, ihr jeweiliges intrusives Analogon ist Granit, Diorit und Gabbro. Das bedeutet, aus einer basischen Schmelze mit entsprechender chemischer Zusammensetzung entsteht bei der Auskristallisation in der Lithosphäre als Gestein Gabbro. Erfolgt die Erstarrung dieser Schmelze an der Erdoberfläche, bildet sich Basalt. Gabbro und Basalt besitzen die gleiche chemische Zusammensetzung und unterscheiden sich nur dadurch, dass die effusive Basaltschmelze auf dem Weg an die Oberfläche stärker entgast und an der Erdoberfläche schneller abkühlt als die Gabbroschmelze und damit auskristallisiert. Die Eigenschaften der Gesteinsschmelzen hängen wesentlich vom **Chemismus**, dem **Gasgehalt** sowie der **Temperatur** ab. So sind rhyolithische Laven extrem sauer. Sie haben einen niedrigeren Schmelzpunkt als Basalt und werden mit Temperaturen von 800–1000 °C gefördert. Ihre Fließgeschwindigkeit ist im Allgemeinen deutlich geringer als die Geschwindigkeit basaltischer Laven, sie sind zähflüssig. Die hohe Viskosität resultiert aus den niedrigen Temperaturen bei hohen Kieselsäuregehalten. Im Gegensatz dazu sind basaltische Laven mit geringen Kieselsäuregehalten und hohen Fördertemperaturen von 1000 bis 1200 °C dünnflüssig. Wenn basaltische Schmelzen rasch abkühlen, können sich aufgrund von Kontraktion und Volumenverlust fünf- oder sechseckige Säulen bilden. Die Eigenschaften andesitischer Lava bewegen sich entsprechend ihrem intermediären Chemismus zwischen Basalt und Rhyolith.

Vulkanische Eruptionsformen

Nicht alle vulkanischen Eruptionen verlaufen gleich: Bei **magmatischen Eruptionen** ist die Explosion und die Fragmentierung ausschließlich auf das Magma und seine flüchtigen Bestandteilen zurückzuführen; im Gegensatz dazu spielt bei phreatomagmatischen Eruptionen der Kontakt der Schmelze mit Wasser eine wichtige Rolle. Bei den magmatischen Eruptionsformen ist die hawaiianische von der strombolianischen und der plinianischen zu unterscheiden. Beim **hawaiianischen** Typ fließen dünnflüssige, volatilarme (mit wenigen flüchtigen Bestandteilen) basaltische Magmen ohne nennenswerte explosive Tätigkeit als Lavaströme aus. **Strombolianische** Tätigkeit wird durch kieselsäure- und volatilreichere und damit zähflüssigere basaltische Magmen hervorgerufen. Dabei kommt es zu Eruptionen mit rhythmischem Auswurf von Schlacken und Lavafetzen, die durch das Zerplatzen großer Gasblasen am Top der Magmasäule entstehen. Sie werden aus dem Schlot herausgeschleudert und können zu Vulkan- oder Schlackenkegeln aufgeschichtet werden. Strombolianische Eruptionen werden von Eruptionssäulen von wenigen Kilometern Höhe begleitet. Die **plinianische** Eruptionsform ist durch ihren hoch explosiven Charakter gekennzeichnet. Sie entsteht bei äußerst viskosen, kieselsäurereichen Magmen mit einem großen Anteil an flüchtigen Bestandteilen und kann von Eruptionssäulen von mehr als 60 km Höhe begleitet sein.

Heftige Explosionen treten auch im Zuge von **phreatomagmatischen Eruptionen** auf. Dabei kommt aufsteigendes Magma mit Grund-, See-, Meer- oder Schmelzwasser oder dem durch das Magma erhitzten Gestein in Kontakt und verdampft explosionsartig. **Flutbasalte** (auch: Plateau- oder Trapp-Basalte) entstehen aus extrem dünnflüssiger basaltischer Lava, deren Förderung entlang von Spalten (Spalteneruptionen) erfolgt und auf Manteldiapire zurückgeführt wird, wobei die Förderung subaerisch auf dem Land oder subaquatisch erfolgen kann. Wenn sie auf ebenem Gelände im kontinentalen Bereich ausfließen (Continental-Flood-Basalt), entstehen Lavadecken, die bei entsprechender Konstanz und zeitlicher Dauer der Förderung vulkanische Plateaus aus übereinander liegenden Lavadecken aufbauen. **Vulkanische Plateaus** können Mächtigkeiten von 1000 m und mehr erreichen und sehr weiträumig ausgebildet sein. Bekannte Beispiele für Flutbasalte sind das Columbia-Plateau in den USA, das Dekkan-Plateau in Indien oder die Karoo-Basalte Südafrikas. In Europa sind Flutbasalte auf Island, in Irland oder in Südschweden zu finden.

Lavatypen

Fließende Lava tritt in drei Grundformen auf. Strick- oder seilartig geformte Lava entsteht, wenn die Oberfläche dünnflüssiger basaltischer Lava beim hangabwärtigen Fließen abkühlt und zu einer dünnen, glasigen Haut erstarrt. Die Schmelze fließt unter der Haut weiter und schiebt jene zu strickartigen Wülsten zusammen. Dieser Lavatyp wird nach einem polynesischen Ausdruck für „strick-“ oder „seilartig“ als **Pahoehoe-Lava** bezeichnet. Wenn die ausfließende Schmelze weniger heiß und weitgehend entgast ist, wird sie zäher und bewegt sich langsamer als Pahoehoe-Lava. Dabei entsteht eine dicke Kruste an ihrer Oberfläche, die bei der weiteren Bewegung im Inneren in raue und scharfkantige Fragmente zerbricht. Man nennt diesen Vorgang der Fragmentierung auch Autobrecciierung. Der zugehörige Lavatyp wird **Aa-Lava** genannt - nach den Geräuschen, die man von sich gibt, wenn man barfuß über die Lava läuft. Ein einziger Lavastrom kann in der Nähe des Ausbruchsortes die

Form von Pahoehoe-Lava haben und in größerer Entfernung mit zunehmender Abkühlung und Krustendicke schließlich als Aa-Lava in Erscheinung treten. Der dritte Lavatyp ist die **Pillow-** oder **Kissenlava**. Sie bildet rundliche bis elliptische, kissenförmige Gesteinspakete und entsteht, wenn basaltische Lava subaquatisch bei niedriger Effusionsrate austritt. Dabei wird die Oberfläche der Lava durch den Kontakt zum kalten Wasser zu vulkanischem Glas abgeschreckt. Pillow-Lava ist eine typische Erscheinung an Mittelozeanischen Rücken (s. Kap. 1.2.3).

Vulkanogene Lockerstoffe

Insbesondere beim explosiveren Vulkanismus wird neben Lava auch vulkanisches Lockermaterial gefördert, transportiert und abgelagert. Man bezeichnet sie als **Pyroklasten** oder Tephra, und sie sind hinsichtlich ihrer Größe und Ausmaße sehr variabel. Das unverfestigte Feinmaterial mit einer Größe von weniger als 2 mm wird **Asche** genannt. **Lapilli** (Singular: Lapillus) haben einen Durchmesser von 2-64 mm, größere Fragmente heißen **Bomben**, wenn sie eine mehr runde Form haben, und **Blöcke**, wenn sie eckig ausgebildet sind. Das geförderte Material besteht zum Großteil aus Gesteins- und Kristallbruchstücken sowie blasigen Glasfetzen. Nach der Ablagerung kann es zur Lithifizierung des unverfestigten Materials kommen, entweder durch Verschweißen der noch heißen Bruchstücke unmittelbar nach der Deposition oder zu einem späteren Zeitpunkt durch „Zementierung". Verfestigte Asche nennt man **Tuff**, umgelagertes vulkaniklastisches Gestein **Tuffit** und bei größeren Bestandteilen spricht man von vulkanischen oder pyroklastischen **Breccien**.

Vulkantypen

Die Zusammensetzung der Schmelze und die jeweiligen Förderbedingungen führen an der Erdoberfläche zu unterschiedlichen Vulkantypen, die jedoch stets entweder auf Spalteneruptionen (**Spaltenvulkan**) oder Zentraleruptionen (**Zentralvulkan**) zurückzuführen sind. Bei der **Spalteneruption** tritt Magma aus einer tief reichenden Spalte oder Spaltenzone über größere horizontale Distanzen aus. Die Mittelozeanischen Rücken sind Bereiche, an denen Lava typischerweise in Form von Spalteneruptionen gefördert wird. Auch die Plateau- oder Flutbasalte entstehen zumeist durch Spalteneruptionen. Wenn an Spalteneruptionen pyroklastisches Material austritt, können ausgedehnte Tuffdecken zur Ablagerung gelangen. Werden diese zu einem Festgestein verschweißt, so bezeichnet man dieses als Ignimbrit. Im Gegensatz dazu wird bei einem Zentralvulkan bzw. bei der Zentraleruption Lava oder pyroklastisches Material an einem zentralen Schlot gefördert. Dieser speist sich durch ein eng begrenztes Magmenzufuhrsystem, das sich in unterschiedlichen Tiefen (von der Kruste-Mantel-Grenze bis dicht unter die Erdoberfläche) befinden kann. Im Gipfelbereich des Vulkans ist häufig ein Hauptkrater ausgebildet, bei größeren Vulkanen können auch mehrere vorhanden sein. Die Hänge können von Spalten und kleineren Kratern, so genannten Parasitärkratern, durchsetzt sein.

Schildvulkane entstehen, wenn aus einem Zentralkrater wiederholt dünnflüssige basaltische Lava ruhig und weiträumig ausfließt. Sie zeichnen sich durch ein sehr niedriges Höhen-Durchmesser-Verhältnis bzw. durch ihre sehr geringe Hangneigung von lediglich etwa 6–10° aus. Wenn sich mehrere Lavaströme übereinander stapeln, können äußerst mächtige Vulkanbauten mit Höhen von mehreren tausend Metern entstehen. Der Mauna Loa und der Mauna Kea sind zwei hawaiianische Schildvulkane mit einer Höhe von jeweils über 4000 m ü. NN. Nimmt man den Meeresboden anstelle des Meeresspiegels als Bezugsbasis, so beträgt die Gesamthöhe des Mauna Loa etwa 10 km; er ist somit der höchste „Berg“ bzw. die höchste Erhebung der Erde.

Schlackenkegel (auch: Aschenkegel, Aschen- oder **Schlackenvulkan**) entstehen häufig im Zuge strombolianischer Eruptionstätigkeit, und zwar immer dann, wenn aus einem Vulkanschlot durch Gase fragmentiertes Lockermaterial gefördert wird. Während der Zentralbereich durch fest verschweißte Schlacken aufgebaut wird, besteht der Rest des Kegels aus Lockermaterial. Das konkave Profil des Vulkankegels resultiert aus dem maximalen Böschungswinkel, die Hangneigung liegt bei etwa 30–35°. Die größeren Fragmente werden weniger weit herausgeschleudert als das Feinmaterial. Sie finden sich demnach in Gipfelnähe und bilden steilere, standfestere Hänge mit Hangneigungen bis 40°. Am Unterhang dominiert feineres Material mit entsprechend flacheren Hängen. Schlackenkegel haben in der Regel eine Höhe von einigen zehn bis wenigen hundert Metern und sind die am weitesten verbreiteten Landvulkane. Aufgrund ihrer Struktur sind Schlackenkegel nicht besonders abtragungsresistent und werden demzufolge nach dem Ende ihrer Aktivität in verhältnismäßig kurzer Zeit wieder abgetragen.

Im Gegensatz zu den beiden zuvor betrachteten Vulkantypen, die entweder aus Lava oder aus pyroklastischem Material aufgebaut sind, zeichnen sich die **Schicht-** oder **Stratovulkane** durch alternierende Schichten von Lava und Pyroklastika aus. Es sind komplexe, langlebige Vulkangebäude, die sich oft mehrere Kilometer über ihre Umgebung erheben. Ihre Form ist kegelförmig mit steilen, mehr oder weniger konkav ausgebildeten Hängen. Sie entstehen häufig in Gebieten, in denen über längere Zeit größere Mengen an differenzierten Magmen gefördert werden. So können sowohl große plinianische Eruptionen als auch wenig explosive Ausbrüche mit Ausfluss zäher Laven auftreten. Viele der großen und bekannten Vulkane wie Fujiyama, Vesuv, Ätna oder Mt. St. Helens sind Stratovulkane. Da saure Schmelzen sehr zähflüssig sind, können sie kaum zur Seite abfließen, so dass sich vulkanische Dome bilden.

Bei Kryptodomen oder **Quellkuppen** handelt es sich um eine Form, die eigentlich dem Plutonismus zuzuordnen ist, da das aufsteigende Magma nicht bis an die Erdoberfläche empor dringt, sondern als subvulkanische Magmenintrusion in den überdeckenden Schichten stecken bleibt und diese aufwölbt. Nach Abtragung der überlagernden Sedimentschichten kann die Intrusion als Härtling aus der Umgebung herauspräpariert werden. Bei Lavadomen oder **Staukuppen** erreicht das Magma zwar die Erdoberfläche, breitet sich aber aufgrund seiner Viskosität nicht zur Seite aus und erstarrt in Form einer kuppel- bis nadelförmigen Extrusion. Durch vulkanische Dome werden Förderschlote plombiert, so dass die eingeschlossenen Gase verheerende Explosionen hervorrufen können. Wenn aus einer Magmakammer im Zuge heftiger hawaiianischer oder plinianischer Eruptionen große Mengen an Material gefördert werden, bilden sich im Untergrund Hohlräume, in die der vulkanische Überbau häufig blockartig nachsackt. Die dabei entstehende steilwandige, meist kreis- bis ellipsenförmig und häufig von Abschiebungen polygonal begrenzte Hohlform, die als **Caldera** bezeichnet wird, erreicht Durchmesser von bis zu mehreren zehn Kilometern. **Maare**, ebenfalls vulkanische Hohlformen, entstehen monogenetisch als Sprengtrichter durch phreatomagmatische Explosionen immer dann, wenn das Magma in Kontakt mit dem Grundwasser gerät. Dabei werden Magma und Nebengestein fragmentiert und als pyroklastisches Material aus dem Schlot ausgeworfen. Um die Austrittsöffnung herum wird häufig ein flacher Asche- bzw. Tuffring abgelagert. Vielfach werden die Hohlformen der Maare durch Niederschlagswasser verfüllt, so dass sich Maarseen bilden. Maare sind die charakteristische Form des Vulkanismus in der Eifel und die häufigste Vulkanform der Kontinente. Im Zuge von Vulkanausbrüchen können sich so genannte **Lahare** entwickeln, Schlamm- und Schuttströme aus wassergesättigtem vulkanischem Material. Sie fließen bis zu mehrere zehn Kilometer weit und transportieren Gesteinsblöcke von beträchtlichen Dimensionen. Als 1985 der Nevado del Ruiz in Kolumbien ausbrach, wurden durch Abschmelzen des Gletschereises Lahare ausgelöst, die eine 50 km entfernte Stadt unter sich begruben und mehr als 20000 Menschenleben forderten.

Postvulkanische Erscheinungen

In engem Zusammenhang zu vulkanischer Tätigkeit steht das Auftreten von Thermalwässern und vulkanischen Gas- und Dampfexhalationen, die man als **Fumarolen** bezeichnet. Sie können auch noch sehr lange nach dem Ende der vulkanischen Tätigkeit auftreten. Spezielle Typen von Fumarolen sind die schwefelhaltigen **Solfataren** und die CO_2-reichen **Mofetten**. Als **Thermalwasser** bezeichnet man erhitztes Grundwasser, dessen gelöste Stoffe beim Austritt an die Erdoberfläche ausfallen und oftmals Sinterkrusten bilden. **Geysire** entstehen, wenn sich Thermalwasser im Untergrund am heißen Gestein überkritisch aufheizt, so dass in mehr oder weniger regelmäßigen Abständen eine Fontäne aus Wasserdampf und überhitztem Wasser emporschießt.

Häufigkeit und räumliche Verteilung von Vulkanen

Von den heute 500 bis 600 aktiven Vulkanen der Erde treten etwa 80% an konvergierenden, 15% an divergierenden Lithosphärenplattengrenzen und nur 5% innerhalb der Platten auf. Im Bereich **divergierender Plattengrenzen**, also an den kontinentalen Riftzonen und den Mittelozeanischen Rücken, werden vorwiegend basische Schmelzen gefördert. An den Mittelozeanischen Rücken wird durch die Förderung der basaltischen Schmelzen neuer Meeresboden gebildet. An den Subduktionszonen verlaufen Vulkanketten vielfach parallel zur **konvergierenden Plattengrenze.** Dabei ist der Chemismus der Magmen deutlich variabler als an den Mittelozeanischen Rücken. Bei der Subduktion spielen verschiedene Schmelzprozesse (Erniedrigung der Schmelztemperatur im Oberen Mantel der überfahrenden Platte durch Wassereinlagerung in den Ozeanbodensedimenten der subduzierten Platte, Aufschmelzen der Sedimente des Ozeanbodens, partielles Aufschmelzen der Kruste der Oberplatte durch aufsteigende Magmen) eine Rolle, deren Interaktion letzten Endes die Zusammensetzung des Magmas bestimmt, so dass neben basischem Vulkanismus mit der Förderung von Basalten oder Andesiten auch das Auftreten saurer Rhyolithe möglich ist. Im Gegensatz zum Vulkanismus an den Plattengrenzen war das Auftreten von Vulkanen im Bereich von Platten (**Intraplattenvulkanismus**) lange Zeit nur schwer mit der Theorie der Plattentektonik zu vereinbaren. An der Erdoberfläche beschränkt sich die Aktivität dieser als Hot Spots (s. Kap. 1.2.3) bezeichneten Vulkane auf 100-200 km^2 große, quasi-stationäre Areale. Sie werden als Manteldiapire (mantle plumes) gedeutet, deren Schmelzen von der Erdkern-Erdmantelgrenze aufsteigen. Durch den Aufstieg eines „Plume" bilden sich im obersten Erdmantelabschnitt Magmenkammern, aus denen Magma in die Lithosphäre eindringt.

Stichwort

Vom Vulkanismus geprägte Landschaften in Deutschland

Zwar gibt es aktuell in Deutschland keinen aktiven Vulkanismus, das war aber im Laufe der Erdgeschichte nicht immer so. Eindrucksvolle Vulkanlandschaften wie der Vogelsberg, die Röhn, die Eifel, der Hegau oder der Kaiserstuhl, aber auch der Schwäbische Vulkanismus auf der Uracher Alb zeugen von intensiver vulkanischer Tätigkeit, die auch heute noch im Relief deutlich sichtbar ist. Im Gefolge des letzten Höhepunkts der alpidischen Gebirgsbildungsphase war Mitteleuropa eine Region mit intensiver vulkanischer Aktivität. Die vulkanische Haupttätigkeit fand im mittleren Tertiär (Oligozän, Miozän) statt. Der letzte Vulkanausbruch in Deutschland war die Laacher See-Eruption vor rd. 11000 Jahren. Das Auswurfmaterial dieses Ausbruchs ist in weiten Teilen Europas zu finden und der bei dieser Eruption ausgeworfene Bims ist bis heute ein begehrtes Baumaterial. Auch postvulkanische Erscheinungen wie Geysire (kalte Geysire bei Andernach und Wallenborn in der Eifel), Gasaushauchungen (Maare in der Eifel, Pyrmont, Wiesbaden) oder heiße Quellen, die u.a. entlang des Oberrheingrabens die Grundlage für zahlreiche Heilbäder bilden, sind in Deutschland weitverbreitet.

Intrusivkörper

Im Gegensatz zu den Vulkanen sind **Plutone** große Tiefengesteinskörper mit bis zu mehreren 100 km Durchmesser. Sie bestehen meist aus granitischen oder verwandten Plutoniten, die sich deutlich vom intrudierten Nebengestein unterscheiden. Allerdings kann Nebengestein im Zuge der Granitisierung durch Schmelzprozesse und den Einfluss von Lösungen und Gasen in Granit umgewandelt werden, so dass sich ein fließender Übergang ergibt. Die Platznahme des Magmas erfolgt zumeist in großen Tiefen (etwa 8–10 km). Dabei ist es möglich, dass größere, als Xenolithe (Fremdgestein) bezeichnete Blöcke aus dem Nebengestein gelöst werden und im Magma absinken. Diese können ebenso wie das angrenzende Nebengestein aufgeschmolzen werden und so lokal die Zusammensetzung des Magmas verändern.

Bei den Plutonen unterscheidet man nach ihrer Form und Größe verschiedene Typen. Die größten Intrusivkörper mit einer Ausdehnung von mehr als 100 km^2 und häufig nicht bekannter Tiefe werden **Batholithe** genannt, bei entsprechend geringerer Ausdehnung und größerer Nähe zur Erdoberfläche spricht man von **Stöcken**. Die großen Batholithe bestehen in der Regel aus einer Vielzahl von Intrusionen und weisen auf lange Bildungszeiträume hin. Sowohl Batholithe als auch Stöcke sind diskordante Plutone, da sie die Schichten des Nebengesteins durchschlagen, wobei sich ihre Außenbegrenzung nicht am Schichtenbau des Nebengesteins orientiert. Im Gegensatz hierzu ist der Verlauf der Ränder einer konkordanten Intrusion eng an den Schichtenbau des Nebengesteins angelehnt. **Lakkolithe** sind Intrusivkörper mit ebener Unterseite und einer aufgewölbten Oberseite. Das meist saure, zähflüssige Magma zwängt sich zwischen Schichtgrenzen von Sedimenten und wölbt dabei das Hangende auf. **Lopolithe** sind dagegen zum Zentrum hin „eingedellt“, so dass ihre Form an eine Untertasse erinnert. Wenn Magma gangförmig in einen Pluton oder seine Nebengesteine eindringt, bilden sich **Ganggesteine**. Die konkordant gelagerten Lagergänge oder Sills entstehen durch das Eindringen zwischen die Schichten des Nachbargesteins, bei diskordanter Lagerung und durchschlagenem Nebengestein spricht man von Gängen oder Dykes.

1.2.6 Geologische Zeiteinheiten

Aus der Untersuchung von Gesteinen und ihrer Lagerung entwickelten Geologen im 19. und 20. Jahrhundert eine geologische Zeitskala, d.h. eine dem **relativen Alter** entsprechende Zeitrechnung der Erdgeschichte. Jeder zeitliche Abschnitt (**stratigraphische Einheit**) auf der Skala entspricht einer bestimmten Abfolge von Gesteinen bzw. Schichten und Fossilien. Angaben zur relativen zeitlichen Einordnung von Gesteinen bzw. Schichten werden sowohl durch die Lageregel – das stratigraphische Prinzip nach dem stratigraphischen Grundgesetz von Steno (1669), dass jüngere Gesteine bzw. Schichten über älteren abgelagert wurden (**Lithostratigraphie**) – möglich, als auch durch die Parallelisierung von lokalen und globalen Fossilüberlieferungen (**Biostratigraphie**), die darüber hinaus die Rekonstruktion der Entstehung, der Entwicklung und des Aussterbens von Tier- und Pflanzenarten im Laufe der Erdgeschichte ermöglichen. Bei der Bewertung der geologischen Zeitskala, insbesondere bei der Korrelation mit der zeitlichen Abfolge geologischer Ereignisse, ist zu berücksichtigen, dass die Informationen mit zunehmendem Alter der Gesteine und Fossilien lückenhafter werden. Im Gegensatz zum relativen zeitlichen Bezugsrahmen, der sich aus den Untersuchungen der Stratigraphie und der Fossilien ergibt, erlauben seit rund 100 Jahren radiometrische Datierungen die Bestimmung der **absoluten Alter** der einzelnen Abschnitte der Zeitskala.

Die geologische Skala wird in vier stratigraphische Einheiten mit jeweils unterschiedlicher Zeitdauer untergliedert: **Äon, Ära, Periode** und **Epoche** bzw. Abteilung (vgl. Abb. 1.10). Die Zeitdauer eines Äons ist am längsten, eine Epoche/Abteilung kennzeichnet dagegen einen erheblich kürzeren Zeitraum der Erdgeschichte.

Geologische Zeitskala

Das älteste **Äon**, das **Archaikum** umfasst die ältesten derzeit bekannten Gesteine, deren Alter auf rund 4,6 Mrd. Jahre datiert wurden, sowie die ersten, nur wenig nachweisbaren Lebensspuren (Algen, primitive Einzeller). Es reichte zeitlich bis vor rund 2,5 Mrd. Jahren. Am Ende des folgenden Äon, dem **Proterozoikum** (2,5 Mrd. bis 570 Mio. Jahre vor heute), erreichte der Sauerstoffgehalt der irdischen Atmosphäre annähernd seinen heutigen Wert und Fossilien zeigen die erste Entwicklung höherer Lebensformen. Das **Phanerozoikum**, aus dem griech. phaneros: sichtbar, deutlich und zoon: Lebewesen, schließlich ist das jüngste Äon und bezeichnet den Zeitraum der Erdgeschichte seit rund 570 Mio. Jahren bis heute. Es wird in drei **Ären** gegliedert: Paläozoikum, Mesozoikum und Känozoikum, diese wieder in Perioden. Perioden werden in Abteilungen (in anderen Sprachen als Serien bezeichnet) - zeitlich Epochen -, diese wieder in Stufen und weiter in Zonen untergliedert. **Periode** bezeichnet eine meist in einem längeren Zeitraum der Erdgeschichte durch Ablagerung entstandene Schichtenfolge, die durch die darin enthaltenen, nur für diesen Zeitraum charakteristischen Fossilien, den **Leitfossilien**, gekennzeichnet ist. Im gleichen Zeitraum in die Schichtenfolge eingedrungene Magmatite werden ebenfalls der jeweiligen Periode zugerechnet. Nomenklatorisch sind die Bezeichnungen der Perioden häufig an Regionen angelehnt, in denen die geologischen Schichten erstmals beschrieben wurden oder besonders eindrucksvoll entwickelt sind (**Typlokalitäten**), so z.B. Kambrium (römische Bezeichnung für Nordwales), Devon (Grafschaft in England), Perm (ehem. russ. Gouvernement im Ural), Jura (franz.-schweizer. Juragebirge) oder charakteristische Gesteinsmerkmale führten zur Bezeichnung, so beim Muschelkalk oder Keuper.

Um die zeitliche Dimension der Entwicklung der Erde, wie sie in der geologischen Zeitskala dargestellt ist, zu veranschaulichen, bietet sich der Vergleich der zeitlichen Abfolge der Erdgeschichte mit einem Kalenderjahr an: Die Erde entsteht am 1. Januar und erstes primitives Leben entwickelt sich etwa ab dem 21. Februar. Am 25. Oktober beginnt mit der Ära des Paläozoikums die Entwicklung höherer Lebensformen. Seit dem 6. Dezember entwickeln sich Reptilien, während die Dinosaurier bereits am ersten Weihnachtstag

Äon	Ära	Periode	Abteilung	MA (Mio. Jahre)
Phanerozoikum	Känozoikum	*Quartär*	Holozän Pleistozän	1,8
		Tertiär	Pliozän Miozän Oligozän	23
			Eozän Paläozän	65
	Mesozoikum	*Kreide*	obere untere	135
		Jura	Malm Dogger Lias	200
		Trias	Keuper Muschelkalk Buntsandstein	250
	Paläozoikum	*Perm*	Zechstein Rotliegendes	295
		Karbon	Ober- Unter-	355
		Devon	oberes mittleres unteres	410
		Silur		435
		Ordovizium	oberes mittleres unteres	488
		Kambrium	Furongium Serie 3 Serie 2 Serie 1	542
Präkambrium	Proterozoikum	*Neoproterozoikum*		1000
		Mesoproterozoikum		1600
		Paläoproterozoikum		2500
	Archaikum	*Neoarchaikum*		2800
		Mesoarchaikum		3200
		Paläoarchaikum		3600
		Eoarchaikum		ca. 4600
Geschätzte Entstehung der Erde				

Abb. 1.10 Erdzeittafel (eigener Entwurf).

aussterben. Unsere Spezies erscheint am Silvestertag um 23.00 Uhr erstmals, um 23.58 Uhr und 50 Sekunden beginnt vor rund 10000 Jahren das Holozän, die jüngere Abteilung des Quartärs, und das Mittelalter geht eine dreihundertstel Sekunde vor Mitternacht zu Ende. ■

Wissens-Check

1. Erläutern Sie den Unterschied zwischen Erdkruste und Lithosphäre.
2. Erläutern Sie warum die „Moho"-Diskontinuität für die Geowissenschaften so wichtig ist.
3. Definieren Sie aktiver und passiver Kontinentalrand; nennen Sie jeweils zwei Beispiele.
4. Warum wurde Alfred Wegener's Theorie der Kontinentalverschiebung von den Geowissenschaftlern nicht sofort akzeptiert?
5. Welche Zonen der Erdoberfläche weisen Vulkanismus auf und warum?
6. Definieren Sie den Begriff „Hot Spot" (Mantle Plume) und in welchem Zusammenhang steht ein solcher „Hot Spot" mit vulkanischer Aktivität?
7. Beschreiben und erläutern Sie die allgemeinen Prozesse im Erdinneren, die für die Bewegungen der Lithosphärenplatten verantwortlich sind.
8. Kennzeichen Sie die grundlegenden Unterschiede zwischen divergierenden und konvergierenden Plattengrenzen sowie Transformstörungen.
9. Erläutern Sie den Zusammenhang Silikatgehalt einer Schmelze und dem vulkanischen Eruptionsverhalten.
10. Beschreiben Sie die Unterschiede zwischen P-Wellen, S-Wellen und Oberflächenwellen bei einem Erdbeben.

Literaturhinweise

Bahlburg, H., Breitkreuz, C. (2012). Grundlagen der Geologie. Heidelberg, Berlin, Oxford (Springer).

Jacobshagen, V., Arndt, J., Götze, H.J. (2000): Einführung in die geologischen Wissenschaften Stuttgart (UTB).

Press, R., Siever, F. (2003): Allgemeine Geologie. Eine Einführung. Heidelberg, Berlin, Oxford (Springer).

Schminke, H.-U. (2000): Vulkanismus. 2. Aufl. Darmstadt (WBG).

Stanley, S.M. (2001): Historische Geologie. 2. Auflage. Heidelberg, Berlin, Oxford (Springer).

1.3 Minerale und Gesteine

Überblick

Im Gegensatz zur Atmosphäre, in der ein gasförmiger Aggregatzustand vorherrscht, überwiegt in der Lithosphäre der feste Aggregatzustand, d.h. die dort vorkommenden Stoffe sind aus Kristallen aufgebaut. **Kristalle** stellen in der Regel von ebenen Flächen begrenzte und homogene Körper dar, deren chemische Bausteine eine geometrisch regelmäßige Verteilung im Raum aufweisen. Die Kristalle, die als anorganische Körper in der Erdkruste auftreten, werden als Minerale bezeichnet. **Minerale** sind damit die physikalisch und chemisch homogenen Bestandteile der Lithosphäre. Natürliche Gemenge verschiedener Minerale bilden **Gesteine**.

1.3.1 Minerale

Kristall- und Mineralbegriff

Kristallisation erfolgt bei der Abkühlung einer magmatischen Schmelze oder durch Abscheidung von Kristallen aus einer wässrigen Lösung. Darüber hinaus können sich im Zuge der Gesteinsmetamorphose (s. Kap. 1.3.2) oder durch Meteoriteneinschlag neue Minerale aus dem vorhandenen Stoffbestand oder durch Umkristallisation bilden. Bei der Kristallisation werden die atomaren Bestandteile des gasförmigen oder fluiden Umfelds in die jeweilige Kristallstruktur eingebaut, so dass ein Kristallgitter aus Anionen und Kationen entsteht, das Mineral ist also **kristallin**. Ist eine derartige Anordnung der Atome nicht realisiert, und die Atome weisen keinen erkennbaren Ordnungszustand auf, wird das entsprechende Mineral als **amorph** bezeichnet.

Minerale mit dem gleichen Chemismus können sowohl kristallin ($SiO_2 \rightarrow$ Quarz) als auch amorph ($SiO_2 \rightarrow$ Kieselgel) vorliegen. Varietäten ergeben sich aus geringfügigen Abweichungen wie Verfärbungen innerhalb einer Mineralart. So ist beispielsweise Bergkristall eine farblose, Citrin eine gelbe und Amethyst eine violette Quarzvarietät. Modifikationen besitzen zwar ebenfalls eine einheitliche chemische Zusammensetzung, allerdings unterscheiden sie sich in ihren kristallographischen Eigenschaften. Das Auftreten eines Elements oder einer Verbindung in verschiedenen Modifikationen nennt man Polymorphie. Dabei sind die äußeren Bildungsbedingungen – in erster Linie Druck und Temperatur – für die Ausbildung der Kristallstruktur und der entsprechenden Minerale verantwortlich. Graphit und Diamant sind Modifikationen des Kohlenstoffs. Häufig werden einzelne Elemente durch andere Elemente mit ähnlichem Atomradius und vergleichbarem chemischen Verhalten ersetzt, so dass Minerale mit gleicher Kristallstruktur, aber variabler chemischer Zusammensetzung entstehen. In diesem Fall spricht man von **Diadochie**.

Da Reinverbindungen in der Natur äußerst selten vorkommen, beschreiben die chemischen Formeln der Minerale lediglich eine idealisierte Ausprägung. Eine Sonderstellung nimmt Quecksilber als flüssiges Mineral ein. Minerale können für die Forschung oder für technische Zwecke auch synthetisiert werden, allerdings gelten diese nicht als Minerale i.e. S. (siehe oben Definition). Das Kristallgitter ist von entscheidender Bedeutung für die physikalischen Eigenschaften der Minerale. Die häufigsten - und als Ausgangsmaterial der Minerale und Gesteine wichtigsten - **Elemente der Erdkruste** sind Sauerstoff (47,0 Massen-%), Silizium (26,9), Aluminium (8,1), Eisen (5,1), Calcium (5,0), Magnesium (2,3), Natrium (2,1) und Kalium (1,9). Minerale können aus einem einzigen Element (z.B. Gold oder Schwefel) oder aus einer Verbindung von Elementen bestehen.

Mineraleigenschaften

Die **Härte** eines Minerals ist ein Maß für den Widerstand gegen mechanische Beanspruchung. Sie wird im einfachsten Fall als Ritzhärte nach der Mohs'schen Härteskala ermittelt, welche die Härtegrade 1 (Talk) bis 10 (Diamant) umfasst. Dabei wird festgestellt, welche Prüfkörper bzw. Standardmineralien ein zu untersuchendes Mineral gerade noch ritzen kann. Beispielsweise können Materialien bis Härte zwei mit dem Fingernagel geritzt werden, ein Taschenmesser ritzt etwa bis Härte 5, ab Härtegrad 6 wird vom entsprechenden Mineral Fensterglas geritzt. Neben der Härte sind **Spaltbarkeit** und **Bruchverhalten** wichtige Merkmale bei der Mineralbestimmung. Härte und Spaltbarkeit hängen eng mit dem Bau des Kristallgitters zusammen. Weitere elementare Eigenschaften sind Kristallform/-system, Glanz, Farbe, Strichfarbe, Transparenz, Dichte und Oberflächenbeschaffenheit.

Gesteinsbildende Minerale

Von insgesamt etwas mehr als 3500 bekannten Mineralen zählen rund 250 zu den Mineralen, die Mineralaggregate von statistischer Regelmäßigkeit und geologischer Selbstständigkeit und damit Gesteine bilden. Sie werden als gesteinsbildende Minerale bezeichnet. Von diesen Mineralen sind wiederum etwa 40 maßgeblich am Aufbau der Gesteine der Erdkruste und des Erdmantels beteiligt: Kalifeldspat und Plagioklas mit 51%, Pyroxen und Amphibol mit 16%, Quarz mit 12%, Glimmer mit 5%, Tonminerale und Chlorit mit 4,6% sowie Olivin mit 3% gehören zur wichtigsten Gruppe der gesteinsbildenden Minerale, den Silikaten.

Silikate

Diese bestehen aus den beiden häufigsten Elementen der Erdkruste, Silizium und Sauerstoff, und umfassen etwas mehr als 90% aller gesteinsbildenden Minerale. Grundbaustein aller Silikatminerale ist der pyramidenförmige **SiO_4-Tetraeder**, wobei ein zentrales Siliziumion von vier Sauerstoffionen umgeben ist. Das Silizium kann bei einigen Mineralen wie den Feldspäten oder den Amphibolen zu einem bestimmten Grad durch Aluminium ersetzt sein. Meist sind am Aufbau von Silikaten weitere häufige Elemente beteiligt. Entsprechend der räumlichen Anordnung der SiO_4-Tetraeder unterscheidet man Insel-, Gruppen-, Ring-, Ketten-, Doppelketten-, Band-, Schicht- und Gerüstsilikate.

Bei den **Inselsilikaten** (oder Nesosilikaten) bestehen die Silikatstrukturen aus getrennten SiO_4-Tetraedern. Zwischen den einzelnen Tetraedern werden keine gemeinsamen Sauerstoffbrücken ausgebildet, die Verknüpfung erfolgt über dazwischen liegende Kationen. Inselsilikate sind an der Erdoberfläche verhältnismäßig verwitterungsanfällig und am Aufbau des Erdmantels in Form von **Olivin** und **Granat** wesentlich beteiligt. Weitere Vertreter stellen Zirkon, Andalusit oder Topas dar.

Im Gegensatz zu den Inselsilikaten sind bei **Gruppensilikaten** zwei Tetraeder an einer Ecke über eine Sauerstoffbrücke miteinander verknüpft, so dass Doppeltetraeder entstehen (z.B. Epidot und Melilith).

Ringsilikate zeichnen sich durch die ringförmige Verknüpfung der SiO_4-Tetraeder zu Dreier-, Vierer- oder Sechserringen an je zwei Brückensauerstoffen aus. Bekannte Beispiele stellen **Turmalin** und **Beryll** dar, der je nach Färbung auch als Smaragd (grün) oder Aquamarin (blau) bezeichnet wird.

Ebenfalls über zwei gemeinsame Brückensauerstoffe verknüpft werden die SiO_4-Tetraeder bei den **Kettensilikaten** mit Einfachkettenstruktur. Die Spitzen benachbarter Tetraeder sind dabei im „Zickzack" gegeneinander versetzt. Die Verknüpfung mit anderen Ketten wird über Kationen erreicht. Wichtige Vertreter dieser Mineralgruppe sind die **Pyroxene**. Werden einzelne Ketten über Brückensauerstoffe miteinander verbunden, spricht man von Doppelketten- oder Bandsilikaten. Zu ihnen zählt die Amphibol-Gruppe. Als wichtige Erdmantelminerale sind Pyroxene unter den Bedingungen der Erdoberfläche wenig stabil und somit verwitterungsanfällig.

Schichtsilikate (oder Phyllosilikate) bestehen aus einer Wechsellagerung von SiO_4-Tetraederschichten und Hydroxidlagen mit Oktaederstruktur. Dabei sind die einzelnen Tetraeder auf einer Ebene an jeweils drei Ecken flächenhaft miteinander vernetzt. Die wichtigsten Schichtsilikate sind **Tonminerale** und **Glimmer** (Muscovit → weißer Glimmer, Biotit → dunkler Glimmer). Zweischicht-Tonminerale bestehen aus einer Tetraeder- und einer Oktaeder-Schicht, wie z.B. Kaolinit. Bei den Dreischicht-Silikaten wie Glimmer oder dem Tonmineral Smektit ist eine zentrale Oktaeder-Lage von zwei Tetraederschichten umschlossen. Aus diesem Bauplan resultieren die blättchenartige Struktur und die vollkommene Spaltbarkeit der entsprechenden Minerale. Smektite sind aufgrund ihrer Struktur quellfähig, d.h. sie sind dazu fähig, in den Zwischenschichten Kationen, Moleküle oder Wasser einzulagern. An den Oberflächen können darüber hinaus Kationen durch Adsorption angelagert werden. Aufgrund ihrer Eigenschaften spielen Tonminerale im Zusammenhang mit Verwitterung und Bodenbildung eine wichtige Rolle.

Bei den **Gerüstsilikaten** sind die SiO_4-Tetraeder schließlich an allen vier Ecken miteinander verknüpft. Zu ihnen gehören die häufigsten Minerale der Erdkruste, Feldspäte und Quarz. **Quarz** ist zwar ein Silizium-Oxid, wird aber aufgrund seiner Struktur zu den Gerüstsilikaten gerechnet. Er ist besonders

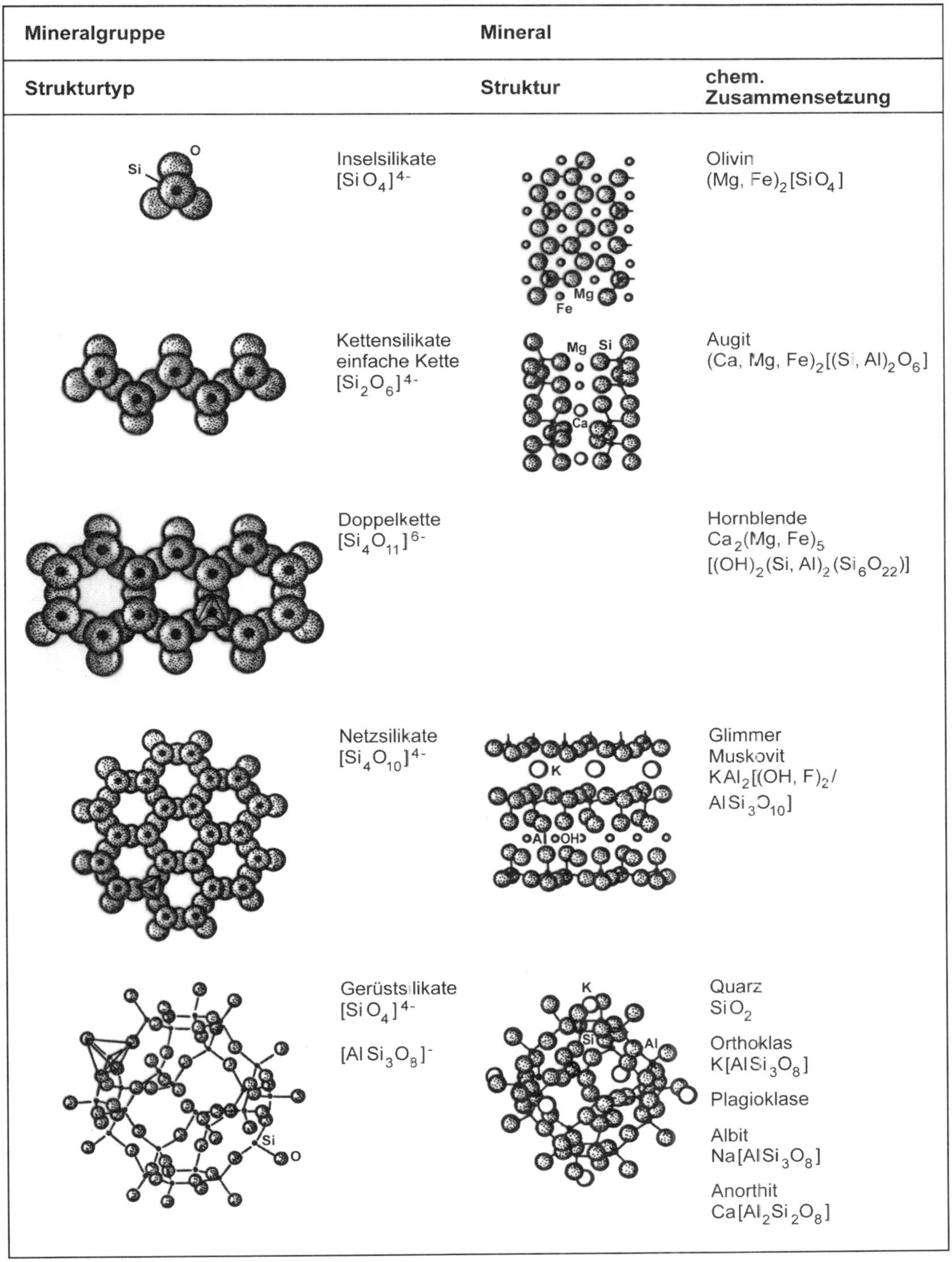

Abb. 1.11 Strukturtypen von Silikaten (nach MacAlester, 1975 u. a.).

hart und verwitterungsresistent, da in seinem Kristallgitter keine vorgezeichneten Schwachstellen existieren. Infolgedessen ist Quarz ein sehr häufiges Material in Sedimenten und in Residuen der Gesteinsverwitterung. Bei den **Feldspäten** unterscheidet man Orthoklase (Kalifeldspäte, $K[AlSi_3O_8]$) und Plagioklase (Kalzium-Natrium-Feldspäte). Diese bilden eine auf den Na/Ca-Anteilen beruhende Mischkristallreihe, die sich zwischen den reinen Mischungsendgliedern Albit ($Na[AlSi_3O_8]$) und Anorthit ($Ca[AlSi_3O_8]$) erstreckt. Mischkristallreihe bedeutet, dass bestimmte chemische Bereiche der Mischung (bei den Plagioklasen entscheidet die Mischung von Na und Ca) mit eigenen Namen belegt werden. Feldspäte besitzen eine gute Spaltbarkeit und verwittern bei recht hoher Anfälligkeit zu Tonmineralen. Ebenfalls zu den Gerüstsilikaten gehören die in Magmatiten mit geringem SiO_2-Gehalt vorkommenden Feldspatvertreter wie z.B. Leucit oder Nephelin. Die Resistenz der wichtigsten Minerale gegen Verwitterung verdeutlicht dies.

Carbonate, Oxide, Sulfide, Sulfate

Neben den Silikaten spielen als gesteinsbildende Minerale Carbonate, Oxide, Sulfate und Sulfide nur eine untergeordnete Rolle. Hauptbestandteil der Carbonate ist das Mineral Calcit (Calciumcarbonat $CaCO_3$). Dolomit ($CaMg[CO_3]_2$) ist ein Mineral, das neben Calcium auch Magnesium enthält. Die Mineralklasse der Oxide ist definiert als Verbindungen, in denen Sauerstoff an Atome oder Kationen anderer Elemente gebunden ist, normalerweise an Metalle wie z.B. Eisen (Fe_2O_3). Zu den Oxiden gehören die Erze der meisten Metalle. Sulfide und Sulfate sind schwefelhaltige Minerale. Zu ihnen gehören Gips und dessen wasserfreie Form, der Anhydrit.

1.3.2 Gesteine

Gesteine sind natürliche Gemenge verschiedener Minerale und damit Mineralaggregate. Jedoch bestehen begrenzte Teile der Lithosphäre auch nur aus einem Mineral, z.B. Gips. Ebenso können Gesteine auch aus Fragmenten von Organismenskeletten, organischen Substanzen (z.B. Bitumen), zusammengesetzt sein. Gesteine unterscheiden sich voneinander durch ihren Mineralbestand, ihre chemische Zusammensetzung, ihre physikalischen Eigenschaften (z.B. die Dichte) und ihr **Gefüge**. Das Gefüge wird durch die **Struktur** (Größe und Form der Bestandteile) und die **Textur** (räumliche Anordnung und Verbindung der Bestandteile) gekennzeichnet.

Genetische Gesteinsgruppen

Nach den Bildungsbedingungen unterscheidet man drei genetische Gruppen von Gesteinen, Magmatite (oder Erstarrungsgesteine), Metamorphite und Sedimentite:

- **Magmatite** bilden sich durch Abkühlung und Auskristallisation von Gesteinsschmelze, dem Magma, das aus den tieferen Abschnitten der Erdkruste oder aus dem Oberen Erdmantel stammt (s. Kap. 1.2.5). Dort bedingen Druck und Temperaturen, die je nach Gehalt an leichtflüchtigen Gasen und Dämpfen von 700-1500 °C reichen können, ein partielles Aufschmelzen von Gesteinen. Aufgrund ihrer Genese und daran gekoppelt ihrer Struktur werden Magmatite in Plutonite und in Vulkanite untergliedert (s.a. Kap. 1.2.5). Die Mineralbestandteile der **Plutonite** (Intrusivgesteine, Tiefengesteine) sind mit dem bloßen Auge zu erkennen. Sie entstehen, wenn Magma im Erdinneren aufgrund der guten Wärmeisolierung langsam abkühlt, so dass ausreichend Zeit für das ungestörte Wachstum größerer Kristalle und Minerale zur Verfügung steht. Die Struktur vollkommen auskristallisierter magmatischer Gesteine wird als **holokristallin** bezeichnet. **Vulkanite** (Effusivgesteine, Ergussgesteine) dagegen zeigen als Folge der raschen Abkühlung und Auskristallisation an der Erdoberfläche eine **porphyrische Struktur**, d.h. eine feinkörnige bis glasige Grundmasse, in der manchmal einzelne größere, noch vor der Förderung des Magmas in der Tiefe gebildete Mineraleinsprenglinge zu erkennen sind. Eine Bestimmung der einzelnen Mineralbestandteile mit dem bloßen Auge ist nicht möglich. Jedem **Tiefengestein** entspricht ein im Chemismus/Mineralbestand identisches **Ergussgestein**. Von SiO_2-reich nach SiO_2-arm sind die wichtigsten Gesteine (in der Reihenfolge: Plutonit/Vulkanit) Granit/Rhyolith, Granodiorit/Dazit, Diorit/Andesit und Gabbro/Basalt. Peridotit ist ein ultrabasisches Tiefengestein, dem nicht ohne weiteres ein Effusivgestein zugewiesen werden kann. Im Extremfall erfolgt die Abkühlung in Form einer plötzlichen Abschreckung, z.B. wenn gasarme Lava in das Meer fließt. Dann können sich nicht einmal kleine Kristalle bilden und es entsteht amorphes vulkanisches Glas: Obsidian. Bimsstein bildet sich dagegen dann, wenn die Lava über einen höheren Gasanteil verfügt. Neben der auf dem Gefüge beruhenden Einteilung der Magmatite in Plutonite und Vulkanite ermöglicht die chemische und mineralogische Zusammensetzung eine weitergehende Untergliederung. Da Silizium in der Lithosphäre sehr häufig vorkommt, sind die meisten Gesteinsschmelzen silikatisch mit **Kieselsäuregehalten** (**SiO_2**) von ca. 40-75% Masseprozent. Der SiO_2-Gehalt dient seit langem als einfaches chemisches Unterscheidungsmerkmal der magmatischen Gesteine mit der Unterteilung in **sauer** (> 65% SiO_2), **intermediär** (52-65% SiO_2), **basisch** (45-52% SiO_2) und **ultrabasisch** (< 45% SiO_2). Allerdings ist diese Einteilung terminologisch nicht unproblematisch, da die sauren Gesteine chemisch nicht wie Säuren und die basischen nicht wie Laugen reagieren. Grundlage moderner Klassifikationen ist der Mineralbestand. Der überwiegende Teil der Magmatite setzt sich aus wenigen Hauptmineralen zusammen. Zu diesen zählen Quarz, Feldspäte (Orthoklas und Plagioklase), Glimmer (Biotit und Muscovit), Amphibole (meist Hornblende), Pyroxene und Olivin. Dabei werden die **kieselsäurereichen Minerale** (Quarz, Feldspäte, Foide, Muscovit) bisweilen unter dem Begriff **felsisch** (von Feldspat und Silikate) zusammengefasst, während die kieselsäureärmeren (Olivin, Pyroxene, Amphibole, Biotit) als **mafisch** (Magnesium und Ferrum → lat. für Eisen) bezeichnet werden. Ultramafite verfügen über mehr als 90 % mafische Minerale. Von sauer nach basisch nimmt mit dem Kieselsäuregehalt der Bestand an den hellen und leichten felsischen Mineralen zugunsten der dunklen und schwereren mafischen Minerale ab. Gleichzeitig steigt die Schmelztemperatur, während die Viskosität der entsprechenden Magmen abnimmt (s. Kap. 1.2.5).

	kieselsäurereich, hell, felsisch →			basisch, dunkel, mafisch →	ultra-basisch
Effusivreihe	Granit	Syenit	Diorit	Gabbro Essexit, Norit	Peridotit Pyroxenit
Intrusivreihe	Quarzporphyr Liparit Rhyolith	Orthoklas-porphyr Trachyt Phonolith	Porphyrit Andesit	Diabas, Melaphyr Basalt, Dolerit, Tephrit	Pikrit
Kieselsäuregehalt (Mass.-%)	70 sauer	60 intermediär		50 basisch	40 ultrabasisch

Abb. 1.12 Klassifikationsschema magmatischer Gesteine (eigener Entwurf).

Eine Zwischenstellung zwischen den Vulkaniten und den Plutoniten nehmen die **Ganggesteine** (s. Kap. 1.2.5) ein. Sie entstehen, wenn Magma aus größeren Tiefen empor dringt und dort in Störungszonen der Erdkruste, also in Klüften, Spalten oder Rissen, zu meist feinkörnigem Gestein erstarrt.

- **Metamorphite** entstehen durch Umwandlung eines Ausgangsgesteins (Eduktes) unter Beibehaltung des kristallinen Zustandes, in Gegenwart von Wasserdampf, höheren Drücken und bei Temperaturen von mehr als 300 °C. Da mit zunehmender Tiefe in der Lithosphäre Druck und Temperatur ansteigen, werden die Minerale des ursprünglichen Gesteins instabil. Gleichzeitig werden durch Lösungen Ionen oder chemische Verbindungen zugeführt, die verschiedene chemische Reaktionen verursachen. Druck, Temperatur und chemisches Umfeld erzeugen eine Umordnung der chemischen Verbindungen des Ausgangsgesteins und können zu einer Rekristallisation neuer Minerale führen. **Metamorphose** bezeichnet die Anpassung des Mineralbestands eines Ausgangsgesteins an veränderte Bedingungen, die zu einem neuen stabilen Gleichgewicht führen. Der Prozess der Metamorphose liegt, mit fließenden Übergängen, zwischen dem Prozess der Diagenese einerseits und der Anatexis andererseits. Als **Anatexis** wird das Aufschmelzen von Gesteinen bezeichnet, wobei der kristalline

Zustand verloren geht. **Diagenese** dagegen kennzeichnet die Verfestigung von lockeren Sedimenten zu festen Gesteinen durch die Einwirkung von Druck, Temperatur und chemischer Lösung, jedoch in jedem Fall mit einem Intensitätsunterschied gegenüber der Metamorphose. So liegen beispielsweise die Temperaturen bei der Diagenese unter 300 °C. Metamorphosen können regional verbreitet sein oder lokal begrenzt. **Regionalmetamorphose** tritt im Zusammenhang mit einer Orogenese auf. Im Zuge der Gebirgsbildung entstehen hohe Drücke und Temperaturen, die zur metamorphen Überprägung ausgedehnter Bereiche führen. Kleinräumig wirkt sich dagegen die **Kontaktmetamorphose** aus. Dabei werden in der direkten Umgebung von Magmenintrusionen die Gesteine in erster Linie durch Temperatureinwirkung umgewandelt. Der kontaktmetamorph überprägte Bereich um eine magmatische Intrusion wird Kontakthof oder Kontaktaureole genannt. Metamorphe Gesteine (Metamorphite) können anhand unterschiedlicher Kriterien klassifiziert werden, beispielsweise nach dem Ausgangsgestein, dem Gefüge oder dem Mineralbestand. Metamorphiten, die aus einem magmatischen Edukt entstanden, wird die Vorsilbe „Ortho-" vorangestellt, „Para-" findet bei sedimentären Ausgangsgesteinen Verwendung. Bei der Betrachtung des Gefüges spielen der Grad der Foliation sowie Größe, Form und Anordnung der Mineralkörner eine wichtige Rolle. **Foliation** entsteht durch gerichtete Spannungen während der Metamorphose. Dabei werden die Minerale senkrecht zum Druck eingeregelt, so dass die charakteristische Schieferung entsteht. Wird z.B. ein toniges Edukt metamorph überprägt, entstehen bei niedrigem Metamorphosegrad **Tonschiefer** mit Foliation. Im Gegensatz zu den Schiefertonen, die entlang ihrer Schichtflächen brechen, spalten die Tonschiefer entlang der Foliation. **Phyllite** sind ebenfalls dünnschiefrig-blättrige und den Tonschiefern ähnliche Gesteine. **Glimmerschiefer** zeichnen sich durch auffällige Foliation und makroskopisch erkennbare Mineralkörner aus. Sie bestehen überwiegend aus Muscovit und/oder Biotit, Quarz und Feldspat. **Gneise** sind hoch metamorphe Gesteine, die aus Magmatiten oder Sedimentiten hervorgehen können. Bei den metamorphen Gesteinen, die keine Foliation aufweisen, ist der Mineralbestand das entscheidende Kriterium. Sie werden auch **Felse** genannt. Zu ihnen zählen Quarzite, deren Edukte quarzreiche Sandsteine sind, oder Marmor als Umwandlungsprodukt von Kalksteinen und Dolomiten.

- **Sedimentgesteine (Sedimentite):** Wenn Gesteine unter dem Einfluss exogener Kräfte verwittern, entstehen feste und gelöste Zersatzprodukte sowie neue Minerale. Werden diese durch Wasser, Eis, Wind oder Gravitation abtransportiert und an anderer Stelle wieder abgelagert, dann werden diese Akkumulationen von Lockermaterial als Sedimente bezeichnet. Aus ihnen gehen durch Verfestigung die Sedimentite (Ablagerungsgesteine) hervor.

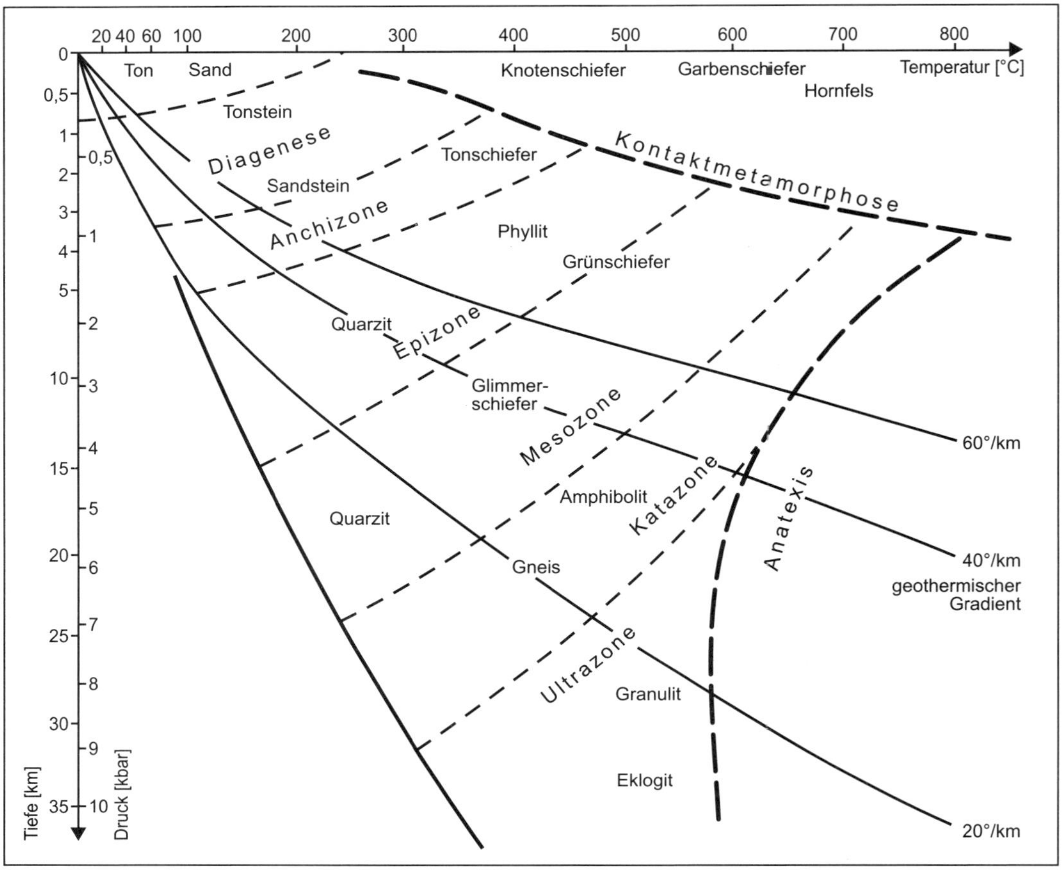

Abb. 1.13 Druck- und Temperaturabhängigkeiten metamorpher Gesteine (nach Schwab, 1997, S. 72).

Obwohl Sedimente und Sedimentite mit lediglich 8 % am Aufbau der Erdkruste beteiligt sind, bedecken sie etwa 75 % der Erdoberfläche und sind für die Prozesse der Reliefformung von besonderer Bedeutung. All jene Prozesse, durch die die unverfestigten Sedimente nach der Ablagerung zu festen Sedimentgesteinen umgebildet werden, fasst man unter dem Begriff **Diagenese** zusammen. Zunächst werden die vorhandenen Sedimentschichten mit der Zeit immer wieder von neuen Ablagerungen überdeckt. Dabei wird das ältere Material zusammengedrückt und sukzessive in zunehmend größere Tiefen versenkt, vorhandenes Wasser durch die wachsende Auflast ausgepresst und die Sedimente verdichtet und kompaktiert. Zunahme von Druck und Temperatur, jedoch gegenüber der Metamorphose niedrigere Drücke (< 4 kb) und Temperaturen (< ca. 300 °C), können zu chemischen Veränderungen bis hin zur Um- und Neubildung von Mineralen führen und eine Verkittung oder Zementation des Sedimentpakets hervorrufen.

- Terrigene oder klastische und chemisch/chemisch-biogene Sedimente kennzeichnen zwei grundsätzlich verschiedene Sedimenttypen: **Klastische Sedimente** bestehen aus Gesteinsbruchstücken. Diese Ausgangsprodukte werden durch die Gesteinsverwitterung bereitgestellt, anschließend abgetragen und schließlich wieder abgelagert. Sie enthalten meist einen hohen Anteil an verwitterungsresistentem Quarz und anderen Silikatmineralen Entsprechend der Korngröße unterscheidet man **Ton** (< 0,002 mm Korndurchmesser), **Schluff** oder **Silt** (0,002-0,063 mm), **Sand** (0,063-2 mm), **Kies** (2-63 mm), **Steine** (63-200 mm) und **Blöcke** (> 200 mm). Nach ihrer Verfestigung werden Tone zu Tonsteinen oder bei plattiger Absonderung zu Schiefertonen, Schluff/Silt zu Schluff- oder Siltsteinen und Sande zu Sandsteinen. Bei Korngrößen von mehr als 2 mm unterscheidet man nach dem Grad der Zurundung Kies oder Schotter (rund) von kantigem Schutt. Durch ein Bindemittel verbackene und gerundete Schotter heißen **Konglomerate**, **Breccien** sind verkitteter, kantiger Schutt. Das Bindemittel spielt bei den klastischen Sedimentgesteinen, vor allem bei Sandsteinen, eine bedeutende Rolle für die Verwitterungsanfälligkeit. Neben Tonpartikeln (schwach) können Quarz (stark), Eisenoxid oder Calciumcarbonat das Bindemittel bilden. Der Sedimenttransport umfasst alle Prozesse zwischen Abtragung und Ablagerung. Im Normalfall wird das Material dem natürlichen Gefälle folgend von höher gelegenen in niedrigere Gebiete transportiert. Wenn Sedimentmaterial am Meeresboden abgelagert wird, ist das Ende des Transports erreicht. Transportmedien sind Wind, fließendes Wasser, Gletschereis oder gravitative Massenbewegungen. Bei den klastischen Sedimenten geben die Größe der transportierten Komponenten, die Schichtung bzw. die Struktur der Ablagerung, Sortierung und Zurundungsgrad der Körner Hinweise auf den Transportweg und -mechanismus. So deutet gute Zurundung auf einen längeren Transportweg hin, grobe Komponenten verlangen eine hohe Transportenergie und eine gute Sortierung wird beispielsweise beim Transport durch fließendes Wasser erreicht.
- **Chemische** und **chemisch-biogene** bzw. **organogene Sedimente** entstehen auf chemischem Weg durch Ausfällung, Eindampfung oder durch biochemische Vorgänge aus gelösten Stoffen oder organischem Material pflanzlichen oder tierischen Ursprungs. Zu dieser Gruppe von Sedimenten gehören Carbonate, Evaporite und biogene Bildungen, darüber hinaus Kieselsedimente sowie sedimentäre Phosphat- und Eisensteine. **Carbonate** sind die am weitesten verbreiteten nicht-klastischen Sedimente der Erde. Sie entstehen überwiegend im marinen Milieu durch anorganische Ausfällung von Carbonatmineralen oder durch Akkumulation biogener Kalke. Kalksteine bestehen im Wesentlichen aus Calcit. Sie können als ungeschichtete Massenkalke (z.B. Riffkalke) oder als geschichtete/gebankte

Kornfraktion [mm]	Geröll > 63	Kies 63 – 2	Sand 2 – 0,06	Schluff/Silt 0,06 – 0,002	Ton < 0,002	Mischgesteine
Lockergestein	Schutt Schotter	Quarzkies	Quarzsand	Schluff 0,05	Ton	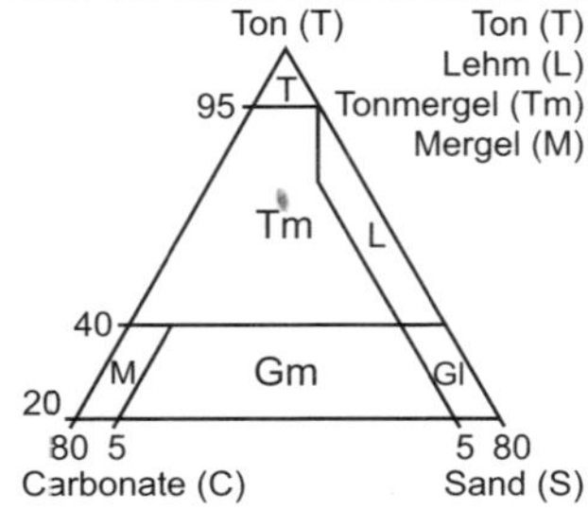
	Geschiebemergel (Gm) Geschiebelehm (Gl)			Löß	Bänderton	
Festgestein	Tillit				Warvit	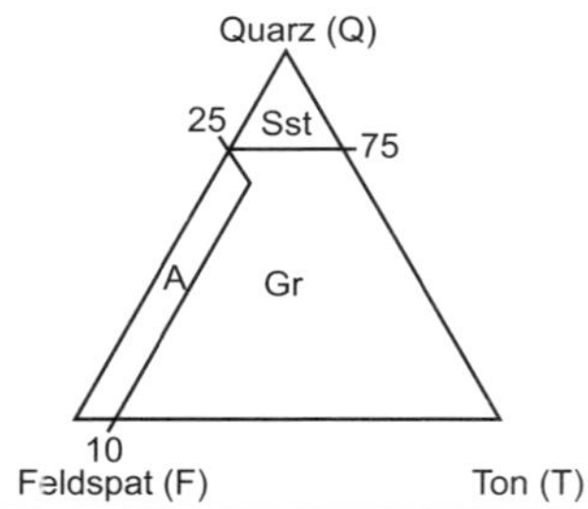
	Fanglomerat					
	Brekzie		Arkose (A)			
	Konglomerat		Grauwacke (Gr) Sandstein (Sst)	Schluffstein (Letten)	Tonstein (Schieferton)	

Abb. 1.14 Klassifikation klastischer Sedimente (eigener Entwurf).

Kalke auftreten. Dolomit ist ein Ca-Mg-Carbonat mit größerer Verwitterungsresistenz. Nach ihrem Carbonatgehalt unterscheidet man **Kalksteine** (> 75% Carbonat) und **Mergel**. Mergel bilden als Kalk-Ton-Gemische den Übergangsbereich zu den Tonsteinen. Aus geomorphologischer Sicht ist die vergleichsweise hohe Verwitterungsanfälligkeit dieser Gesteine von Interesse. Kalksinter oder Travertin sind kontinental gebildete Süßwasserkalke. Evaporite werden durch Verdunstung aus einer Lösung ausgeschieden. Dieses erfolgt meist durch Eindampfung von Meerwasser. Mit steigender Ionenkonzentration fallen aufgrund ihrer Löslichkeit idealtypisch zuerst Calciumcarbonat ($CaCO_3$), dann Anhydrit (wasserfreier Gips, $CaSO_4$), Steinsalz (NaCl) und Kalisalz (KCl) aus. Von geringer geomorphologischer Bedeutung sind rein organogene Bildungen oder **Biolithe**, die, wenn sie vollständig aus Pflanzenresten bestehen, als Phytolithe bezeichnet werden. Aus Faunenresten aufgebaute Biolithe nennt man **Zoolithe**. Zu den organogenen Sedimenten zählen z.B. Torf, Kohle, Erdöl und Erdgas, Ölschiefer, aber auch Schreibkreide, Korallenkalk oder Harze wie der Bernstein.

Stichwort

Unterscheidung von Kalkstein und Dolomit

Kalkstein besteht im Wesentlichen aus Calciumcarbonat ($CaCO_3$) und entsteht entweder durch Ausfällung aus Lösungen oder aus Stoffwechselprodukten von Organismen oder durch Ablagerung kalkiger Schalen- und Skelettreste von Muscheln, Schnecken u.a. Dolomit, ein Calcium-Magnesium-Carbonat ($CaMg\ (CO_3)_2$ ist in der Regel durch die postdsedimentäre Zufuhr magnesiumhaltiger Lösungen aus Kalkstein entstanden. Beide Sedimente sind sich sehr ähnlich, Dolomit ist jedoch widerständiger. Wegen ihres ähnlichen Aussehens sind Kalksteine und Dolomite im Gelände leicht zu verwechseln. Zur Unterscheidung benutzt man auf 10% verdünnte Salzsäure, die den Kalk sehr stark aufbrausen lässt:

$CaCo_3 + 2\ HCl \rightarrow CaCl_2 + CO_2 + H_2O$

Im Gegensatz dazu braust Dolomit mit 10% HCl nur dann auf, wenn man vorher das Gesteinsmaterial an der Oberfläche (mit Hammer oder Messer) fein pulverisiert hat und auch dann ist das Aufbrausen viel schwächer als beim Kalkstein.

Petrographischer Kreislauf

Der petrographische Kreislauf (vgl. Abb. 1.15) verdeutlicht die Wechselbeziehungen der drei genetischen Gesteinsgruppen Magmatite, Metamorphite und Sedimente/Sedimentite mit der endogenen und exogenen Dynamik. Da-

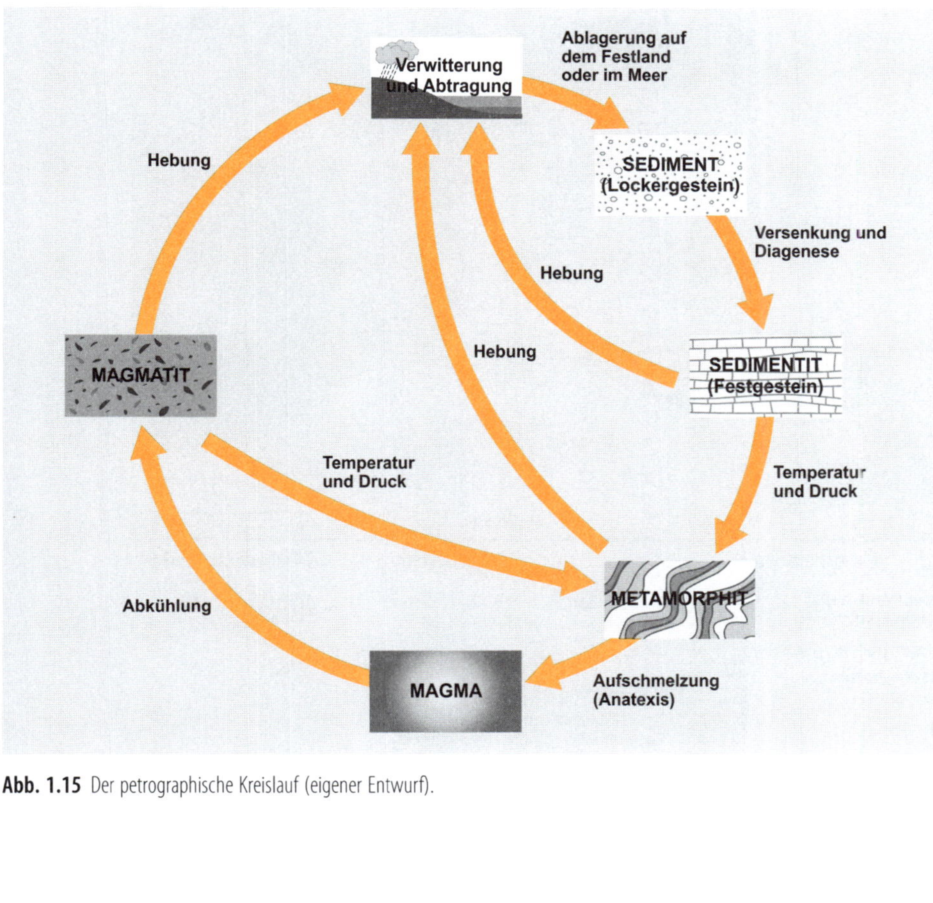

Abb. 1.15 Der petrographische Kreislauf (eigener Entwurf).

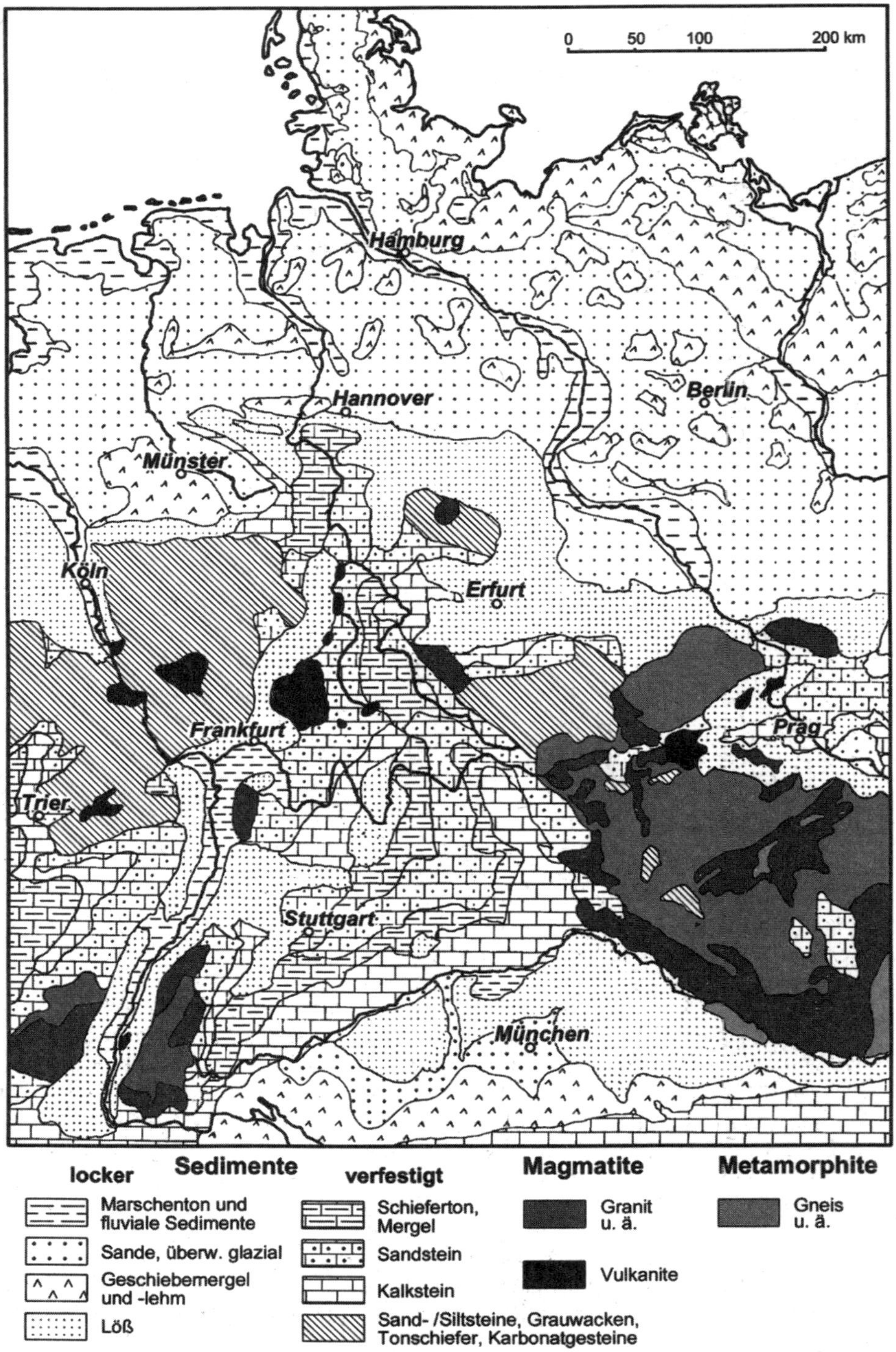

Abb. 1.16 Verbreitung der Gesteine an der Erdoberfläche in Mitteleuropa. (verändert nach Schlichting, 1993).

bei geht jedes Gestein durch fortwährende Veränderung immer wieder aus einem anderen hervor. Die **magmatischen Gesteine** entstehen durch **Abkühlung** einer Gesteinsschmelze. Im Kontakt mit der Atmosphäre finden **Verwitterung** und **Abtragung** statt. Das abgetragene Material wird an einem anderen Ort sedimentiert und diagenetisch zu **Sedimentgestein** verfestigt. Dieses kann durch fortschreitende **Absenkung** und **Überlagerung** in größere Tiefen überführt werden oder durch Hebung wieder an die Erdoberfläche gelangen. In diesem Fall würde der Zyklus von Abtragung und Sedimentation von neuem beginnen. Bei zunehmender Versenkung in größere Tiefen der Lithosphäre wird die **Diagenese** von der **Gesteinsmetamorphose** abgelöst. Sie verändert das ursprüngliche Gefüge der Sedimentite und auch von Magmatiten (und Metamorphiten), wenn diese in entsprechende Tiefen gelangen. Bei fortdauernder Absenkung und **Temperaturzunahme** setzt schließlich **Anatexis** ein und es entsteht **Magma**. Werden Metamorphite (oder Plutonite) dagegen gehoben, oder entstehen aus vulkanischer Tätigkeit Vulkanite, und diese sind an der Erdoberfläche den exogenen Kräften ausgesetzt, so werden ihre Bestandteile im Zuge von Verwitterung und Abtragung als Ausgangsprodukte der Sedimente erneut in den Kreislauf eingespeist. ■

Wissens-Check

1. Wie unterscheidet sich ein Mineral von einem Gestein?
2. Nennen Sie die genetischen Gesteinstypen und geben Sie jeweils ein Beispiel.
3. Definieren und erläutern Sie die Begriffe Diagenese, Metamorphose und Anatexis.
4. Nennen Sie je zwei melanokrate/mafische und leukokrate/felsische Beispiele von Effusivgesteinen und von Intrusivgesteinen und kennzeichnen Sie deren Gefüge.
5. Warum findet sich metamorphes Gestein häufig im Kontakt mit Effusivgestein (z.B. Granit)?
6. Gliedern Sie die Sedimentgesteine und beschreiben Sie deren Entstehung. Nennen Sie dazu jeweils ein Beispiel.
7. Zu welcher/n genetischen Gesteinsgruppe gehören folgende Gesteine: Basalt, Konglomerat, Gabbro, Gneis, Granit, Kalkstein, Marmor, Quarzit, Sandstein, Schiefer, Tonstein, Diatomit.

Literaturhinweise

Füchtbauer, H. (Hrsg.) 1988: Sedimente und Sedimentgesteine. 4. Aufl. Stuttgart (Schweizerbart'sche Verlagsbuchhandlung).

Okrusch, M., Matthes, S. (2013): Mineralogie-Eine Einführung in die spezielle Mineralogie, Petrologie und Lagerstättenkunde. 9. Aufl. Heidelberg, London, Boston (Springer).

Rothe, P. (2005): Gesteine. Enstehung-Zerstörung-Umbildung. 2. Aufl. Darmstadt (WBG).

Schäfer, A. (2005): Klastische Sedimente. München (Elsevier).

1.4 Verwitterung

Überblick

Unter Verwitterung versteht man die an der Erdoberfläche oder in Oberflächennähe unter dem Einfluss der exogenen Kräfte (s. Kap. 1.1.2) stattfindende Lockerung, Zerstörung und Aufbereitung von Gesteinen und Sedimenten. Die Wirkung und das Ausmaß der Verwitterung ist von den klimatischen Gegebenheiten ebenso abhängig, wie von der Art und den Eigenschaften des angegriffenen Materials. Nach den jeweils dominierenden Prozessen wird zwischen physikalischer und chemischer Verwitterung unterschieden. Bei der biologischen oder organischen Verwitterung sind sowohl physikalische als auch chemische Verwitterungskomponenten beteiligt. Eine klare Trennung der Prozesse ist nicht immer möglich. Vielmehr bedingen sie einander häufig oder stehen in enger Wechselbeziehung zueinander.

1.4.1 Physikalische Verwitterung

Die Prozesse der physikalischen Verwitterung führen zur **mechanischen Zerkleinerung** von Gesteinen, ohne dass es zu einer stofflichen Veränderung der Mineralbestandteile kommt. Der Gesteinsverband lockert sich und es entstehen Verwitterungsprodukte, die vom groben Schutt über feinkörniges Lockermaterial, das als **Grus** bezeichnet wird, bis hin zu Sand und Schluff (Silt) reichen können. Vielfach verstärkt die physikalische Verwitterung die Intensität der chemischen Verwitterung.

Temperaturwechsel

Die Wirkung der **Insolations- oder Temperaturverwitterung** wird auf Volumenänderungen von Mineralen beim Erwärmen und beim Abkühlen zurückgeführt. Unterschiedliche räumliche Ausdehnungskoeffizienten einzelner Minerale zusammen mit dem Temperaturgradienten in einem Gestein sollen daher in Klimaten mit großen täglichen Temperaturamplituden, insbesondere in den heißen Trockengebieten, zu Druckkräften führen, die eine mechanische Zerstörung des Gesteins bewirken (Vergrusung). Allerdings steht der Nachweis, dass ausschließlich Temperaturwechsel verwitterungswirksam sind, noch aus. Nachgewiesen ist dagegen die Verwitterungswirksamkeit von Temperaturwechseln in Kombination mit Wasser. Bereits durch die Adsorption von geringsten Mengen Wasser zeigten in Laborversuchen Gesteine mechanische Verwitterungserscheinungen.

Ebenfalls auf temperaturabhängige Volumenänderung ist die Wirksamkeit der **Frostverwitterung** oder Frostsprengung zurückzuführen. Die mechanische Zerstörung ist dabei die Folge der Volumenvergrößerung des Wassers um rund 9% beim Gefrieren. In Gesteinsporen und -klüfte eindringendes Wasser übt beim Gefrieren eine besonders hohe Sprengwirkung dann aus, wenn bei schneller Abkühlung die Gesteinsoberfläche von einer dünnen Eisschicht überdeckt ist (2200 kg/cm^3 bei -22 °C). Sie unterbindet beim Vorrücken der Gefrierfront in das Innere des Gesteins und der damit verbundenen Volumenzunahme des gefrierenden Kluft- und Porenwassers dessen räumliche Ausdehnung. Dadurch werden bestehende Poren und Klüfte des Gesteins erweitert und neue Risse gebildet. Frostverwitterung ist insbesondere in Gebieten mit häufigen Frostwechseln wirksam, in den gemäßigten und polaren Regionen und in den höheren Lagen der Gebirge. Sie liefert dort eckige Gesteinstrümmer und kantigen Frostschutt.

Hydratisierung

In den ariden und semiariden Gebieten der Erde ist die **Salzverwitterung** eine bedeutsame physikalische Verwitterungsart. Kristallisieren aus übersättigten Lösungen Salze aus, deren Volumen größer ist als das des Ausgangsstoffes, kommt es dadurch zu einer mechanischen Zerstörung. Das Gleiche gilt für die thermische Ausdehnung von Salzkristallen. Bei diesen beiden Verwitterungsprozessen werden Gesteine mechanisch zerstört. Salzverwitterung umfasst jedoch auch eine chemische Form der Verwitterung, die **Hydratation**. Unter Hydratation versteht man die Adsorption von Wassermolekülen an die Mineraloberfläche. Es handelt sich bei den durch Hydratation angelagerten Wassermolekülen um Adsorptionswasser. Eine Reihe von wasserfreien Salzen wie NaCl, Na_2SO_4 oder $CaSO_4$ können Wasser aufnehmen, wobei sie ihr Volumen vergrößern. So vergrößert Anhydrit ($CaSO_4$) bei der Aufnahme von Wasser und damit der Umwandlung zu Gips sein Volumen um mehr als 60 %. Dieser Vorgang der Hydratisierung bildet eine Vorstufe zu den chemischen Verwitterungsarten der Lösungsverwitterung und Hydrolyse.

1.4.2 Chemische Verwitterung

Im Gegensatz zur physikalischen Verwitterung führen die Prozesse der chemischen Verwitterung zur Veränderung des Mineralaufbaus, zur Lösung wasserlöslicher Minerale oder zur Umwandlung wasserunlöslicher Minerale in lösliche Substanzen. Für die Art und die Intensität der chemischen Reaktion ist neben der Zusammensetzung, der Wasserwegsamkeit und der Korngröße der Gesteine und Sedimente insbesondere die Menge, die chemische Zusammensetzung, der pH-Wert, der Sauerstoffgehalt und die Temperatur der wässrigen Verwitterungslösung von wesentlicher Bedeutung.

Lösung

Die **Lösungsverwitterung** bewirkt die Lösung (Korrosion) von Gesteinen, die relativ leicht lösliche Alkali- und Erdalkalisalze wie Chloride, Nitrate, Sulfate und/oder Carbonate enthalten, eine chemische Reaktion im eigentlichen Sinne findet nicht statt. Durch Niederschlag trifft Wasser auf die Gesteinsoberfläche, wo es sich in Vertiefungen sowie in Spalten und Klüften des Gesteinkörpers sammelt. In diesen Bereichen kommt es verstärkt zur Lösung der im

Gestein enthaltenen Salze. Salze sind aus positiv geladenen Metallionen (Kationen) und negativ geladenen Säurerestionen (Anionen) aufgebaut, die sich in Form einer Gitterstruktur anordnen. Befindet sich ein Salz in wässriger Lösung, so werden zunächst die randständigen Ionen des Ionengitters hydratisiert. Die **Hydratation** stellt eine Vorstufe der Lösungsverwitterung dar, die zur Lockerung des Kristallgitters und anschließenden Dissoziation der hydratisierten Ionen führt. Dieser Prozess findet so lange statt, bis das Salz vollkommen aufgelöst ist oder das Sättigungsgleichgewicht der Lösung überschritten wird.

Carbonatisierung

Die **Carbonatverwitterung** stellt einen besonderen Fall der Lösungsverwitterung dar, da zur Lösung der Carbonate kohlensäurehaltiges Wasser vorhanden sein muss; daher wird sie auch als Kohlensäureverwitterung bezeichnet. Kohlensäure wird durch Pflanzenwurzeln und Bodenorganismen ständig neu gebildet, auch im Niederschlagswasser ist aufgrund des CO_2-Gehaltes der Luft Kohlensäure vorhanden:

$$H_2O + CO_2 \rightarrow H_2CO_3$$

Die Konzentration der Kohlensäure hängt vom CO_2-Partialdruck in der mit der Verwitterungslösung im Gleichgewicht stehenden Bodenluft ab und ihre Stabilität von der Temperatur. Außerdem wirkt sich der pH-Wert auf das Mengenverhältnis von Kohlensäure, Bicarbonat und Carbonat auf die Löslichkeit aus.

Das schwer lösliche Calciumcarbonat wird durch die Kohlensäure in das leicht lösliche Calciumhydrogencarbonat (Bicarbonat) überführt:

$$CaCO_3 + H_2CO_3 \rightarrow Ca(HCO_3)_2$$

Calciumhydrogencarbonat ist gut wasserlöslich, die Lösungsverwitterung kann nun einsetzen. Die Carbonatverwitterung führt zum Abbau von Carbonatgesteinen und zur Entkalkung carbonathaltiger Böden. **Calcit** ist eines der am weitesten verbreiteten Minerale der Erde und tritt häufig in größerem räumlichen Zusammenhang auf. Die am weitesten verbreiteten Gesteine, die vorwiegend oder ganz aus Calcit bestehen, sind Kalkstein und Marmor. Calcit wird aufgebaut aus: Calciumionen Ca^{2+} und Säurerestionen der Kohlensäure $H_2CO_3^{2+}$ und gehört zur Gruppe der Salze.

Redox-Reaktionen

Von der **Oxidationsverwitterung** sind Minerale und Gesteine betroffen, in deren Kristallgitter Ionen in reduzierter Form vorliegen, wie beispielsweise Fe^{2+}- und Mn^{2+}-Ionen. Zu diesen Mineralen zählen die dunklen Silikate (Biotit, Augit, Hornblende, Olivin) und Fe- und Mn-Carbonate und -Sulfide. Die Oxidationsverwitterung setzt ein sauerstoffhaltiges Verwitterungsmilieu voraus. Damit die Oxidationsverwitterung wirken kann, müssen die zu oxidierenden Ionen reaktionsfähig und damit freigelegt sein. Daher findet Oxidationsverwitterung meist in Verbindung mit anderen Verwitterungsprozessen wie Hydrolyse oder Frostsprengung statt. Die Oxidationsverwitterung setzt entweder in den Randbereichen oder auch teilweise innerhalb des Kristallgitters der Minerale ein und kann durch Luftsauerstoff oder auch durch Sauerstoff in gelöster Form stattfinden: In der Luft des Niederschlagswassers kann der Sauerstoffgehalt bis zu 34% betragen. Die reduziert vorliegenden **Fe^{2+}- und Mn^{2+}-Ionen** werden durch den Sauerstoff unter Abgabe von Elektronen zu Fe^{3+}- und Mn^{4+}-Ionen oxidiert.

Daraus resultieren eine Veränderung des Ionendurchmessers und eine Zunahme der positiven Ladung im Kristallgitter. Um einen Ladungsausgleich herbeizuführen, werden:

- ein Teil der oxidierten Ionen in Form von braunen oder roten Fe(III)-Oxiden oder schwarz bis schwarzbraunen Mn(III)- und Mn(IV)-Oxiden aus dem Kristallgitter ausgeschieden und als schwerlösliche Oxide ausgefällt oder
- im Silikatgitter vorhandene OH-Gruppen durch Protonenabspaltung zu O-Gruppen umgewandelt, die anschließend hydrolytisch wirksam werden und damit zum weiteren Zerfall des Kristallgitters beitragen oder
- andere im Kristallgitter vorhandene Kationen wie K^+ oder Mg^{2+} in die Verwitterungslösung abgeführt.

Alle Prozesse führen zu einer Zunahme der **Instabilität des Kristallgitters** und begünstigen damit dessen weiteren Zerfall.

Die Oxidationsverwitterung steht in enger Wechselbeziehung mit anderen Verwitterungsarten, vor allem der Hydrolyse. Besonders auffällig ist dieses bei den **Eisensulfiden**. So werden beispielsweise beim Pyrit (FeS) nicht nur die Eisenionen, sondern auch die Sulfidionen oxidiert, und es bildet sich neben Schwefelsäure (H_2SO_4) Eisen(III)-Sulfat ($Fe_2(SO_4)_3$), das durch Hydrolyse in Goethit (α-FeOOH) übergeht. Die im Verlauf des Verwitterungsprozesses gebildete Schwefelsäure hat eine starke Versauerung zur Folge und daran geknüpft eine intensive protolytische Carbonatlösung und/oder Silikatverwitterung. Von **Protolyse** spricht man, wenn die H^+-Ionen des Verwitterungsmilieus aus anorganischen oder organischen Lösungen stammen.

Als Maß für die Wirksamkeit der Oxidationsverwitterung dient das **Redoxpotenzial** im Verwitterungsmilieu, z.B. in einem Boden. Dort kann das Redoxpotenzial, das im Wesentlichen vom pH-Wert, der Temperatur, dem Druck und der Ionenaktivität abhängt und von den biologischen Vorgängen im Verwitterungsmilieu/Boden maßgeblich gesteuert wird, Werte zwischen 0,8 V und −0,35 V erreichen. Hohe positive Werte weisen darauf hin, dass Oxidation stattfindet, geringe bis negative Werte, dass reduzierende Verhältnisse vorliegen. Anhand von **Eh-pH-Diagrammen** lässt sich die Stabilitätsbeziehung zwischen den Ionen und Verbindungen eines in mehreren Oxidationsstufen auftretenden Elementes darstellen.

Säureverwitterung

Die **Hydrolyse** ist die wichtigste chemische Verwitterungsart. Durch die Hydrolyse werden vor allem Silikate und Carbonate und damit mehr als 90% aller gesteinsbildenden Minerale zersetzt. Es handelt sich um Verbindungen, die aus einer **schwachen Säure** und/oder einer **schwachen Base** bestehen. Durch die Reaktion eines Minerals mit den Wassermolekülen bzw. H^+-Ionen der Verwitterungslösung, die sich an die Grenzflächenionen von Kristallen anlagern, werden Kationen gleicher Ladung aus dem Kristallgitter ersetzt. Dieser Kationenaustausch führt zur Aufweitung der Kristallstruktur und weiter zur kompletten **Auflösung des Kristallgitters**.

Beim Kalifeldspat Orthoklas, der mit rund 60% Massenanteil in der Erdkruste das häufigste Primärmineral ist, läuft die Hydrolyse in folgenden Schritten ab:

1. Orthoklas - $K(AlSi_3O_8)$ ist ein Gerüstsilikat, das aus Si- und Al-Tetraedern aufgebaut ist, im Gerüst sind Kaliumionen im Verhältnis 1:1:3 (K:Al:Si) eingelagert - befindet sich in einem wässrigen Milieu.
2. Das Wasser dissoziiert zu H^+ und OH^-.
3. Anlagerung der H^+-Ionen an das Kristallgitter und Austausch der Kationen, H^+ ersetzt K^+.
4. Aufweitung und Zerfall des Kristallgitters in die Verwitterungsprodukte KOH (Kaliumhydroxid), $Al(OH)_3$ (Aluminiumhydroxid) und $H_4\ SiO_4$ (Kieselsäure): $K(AlSi_3O_8) + 8\ H_2O$ [= Edukt] $\rightarrow KOH + H(AlSi_3O_8) + 7\ H_2O$ [= Zwischenprodukt] $\rightarrow KOH + Al(OH)_3 + 3\ H_4\ SiO_4$ [= Endprodukt].
5. Durch die Aufweitung und den Zerfall des Kristallgitters können aber auch andere Verwitterungsprodukte entstehen, wie in der folgenden Reaktion die Neubildung des Tonminerals Kaolinit $KAlSi_2O_3\ (OH_4)$: $2\ K(AlSi_3O_8) + 11\ H_2O \rightarrow 2\ KOH + KAlSi_2O_3\ (OH_4) + 4\ H_4\ SiO_4$.

Die Wirksamkeit und die Intensität der Hydrolyse wird von den Faktoren **pH-Wert**, **Temperatur**, **Wassergehalt** und **Zeit** maßgeblich gesteuert. Sie stehen entweder direkt oder indirekt in einer Wechselbeziehung. So sind die beiden Klimafaktoren Temperatur und Niederschlag direkt aneinander gekoppelt. Der pH-Wert hängt indirekt mit den klimatischen Bedingungen zusammen und wird auch von anderen Faktoren, wie beispielsweise dem Wasserchemismus, beeinflusst.

Verwitterung und Klima

Die höchste Wirksamkeit und Intensität besitzt die chemische Verwitterung in den **immerfeuchten Tropen** und in den **Monsunklimaten** mit Niederschlägen in der heißen Jahreszeit. Hier werden Verwitterungstiefen bis zu 150 m unter der Oberfläche erreicht. In den Winterregenklimaten und den kühlgemäßigten Klimaten dagegen bleibt die Wirkung mäßig. In den polaren und subpolaren Klimazonen ist die chemische Verwitterung wegen zu tiefer Temperaturen einerseits und wegen des Mangels an Feuchtigkeit andererseits ebenso gering wie in den heiß-ariden Klimazonen.

In **ariden** und **semiariden Gebieten** kann die chemische Verwitterung jedoch auch einen andersartigen Verlauf zeigen. Die hohen Verdunstungsraten verursachen Kapillarströmungen wässriger mineralischer Lösungen vom Gesteinsinneren an die Oberfläche von Gesteinen. Dort verdunstet der Wasseranteil unter Abscheidung von Mangan- und Eisenverbindungen oder Kieselsäure, die als Gesteinskrusten (Hartrinden, Wüstenlack) zurückbleiben. Leichter lösliche Salze bilden Salzausblühungen oder Salzkrusten, Carbonate und Sulfate in lockerem Substrat sogar häufig sehr weiträumige Kalk- und Gipskrusten.

Abwärts gerichtete Wasserströmungen führen in den **immer- und wechselfeuchten Tropen** stets zur Auswaschung der hydrolytisch und protolytisch verwitterten Substanzen. Als Folge der Hydrolyse ist die selektive Anreicherung von Eisen- und Aluminiumoxiden und -hydroxiden sowie das ubiquitär vorherrschende Tonmineral Kaolinit in charakteristischen Tiefen des Verwitterungsprofils kennzeichnend für die feuchten Tropen. Da in den immerfeuchten tropischen Klimaten die Kieselsäure weitgehend abgeführt wird, bilden sich eisenreiche Laterite und aluminiumreiche Bauxite. Bei Austrocknung des Verwitterungsprofils können sich aus den Anreicherungshorizonten von Eisen und Aluminium sehr harte Krusten entwickeln. In den wechselfeuchten Tropen wird weniger Kieselsäure abgeführt, so dass sich dort weiträumige kieselsäurehaltige Krusten (silcrets, silcrete crusts) ausbilden können.

1.4.3 Biologische Verwitterung

Die biologische Verwitterung umfasst alle physikalischen und chemischen Verwitterungsvorgänge, die auf die Tätigkeit von **Pflanzen**, **Tieren** und **Mikroorganismen** zurückzuführen sind. Biologische Verwitterungsprozesse sind in den humiden Klimaten von Bedeutung. Die höchste Wirksamkeit und Intensität besitzen sie in den Tropen und in den Subtropen.

Physikalisch-biologische Verwitterung

Bei der physikalisch-biologischen Verwitterung trägt das Eindringen der Wurzeln von höheren Pflanzen, insbesondere der Bäume, in Spalten und Risse der Gesteine zur Lockerung des Gesteinsverbandes bei. Auch verdichtete Sedimente und Böden werden durch das Wurzelwachstum aufgelockert. Ebenfalls mechanisch können Bohrmuscheln und Bohrwürmer an Steilküsten Festgesteine zerstören. Bodentiere zerkleinern organische Abfallstoffe der Vegetation durch Zerbeißen oder Zernagen. Im Gegensatz zu dieser mechanischen Zerkleinerung von Pflanzenresten wird durch die wühlende Tätigkeit von Bodentieren die chemische Verwitterung begünstigt.

Chemisch-biologische Verwitterung

Die chemisch-biologische Verwitterung erfolgt entweder an Gesteinsoberflächen, z.B. durch Flechten, die durch die Ausscheidung von Säuren die Gesteine aufrauen und nach ihrer Zersetzung das notwendige organische Material für Moose und höhere Pflanzen liefern, oder durch organische Säuren ausscheidende Mikroorganismen. Bodenbakterien zersetzen organische Substanz in Gesteinen und Böden über eine Vielzahl von Zwischenprodukten zu H_2O und CO_2, die, in der Verwitterungslösung als Kohlensäure vorliegend, chemische Verwitterungsprozesse erheblich beschleunigen können. ■

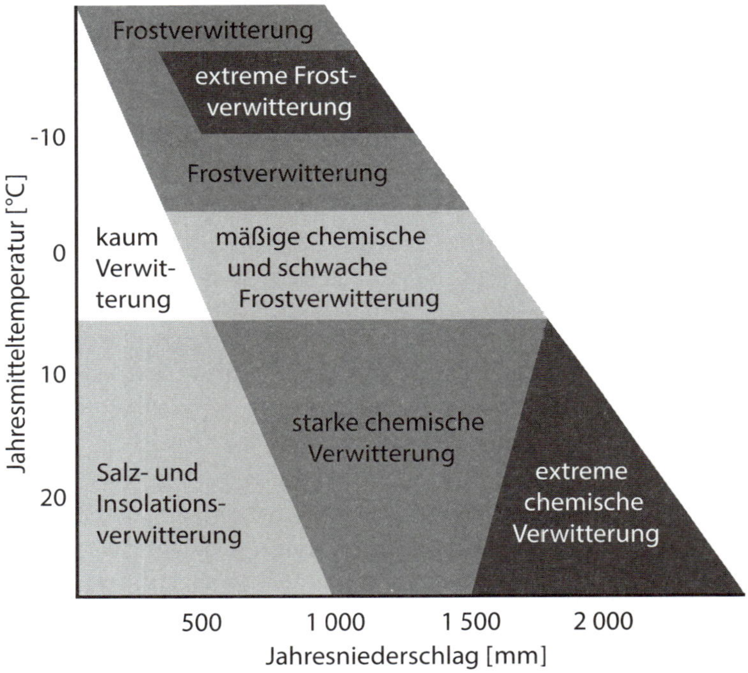

Abb. 1.17 Die Beziehung unterschiedlicher Verwitterungsarten zu Temperatur und Niederschlag (verändert nach Faust & Kleber, 2011).

Wissens-Check

1. Definieren Sie den Begriff Verwitterung.
2. Nennen Sie die fünf physikalischen Verwitterungsprozesse.
3. Welches sind die dominanten Prozesse bei der chemischen Verwitterung?
4. Welcher Verwitterungstyp dominiert in den kühlgemäßigten Klimaten?
5. Warum ist die hydrolytische Verwitterung so effektiv?
6. Wasser vergrößert beim Gefrierprozess sein Volumen um rund 5% oder 9% oder 14%?

7. Erläutern Sie die Prozesse der biologisch-physikalischen Verwitterung.

8. Erläutern Sie die physiko-chemischen Prozesse bei der „Salzverwitterung".

Literaturhinweise

Kuntze, H., Roeschmann, G., Schwerdtfeger, G. (1994): Bodenkunde. Stuttgart (Ulmer).

Ollier, C.D. (1984): Weathering. New York. (Elsevier).

Scheffer, F., Schachtschabel, P. (2008): Lehrbuch der Bodenkunde. 15. Aufl. Suttgart (Enke).

Schlichting, E. 1986: Einführung in die Bodenkunde. Hamburg, Berlin (Parey).

Yatsu, E. (1988): The nature of weathering: An introduction. Tokio (Sozosha).

1.5 Gravitative Massenbewegungen

Überblick

Unter dem Begriff Massenbewegung fasst man Hangabwärtsbewegungen zusammen, die durch den Einfluss der Schwerkraft hervorgerufen werden. Die **Schwerkraft** ist der wesentliche Faktor für die Bewegung, wobei Wasser nicht als Transportmedium dient, sondern in unterschiedlicher Weise Auslöser oder Schmiermittel ist. Die Geschwindigkeit von Massenbewegungen kann sehr stark variieren und reicht von 1 cm/Jahrzehnt beim Bodenkriechen bis hin zu 100 m/s bei Bergstürzen. Den oft plötzlich auftretenden und häufig katastrophale Ausmaße erreichenden Ereignissen folgen sehr lange Ruhezeiten. Je nach Art des bewegten Materials, dessen physikalischen Eigenschaften sowie seiner Geschwindigkeit können unterschiedliche Bewegungsformen unterschieden werden, deren Übergänge jedoch in vielen Fällen fließend sind. Oft treten Kombinationen verschiedener Bewegungstypen auf, oder das jeweils dominierende Bewegungselement variiert je nach Hangposition. Diese Aspekte haben dazu geführt, dass derzeit in der Geomorphologie keine eindeutige und allgemein anerkannte Klassifikation von Massenbewegungen vorhanden ist. Vielfach werden sie in der deutschen geomorphologischen Literatur als Teil der **Denudation** behandelt, den Prozessen der flächenhaften Abtragung (im Gegensatz zur linienhaften Abtragung, der Erosion, z. B. von Flüssen).

1.5.1 Physikalische Grundlagen

Hangneigung und Schwerkraftwirkung

Massenbewegungen treten immer dann auf, wenn die „auslösenden“ Kräfte größer werden als die „festhaltenden“ Kräfte. Neben den komplexen Wechselwirkungen von Gewichtskraft, Auflagekräften, Strömungsdruck, Kohäsion, Adhäsion etc. sind für das Auftreten einer Massenbewegung die **Schub- oder Scherspannung**, die alle hangabwärts wirkenden Kräfte zusammenfasst, und die rechtwinklig zur Hangfläche hin ausgerichtete **Druck-** oder **Normalspannung** von maßgeblicher Bedeutung. Der mit einer zunehmenden Steilheit eines Hanges einhergehende Stabilitätsverlust lässt sich, vereinfacht ausgedrückt, darauf zurückführen, dass bei einem größeren Hangneigungswinkel die Scherspannung wächst, während die Normalspannung gleichzeitig abnimmt.

Massenbewegungen von Lockermaterial setzen im Normalfall erst dann ein, wenn die Scherspannung einen bestimmten Schwellenwert, die Grenzscherspannung, übersteigt. Dieses führt zu **plastischem Fließen**. Im Gegensatz dazu steht das **viskose Fließen**, das bereits beim Beginn einer Schubspannung – gleichgültig in welcher Größenordnung – einsetzt.

Hangstabilität

Die Stabilität eines Hanges wird von den **Materialeigenschaften** und den **geometrischen Eigenschaften** bestimmt. Bei den Materialeigenschaften ist die **innere**

Reibung des Materials die wichtigste Komponente. Je geringer die innere Reibung ist, desto anfälliger wird ein Hang für gravitative Massenbewegungen. So besitzen eckige Quarzkörner eine größere innere Reibung als abgerundete. Die innere Reibung wird häufig durch den Winkel Φ (Phi) ausgedrückt, der dem **natürlichen Böschungswinkel** eines Materials entspricht. Er beträgt in unverfestigtem Material 25–40°, z.B. bei Dünensanden: 30°. Auch die **Lagerungsdichte** ist von Bedeutung. Zusammengepresste oder verfestigte Körner besitzen eine größere innere Reibung als locker aufgeschüttete Körner. Die **Kohäsion**, der innere Zusammenhalt, d.h. die Bindung zwischen den Körnern, ist vor allem vom Wassergehalt und den damit zusammenhängenden Kapillarkräften abhängig. Dies wird besonders bei der Betrachtung von Sand deutlich. Trockener Sand hat einen geringen inneren Zusammenhalt, der aber mit zunehmender Feuchtigkeit größer wird. Dies trifft so lange zu, bis alle Poren wassergefüllt sind. Dann wird der bis zu diesem Zeitpunkt wirkende negative durch **positiven Porenwasserdruck** abgelöst, und die Kohäsion nimmt rasch ab. Zu den geometrisch wichtigen Komponenten zählen die **Hangneigung** und die **relative Höhe** eines Hanges, die Höhendifferenz zwischen Scheitel und Hangfuß. Stärkere Hangneigung und zunehmende Höhe führen zu größerer Instabilität.

Auslösende Faktoren

Auslösende Ursachen für Massenbewegungen sind sowohl **endogene** (z.B. Erdbeben oder Vulkanausbrüche) als auch **exogene Faktoren** (z.B. extremer Niederschlag → positiver Porenwasserdruck, Verwitterungsprozesse, Hangunterschneidung durch fluviale Erosion) sowie anthropogene Eingriffe (z.B. Hanganschnitte beim Straßenbau).

1.5.2 Typisierung von Massenbewegungen

Sturzdenudation

Blockstürze entstehen beim Fallen von Gesteinsblöcken von Steilwänden und erfolgen zumeist an bereits vorgezeichneten Schwächezonen im anstehenden Gestein, die beispielsweise durch Wurzeldruck, Frosteinwirkung oder chemische Verwitterung entstehen. Am Fuß der Wand kommt es sukzessive zum Aufbau eine **Schutt-** oder **Sturzhalde**. Unter bestimmten Voraussetzungen können Schutthalden die Form eines halben Kegels annehmen, dessen Spitze an der Felswand anliegt. In diesem Fall spricht man von **Schutt- oder Sturzkegeln**. Wachsen benachbarte Schuttkegel zusammen, wird der dabei entstehende Schuttsaum als **Haldenhang** bezeichnet. Schutthalden weisen im Allgemeinen eine recht gute **Sortierung** auf. Während sich die größeren Blöcke aufgrund ihrer Trägheit und ihrer größeren Masse am weitesten bewegen und damit den unteren Teil der Halde dominieren, finden sich die kleineren Gesteinspartikel überwiegend in den höheren Abschnitten der Halde. Die maximale **Neigung** von Schutthalden beträgt je nach Größe und Form der Gesteinsfragmente 20–36°.

Im Gegensatz zu Blockstürzen ereignen sich **Bergstürze** nur im Hochgebirge. Es handelt sich dabei um plötzlich auftretende Massenbewegungen von

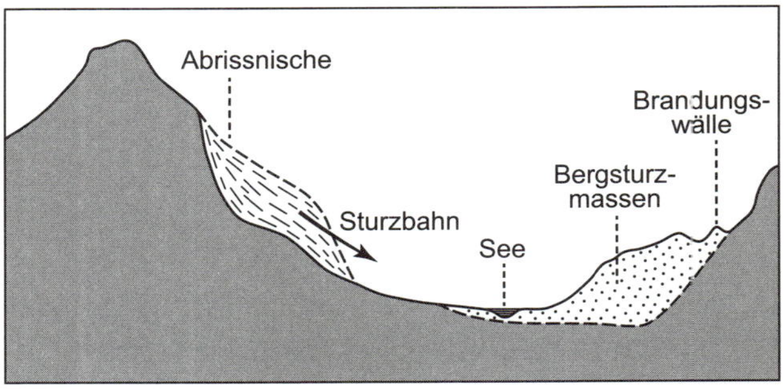

Abb. 1.18 Schema eines Bergsturzes (verändert nach Wilhelmy, 1981).

teilweise außerordentlicher Dimension. In wenigen Sekunden können komplette Bergflanken entlang einer Sturzbahn zu Tal gehen. Bergstürze sind Ausdruck sich entladender Spannungen im anstehenden Gestein, die sich auf sehr unterschiedliche Ursachen zurückführen lassen: Am Ende des Pleistozän kam es vielfach zu Bergstürzen, als die durch Gletschererosion übersteilten Talhänge durch Abschmelzen der Talgletscher ihrer Widerlager beraubt wurden; ebenso können endogene Kräfte in Form von Erdbeben eine Rolle spielen. Begünstigt werden Bergstürze durch Verminderung des großräumigen Zusammenhalts im Gesteinsverband durch fortschreitende Verwitterung und Erweiterung von Klüften (insbesondere wenn diese hangparallel verlaufen) oder auch durch erhöhte Wasserführung an Klüften und Schichtflächen. Geomorphologisch sind Bergstürze an **Abrissnische**, **Sturzbahn** und **Akkumulationsgebiet** erkennbar. Die dort abgelagerte Sturzmasse weist häufig eine unruhige, kleinräumig reliefierte Oberfläche auf, die auch als **Tomalandschaft** bezeichnet wird. Im Gegensatz zu den Schutthalden der Blockstürze, die aus Blöcken unterschiedlichen Alters aufgebaut sind, resultieren die Ablagerungen eines Bergsturzes aus einem einzigen Ereignis. Werden dabei Bäche oder Flüsse aufgestaut, so kann es zur Bildung vorübergehender oder dauerhafter Seen kommen.

Insbesondere in der ingenieurgeologischen Literatur unterscheidet man noch den in der Dimension zwischen Blockabsturz und Bergsturz liegenden **Felssturz**, ohne jedoch scharf von diesen abgrenzbar zu sein. Als charakteristische geomorphologische Kennzeichen werden Abrissfläche, Abrissnische und Abrissgewölbe aufgeführt.

Stichwort

Der Bergsturz von Vaiont

Im Oktober 1963 ereignete sich im Tal des Vajont in den Belluneser Alpen (Friaul) einer der bisher katastrophalsten Bergstürze (Felsgleitungen) in den Alpen. Ausgelöst wurde er durch eine 2 km lange, 1,6 km breite und 150 m mächtige, vom Monte Toc abgleitende Gesteinsscholle, die aus steilen (38–43°) und talhangparallel einfallenden verkarsteten Jurakalksteinschichten mit zwischengelagerten Tonhorizonten bestand. Darüber hinaus wurden sie durch die postglazial angelegte Vajontschlucht unterschnitten, so dass ein talwärtiges Widerlager fehlte. Auch die unter der Gesteinsscholle liegenden Schichten erhielten durch den hohen Stauseewasserstand des seit 1956 durch die mit 261 m damals höchste Doppelbogenstaumauer der Welt aufgestauten Vajont zunehmend Auftrieb während gleichzeitig die Reibungskräfte abnahmen. Ein weiterer auslösender Faktor waren die Karsthohlräume. Sie waren nach einer zweiwöchigen Regenperiode mit Wasser gefüllt und übten dadurch einen hohen Porenwasserdruck aus. Begünstigt durch diese Faktorenkonstellation wurde eine kleinere Gleitbewegung, die bereits 1960 durch erste Rissbildungen an der gleichen Stelle beobachtet wurde, beschleunigt. Sechs Monate vor dem Felssturz wurden Kriechbewegungen von 1 cm/Woche festgestellt, die sich drei Wochen vor der katastrophalen Massenbewegung auf 1 cm/Tag beschleunigten und schließlich während einer längeren, dem Bergsturz vorausgehenden Regenperiode eine Geschwindigkeit von 20-40 cm/Tag erreichten. Um 22.39 Uhr am 9. Oktober erfolgte dann der Bergsturz rund 2 km oberhalb der Staumauer: Innerhalb einer Minute wurde der Stausee bei einer Wassertiefe von 270 m bis zu mehr als 180 m über dem Wasserspiegel verfüllt. Das Wasser brandete dabei 260 m über den Stauseewasserspiegel den Gegenhang hinauf und ergoss sich dann als Flutwelle über den Staudamm in das Tal. Bei der Katastrophe starben 2000 Menschen. Die Staumauer ist heute noch vorhanden, der See wurde allerdings nicht wieder aufgestaut.

Rutschung und Gleitung

Bei **Rutschungen** bewegt sich das Material ohne Veränderung der inneren Lagerungsverhältnisse hangabwärts. Die Rutschung erfolgt auf einer Gleitfläche, die häufig aus Tonen besteht (konsequente R., Slide). Vor allem wassergesättigte Tone können wie Schmiermittel wirken, so dass die Grenzscherspannung frühzeitig überschritten und die Rutschmasse in Bewegung gesetzt wird. Der **Bergrutsch** unterscheidet sich vom Bergsturz vor allem durch seine wesentlich geringere Bewegungsgeschwindigkeit, während die auslösenden Ursachen denen des Bergsturzes gleichen. Insgesamt gibt es jedoch vielfältige Übergänge und Mischformen, die eine eindeutige Zuordnung erschweren. Mit dem Begriff **Slump** oder **Rotationsrutschung** werden Massenbewegungen in weichen, plastisch verformbaren Gesteinen mit geringer Scherfestigkeit bezeichnet. Die weichen Gesteine können durch härtere Schichten überlagert sein, die durch ihr Gewicht die Rutschanfälligkeit der weichen unterlagernden Schichten fördern. Man spricht dann von einem Slump, wenn die Bewegung neben der hangabwärts gerichteten auch gleichzeitig noch eine nach rückwärts gerichtete Komponente in Form einer Rotation um die eigene (horizontale) Achse aufweist. Im Querschnitt erscheint die Gleitfläche mehr oder weniger halbmondförmig und orientiert sich in der Regel nicht an vorgegebenen Gesteinsstrukturen (asequente R.).

Fließungen

Bewegt sich eine wassergetränkte Masse aus feinkörnigem Bodenmaterial oder Verwitterungsschutt hangabwärts, so spricht man von **Erdfließen**. Voraussetzung ist das – zumindest kurzzeitige – Auftreten von positivem Porenwasserdruck, der zum Überschreiten der Fließgrenze führt und damit die hangabwärtsgerichtete Bewegung ermöglicht. Erdfließen tritt unter feuchtgemäßigten Klimabedingungen vor allem gegen Ende des Winters und zu Beginn des Frühjahrs auf. Zum einen ist dann das Wasserangebot hinreichend hoch (Schneeschmelze!), zum anderen wurde das Bodengefüge durch wiederholte Frostwechsel so aufgelockert, dass die Wassersättigung schnell erreicht werden kann. Ein durch Erdfließen in Bewegung geratener Hang weist verschiedene Form- und Materialbereiche auf. Im oberen Teil findet sich als Begrenzung die konkave **Abrisskante** mit anschließendem **Abrissgebiet**. Da die obersten Bodenschollen häufig in einer gewissen Rückwärts-Rotation abgleiten, finden sich hier slumpähnliche Formen. Hangabwärts schließt sich die **Bewegungs-** oder **Fließzone** an, die schließlich in die **Fließzunge** übergeht.

Muren sind wassergetränkte Schuttströme, die sich mit großer Geschwindigkeit entweder kontinuierlich oder schubartig hangabwärts bewegen. Sie entstehen, wenn eine Schuttakkumulation bei steilem Gefälle einen hohen Anteil an Feinmaterial enthält, dessen Poren sich nach starken Niederschlägen oder im Zuge der Schneeschmelze mit Wasser füllen. Tritt schließlich positiver Porenwasserdruck auf, bewegt sich die Mure als breiige Schuttmasse talwärts. Am Hangfuß können sich **Murkegel** bilden, kegelförmige Akkumulationen aus schlecht sortiertem und ungeschichtetem Murenschutt. Im Gegensatz zu den wasserungesättigten Rutschungen werden bei Muren die feinen Partikel, aufgrund der mit der abnehmenden Fließgeschwindigkeit geringer werdenden Transportkraft, weiter transportiert als die groben.

Versatzdenudation

In **Periglazialgebieten** (s. Kap. 1.8) bezeichnet man Fließbewegungen des wassergesättigten Bodens im sommerlich aufgetauten Bereich über Permafrost als **Gelifluktion**. Zusammen mit der Kriech- bzw. Versatzdenudation wird die Gelifluktion unter dem Begriff **Solifluktion** zusammengefasst.

Die langsame Hangabwärtsbewegung von Lockermaterial wird **Bodenkriechen** genannt. Kriechbewegungen können, speziell in stark tonigem Substrat, **kontinuierlich** als eine sehr langsame Art des viskosen Fließens erfolgen oder sie können durch wiederholte **Expansion und Kontraktion** des Materials hervorgerufen werden. Wenn Bodenwasser gefriert, führt dieses zu einer Volumenzunahme der obersten Bodenschicht, wobei sich die Ausdehnung senkrecht zum Hang vollzieht und damit der Schwerkraft folgend hangabwärts bewegt. Oberflächennahe Bodenpartikel werden dabei weiter hangabwärts transportiert als tiefer liegende, da die Frosteinwirkung mit zunehmender Tiefe geringer wird. Diese Art der Denudation ist besonders in Klimaten mit ausreichend feuchten Böden und häufigen **Frostwechseln** wirksam. Darüber hinaus kann die hangabwärtige Verlagerung von Bodenpartikeln durch Quellung und Schrumpfung von **Tonmineralen**, insbesondere von Smektiten, im Boden ausgelöst werden. Jedoch bleibt die Intensität dieser hangabwärtsgerichteten Bewegung weit hinter der von den Frostwechseln induzierten zurück. Bodenkriechen erfolgt auch durch Volumenveränderungen aufgrund von Salzkristallbildung im Bereich

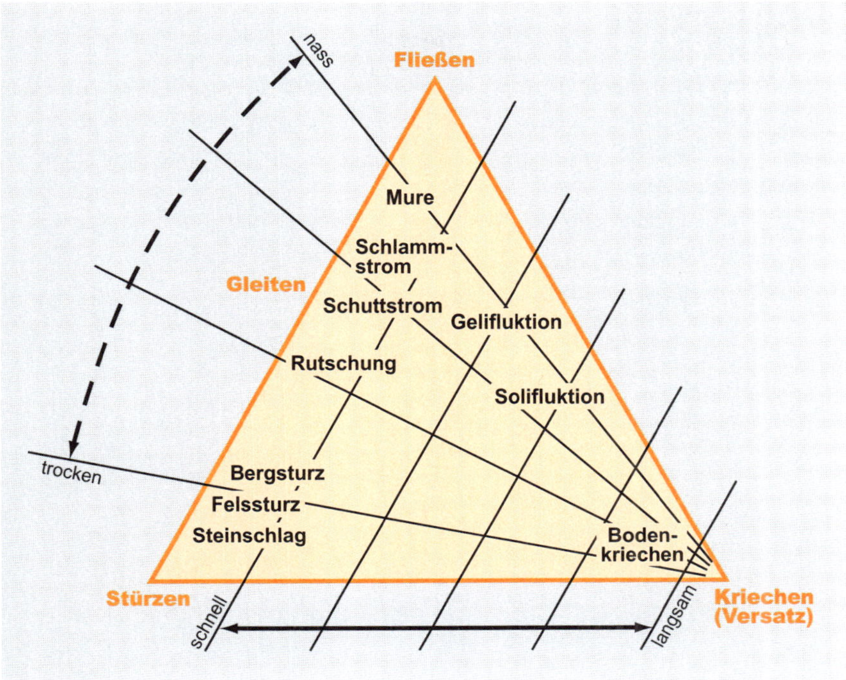

Abb. 1.19 Typisierung von Massenbewegungen (verändert nach Carson & Kirkby, 1972).

oberflächennaher Bodenteilchen. Nadelförmige Eiskristalle, die bei Bodentemperaturen weit unterhalb des Gefrierpunktes durch Sublimation von Wasserdampf in den obersten Poren Kammeis ausbilden, führen zu einem Versatz von Material (Versatzdenudation). Hinweise auf das Bodenkriechen geben das **Hakenschlagen** ausstreichender Schichten, die hangabwärts verbogen scheinen, und der **Knie-** oder **Säbelwuchs** von Bäumen. ■

Wissens-Check

1. Von welchen Faktoren hängt die Scherfestigkeit ab?
2. Welche Faktoren setzen die Scherfestigkeit herab?
3. Erläutern Sie die Funktion von Wasser bei den gravitativen Massenbewegungen.
4. Von welchen Faktoren ist der Winkel der „inneren Reibung“ abhängig?
5. Definieren Sie den Begriff Mure.
6. Was ist der Unterschied zwischen einer konsequenten und einer asequenten Rutschung.

Literaturhinweise

Abele, G. (1994): Felsgleitungen im Hochgebirge und ihr Gefahrenpotential. In: Geogr. Rdsch. 46, S. 414–420.

Dikau, R., Brunsden, D., Schrott, L., Ibsen, M.L. (1996): Landslide recognition. Chichester (Wiley & Sons).

Fischer, H. (Hrsg.) (1999): Massenbewegungen und Massentransporte in den Alpen als Gefahrenpotential. Berlin, Stuttgart (Borntraeger).

Genske, D. (2014): Ingenieurgeologie. 2. Aufl. Berlin, Heidelberg (Springer).

Selby, M.J. (1991): Hillslope materials and processes. 2 Aufl. Oxford (Oxf. University Press).

Young, A. (1972): Slopes. 4. Aufl. London, New York (Geom. Texts).

1.6 Fluviale Prozesse und Formen

Überblick

Die Fluvialgeomorphologie umfasst die Gestaltung der Oberflächenformen der festen Erde, die sowohl direkt als auch indirekt durch fließendes Wasser erfolgt. Dazu gehören neben den **Flüssen** mit den fluvialen Prozessen der Erosion, des Transports und der Akkumulation auch die **Flusstäler**, die **Talhänge** und **Talsysteme** mit den dazu gehörigen Prozessen der Verwitterung und Denudation (Hangabtragung). Um die Genese der einzelnen Formen besser zu verstehen, werden zunächst einige physikalische Grundlagen der Wasserbewegung erläutert. Hydromechanik und Hydraulik sind die Wissenschaftszweige, die sich mit den theoretischen Grundlagen der Strömung von Flüssigkeiten in offenen Gerinnebetten und geschlossenen Rohrleitungen beschäftigen.

1.6.1 Hydraulische Grundlagen fluvialer Dynamik

Wasserbewegung

In jedem Fließgewässer ist potenzielle Energie gespeichert. Während nur ein kleiner Teil dieser Energie für den Fließvorgang selbst benötigt wird, steht der Großteil für Reibungskräfte und somit für Erosion und Materialtransport zur Verfügung. Bei der Bewegung des Wassers lassen sich zwei Grundmuster unterscheiden, das laminare und das turbulente Fließen. Beim **laminaren Fließen** bewegen sich die Wasserteilchen in **parallelen Bahnen**, eine Durchmischung findet nicht statt. Ganz langsame oder Strömungen in sehr seichten Fließgewässern sind laminar. Bei **turbulenten Strömungen** wird die gerichtete Strömung von ungerichteten Bewegungen überlagert. Durch **Wirbelbildungen** kommt es zu starker Durchmischung. Turbulentes Strömen tritt nur an Grenzflächen auf: So entstehen Querwellen im Grenzbereich zu Festkörpern als Folge von Ausweichbewegungen und dadurch hervorgerufenen Oberflächenspannungen. Insbesondere die Rauigkeit der Begrenzungen des durchflossenen Gerinnes spielt dabei eine wichtige Rolle. Je rauer das Flussbett ist, umso schneller kommt es zum Übergang zwischen laminarem und turbulentem Fließen. Für Abtragungsvorgänge an der Flusssohle ist turbulentes Fließen von großer Bedeutung.

Arten des F ießens

Drei Faktoren entscheiden über das vorherrschende Strömungsverhalten: die Fließgeschwindigkeit V [m/s], die Wassertiefe T [m] und die kinematische Viskosität [m^2/s] als Maß für die Zähflüssigkeit des Wassers, die vor allem die Oberflächenspannung widerspiegelt. Sie gehen in die Formel zur Berechnung der **Reynoldschen Zahl** ein:

$$\text{Reynoldsche Re} = \frac{VT}{\nu}$$

Re ist dimensionslos, bei Werten < 500 herrscht überwiegend laminares Strömen. Werte > 750 kennzeichnen turbulentes Strömen, und Wellenbewegungen überlagern die flussabwärts gerichtete Fließbewegung. Längswellen/**Longitudinalwellen** im Inneren der Flüssigkeit entstehen durch Volumenänderungen, d.h. Verdichtung und Verdünnung. Damit werden diese Wellen, im Gegensatz zu den **Querwellen**, durch den Fließvorgang selbst hervorgerufen und nicht durch Hindernisse. Wasserwellen stellen gleichzeitig Quer- und Längswellen dar.

Das Fließverhalten selbst lässt sich zusätzlich anhand der Fließbedingungen als strömendes, schießendes oder fallendes Fließen beschreiben. Während es sich beim **strömenden Fließen** um eine ruhige Bewegung des Wassers mit verhältnismäßig glatter Oberfläche handelt, da die Fließgeschwindigkeit des Wassers geringer ist als die Ausbreitungsgeschwindigkeit der Longitudinalwellen, zeigen sich beim **schießenden Fließen** stehende, schäumende Wellen auf dem Wasser. Die Fließgeschwindigkeit des Wassers ist beim schießenden Fließen größer als die Ausbreitungsgeschwindigkeit der Longitudinalwellen und sehr häufig mit großer Turbulenz verbunden. Schießender Abfluss ist außerordentlich erosionswirksam. **Fallendes Fließen** kennzeichnet den Sonderfall der Wasserbewegung an Wasserfällen.

Fließzustand

Die **Froude-Zahl** Fr als Maß für den Fließzustand kennzeichnet das Verhältnis von Fließgeschwindigkeit V [cm/s] zur Ausbreitungsgeschwindigkeit der Longitudinalwellen [υ]:

Froude-Zahl $Fr = V/(\rho' \cdot g \cdot T)^{1/2}$

V mittlere Fließgeschwindigkeit

ρ Dichteverhältnis

g Schwerebeschleunigung

T Wassertiefe

Beim Übergang zwischen strömendem und schießendem Fließen nimmt die Froude-Zahl (Fr) den Wert 1 an, bei Fr < 1 tritt strömendes Fließen, bei Fr > 1 schießendes Fließen auf.

Mittlere Fließgeschwindigkeit

Für die Bestimmung der mittleren Fließgeschwindigkeit stehen mehrere empirische Gleichungen zur Verfügung. Die gebräuchlichsten sind die **Manning-Strickler-** und die im Wasserbau häufig verwendete **Darcy-Weisbach-Formel**. Die Manning-Strickler-Gleichung weist gegenüber der Darcy-Weisbach-Formel zwar einige Einschränkungen auf, wird aber wegen ihrer einfachen Handhabung häufig benutzt. Sie berechnet die mittlere Fließgeschwindigkeit v:

$$v\,[m/s] = k_{Str}\,[m^{1/3}/s] \times R^{2/3}\,[m] \times S^{1/2}\,[\%]$$

k_{Str} bezeichnet den Geschwindigkeits- bzw. Rauigkeitsbeiwert nach Strickler, der sich beispielsweise aus Tabellen, so in Schröder (DVWK 1990), ermitteln lässt. R steht für den hydraulischen Radius [m] und S für das dimensionslose Sohlgefälle (Energieliniengefälle). Der hydraulische Radius R wird aus Fließquerschnitt F und benetztem Umfang U ermittelt:

$$R\ [m] = F\ [m^2]\ /\ U\ [m]$$

Die Manning-Strickler-Gleichung berechnet die *mittlere* Fließgeschwindigkeit, da innerhalb des Gerinnequerschnitts je nach Position unterschiedliche Geschwindigkeiten auftreten. Grundsätzlich kommt es mit zunehmender Annäherung an das Gerinnebett bzw. Ufer zur Geschwindigkeitsabnahme.

Maximale Fließgeschwindigkeit

Die größte Fließgeschwindigkeit wird stets im **Stromstrich** erreicht. Er befindet sich im Normalfall über dem tiefsten Bereich eines Flussbetts, also auf geraden Laufstrecken in der Mitte des Flusses nahe der Oberfläche dort, wo der Reibungseinfluss am geringsten ist. Hier kann auch die Tiefenerosion am wirksamsten ansetzen. Dies hängt mit der doppelwalzenförmigen Bewegung des Wassers (Helix) zusammen. Die Wasserpartikel bewegen sich auf einer Bahn, die von beiden Ufern ausgehend am Stromstrich zusammenläuft. Hier werden die Teilchen senkrecht nach unten zum Bett geleitet. Ihre Bahn setzt sich dort nach außen in Richtung der Ufer fort, bevor sie schließlich im Bereich der Wasseroberfläche wieder zum Stromstrich hin umgeleitet werden. In Krümmungen des Flusslaufs wird der Stromstrich durch den Einfluss der Zentrifugalkraft nach außen versetzt, so dass im Extremfall bei starker Krümmung nur noch eine Hälfte der Doppelwalze ausgebildet ist.

Hydraulische Geometrie

Der **Abfluss** Q [m^3/s] eines Fließgewässers, d.h. das je Zeiteinheit passierende Wasservolumen, errechnet sich aus Fließgeschwindigkeit v [m/s] und Fließquerschnitt F [m^2], wobei sich der Querschnitt als Produkt aus Breite (B) und Tiefe (T) ergibt:

$$Q\ [m^3] = F\ [m^2] \times v\ [m/s]$$

$$F\ [m^2] = B\ [m] \times T\ [m]$$

In der beschriebenen Form wird die Gleichung für zwei Flussquerschnitte A1 und A2 auch als **Kontinuitätsgleichung des Abflusses** bezeichnet. Sie besagt, dass sich bei konstantem Abfluss für jede Veränderung einer der genannten Größen eine der beiden anderen Größen ebenfalls ändert. Diese Gleichung ist für die auf Leopold und Maddock (1953) zurückgehende hydraulische Geometrie von großer Bedeutung, die grundlegende Zusammenhänge zwischen Abfluss und Gerinnemorphologie beschreibt.

1.6.2 Fluviale Formung

Fluviale Erosion, Transport und Ablagerung

Bereits 1935 erkannte Hjulström durch empirische Messungen, dass fluviale Erosion, fluvialer Transport und vom Wasser abgelagertes Lockermaterial von der **Korngröße** und der **mittleren Fließgeschwindigkeit** abhängig sind (vgl. Abb. 1.20). Für die Aufnahme und Erosion gröberer Partikel mit zunehmender Korngröße ist eine proportional steigende Fließgeschwindigkeit, d.h. Schleppkraft, notwendig. Bei sehr kleinen Korngrößen und damit einhergehenden zunehmenden Kohäsionskräften sind ebenfalls steigende Fließgeschwindigkeiten erforderlich. Die **Grenzfließgeschwindigkeiten** für Erosion und Ablagerung liegen für sandige und noch gröbere Materialien eng beieinander, so dass bereits bei geringen Geschwindigkeitsänderungen Erosion und Sedimentation rasch wechseln können, mit dem Ergebnis räumlich und zeitlich stark wechselnder Gerinnebettformen und vergleichsweise kurzen Transportstrecken für gröbere Partikel. Im Gegensatz dazu wird feineres Material als Suspensionsfracht (Schwebstoffe) auch bei geringen Fließgeschwindigkeiten über weite Distanzen verlagert.

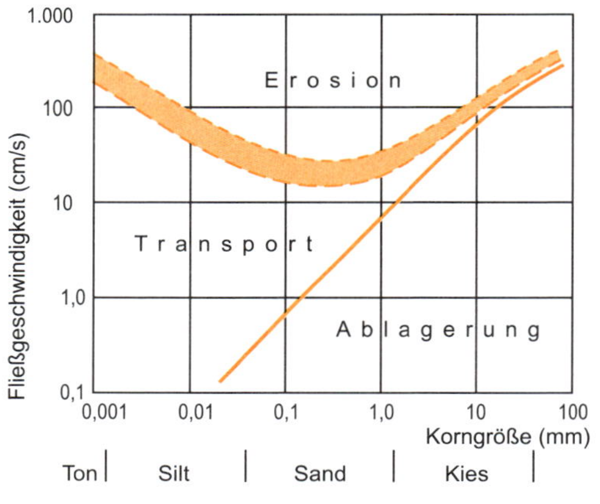

Abb. 1.20 Hjulström-Diagramm: Erosion, Transport und Ablagerung in Abhängigkeit von der Korngröße und der mittleren Fließgeschwindigkeit (eigener Entwurf).

Erosion

Während der Begriff Denudation im deutschen Sprachgebrauch vor allem für die flächenhaft wirkende Abtragung Verwendung findet, kennzeichnet Erosion die **linienhafte Abtragung** durch fließendes Wasser und z.T. auch durch Gletscher. Bei der fluvialen Erosion werden Partikel unterschiedlicher Größe von der Oberfläche der Gewässersohle durch das fließende Wasser aufgenommen und in Bewegung gesetzt. Die erosive Tieferlegung der Flussbettsohle wird als Tiefenerosion bezeichnet. Werden dagegen die Flussufer durch Unterschneidung und Nachstürzen von Material (gravitative Prozesse) zurückverlegt, spricht man von **Seitenerosion**.

Tiefenerosion setzt ein, sobald die Summe aus strömungsbedingten Antriebskräften, zu denen sich bei turbulentem Fließen gegebenenfalls noch aufwärts gerichtete Kräfte addieren, die festhaltenden Kräfte übersteigt: Die vorhandene Scherspannung des Wassers (zulässige Grenzscherspannungen nach DIN 19661 werden im Wasserbau angewendet) muss mindestens genauso groß sein wie die zur Ablösung eines Partikels nötige **kritische Scherspannung**, d.h. der Erosionsschwellenwert muss zunächst überschritten werden. Die kritische Scherspannung ist von mehreren Einflussgrößen abhängig. Zu ihnen zählen Korngröße und Masse eines zu bewegenden Partikels und bei größeren Geröllen auch Form und Lagerung. Die Erosionskompetenz eines Flusses beschreibt seine Fähigkeit, Partikel einer bestimmten Größe aufzunehmen. Sie hängt ab von seiner potenziellen Energie, die direkt proportional zum Produkt aus Wassertiefe und Gefälle bzw. Fließgeschwindigkeit ist.

Transport

Die Gesamtmenge des von Flüssen transportierten Materials wird unter dem Begriff **Flussfracht [t oder t/a]** zusammengefasst. Sie setzt sich aus drei Komponenten zusammen:

- Als **Lösungsfracht** (dissolved load) wird die Gesamtmenge [mg/l] der im Wasser gelösten Stoffe bezeichnet. Diese stammen aus der freien Atmosphäre, der chemischen Verwitterung von Mineralen und aus biotischen Prozessen. Hinzu kommen Verunreinigungen in Form von organischen und anorganischen Stoffen aus anthropogenen Emissionsquellen. Die gelösten Stoffe sind Bestandteil des Wassers und Transport findet statt, sobald sich Wasser überhaupt bewegt. Es existieren keine Schwellenwerte, die überschritten werden müssen, damit der Transportvorgang einsetzt. Die Konzentration der Lösungsfracht hängt von den Abflusskomponenten ab, d.h. ob ein Fluss ausschließlich von Grundwasser, von einer Kombination Grundwasser-Oberflächenabfluss oder einer Kombination Grundwasser-Interflow bzw. Grundwasser-Oberflächenabfluss-Interflow gespeist wird (Interflow = unterirdischer Abfluss in Oberflächennähe). Obwohl sie nicht sichtbar ist und morphodynamisch unwirksam, kann die Lösungsfracht am Gesamtaustrag aus einem Einzugsgebiet einen sehr hohen Anteil aufweisen. Sie ist von verschiedenen Parametern abhängig wie Einzugsgebietsgröße, Löslichkeit der Gesteine sowie aktuelle und subrezente Verwitterungsintensität im Einzugsgebiet, Wasserhaushalt und Landnutzung.
- Die **Suspensions- oder Schwebfracht** (suspended load) umfasst alle Feststoffe, die mit dem Wasser im Gleichgewicht stehen oder durch Turbulenzen in Schwebe gehalten werden, d.h. also in erster Linie Partikel der Ton- und Schluff-/Siltkorngrößen. Suspension bedeutet die Aufschwemmung feinstverteilter fester Stoffe in einer Flüssigkeit. Die Quellen der Schwebfracht umfassen den Oberflächenabfluss von den Hängen im Einzugsgebiet, die Resuspension bereits im Bachbett abgelagerter Feinsubstanz, die Ufererosion insbesondere bei Flüssen, deren Uferbänke aus Lockermaterial aufgebaut sind, und den Abrieb von Geschiebe bzw. die Tiefenerosion.

Die Mitführung der Schwebfracht erfordert ein hohes Maß an Transportenergie, so dass die Abnahme der Fließgeschwindigkeit (z. B. bei Einmündung in ein stehendes Gewässer oder bei Überschwemmungen, wenn der Fluss sein Bett verlässt und in den Bereich der Aue vordringt) zur Bildung von Akkumulationsfomen wie Deltas oder Uferdämmen (s. Kap. 1.11.3) führen kann.

- Gröbere Partikel wie Schotter, Kies und Blöcke bilden die **Geröllfracht** (bedload). Der Transport von Flussgeschieben erfolgt nur an der obersten Schicht der Gewässersohle. Dabei werden z. B. Kiese nicht als geschlossene Körper transportiert, sondern als einzelne Körner von der Sohle abgehoben, ein Stück vorwärts bewegt, abgelagert und wieder weitertransportiert. Die Transportmechanismen verlaufen dabei korngrößenspezifisch. Die kritischen Werte für das Einsetzen des jeweiligen Transportmechanismus ergeben sich aus der aktuellen/tatsächlichen Schubspannung (u*) und der für die Mobilisation notwendigen Schubspannungsgeschwindigkeit (u*0):

Schieben	...für u*/ u*0
Rollen	< 1.4
Saltieren	1,4 – 1.9
Schweben	>1.9

- Die Kombination aus bewegtem Material und Bewegungsmechanismus deutet die hohe Wirksamkeit für die Sohlenerosion bzw. die morphologische Ausgestaltung des Flussbetts bereits an. Die Menge der verfügbaren Geröllfracht hängt in erster Linie von den Parametern Ausgangsgestein und Klima (und somit von Verwitterung und den vorherrschenden Abtragungsprozessen) ab. Im Gegensatz zur Lösungs- und Schwebfracht ist daher die quantitative Abschätzung des Gerölltransports als Funktion des Abflusses nicht möglich.

Transportrate

Die Transportrate eines Flusses wird in **Gewichts- oder Volumeneinheit pro Zeit** ausgedrückt. Sie zeigt an, wie viel Material innerhalb einer bestimmten Zeitspanne in Bewegung gehalten und durch einen Messquerschnitt bewegt wird. Sie ist für die Bestimmung der **Gesamtabtragungsrate** eines Flusseinzugsgebiets von großer Bedeutung. Die **mittlere Abtragungsrate** [mg/km^2] lässt sich durch Division der Transportrate durch die Fläche des Einzugsgebietes ermitteln. Für den Gesamtaustrag aus einem Einzugsgebiet sind Lösungs- und Schwebfracht von wesentlicher Bedeutung.

Sedimentation

Sobald das fließende Wasser keine Transportkapazität mehr besitzt, kommt es zur Sedimentation von Lockermaterial. Wie das Hjulström-Diagramm (vgl. Abb. 1.20) zeigt, hängt die Ablagerung primär von der Fließgeschwindigkeit und der Korngröße ab. Je geringer die Geschwindigkeit, desto kleinere Partikel werden abgelagert.

Geomorphologische Ausgestaltung der Gewässersohle

Die **Gewässersohle** ist der am tiefsten gelegene Bereich eines Fließgewässers und wird von den beiden Ufern begrenzt. Die Sohle spielt eine wichtige Rolle bei der Bewertung der Gerinnedynamik. Sie kann entweder als Felssohle oder als Lockermaterialsohle ausgebildet sein. Felssohlen werden auch als **Resistenzstrecken** eines Flusses bezeichnet. Ist die Gewässersohle in Lockermaterial ausgebildet und steht mehr Material in Form von Sanden und Schottern zur Verfügung, als das Fließgewässer aufgrund seiner energetischen Ausstattung abtransportieren kann, handelt es sich um eine **Auslastungsstrecke**. Die Menge des an der Sohle vorhandenen Lockermaterials ist keine statische Größe, sondern es ergeben sich je nach Abfluss deutliche Unterschiede. So kann sich aus einer Lockermaterialsohle durch ein Hochwasserabflussereignis eine Felssohle bilden und umgekehrt bei geringem Abfluss aus einer Resistenz- eine Auslastungsstrecke.

Schleppkraft

Die Schleppkraft eines Flusses variiert innerhalb seines Querprofils sehr stark. Während sie im Bereich des Stromstrichs sehr hoch ist, nimmt sie in Richtung Sohle und Ufer rasch ab. Dies hat zur Folge, dass Gesteinsfragmente, die zunächst in einer Zone hoher Fließgeschwindigkeit transportiert werden, abgelagert werden, sobald sie in einen Abschnitt mit geringerer Geschwindigkeit gelangen. Je nach Materialangebot und -menge bilden sich dann dort **Sand- und/oder Schotterbänke**.

Bei sandigen Gerinnesohlen kommt es durch turbulente Wasserbewegungen bei kleinräumig wechselnden Fließgeschwindigkeiten im Flussbett zu einem engen Nebeneinander von erodierten Hohl- und akkumulierten Vollformen. Es handelt sich um wellenartige Kleinformen, wie sie typischerweise an der Grenzfläche von zwei unterschiedlich dichten, bewegten Medien (hier: Wasser und Sand) auftreten. **Rippeln** sind quer zur Hauptströmungsrichtung verlaufende niedrige, schmale Kämme mit flachen Luv- und steilen Leeseiten, wobei die Luvseite der Strömung ausgesetzt und die Leeseite stromabwärts ausgerichtet ist. Die Größe der Rippeln liegt im Zentimeterbereich. Sie entstehen in tieferem Wasser bei größeren Fließgeschwindigkeiten und können an ihrer Oberfläche aufgesetzte Rippeln besitzen.

Riffles und Pools

Durch variierende Fließgeschwindigkeiten, hervorgerufen durch Turbulenzen der Sekundärzirkulationen, bilden sich insbesondere in heterogenem Lockermaterial Sequenzen von seichteren Stellen mit schießendem Abfluss und tiefere mit strömendem Abfluss, deren Frequenz die Abtragungsdynamik reflektiert. Die Untiefen werden als **Furten** (riffles), die beckenförmigen Eintiefungen als **Kolke** (pools) bezeichnet.

Flusslängsprofil

Unter **Flusslängsprofil** versteht man das Höhenprofil des Wasserspiegels eines Flusses von der Quelle bis zur Mündung. Seine Form ist normalerweise längskonkav ausgebildet, das Energiegefälle ist stets flussabwärts gerichtet. Der Lauf eines Flusses lässt sich mit **Ober-**, **Mittel- und Unterlauf** in drei grundlegende Abschnitte untergliedern. Gefälle und Fließgeschwindigkeit nehmen vom Ober- zum Unterlauf hin im Allgemeinen ab. Daraus ist zu folgern, dass sich vom Ober- zum Unterlauf die jeweils vorherrschenden fluvialen Formungsprozesse in gleichem Maß von Erosions- über Transport- zu Sedimentationsprozessen verschieben. Ausnahmen treten vor allem an **Knickpunkten** im Längsprofil auf. Knickpunkte sind Stellen der Gefällsverstärkung oder -verminderung, bei denen das Flusslängsprofil von der konkaven Form abweicht. Sie sind vor allem deshalb von Bedeutung, weil sie Hinweise auf Änderungen des Gesteinsuntergrundes oder auf tektonische Störungen geben können.

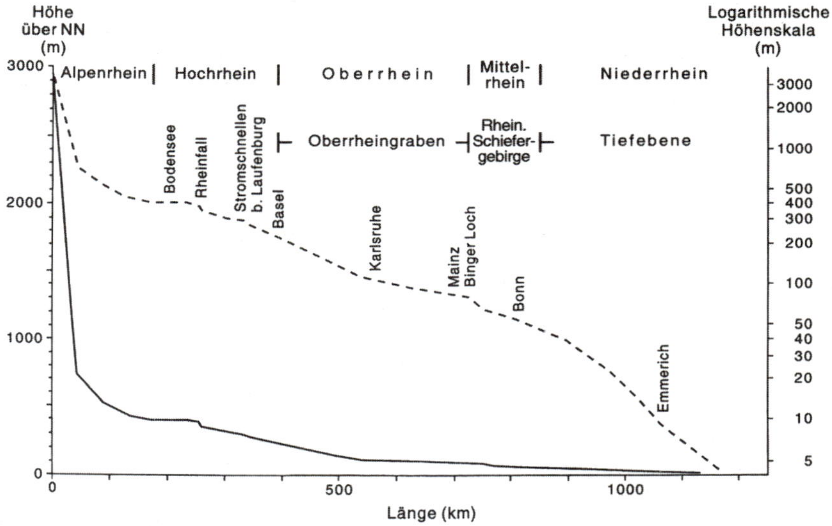

Abb. 1.21 Längsprofil des Rheins; durchgezogene Linie: lineare Höhenskala, gestrichelte Linie: logarithmische Höhenskala (aus Ahnert, 2009, S. 181).

Stichwort

Wasserfälle

Wasserfälle sind besonders markante Knickpunkte im Längsprofil eines Flusses. Mit Niagaratyp, Kaskadentyp und Hängetaltyp lassen sich drei Arten von Wasserfällen unterscheiden. Beim Niagaratyp, genannt nach den Wasserfällen, die am Niagarafluss, der den Erie- mit dem Ontariosee verbindet, stürzt das Wasser über 55 m von einer Schicht widerstandsfähigen Gesteins in einen Bereich hinab, in dem die resistente Schicht sowie darunter gelegene, leichter erodierbare Gesteinspakete bereits abgetragen und ausgeräumt sind. Die Niagarafälle entstanden im letzten Spätglazial vor rund 10000 Jahren als das nordamerikanische Inlandeis abschmolz und dadurch die Landoberfläche fluviatil entwässert wurde. Beim Kaskadentyp überwindet das Wasser die Höhendifferenz nicht in einem einzigen Sturz, sondern es fällt über mehrere, häufig kleinere Stufen nach unten. Kaskadenwasserfälle kommen auf homogen plutonischen oder metamorphen Gesteinen vor. An den horizontalen und vertikalen Kluft- und Spaltensystemen kann die Verwitterung und Erosion angreifen und die treppenförmigen Kaskaden herausarbeiten. Die Wasserfälle an der „Fall Line" der nordamerikanischen Appalachen gehören ebenso zu diesem Typus wie die Tribacher Wasserfälle im Schwarzwald. Der Hängetaltyp ist charakteristisch für ehemalige Glazialgebiete, in denen die Fließgewässer aus höher gelegenen Nebentälern in die glazial übertieften Haupttäler (s. Kap. 1.7) hinabstürzen.

Erosionsbasis und rückschreitende Erosion

Als Erosionsbasis wird die Höhenlage der Mündung eines Flusses bezeichnet. Die **Haupterosionsbasis** eines Flusssystems mit **exorheischer** Entwässerung (Mündung des Flusses in ein Meer) ist das Meeresniveau, während die **regionale Erosionsbasis** eines Nebenflusssystems die Höhenlage der Einmündung in den Hauptfluss (**Vorfluter**) ist, z.B. bei der Mosel die Höhenlage ihrer Mündung in den Rhein bei Koblenz. **Endorheische** Entwässerung tritt vor allem in den ariden und semiariden Gebieten der Erde auf. Aufgrund der hohen Verdunstung münden endorhëische Flüsse nicht in das Meer, sondern sie entwässern entweder in einen Endsee eines abflusslosen, häufig tektonisch angelegten Beckens im Inland oder sie verdunsten bzw. versickern im Beckentiefsten. Bei **arheischer** Entwässerung findet nahezu kein Oberflächenabfluss statt. Diarheische Flüsse entspringen in einer humiden Klimaregion, durchfließen später eine aride Region und münden in einem humiden Gebiet, z.B. Niger.

Unterschiedliche Prozesse können dazu führen, dass sich die Höhenlage der Erosionsbasis verändert. Hierzu zählen Veränderungen des Meeresspiegels oder tektonische Prozesse wie Krustenbewegungen. Die regionale Erosionsbasis kann sich durch Tiefenerosion oder durch Aufschüttung des Vorfluters verändern, ebenso wie durch Flussanzapfungen ein Fließgewässer einem neuen Vorfluter **tributär** werden kann und sich auf dessen Erosionsbasis einstellt. Die Tieferlegung der Erosionsbasis (z.B. durch die Absenkung des Meeresspiegels) erhöht die **Basisdistanz**, d.h. den Höhenunterschied zwischen Quelle und Mündung, und führt damit zu einem Eintiefungsimpuls, der sich flussaufwärts fortpflanzt und daher als **rückschreitende Erosion** bezeichnet wird. Diese spielt eine wesentliche Rolle bei der Eintiefung von Flussläufen und damit bei der Entwicklung von Tälern. Analog bewirkt eine Erhöhung der Erosionsbasis ein vermindertes Flussgefälle mit **rückschreitender Sedimentation**.

Grundriss von Fließgewässern

Ein Fluss fließt entweder in einem Tal oder in einer Aufschüttungsebene. Fließt der Fluss durch ein **Kerbtal**, ist sein Grundrissmuster mit dem des Tals identisch. Bei **Sohlentälern** sind - je nach Breite der Talsohle - mehr oder weniger große Abweichungen der Grundrissmuster von Tal und Fluss möglich, so dass die Lauflänge des Flusses die Tallänge deutlich übertreffen kann. Am geringsten wird die Bewegungsrichtung des Flusses in einer Aufschüttungsebene beeinflusst.

Drei Grundrisstypen von Fließgewässern sind zu unterscheiden:

- **Gestreckte oder gerade Flussläufe** liegen häufig in engen Kerbtälern mit großem Gefälle. Vielfach folgen sie tektonischen Strukturen oder es handelt sich um anthropogen begradigte Gerinnebetten.
- Bei **verzweigten Flüssen** ist der Abfluss auf mehrere Stromstriche verteilt. Die Bildung verzweigter Flüsse mit Abflussdivergenz ist auf verschiedene Ursachen zurückzuführen: Auf Resistenzstrecken können Erosionsprozesse zu Verzweigungen führen. Häufiger stellen sich Verzweigungen bei

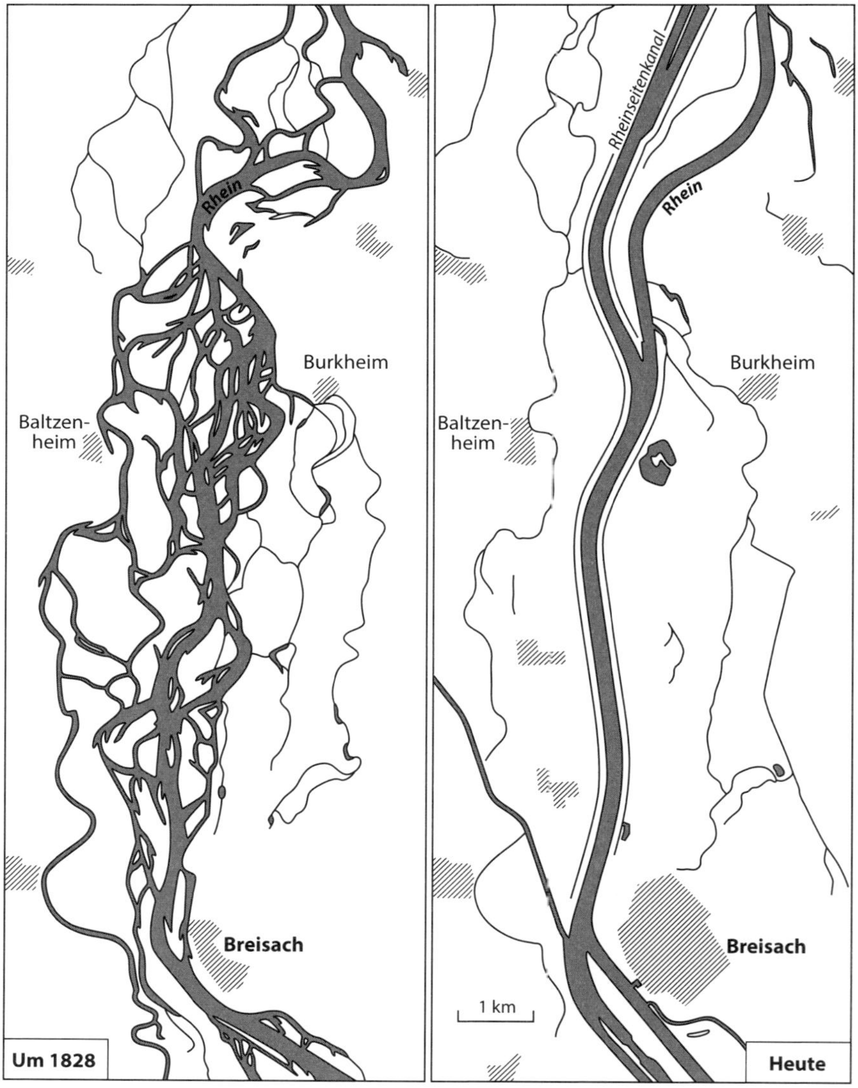

Abb. 1.22 Der Oberrhein als ursprünglich verzweigter Fluss und seine Korrektur seit 1817.

Flüssen mit großer Sedimentfracht (v.a. Geröllfracht) und großen Abflussschwankungen bei gleichzeitig hohen Fließgeschwindigkeiten ein. Bei sinkendem Wasserstand wird Material abgelagert und es bilden sich Hindernisse in Form von Sand- oder Kiesbänken, evtl. auch kleine Inseln, die umflossen werden müssen. Sind die Verzweigungen im Grobmaterial ausgebildet, spricht man von einem **Braided River**, bei sandigem Material werden die Flüsse als **anastomisierend** bezeichnet. **Dammflussverzweigungen** entstehen, wenn aufgrund eines Hochwassers ein Flussdamm überflutet wird und sich dadurch parallel zum Fluss ein weiterer Stromstrich ausbildet.

- Der dritte Grundrisstyp ist durch das Auftreten von **Mäandern** charakterisiert. Mäander sind bogenförmige Flussabschnitte, die aneinander gereiht ein mehr oder weniger wellenförmiges Grundrissmuster ergeben. Zur Beschreibung der Mäandergeometrie werden **Wellenlänge**, **Mäanderradius** und **Amplitude** verwendet. Die **Sinuosität** ist ein Maß für den Windungsgrad eines Fließgewässers. Sie wird mittels der Division der Fließlänge durch die Tallänge bestimmt. Ab einer Sinuosität von >1,5 spricht man von einem mäandrierenden Fließgewässer. Bei Mäandern unterscheidet man **freie Mäander** und **Talmäander**. Zur Ausbildung freier Mäander muss der Fluss in einer ausreichend breiten Talsohle oder einer Ebene fließen. Das Material besteht in diesem Fall aus Ablagerungen des Flusses selbst. In einem Flussmäander ist der Stromstrich durch den Einfluss der Zentrifugalkraft nach außen versetzt. Dies hat mehrere Konsequenzen für die geomorphologische Gestaltung des Flussbetts. Bedingt durch die hohe Fließgeschwindigkeit kommt es im Bereich des Mäanderbogens zu ausgeprägter Seitenerosion. Das an der Außenseite des Mäanderbogens gelegene Steilufer wird **Prallhang** genannt. Es wurde bereits erwähnt, dass im Bereich des Stromstrichs auch die Tiefenerosion besonders wirksam wird, wodurch sich in den Mäanderbögen im Normalfall auch Pools bilden. Auf der Innenseite des Mäanderbogens ist der Abstand zum Stromstrich sehr groß, so dass die Fließgeschwindigkeit hier geringer ist und Material akkumuliert wird. Dieser **Gleithang** ist im Gegensatz zum Prallhang flach ausgebildet. Riffles finden sich häufig in den nicht gekrümmten Flussabschnitten zwischen zwei Mäanderbögen. Fortschreitende Seitenerosion am Prallhang und Akkumulation am Gleithang führen zu einer Verstärkung der Auslenkung des Mäanderbogens. Daraus kann resultieren, dass ein Mäander am **Mäanderhals** durchbrochen und dadurch der Flusslauf verkürzt wird; der abgeschnürte Mäanderbogen entwickelt sich damit zum **Altwasserarm**. Wird die Verbindung zum Flusslauf gänzlich unterbrochen, entsteht ein hufeisenförmiger Altwassersee. Bei der Eintiefung eines mäandrierenden Flusses in den Untergrund folgt der Talverlauf den Flussschlingen und es bilden sich **Talmäander**. Diese haben analog den Prall-

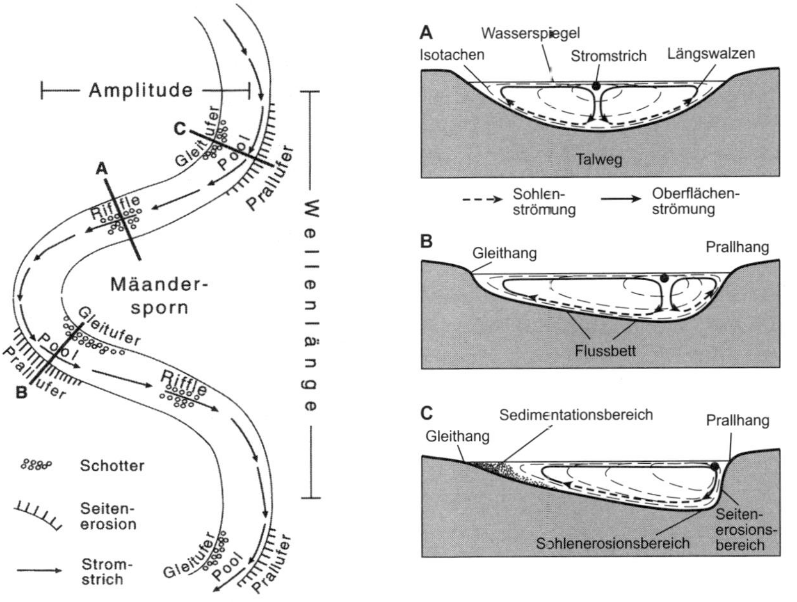

Abb. 1.23 Schematischer Grundriss von Mäandern und Querschnitte bei geradlinigem (A), leicht gekrümmtem (B) und stark gekrümmtem Flusslauf (verändert nach Ahnert, 2009, S. 174, und Leser & Panzer, 1981, aus Busch, 1986, S. 27).

und Gleithängen des Flussbetts einen steilen Prall- und einen flachen Gleithang. Wird ein Talmäander abgeschnürt, entstehen ein **Umlaufberg** und ein trockenfallendes **Umlauftal**.

Flussterrassen

Terrassen sind stufenartige Verebnungen in einem Hang. **Flussterrassen**, oft auch als Talterrassen bezeichnet, sind Reste ehemaliger Talböden. Talböden werden gebildet, wenn die Tiefenerosion eines Flusses durch Seitenerosion oder Aufschüttung unterbrochen wird. Stellt sich ein erneuter Eintiefungsimpuls ein, zerschneidet der Fluss den alten Talboden und hinterlässt die Terrasse als dessen Relikt. Je nach ihrer Ausbildung in Fels- oder in Lockermaterialbetten werden sie als **Fels- oder Felssohlenterrasse** oder als **Schotter- oder Aufschüttungsterrassen** bezeichnet. Da die Entwicklung eines Tales über sehr lange Zeiträume unter immer wieder wechselnden Umweltbedingungen erfolgt, sind an Talhängen oft mehrere Terrassen in unterschiedlichen Niveaus ausgebildet. Bei diesen **Terrassentreppen** liegen die älteren Terrassen in einer höheren Lage als die jüngeren Terrassen, die in geringerer Höhe über dem heutigen Flusslauf zu finden sind.

Fluviale Akkumulationsformen

Fluviale Akkumulation findet dann statt, wenn die Schleppkraft eines Flusses nicht mehr ausreicht, um das mitgeführte Material zu transportieren. Ursachen hierfür können die Abnahme der Wassermenge oder der Fließgeschwindigkeit sowie zusätzliche Sedimentzufuhr sein.

Stichwort

Ursachen der Terrassenbildung

Grundsätzlich gibt es vier Ursachenkomplexe, die zur Bildung von Flussterrassen führen: Tektonische oder isostatische Hebungsbewegungen, eustatische Veränderungen des Meeresspiegels, Klimaschwankungen und Flussanzapfungen. Länger anhaltende tektonische Hebungsbewegungen, die phasenweise unterbrochen werden führen zur Ausbildung von Fels- oder Felssohlenterrassen. Hebungsruhe bedingt Seitenerosion und Hebungsaktivität führt zur Terrassenbildung durch Tiefenerosion. Veränderungen des Meeresspiegels, der absoluten Erosionsbasis aller exorheischer Flüsse, haben den gleichen Effekt. So führte der weltweit um rund 100 m tiefer liegende Meeresspiegel während des letzten Glazials zu Tiefenerosion und die während des vorhergehenden Interglazials oder durch letztglaziale Interstadiale durch Seitenerosion gebildeten Schotter- oder Aufschüttungsterrassen wurden landeinwärts rückschreitend erodiert. Während eustatische Veränderungen nur küstennahe Räume beeinflussen dürften, sind Krustenbewegungen und auch Klimaschwankungen auch im Inneren der Kontinente ursächlich für die Bildung von Flussterrassen. Die Terrassen der Iller-Lech-Platten des süddeutschen Alpenvorlandes sind charakteristische Beispiele vorwiegend klimagesteuerter Terrassenbildungen. Während der Glaziale lieferten die Flüsse, die die bis in das Alpenvorland reichenden Gletscher entwässerten große Schottermengen und bildeten dadurch die weiträumigen Schotterebenen des Alpenvorlandes. In diese schnitten sich in den Interglazialen und -stadialen die Flüsse ein und bildeten die Terrassen aus. Einen recht seltenen Sonderfall stellt die Terrassenbildung durch Anzapfung dar (vgl. nächstes Stichwort: Flussanzapfung Wutach, s. u.).

Schwemmfächer sind dreieckige, halbkreis- oder „fächerförmige" Akkumulationskörper von fluvial transportiertem Lockermaterial. Sie entstehen, wenn gefällereiche Bäche oder Flüsse in das größere Tal eines Vorfluters oder aus einem Gebirge in flaches Gelände eintreten. Besonders günstige Bedingungen für die Entstehung von Schwemmfächern sind überall dort gegeben, wo – ohne eine schützende Vegetationsdecke – die physikalische Verwitterung ausreichend Material zur Verfügung stellt, das durch stoßweise Wasserführung aufgenommen und transportiert werden kann. Dies sind Bedingungen, wie sie aktuell insbesondere in semiariden und periglazialen (polaren bzw. subpolaren) Regionen sowie am Rand von Hochgebirgen gegeben sind. Der Begriff **Schwemmkegel** wird zum Teil synonym für Schwemmfächer benutzt, teilweise aber auch nur auf steile Schwemmfächer mit Hangneigungen von mehr als 20° bezogen.

Deltas

Im Unterlauf großer Flüsse können in der Nähe der Mündungen aufgrund des dort herrschenden geringen Gefälles **Schwemmlandebenen** entstehen. Diese gehen häufig in Deltas über. Deltas sind verzweigte Flussmündungen mit unterschiedlichem Grundriss. Ihre Entstehung lässt sich prinzipiell mit der Entstehung von Schwemmfächern vergleichen. Mündet ein Fluss ins Meer oder in einen See (**Binnendelta**), verliert er sein Gefälle völlig und lagert zu-

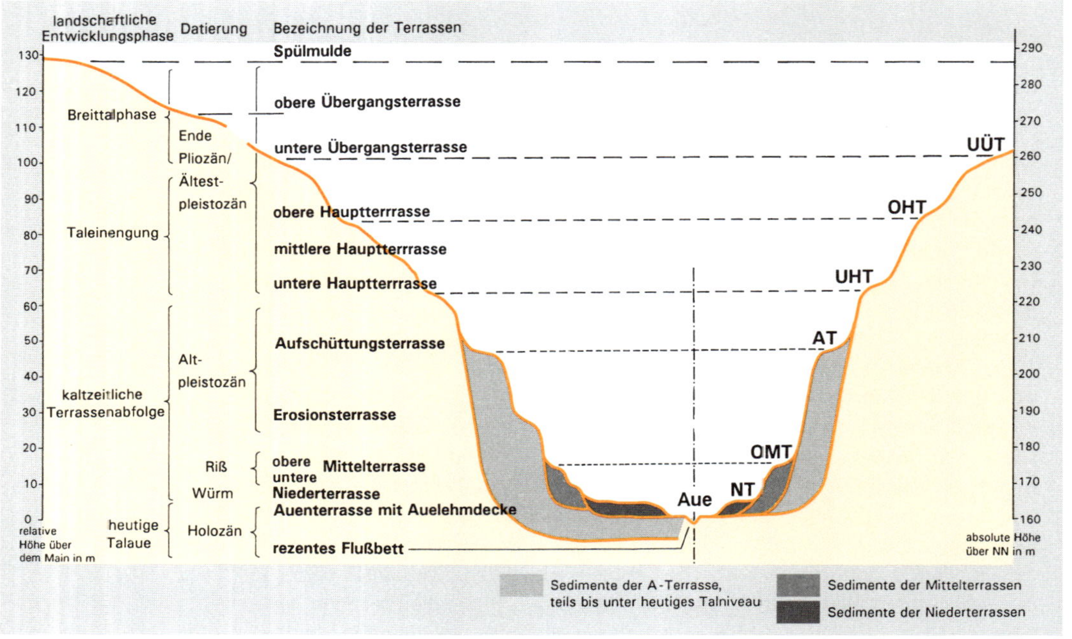

Abb. 1.24 Terrassen des mittleren Maintals nördlich von Würzburg (vereinfacht als schematisches Sammelprofil nach Körber, 1962 und Kurz, 1988, aus Müller, 1996).

nächst seine gesamte Geröllfracht ab. Die Schwebfracht kann noch etwas weiter transportiert werden, kommt aber schließlich auch zur Ablagerung. Aus diesen Vorgängen resultiert die für den Aufbau eines Deltas charakteristische **Deltaschichtung**. Über den flach lagernden und weit ins Vorfeld reichenden Bodenschichten (bottomset beds) aus Feinsedimenten folgen die aus Geröllfrachtablagerungen aufgebauten Böschungsschichten (foreset beds) im natürlichen Unterwasser-Böschungswinkel des Sedimentmaterials. Die Böschungsschichten werden von den annähernd horizontal geschichteten Deckschichten (topset beds) überlagert. Ein großes Einzugsgebiet mit intensiver Verwitterung führt dazu, dass große Mengen an Sedimenten, v. a. Schweb, angeliefert werden, die zum Aufbau des Deltas zur Verfügung stehen. Notwendig für die Ausbildung eines Deltas sind Flachküsten mit geringen Wassertiefen und geringer Wellenenergie, das Fehlen starker Strömungen und ausgeprägter Gezeiten. Submerse Vegetation unterstützt als Sedimentfänger ebenfalls die Deltaentwicklung.

Die heutigen Deltas an Meeresküsten weisen ein Alter von 7000-9000 Jahren auf. Sie entstanden durch den Meeresspiegelanstieg nach dem Ende des letzten Glazial und sind auf das heutige Meeresniveau eingestellt. Binnendeltas können älter sein, da sie von eustatischen Meeresspiegelschwankungen nicht betroffen sind.

Deltaformen

Nach ihrer Form werden mehrere Deltatypen unterschieden. Dreieckige bis keilförmige Vorsprünge bezeichnet man als **Spitzdelta** (cuspate delta). Die

Tibermündung beispielsweise ist aufgrund von Meeresströmungen quer zur Küste als Spitzdelta ausgebildet. Aufgrund seiner Grundrissform mit nehrungsartigen Barren auf beiden Seiten der Mündung wird das Delta des Ebros als **Flügeldelta** (winged delta) bezeichnet. Beim Mississippi spricht man von einem **Finger- oder Vogelfußdelta** (birdfoot delta), da an den einzelnen Mündungsarmen Landzungen fingerartig vorgebaut sind, so dass die Form einem Vogelfuß gleicht. Ursache für die Ausbildung dieser Deltaform ist eine große Flussfracht bei gleichzeitig geringer Wirkung des Meeres. Aus einem Fingerdelta kann sich dann ein **Bogendelta** (arcuate delta) entwickeln, wenn Meeresströmungen kein weiteres Wachstum zulassen. Dieser Deltatyp findet sich im Mündungsbereich des Niger. Zwischen den genannten Formen sind vielfach Übergangstypen und komplexe Mischformen (**komplexes Bogendelta** des Nil) ausgebildet.

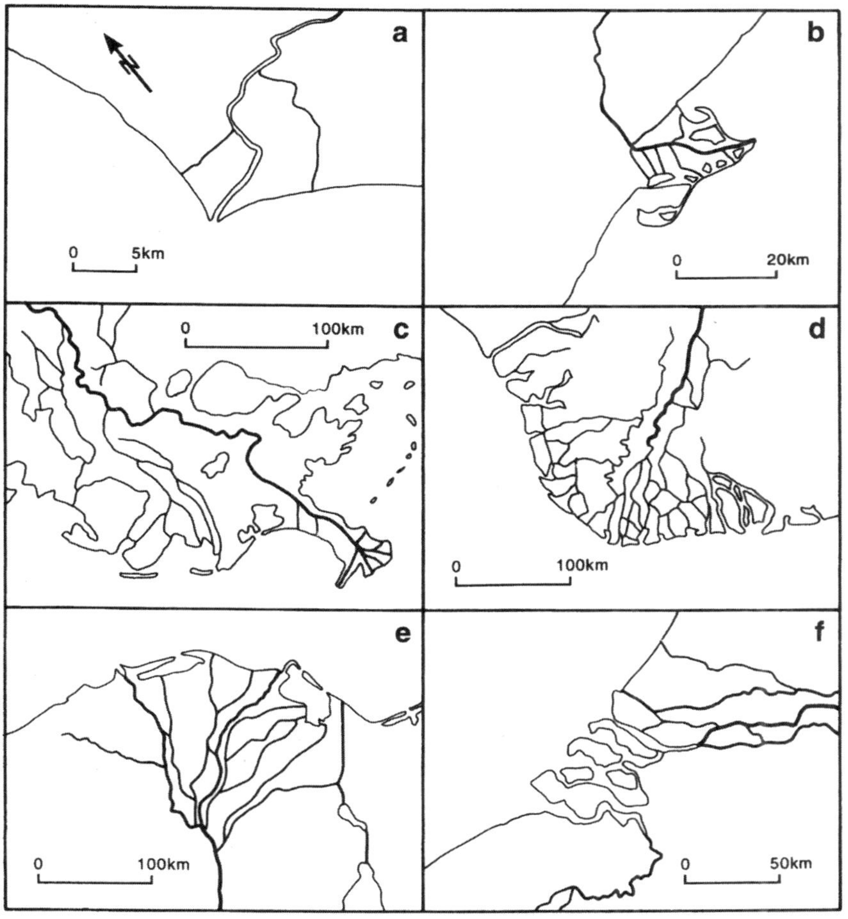

Abb. 1.25 Deltatypen. A) Spitzdelta (Tiber) b) Flügeldelta (Ebro) c) Fingerdelta (Mississippi) d) Bogendelta (Niger) e) komplexes Bogendelta (Nil) f) Ästuardelta (Rhein-Maas), (aus Ahnert 2009, S. 203).

Auelehm

Auelehm ist ein geologisch junges, vielfach humushaltiges, **durch fluviale Ablagerung entstandenes Sediment**, das im weiter vom Fluss entfernten Überschwemmungsbereich der Talaue zur Ablagerung gelangt. Auelehm ist ein Gemisch aus Sand, Schluff und Ton und entspricht daher der Bodenart Lehm. Die ältesten Auelehmbildungen werden auf verstärkte Bodenerosion durch Waldrodungen im Zuge des beginnenden Ackerbaus im Neolithikum zurückgeführt. Der überwiegende Teil der Auelehmdecken geht allerdings auf Prozesse der Spüldenudation durch die Intensivierung der Landwirtschaft während der mittelalterlichen Rodungsperiode zurück. In den Talauen der deutschen Mittelgebirge erreichen Auelehmablagerungen Mächtigkeiten von einigen Dezimetern bis zu mehreren Metern.

Dammuferflüsse

Dammuferflüsse wie der **Po** oder der **Mississippi** sind Flüsse, die an beiden Ufern von einem Uferwall begleitet werden. Die Uferwälle oder **Flussdämme** entstehen dadurch, dass bei einem Hochwasser der Abfluss nicht mehr ausschließlich über das Gerinnebett abgeführt werden kann, und der Fluss über seinen Damm tritt. Insbesondere im Unterlauf von Flüssen kann anhaltende Akkumulation auch zu einer Erhöhung der Flussbettsohle führen. Im Extremfall liegen der Wasserspiegel des Flusses und sogar dessen Flussbettsohle über dem Niveau der Umgebung. Wird ein Flussdamm bei einem Hochwasserereignis durchbrochen, kann eine Dammflussverzweigung entstehen.

Flussmündungen

Im Gegensatz zu den durch fluviale Ablagerung als Deltas ausgebildeten Flussmündungen sind **Ästuare** durch Seitenerosion von Ebbe und Flut trichterförmig erweiterte Flussmündungen im Gezeitenbereich von Flachküsten. Da nicht nur das Flutwasser, sondern zusätzlich auch das aufgestaute Flusswasser abgeführt werden muss, wirkt insbesondere der Ebbstrom formprägend. Übergangsformen zwischen Ästuar und Delta mit mehreren trichterförmig erweiterten Mündungsarmen werden auch als **Ästuardelta**, wie z.B. das Rhein-Maas-Delta, bezeichnet.

Mündet ein Fluss nicht ins Meer, sondern in seinen Vorfluter, so wird sein Stromstrich stromabwärts verlagert und es stellt sich ein charakteristischer **Mündungswinkel** zwischen Haupt- und Nebenfluss ein. In Extremfällen, v.a. in Aufschüttungsebenen, kann die seitliche Verschiebung der Mündung über sehr große Strecken erfolgen, so dass die beiden Flüsse über eine gewisse Distanz parallel fließen (**Mündungsverschleppung**).

Flussnetze und Entwässerungssysteme

Als Flussnetz bezeichnet man das Muster der räumlichen Anordnung von Flussläufen eines bestimmten Gebietes. Die Gestalt eines Flussnetzes ist von den geologischen und klimatischen Gegebenheiten sowie von den Reliefverhältnissen abhängig. Seine Beschreibung erfolgt quantitativ durch die Gewässerdichte oder das Gabelungsverhältnis. Flussnetze werden darüber hinaus qualitativ nach der Form ihres Grundrissmusters beschrieben. Reinformen sind die Ausnahme, vielmehr haben sich vielfach Übergangsformen ausgebildet. Obwohl einige Grundrissmuster relativ eng mit einer bestimmten Art der

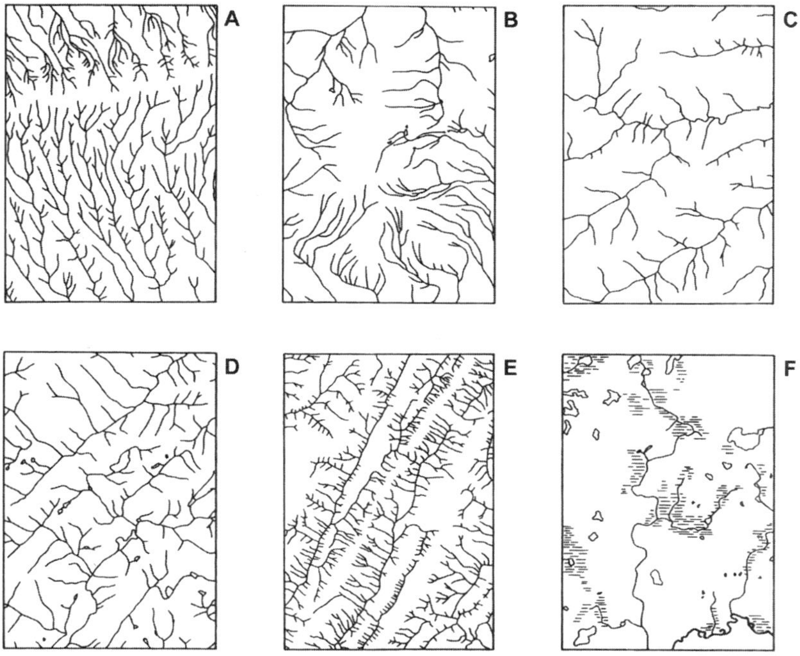

Abb. 1.26 Flussnetztypen (nach Thornbury, 1954, aus Ahnert, 2009, S. 214) A: Parallel, B: Radial, C: Dendritisch, D: Rechtwinklig, E: Spalierartig, F: Chaotisch.

Entstehung korrelieren, ist eine strikte Kausalbeziehung zwischen Form und Genese nicht gegeben. **Dendritische** Grundrissmuster sind baumartig verzweigt und weisen keine bevorzugte Fließrichtung auf. Sie sind oft sehr alt und lehnen sich im Allgemeinen nicht an die geologischen Verhältnisse an. Ein **radiales** Gewässernetz findet sich häufig in jung gehobenen Gebieten mit kreisförmiger Aufwölbung oder an den Flanken von jungen Vulkanen. Die Flüsse streben von einem Zentrum kreisförmig nach außen. Den umgekehrten Fall, das Zusammenfließen in einem Zentrum, kennzeichnet die **zentripetale** Entwässerung. Sie tritt häufig in vulkanischen Hohlformen oder tektonischen Becken auf. **(Recht)winklige** Grundrissmuster sind vielfach ein Hinweis darauf, dass die Flüsse dem bestehenden Kluftmuster folgen. Im Fall der **parallelen** Entwässerung verlaufen die Hauptflüsse nebeneinander, während die Nebenflüsse meist spitzwinklig einmünden. Derartige Gebiete sind häufig durch steile, gleichmäßig geneigte Oberflächen gekennzeichnet. Wird eine dominante Entwässerungsrichtung von einer rechtwinklig untergeordneten Fließrichtung ergänzt, spricht man von **spalierartiger** Entwässerung, die meist im Bereich unterschiedlich resistenter Sedimentgesteine, z.B. bei Schichtkämmen, anzutreffen ist. **Chaotische** Entwässerung zeigt kein durchgehendes Muster und ist Ausdruck eines jungen, wenig entwickelten Flussnetzes und wechselndem Gefälle.

Diese Art der Entwässerung findet sich heute oft in glazial geprägten Landschaften. **Anthropogen** angelegte Entwässerungsnetze zeichnen sich in erster Linie durch künstliche Begradigung von Fließgewässern aus.

Flussordnungssystematik

Mehrfach wurden Ansätze zur Klassifikation und Ordnung von Flussnetzen entwickelt, so von Horton (1945), die später von Strahler & Strahler (1952, 1957) modifiziert wurde. Jeder Flussabschnitt erhält eine Ordnungsziffer. Alle Quellflüsse bekommen die Ordnungszahl 1. Sobald sich zwei Quellflüsse vereinigen, erhält der folgende Abschnitt die Ordnungsziffer 2. Ziffer 3 wird für Abschnitte vergeben, die aus dem Zusammenfluss zweier Abschnitte mit dem Wert 2 hervorgehen. Die Ordnungszahl erhöht sich nur dann, und zwar um den Wert 1, wenn zwei Abschnitte gleicher Hierarchieebene zusammenfließen. Bei Einmündung eines hierarchisch niedrigeren Abschnitts in einen Abschnitt höherer Ordnung bleibt die größere Ordnungszahl erhalten. Im Hinblick auf das Gesamtflussnetz wird die Ordnungszahl des Flusses mit der höchsten Ordnungszahl vergeben. Als **Flusszahl** bezeichnet man die Anzahl der Laufabschnitte, die der gleichen hierarchischen Ebene zugeordnet sind. Das Größenverhältnis der Flusszahlen zweier aufeinander folgender Ordnungen nennt man **Gabelungsverhältnis**. Dieses wird errechnet, indem man die Flusszahl der Ordnung K durch die Flusszahl der Ordnung K+1 dividiert. Eine wichtige hydrologische Kenngröße ist die **Flussdichte** eines Gebiets. Sie wird ermittelt, indem man die Gesamtlauflänge der Fließgewässer durch die Gebietsfläche dividiert. Ersetzt man die Länge der Fließgewässer durch die Gesamtlänge der Täler, so erhält man die **Taldichte**.

Zur Beschreibung von Entwässerungssystemen in einer Schichtstufenlandschaft hat sich eine eigene Terminologie entwickelt. Flüsse werden als **konsequent** bezeichnet, wenn ihre Fließrichtung dem Einfallen der Schichten entspricht, und haben die höchsten Ordnungszahlen des betreffenden Netzes. **Subsequente** Flüsse fließen im Schichtstreichen. Flüsse, die entgegengesetzt zum Schichteinfallen verlaufen, werden **obsequent** genannt. Ebenso wie die konsequenten Flüsse folgen auch die **resequenten** Flüsse dem Einfallen der Schichten, allerdings sind sie als Nebenflüsse auf die subsequenten Flüsse ausgerichtet und haben demzufolge niedrigere Ordnungszahlen. Als **insequent** werden Flüsse bezeichnet, deren Fließrichtung keine Beziehung zum Schichtenbau erkennen lässt.

Flussanzapfung

Wenn zwei benachbarte Flusseinzugsgebiete eine jeweils sehr unterschiedliche Erosionsbasis besitzen, kann der Fluss mit der niedrigeren Erosionsbasis durch rückschreitende Erosion die Wasserscheide auf Kosten des Einzugsgebiets des benachbarten Flusses zurückverlegen und ihn damit „**anzapfen**". Dadurch, dass der anzapfende Fluss sein eigenes Einzugsgebiet auf Kosten des angezapften Flusses vergrößert, wird das Gewässernetz grundlegend umgestaltet. Gleichzeitig erhöht sich der Abfluss unterhalb der Anzapfungsstelle. Biegt der angezapfte Fluss scharf in mehr oder minder rechtem Winkel zum Tal des anzapfenden Flusses ab, so spricht man von einem **Anzapfungsknie**. Der angezapfte Fluss hat einen Teil seiner ursprünglichen Talstrecke verloren, die deshalb als **geköpftes Tal** bezeichnet wird. Das bekannteste Beispiel einer Flussanzapfung in Deutschland findet sich im Schwarzwald. Die Aitrach, ursprünglich ein Quellfluss der Donau, wurde am Ende der letzten Eiszeit durch die zum Oberrhein entwässernde Wutach angezapft, deren Erosionsbasis 300 m tiefer liegt als die Mündung der Aitrach in die Donau.

Stichwort

Flussanzapfung am Beispiel der Wutach

Ursprünglich ein Nebenfluss der Donau wurde die Wutach im letzten Spätglazial durch Flussanzapfung zu einem Nebenfluss des Rheins. Im Schwarzwald entwässerten im letzten Hochglazial zwei Gletscherzungen des Feldberggletschers mit sehr geringem Gefälle nach Osten über die Baar-Hochfläche zwischen Schwarzwald und Schwäbischer Alb über die Feldbergdonau zur Donau. Das heutige Aitrachtal zwischen Blumberg und dem Donautal bei Geisingen bildet einen Teilabschnitt des ehemaligen Feldbergdonautals. Zur gleichen Zeit floss die Ur-Wutach mit einem wesentlich stärkeren Gefälle zum Rhein. Ihr Quellbereich war nur durch einen schmalen Talrand von der Feldbergdonau getrennt. Im Spätglazial wurde dieser Talrand aufgrund der stärkeren rückschreitenden Erosionskraft von der Ur-Wutach aufgezehrt und sie zapfte die Feldbergdonau an, die dadurch nach Süden, in das Tal der Ur-Wutach, ausbrach und ab diesem Zeitpunkt lieferte die Feldbergdonau ihre gesamte Wassermenge in den Rhein und es entstand die heutige Wutach mit ihrem charakteristischen, bei Achdorf nach Süden abknickenden Verlauf und im Gefolge des spätglazialen Abschmelzens des Feldberggletschers das tief eingeschnitte Kerbtal der Wutach, die „Wutachschlucht".

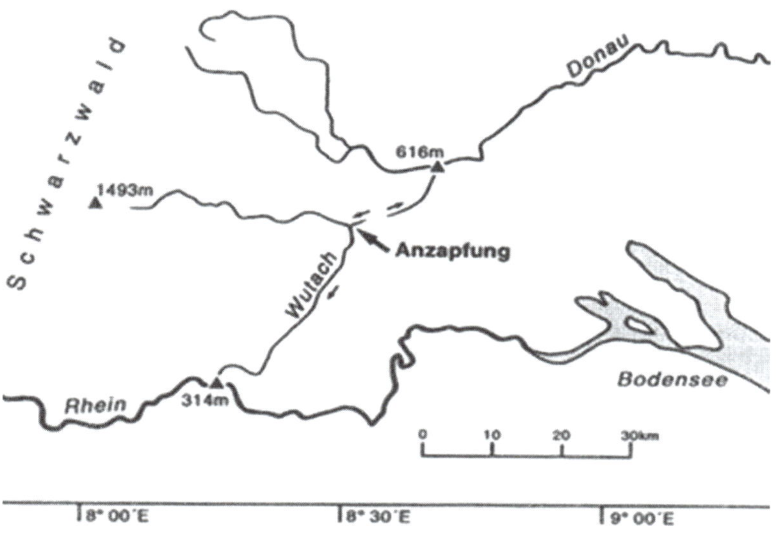

Hangformen

Die Betrachtung von Hängen ist aus verschiedenen Gründen von Bedeutung. Zum einen sind Hänge ein wesentlicher Bestandteil von Tälern, wobei Prozesse der Hangformung gemeinsam mit fluvialen Prozessen im Gerinnebett deren Morphologie prägen. Zum anderen vollzieht sich im unmittelbaren Umfeld von Hängen der Übergang von flächenhafter Denudation zu linienhafter Erosion. Bei der Betrachtung unterschiedlicher geomorphologischer Hierarchieebenen wird deutlich, dass die Wechselwirkung von Abtragung und Materialakkumulation die Form eines Hanges prägt. Die Abtragung an einem Hang erfolgt vor allem durch gravitative Massenbewegungen und durch fließendes Wasser. Die Entwicklung von Hangformen wird zwar von einer Vielzahl an Faktoren beeinflusst, wesentlich sind jedoch Gesteinsstruktur, Tektonik und Klima.

Hangklassifikation

Bei der qualitativen Beschreibung der Form eines Hanges lassen sich drei Grundformen unterscheiden: **konvex**, **konkav** oder **gerade**. In der Realität sind Hänge in ihren verschiedenen Teilstücken allerdings oft unterschiedlich ausgebildet. Hänge können entweder transport- oder verwitterungsbeschränkt sein. Beim **verwitterungsbeschränkten Hang** hält die Verwitterung mit der Abtragung nicht mehr Schritt, so dass schließlich das anstehende Gestein entblößt und die Hangform durch die lokale Art der Verwitterung bestimmt wird. Ein dynamisches Gleichgewicht kann sich nicht einstellen. Von einem **transportbeschränkten Hang** spricht man, wenn die Verwitterung mindestens ebenso wirksam ist wie die Abtragung. Aus der Hangform selbst lässt sich allerdings nicht direkt auf die abgelaufenen Prozesse schließen, da ein und dieselbe Form durch unterschiedliche Mechanismen hervorgerufen werden kann. Verallgemeinernd sind konvexe Hänge typisch für Gebiete, in denen (langsame) Massenbewegungen das Prozessgefüge prägen oder die Tieferlegung des Flussbettes der Abtragung am Hangfuß vorauseilt. Gerade oder auch „gestreckte" Hänge lehnen sich in der Regel an Schichtflächen an. Ein konkaves Hangprofil wird dort gebildet, wo Spüldenudation die Hangformung prägt, und das Fließgewässer gleichzeitig an der Sohle akkumuliert oder stagniert. Relativ häufig ist in den Mittleren Breiten ein **sinoides Hangprofil**, bei dem der Oberhang konvex, der Mittelhang gerade und der Unterhang konkav ausgebildet ist. Deutlich hervortretende Unstetigkeiten im Profil werden je nach Ausprägung als **Hangknick** (oberhalb sehr steil, unterhalb sehr flach) oder als **Hangstufe** (oberhalb sehr flach, unterhalb sehr steil) bezeichnet. Die Begriffe **Hangsporn** und **Hangdelle** dienen der Beschreibung der Lateralerstreckung. Erstgenannter kennzeichnet einen nach außen gerichteten Vorsprung, kann also als lateral-konvex beschrieben werden. Oft sind Hänge im Bereich des Oberhangs verwitterungsbeschränkt, während im Bereich des Unterhangs Materialakkumulation stattfindet. Bei Hängen mit entblößtem Fels im Oberhangbereich führt dieses zu einer Divergenz der Bewegungsbahnen des Schutt-Transports, so dass die Grenze Felshang-Schutthang im Vergleich zu lateral-geraden Hangbereichen weiter nach unten verlagert wird. Eine Hangdelle verläuft dagegen lateral-konkav mit konvergierenden Schutt-Bewegungsbahnen und einer Aufwärtsverlagerung der erwähnten Grenze.

Täler sind lang gestreckte Hohlformen mit gleichsinnigem Gefälle, die durch fluviale Tiefenerosion und Hangdenudation entstehen und in **Talhang**, **Talboden** und **Flussbett** gegliedert werden. In der Talform drückt sich das Zusammenspiel der bereits beschriebenen und wesentlich von Tektonik, Gestein, Klima und Relief gesteuerten Prozesse von fluvialer Ausgestaltung der Talsohle und denudativer Formung der Hänge aus. Talformen

Bei sehr starker oder lang andauernder Tiefenerosion und weitgehend fehlender Hangdenudation können sich Fließgewässer, meist Wildbäche, so stark einschneiden, dass **Gebirgsschluchten** mit senkrechten bis überhängenden Felswänden entstehen. Diese Talform wird als Klamm bezeichnet. Ihr Auftreten ist an **widerständiges, standfestes Gestein** gebunden. Der im Längsprofil meist steile Talboden wird, zumindest bei starker Wasserführung, häufig in seiner kompletten Breite vom Fluss eingenommen. Klammen treten besonders häufig in ehemals vergletscherten Hochgebirgen an glazial angelegten Geländestufen auf, z. B. bei der Einmündung von Seitentälern (die als Hängetäler ausgebildet sind) in die durch die Tätigkeit des Gletschereises übertieften Haupttäler. Klamm

Das steilwandige Talquerprofil der Schlucht ist dem der Klamm sehr ähnlich, besitzt jedoch **keine senkrechten Felswände**. Die Tiefenerosion übertrifft den Hangabtrag erheblich, die weniger steilen Hänge resultieren aus einer im Vergleich zur Klamm etwas **geringeren Standfestigkeit des Gesteins**, so dass auch Hangabtragung stattfindet. Schluchten können sich nicht nur in Festgestein, sondern auch in standfestem Lockermaterial wie Löss oder vulkanischem Tuff ausbilden. Schlucht

Ein Cañon ist ein aufgrund intensiver Tiefenerosion stark eingeschnittenes Tal mit **treppenartigem Querprofil**. Auch in diesem Fall sind Talboden und Gerinnebett oft identisch. Die Treppung resultiert aus den geologischen Gegebenheiten. Der Fluss schneidet sich in flach übereinander gelagerte, geomorphologisch **wechselnd widerstandsfähige Gesteinsschichten** ein, so dass sich bei widerständigen Gesteinen steile Hangabschnitte und im Bereich wenig resistenter Gesteine flachere Hangbereiche bilden. Cañon

Kerbtäler besitzen einen **V-förmigen Querschnitt** und werden deshalb auch als V-Täler bezeichnet. Die Hänge sind im Allgemeinen recht steil und gerade, eine Talsohle ist nicht vorhanden und Gerinnebett und Talboden sind somit identisch. Kerbtäler entstehen bei starker Tiefenerosion und Überschreitung einer kritischen Höhe, so dass in zunehmendem Maße hangdenudative Prozesse wie Felsstürze und Rutschungen stattfinden. Der anfallende Hangschutt wird vom Gewässer vollständig abtransportiert. Kerbtal

Im Gegensatz zu den bisherigen Talformen ist beim Sohlental, das nach der jeweiligen Ausgangsform auch als Sohlenkerbtal oder Kerbsohlental be- Sohlental zeichnet wird, eine **Talsohle** zwischen den Talhängen und dem Gerinnebett ausgebildet. Die Entstehung der Talsohle erfolgt entweder über weiterhin stattfindende Tiefenerosion, wobei eine Verstärkung der Seitenerosion zu einer Ausweitung des Talbodens und der Bildung einer Felssohle (**Abtragungssohlental**) führt. Auch findet durch nachlassende Transportkapazität Materialakkumulation statt und es bildet sich eine Schottersohle (**Aufschüttungssohlental**).

Kastental

Kastentäler sind durch steile bis senkrechte Wände bei ebenem Talboden gekennzeichnet, so dass sie ein **rechteckiges bis trapezförmiges Querprofil** aufweisen. Kastentäler entstehen in **Trockengebieten** bei starkem Gefälle und episodischer Wasserführung durch gleichzeitige und starke Tiefen- und Seitenerosion. Da der Talboden häufig als Felssohle ausgebildet ist, können sie auch als spezielle Form eines Abtragungssohlentals aufgefasst werden.

Muldental

Muldentäler weisen mit ihren sinoiden Hangprofilen ein **muldenförmiges Querprofil** auf. Der Oberhang ist konvex, der mittlere Abschnitt gerade und der Unterhang konkav geformt; eine Talsohle sensu stricto ist nicht ausgebildet. Ihre Entstehung wird auf geringe Tiefenerosion bei starker Hangdenudation und nahezu fehlender Seitenerosion zurückgeführt.

Trogtal

Trogtäler sind **glazial überformte Täler** in aktuell oder ehemals vergletscherten Hochgebirgen. Sie stellen eine Sonderform dar, da sie in ihrer Anlage zwar auf fluviale Prozesse zurückgehen, die Ausbildung ihres charakteristisch **verbreiterten und übertieften Querprofils** aber durch glazialerosive Prozesse (s. Kap. 1.7) erfolgt.

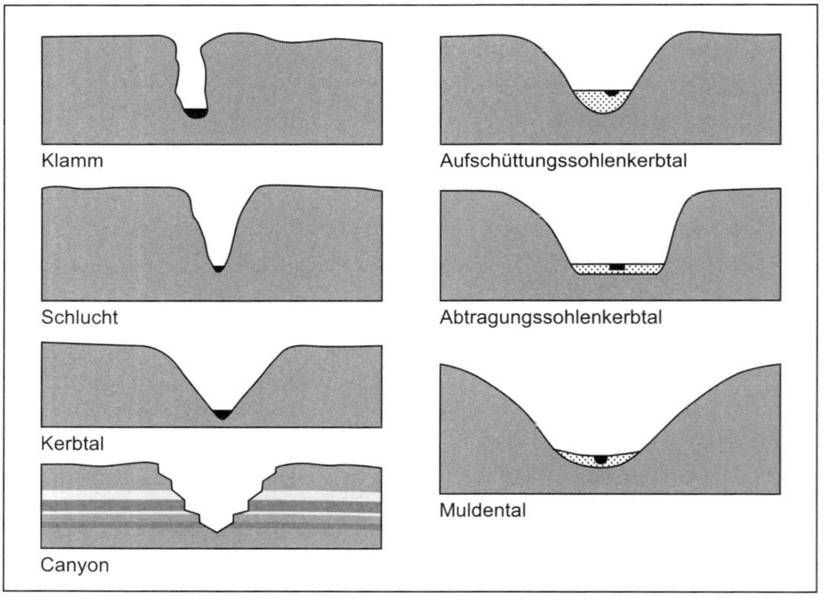

Abb. 1.27 Talformen (nach Lenz, 1993).

Talasymmetrie

Asymmetrische Talquerprofile sind meist **strukturbedingt**. Die Täler wurden entweder entlang von Verwerfungen eingetieft, wobei die Talhänge in unterschiedlich widerständigem Gestein ausgebildet sind, oder in schräg liegenden Gesteinsschichten, die quer zur Talrichtung einfallen und dadurch **asymmetrische Isoklinaltäler** mit unterschiedlich steilen Talhängen bilden. Auf **klimatische Ursachen** wird eine Reihe von Talasymmetrien mitteleuropäischer Flüsse zurückgeführt. Insbesondere während des letzten Glazials sollen sich nach diesen Vorstellungen durch Lössanwehung oder durch eine von der Exposition der Talhänge abhängige unterschiedliche Erwärmung und daran gekoppelte **Solifluktionsaktivität** (s. Kap. 1.8.2) die asymmetrischen Talquerprofile gebildet haben.

Durchbruchstäler

Als Durchbruchstäler werden Täler bezeichnet, die ein querendes Gebirge durchbrechen. Bei einem **antezedenten Durchbruchstal** existierte der Flusslauf bereits vor der tektonischen Hebung eines Gebietes, das der Fluss heute durchschneidet. Dieser behält seine Laufrichtung bei und kompensiert die tektonische Hebung durch Tiefenerosion. Das Mittelrheintal durch das Rheinische Schiefergebirge oder das Neckartal durch den Odenwald sind auf diese Weise entstanden. Bei der Entstehung eines **epigenetischen Durchbruchstals** fließt der Fluss zunächst auf einer Landoberfläche mit geringem Relief. Im Untergrund befinden sich quer zur Fließrichtung des Flusses verlaufende Zonen mit widerständigen Gesteinen. Die Struktur im Untergrund ist älter als der Flusslauf. Im Zuge der allgemeinen Tieferlegung der Landoberfläche werden die harten Gesteine herauspräpariert, während gleichzeitig durch Tiefenerosion des Flusses in diesen Gesteinen das Durchbruchstal entsteht. Ein Beispiel für ein epigenetisches Durchbruchstal ist der Durchbruch der Donau durch die von Molasse bedeckten Randbereiche des Bayerischen Waldes bei Regensburg. ■

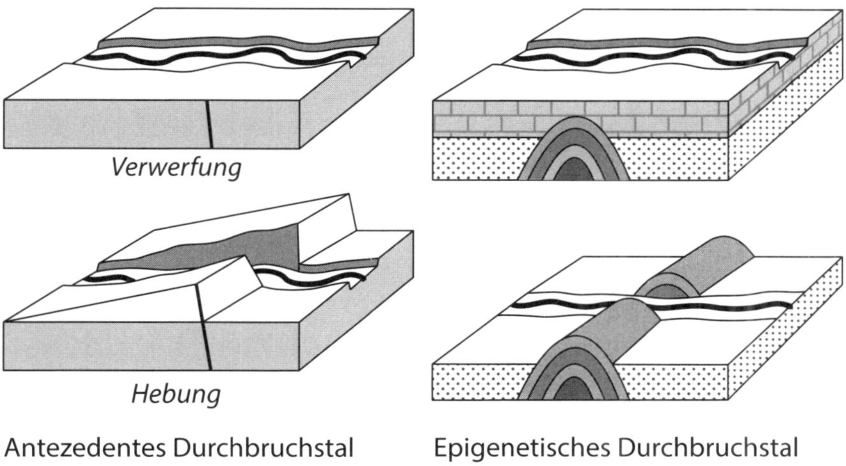

Abb. 1.28 Die Entstehung von Durchbruchstälern (eigener Entwurf).

Wissens-Check

1. Welcher Zusammenhang besteht zwischen der Fließgeschwindigkeit eines Flusses und seiner Fähigkeit, Material umzulagern?
2. Warum hat die zur Überwindung der Haftreibung der Fracht erforderliche (Mindest-)-Fließgeschwindigkeit bei der Korngröße des Feinsandes ein Minimum und steigt bei kleineren Korngrößen wieder an?
4. Welche Parameter gehen in die Berechnung der Fließgeschwindigkeit v [m_*s^{-1}] nach Manning-Strickler ein?
5. Was versteht man unter einem Einzugsgebiet? Was unter einem Vorfluter?
6. Welchen Einfluss hat die Urbanisierung auf den Abfluss eines Vorfluters nach einem Niederschlagsereignis?
7. Welche Formen des Abflusses kennen Sie? Erläutern Sie diese.
8. Definieren Sie Suspension und Saltation.
9. Unter welchen Umständen besitzt ein Fließgewässer einen verzweigten Verlauf?
10. Beschreiben und erläutern Sie die Bildung eines spalierartigen und eines radialen Flussnetzes. Nennen Sie jeweils ein typisches Beispiel.
10. Erläutern Sie die Bildung eines Deltas und die gradierte Schichtung bei Deltasedimenten.
11. Nennen Sie drei diarheische Flüsse.
12. Skizzieren Sie den Jahresgang der relativen Abfluss-Monatsmittel des Inn kurz vor seiner Mündung in die Donau.
13. Erläutern Sie die Genese eines antezedenten Tals. Nennen Sie ein Beispiel.

Literaturhinweise

Baumgartner, A., Liebscher, H.-J. (1996): Allgemeine Hydrologie. Berlin, Stuttgart (Borntraeger).

Chow, V.T. (Hrsg.) (1964): Handbook of Applied Hydrology. New York (McGraw-Hill).

Dracos, Th. (1980): Hydrologie. Eine Einführung für Ingenieure. Wien (Springer).

Hölting, B. (1996): Hydrogeologie. Einführung in die Allgemeine und Angewandte Hydrogeologie. 5. Aufl. Stuttgart (Enke).

Knighton, D. (1998): Fluvial forms and processes: Rivers. London (Arnold).

Rachoki, A.H., Church, M. (Hrsg.) (1990): Alluvial fans – a field approach. Chichester (Wiley & Sons).

Richards, K. (2004): Rivers: Form and process in alluvial channels. London (Blackburn Press).

Wilhelm, F. (1997): Hydrogeographie. Grundlagen der Allgemeinen Hydrogeographie. 3. Aufl. Braunschweig (Westermann).

1.7 Glaziale Prozesse und Formen

Überblick

Die Formung der Erdoberfläche, die auf die Tätigkeit von Gletschern und deren Schmelzwässer zurückzuführen ist, wird von der Glazialmorphologie untersucht. Mit der Entstehung, der Dynamik und den Formen von Gletschern beschäftigt sich die Glaziologie. Sowohl durch die Formungsprozesse der Schmelzwässer der Gletscher als auch dadurch, dass Gletscher sehr häufig bereits fluviatil geformte Landschaften überprägen, ergeben sich Überschneidungen zwischen der Glazialmorphologie und der Fluvialmorphologie. Während der Glazialzeiten des Pleistozän waren rund 44,5 Mio. km^2 der festländischen Erdoberfläche (aktuell: ca. 15 Mio. km^2) von Gletschern bedeckt. Ausgedehnte Teile der Landoberfläche Europas, Asiens und Nordamerikas unterlagen damit glazialer und glazifluvialer Formung.

1.7.1 Glaziologische Grundlagen

Die Entstehung von Gletschern

Gletscher sind als große, hauptsächlich aus Schnee, Firn und Eis bestehende, zusammenhängende Masse definiert. Auch Schmelzwässer, Gesteinspartikel und Luft können, teilweise in Porenräumen des Schnees/Firns/Eises, Bestandteile des Gletschers sein. Allerdings wird der Begriff Gletscher nur bei aktiver Eisbewegung verwendet, inaktive Teilbereiche eines Gletschers werden als **Stagnanteis**, vom Gletscherkörper abgetrenntes Stagnanteis als **Toteis** bezeichnet. Voraussetzung für die Entstehung eines Gletschers ist, dass über lange Zeiträume im Winterhalbjahr mehr Schnee in einer geeigneten Geländeform abgelagert wird, als während nachfolgender Sommerhalbjahre abschmelzen kann. Diese Voraussetzung ist gegenwärtig in den Polarregionen und in den Hochgebirgen der Erde erfüllt. Die **Firnlinie** (klimatische Schneegrenze) und damit die regionale Untergrenze der Existenzmöglichkeit von Gletschern steigen in ihrer Höhenlage von den Polen zum Äquator hin an. Ihre (theoretische) maximale Höhe über NN erreicht sie in den subtropischen/tropischen Trockengebieten.

Gletschereis

Gletschereis entsteht durch die **Metamorphose** von Schnee. Frisch gefallener **Neuschnee** besitzt durch seine filigranen und sperrigen Kristalle eine lockere Gefügepackung mit hohem Porenvolumen und einer Dichte von etwa 0,05–0,15 g/cm^3. Durch randliches Schmelzen und Wiedergefrieren, Pressung, Kondensation und Einwirkung von Wind werden die Neuschneekristalle zu körnigen Kristallformen umgewandelt. Das Porenvolumen nimmt dadurch ab, die Dichte zu. Der körnige so genannte **Altschnee** wird durch weitere Umwandlung schließlich zu **Firn**. Die Dichte von Firn beträgt ungefähr 0,5–0,55 g/cm^3. Nun verlangsamt sich die Umwandlung, da bei Firn der maximale Grad der

Pressung/Lagerung ohne weitere Rekristallisation erreicht ist. Im Wesentlichen aufgrund des Dampfdruckgefälles wachsen nun größere Firnkörner auf Kosten kleinerer Körner. Durch Schmelzen und Wiedergefrieren oder durch Sublimation über die Dampfphase nimmt das Porenvolumen immer mehr ab. Ist der Firn annähernd luftfrei und stehen die vorhandenen Poren nicht mehr in Verbindung (Luftundurchlässigkeit), ist die Umformung zu **Gletschereis** abgeschlossen. Im Endstadium besitzt Gletschereis eine Dichte von etwa 0,9 g/cm^3 und ein Porenvolumen von annähernd 0%. Dieser Prozess der Schneemetamorphose kann an Hochgebirgsgletschern maritimer Klimaregionen in fünf bis sechs Jahren vollzogen sein, an hochkontinentalen polaren Gletschern dagegen mehr als tausend Jahre dauern. Der Übergang von Schnee zu Eis liegt dort erst in 100 m unterhalb der Gletscheroberfläche.

Gletscherdynamik

Charakteristikum eines Gletschers ist seine aktive Eisbewegung. Aus der Gletscherbewegung und den physikalischen Eigenschaften des Gletschereises leiten sich wesentliche glazialmorphologische Prozesse, Formen und Sedimente ab. Eine Ursache für die Gletscherbewegung ist das Ungleichgewicht bezüglich der Gletschermasse zwischen den einzelnen Gletscherteilen (s.u.). Zusätzlich entfaltet ab einer bestimmten Mächtigkeit die Gravitation ihre Wirkung, und es kommt zu einer Bewegung der Eiskristalle. Die Bewegungsrichtung des Gletschereises wird durch seine Oberflächenneigung, und nicht durch das Gefälle des Gletscherbetts, vorgegeben. Fließen durch interne Deformation und basales Gleiten kennzeichnen die Bewegungsmechanismen von Gletschern:

- Beim **Deformationsfließen** (interne Deformation) verhält sich das Gletschereis annähernd plastisch und die einwirkende Zugkraft resultiert in einer Deformation. Entscheidend sind der Druck des überlagernden Eises auf das einzelne Eiskristall und der Oberflächengradient der Eisoberfläche. Die Deformation wird durch Bewegungen innerhalb der Eiskristalle, parallel zu den basalen Ebenen des Kristalls, sowie durch Rotation der Kristalle erreicht. Weitere Ursachen sind gerichtetes Wachstum durch bevorzugtes Wachstum von günstig zum gerichteten Druck gelegenen Kristallen oder durch Rekristallisation in Verbindung mit Schmelzen und Wiedergefrieren. Deformationsfließen tritt an allen Gletschern auf, also auch an den so genannten **kaltbasalen** (**polaren**) Gletschern, die komplett an ihrem Gletscherbett festgefroren sind.
- Im Gegensatz dazu kann **basales Gleiten** nur an **warmbasalen** (**temperierten**) Gletschern auftreten. An diesen Gletschern existiert an der Gletscherbasis ein dünner Schmelzwasserfilm von einigen Millimetern, so dass neben dem Deformationsfließen auch eine Gleitbewegung über dem Gletscherbett auftritt. Kleinere Hindernisse im Gletscherbett können durch **Regelationsfließen** passiert werden. Das Schmelzwasser fließt um das Hindernis

herum und gefriert auf der Leeseite bei niedrigerem Druck wieder (**Regelation**). Die dabei freiwerdende latente Energie wird zur Stoßseite geleitet und unterstützt dort das Schmelzen. Bei größeren Hindernissen geht man von einem **plastischen Umfließen** aus, begünstigt durch den stark ansteigenden Druck auf das Gletschereis.

Für die Gletscherbewegung und viele der daran geknüpften Formungsprozesse ist also das **thermale Regime** der Gletscherbasis von entscheidender Bedeutung. An der Gletscherbasis stehen als Wärmeenergie der geothermale Wärmefluss und die beim Deformationsfließen (zusätzlich zum basalen Gleiten) entstehende Friktionsenergie zur Verfügung. Weitgehend hängt es aber von der Eistemperatur an der Gletscheroberfläche und der Eismächtigkeit ab, ob an der Gletscherbasis der so genannte **Druckschmelzpunkt** erreicht wird und der Gletscher **warmbasal** ist. Dieser Druckschmelzpunkt wird durch den Auflastdruck des Gletschereises herabgesetzt. Durch die sehr tiefen Temperaturen an der Gletscheroberfläche in den Polargebieten kann dort nur bei großen Eismächtigkeiten der Druckschmelzpunkt an der Gletscherbasis erreicht werden. Hochgebirgsgletscher der mittleren Breiten sind trotz geringer Eismächtigkeit durch die höheren Eistemperaturen dagegen fast immer warmbasal.

Besonders an **polythermalen** (subpolaren) Gletschern, die sowohl warm- als auch **kaltbasale** Bereiche besitzen, können periodische Gletschervorstöße mit hoher Geschwindigkeit auftreten (**glacier surges**). Während die Gletscherbewegung im Regelfall durch ein laminares Fließen mit Geschwindigkeitsabnahme von der Oberfläche zum Gletscherbett bzw. von der Hauptströmungslinie zu den Rändern hin geprägt ist, zeigen Gletscher während solcher Surges ein extrem einheitliches Geschwindigkeitsprofil (das früher als **Blockschollenbewegung** bezeichnet wurde). Ursachen und Mechanismen der Surges sind noch nicht vollständig geklärt, so wird unter anderem vermutet, dass ein subglaziales Ansammeln von warmbasalem Eis, z.B. hinter einem Hindernis, bei Überschreiten einer bestimmten Mächtigkeit rasch hangabwärts rutscht.

Gletscherspalten

Da Gletschereis kein ideales plastisches Material ist, können durch Zerrungen und Spannungen im Gletscherkörper infolge der Gletscherbewegung **Scherungsflächen** und an der Oberfläche Gletscherspalten entstehen. **Querspalten** (Transversalspalten) korrespondieren zumeist mit Unebenheiten des Gletscherbettes oder treten bei steilem Gefälle auf. Ist der Gletscher in steilen Eisfällen bzw. Gletscherbrüchen durch zahllose Querspalten regelrecht zerklüftet, können turmähnliche **Séracs** entstehen. **Längs- oder Radialspalten** entstehen bei Zerrungen des Gletscherkörpers, z.B. bei Ausweitung des Gletscherbettes. Durch Reibung bilden sich in den Randbereichen von Gletschern **Randspalten**. Der **Bergschrund** ist eine Randspalte im oberen Akkumulationsgebiet zwischen Gletschereis und Talflanke oder Karrückwand (s. Kap. 1.7.3).

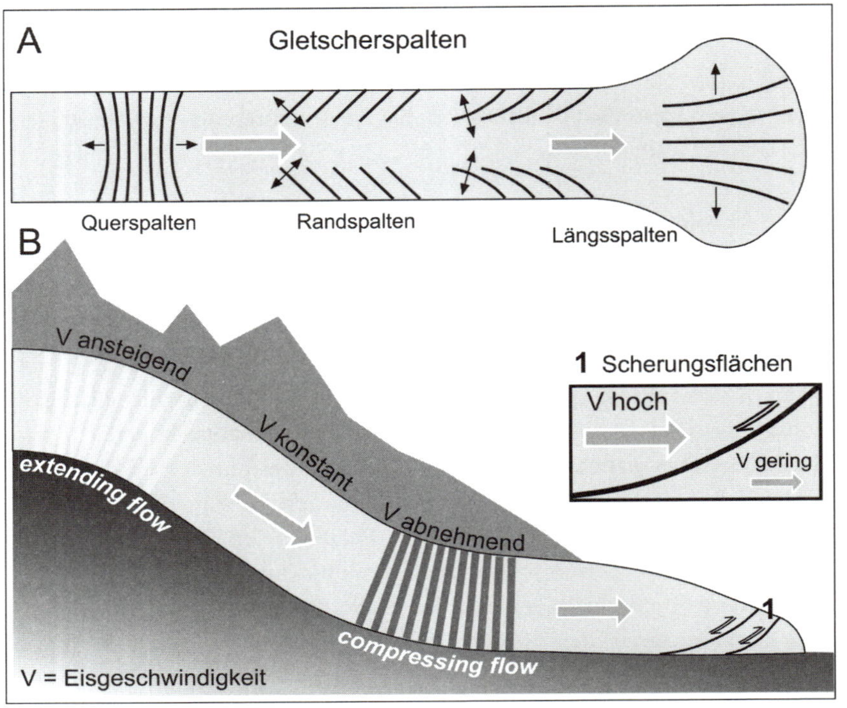

Abb. 1.29 Darstellung der Beziehung von Gletscherspalten zum Gletschergrundriss (A) bzw. seinem Längsprofil (B) (aus Baumhauer & Winkler, 2014, S. 49).

Die Massenbilanz von Gletschern

Die Massenbilanz eines Gletschers gibt Auskunft über die Massenumsätze und die Veränderungen der Gesamtmasse eines Gletschers bezogen auf ein Haushaltsjahr. Das **Haushalts-** oder **Bilanzjahr** beginnt mit der winterlichen Akkumulationssaison und dauert bis zum Ende der sommerlichen Ablationssaison. Der Vergleich von Akkumulation und Ablation innerhalb des Haushaltsjahres ergibt die **Nettobilanz** eines Gletschers. Die **Akkumulation** umfasst dabei jede Form des Massengewinns, v.a. winterlichen Schneefall, aber auch Gewinn durch Schneedrift, Lawinen oder Bildung von Aufeis. Als **Aufeisbildung** (superimposed ice) wird das Wiedergefrieren von Schmelzwasser bezeichnet. Unter **Ablation** versteht man das Abschmelzen und andere Massenverluste, z.B. durch Winddrift, Sublimation, Lawinenabgänge oder, als wichtigster Faktor bei polaren Eisschilden, Kalbung. Da Gletscher klimagesteuerte natürliche Systeme sind, führen Klimaänderungen zu Veränderungen in ihrem Massenhaushalt. Änderungen der Gletschermasse führen mit einer gletscherspezifischen Verzögerung (der Reaktionszeit oder **terminus response time**) zur Veränderung der Position der Gletscherfront in Form von **Vorstößen** oder Gletscherrückzug.

Stichwort

Die Kryosphäre in Gegenwart und Zukunft

Der Beginn des 20. Jahrhunderts war in vielen Regionen der Erde durch einen allgemeinen Gletscherrückzug nach dem Ende der „Kleinen Eiszeit" geprägt. Innerhalb Europas erfolgte dieser Rückzug alternierend: Während im Alpenraum ein kurzzeitiger Vorstoß um 1920 seinen Höhepunkt erreichte, stießen reaktionsschnelle Gletscher in Südnorwegen mehrmals bis 1930 vor. Nach 1930 kam es weltweit zu einer Eismassenreduzierung. Ursache dafür waren überdurchschnittlich hohe Sommertemperaturen und die noch nicht abgeschlossene Anpassung der Gletscher an die veränderten klimatischen Rahmenbedingungen nach dem Ende der „Kleinen Eiszeit". In den 1970er und frühen 1980er Jahren stießen rund 75% aller beobachteten Gletscher der Europäischen Alpen kurzfristig vor. Dennoch blieb die seit Mitte des 20. Jahrhunderts zu beobachtende allgemeine Rückzugstendenz bestehen und seit den 1990er Jahren steigerte sich die Geschwindigkeit des Gletscherrückzugs sogar noch. So nahm das Volumen der Schweizer Gletscher von ca. 200 km^3 im Jahr 1850 bis auf 65 km^3 im Jahr 2005 ab. Wesentliche Ursache des starken Gletscherschwundes sind die gestiegenen Sommertemperaturen. Geht man bei der Prognose der zukünftigen Entwicklung der Gletscher in den europäischen Alpen vom aktuell wahrscheinlichsten Fall aus, der Steigerung der sommerlichen Lufttemperaturen, dann ist mit einer Fortsetzung der derzeit starken Reduzierung der Gletscherflächen zu rechnen. Eine Entwicklung, die nicht nur schwerwiegende Folgen für das Ökosystem hätte, sondern auch für die nachhaltige wirtschaftliche Nutzung der Gebirgsregionen (Wasserversorgung, Hydroenergieerzeugung, Tourismus etc.). Nicht von entscheidender Bedeutung sind die Hochgebirgsgletscher für einen durch das Abschmelzen von Gletschereis verursachten Meeresspiegelanstieg, sondern die großen polaren Eisschilde Grønlands und der Antarktis. Trotz deutlicher Verbesserungen z.B. bei der Messung des Massenhaushalts der Eisschilde ist eine Prognose zu deren Entwicklung in den nächsten Jahrzehnten und Jahrhunderten derzeit noch nicht zuverlässig erstellbar (Baumhauer & Winkler 2014).

Ein Gletscher lässt sich in zwei Teilbereiche untergliedern: Im höher gelegenen **Akkumulationsgebiet** (Nährgebiet) überwiegt der Massengewinn; im **Ablationsgebiet** (Zehrgebiet) übertrifft der Massenverlust durch Ablation die winterliche Schneeablagerung. Die Trennlinie zwischen Akkumulations- und Ablationsgebiet wird als **Gleichgewichtslinie** (**equilibrium line**) bezeichnet. Die Höhe der Gleichgewichtslinie variiert in Abhängigkeit von der Nettobilanz von Jahr zu Jahr. Im Gegensatz zur rechnerisch festgelegten Gleichgewichtslinie handelt es sich bei der **temporären Schneegrenze** um eine reale Grenzlinie, die jahreszeitlichen, täglichen und sogar tageszeitlichen Schwankungen unterliegt. Die von verschiedenen Parametern wie z.B. geographischer Breite, Niederschlagsmenge oder Exposition abhängige **lokale** oder **orographische Schneegrenze** bezeichnet die reale Grenze des Schnees am Ende des Sommers. Unter der **klimatischen** oder **regionalen Schneegrenze** versteht man das Mittel der orographischen Schneegrenze einer Region.

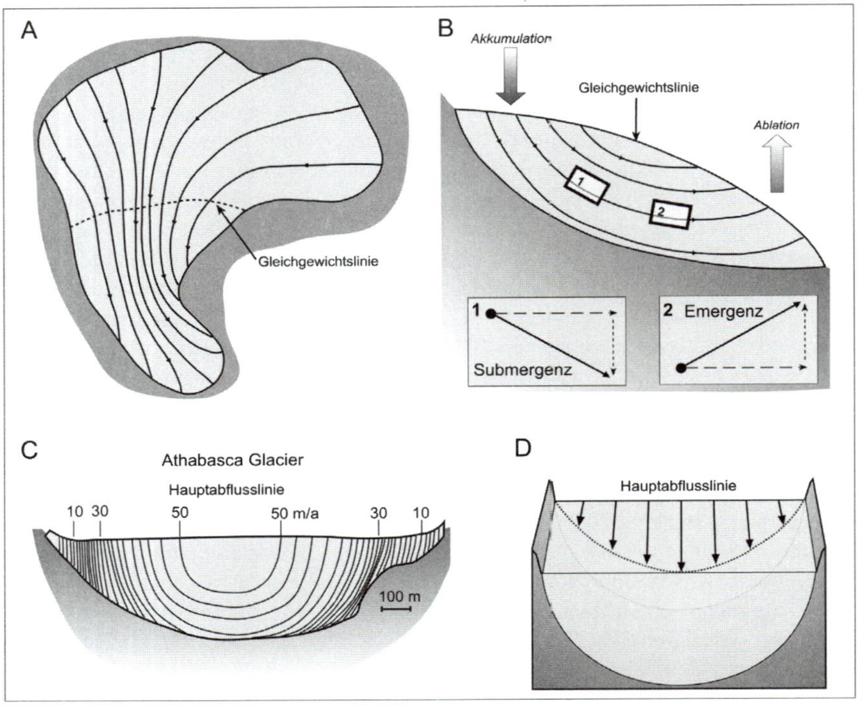

Abb. 1.30 Schematische Darstellung des Eisströmmusters an idealen warmbasalen Gletschern in Grundriss (A), Längsprofil (B), Querprofil (C) und Querprofil auf der Gletscheroberfläche (D) (aus Baumhauer & Winkler 2014, S. 48).

1.7.2 Gletschertypen

Gletscher lassen sich nach unterschiedlichen Kriterien (wie z. B. Morphologie, Größe, physikalische Eigenschaften oder Charakteristika des Massenhaushalts/glaziologischem Regime) ordnen und systematisieren. Beispielhaft wird im Folgenden eine Typisierung nach morphologischen und geophysikalischen Kriterien vorgenommen.

Morphologische Gletschertypen

Die größten Gletscher der Erde sind die **polaren Eisschilde** oder **Inlandeise**. Sie besitzen Flächen von über 1 Mio. km^2 und ihr Eis fließt von einer zentralen, zusammenhängenden Eismasse in unterschiedliche Richtungen ab. Ihre Morphologie ist vom Relief des Untergrundes unabhängig, weshalb man sie als **reliefübergeordnet** bezeichnet. Das Eisschild Grönlands (1,73 Mio. km^2) und das eigentlich aus drei Teilen zusammengesetzte Eisschild der Antarktis (12,54 Mio. km^2) umfassen etwa 96 % des heutigen Gletschereises auf der Erde. Sie erreichen Mächtigkeiten von 3000 bzw. 4000 m. Innerhalb eines Eisschilds kann es mehrere zentrale Erhebungen (**Eisdome**) geben. Sie führen zu einem differenzierten Fließmuster mit mehreren **Eisscheiden**. **Eiskappen** sind mit den reliefübergeordneten Eisschilden vergleichbar, jedoch mit maximal 50 000 km^2

beträchtlich kleiner dimensioniert. Einzelne, aus der Eisoberfläche herausragende Gipfel des anstehenden Gesteins werden als **Nunatakker** (Singular: Nunatak) bezeichnet. Enden Eisschilde oder -kappen an der Küste im Meer oder in einem See, entsteht ein **Eisschelf** als schwimmender Gletscherteil. Lösen sich an der schwimmenden Gletscherfront Eisberge ab, spricht man von **Kalben** oder **Abkalbung**. **Plateaugletscher** verdanken den Namen ihrer flachen Oberfläche. Sie sind deutlich kleiner als Eiskappen und das Relief spielt, z.B. in Form von hochgelegenen Verebnungen in Hochgebirgen, eine größere Rolle für die Ausgestaltung ihrer Morphologie. Solche Gletschertypen bezeichnet man zusammenfassend als **reliefuntergeordnet**. Gletscherzungen, die von zentralen Eismassen wie Eisschilden, Eiskappen oder Plateaugletschern abfließen und deshalb kein eigenständiges, ihnen zuzuordnendes Akkumulationsgebiet haben, nennt man **Auslassgletscher** oder **Outlets/Outletgletscher**. Sie drainieren jeweils einen bestimmten Sektor der zentralen Eismasse.

Reliefuntergeordnete und typische Hochgebirgsgletscher sind die kleinflächigen **Kargletscher**. Man findet sie im Bereich der namengebenden Hohlformen (Kare, s. Kap. 1.7.3). **Talgletscher** sind ebenfalls eine typische Hochgebirgsform. Sie besitzen eine ausgeprägte Gletscherzunge und können sich aus größeren Kargletschern entwickeln. Ihr Akkumulationsgebiet umfasst häufig mehrere Kare, Talschlüsse oder vergletscherte Seitentäler. Kommt es zu einer Verbindung zwischen mehreren Talgletschern, so bilden sich Eisstromnetze. Reichen Teile dieser **Eisstromnetze** bis in eine flache Vorlandebene hinein, spricht man von **Vorlandgletschern** oder auch **Piedmontgletschern**. Dieser Gletschertyp konnte sich während der pleistozänen Eiszeiten im Bereich der Alpen entwickeln und hinterließ im Vorland die charakteristischen Landformen. Einen Sonderfall bilden **regenerierte Gletscher**, die kein eigenes Akkumulationsgebiet besitzen, sondern durch Winddrift und Schnee- oder Eislawinen ernährt werden. Dadurch können sie sich auch deutlich unterhalb des Glaziationsniveaus ausbilden.

Geophysikalische Gletschertypen

Die Ausweisung geophysikalischer Gletschertypen erfolgt auf Grundlage der Temperaturverhältnisse des Eises an der Gletscherbasis. Die Verhältnisse an der Gletscherbasis sind von großer Bedeutung für die Ausbildung des glazialen und glazifluvialen Formenschatzes. **Polare (kaltbasale) Gletscher** besitzen eine in ihrer Gesamtheit sich unterhalb des Druckschmelzpunktes befindende Eismasse. Der Gletscher ist am Gletscherbett festgefroren und basales Gleiten ist daher nicht möglich. Ablation findet nur durch Sublimation und ganz wesentlich durch Kalbung (über 90% im Fall der polaren Eisschilde) statt. Gletscher, deren Eismassen sich größtenteils in der Nähe des Druckschmelzpunktes befinden, werden als **temperierte (warmbasale) Gletscher** bezeichnet. Sie sind durch das Auftreten größerer Schmelzwassermengen gekennzeichnet und die Gletscherbewegung setzt sich aus Deformationsfließen und basalem Gleiten zusammen. Im Falle der **subpolaren (polythermalen) Gletscher** befinden sich einige Teile des Gletschereises unterhalb, andere oberhalb des Druckschmelzpunktes.

1.7.3 Glaziale Formung

Glaziale Erosion

Der aus dem Englischen stammende Begriff **abrasion** (Abrasion bezeichnet im deutschen Sprachgebrauch auch das mechanische Abschleifen von Festgestein durch Brandungseinwirkung, s. Kap. 1.11.3) bezeichnet die Erosion von Gletschern auf einem Gletscherbett aus Gestein. Er entspricht der klassischen **Detersion** und fasst zwei Einzelprozesse zusammen: In der Gletscherbasis festgefrorene Gesteinspartikel größer als 0,2 mm (bis zur Blockgröße) wirken durch die Gletscherbewegung und den Auflastdruck des überlagernden Eises mechanisch auf den Felsuntergrund ein. So können Gesteinsfragmente absplittern und glaziale Mirkoerosionsformen wie z.B. **Gletscherschrammen**, **Parabelrisse** oder **Sichelbrüche** entstehen. Diese Mirkoerosionsformen stehen in ihrer Orientierung stets mit der Bewegungsrichtung des Eises der Gletscherbasis in Beziehung und können zur Rekonstruktion der Gletscherfließrichtung verwendet werden. Neben diesem als **striation** bezeichneten Einzelprozess umfasst Abrasion auch das flächenhaft wirkende **polishing**. Kleinere Gesteinspartikel in der Gletscherbasis und im Zwischenraum zwischen Gletscherbasis und Gletscherbett führen durch ihre Erosionswirkung zu den typischen „polierten" Oberflächen glazial überformten Gesteins. Abrasion tritt nur bei basalem Gleiten und damit bei warmbasalen Gletschern auf.

Als **plucking** oder **quarrying** bezeichnet man Anfrieren und Abtransport zerrütteter Gesteinsfragmente an der Gletscherbasis. Heute ist bekannt, dass es sich dabei nicht primär um ein Herausbrechen von Gesteinsfragmenten han-

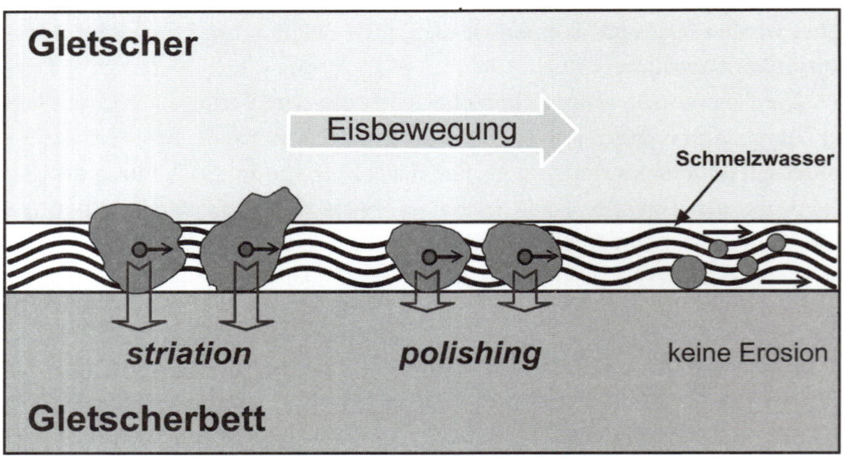

Abb. 1.31 Schematische Darstellung der beiden Teilprozesse von Abrasion in Abhängigkeit von der Partikelgröße (aus Baumhauer & Winkler, 2014, S. 75).

delt, wie es durch den synonym verwendeten Begriff **Detraktion** definiert wurde. Vielmehr entstehen zunächst durch Druckschwankungen (Druckentlastung) infolge variierender Auflast durch den Gletscher Klüfte und Risse im Festgestein des Gletscherbetts. Erst wenn Gesteinsfragmente zuvor gelockert worden sind, können diese unter Mitwirkung von Regelation an der Gletscherbasis anfrieren und erodiert werden. Erhebungen des Felsuntergrundes werden auf ihrer dem Gletscher zugewandten Stoßseite durch Abrasion abgeschliffen und poliert, während auf der Leeseite im Bereich eines ehemaligen Hohlraums Plucking auftritt und Gesteinsfragmente abtransportiert werden. Resultat dieser Prozesse sind **Rundhöcker** mit sanft ansteigender, glatter Stoß- und steiler, abgesplitterter Leeseite. Das Anfrieren von größeren Lockergesteinsmassen und auch deren Dislozierung, meist im Bereich der Gletscherstirn, bezeichnet man als **Glazitektonik** (Voraussetzung ist das Vorhandensein von Permafrost (s. Kap. 1.8.1) im Randbereich des Gletschers). Das durch glaziale Erosion an der Gletscherbasis entstehende feine Material, das vor allem die Schluffkorngröße umfasst, wird als **Gletschermehl** bezeichnet. Es wird als Suspensions- oder Schwebfracht durch das subglaziale Schmelzwasser transportiert und führt zu der typischen grauen Farbe der glazialen Schmelzwässer (**Gletschermilch**). Bei stärkerer Verdünnung verändert sich die Farbe des Schmelzwassers und nimmt einen türkisartigen Farbton an. Gletscher besitzen zumeist ein verzweigtes System von Schmelzwasserkanälen, die häufig durch **Gletschertore** ins Gletschervorfeld strömen.

Zu den durch glaziale Erosion entstandenen Makroformen in Hochgebirgen gehören die Kare, amphitheaterförmige, **halboffene Hohlformen mit steilen Rück- und Seitenwänden**. Kare entwickeln sich aus Quellmulden, in denen sich Firn und Eis leicht akkumulieren können. Mit zunehmender Auflast beginnt das Eis zu fließen, übt dadurch einen Zug aus und transportiert durch die Frostverwitterung gelockertes Gesteinsmaterial weg. Im Grenzbereich von Eis und Gestein entwickelt sich eine Spalte, der **Bergschrund**, mit intensivster Frostverwitterung, die zu einer zunehmenden Versteilung der Wände der ehemaligen Quellmulde führt. Durch die Eisauflast im zentralen Bereich des Kars fließt der Gletscher dort am schnellsten und erodiert am intensivsten. Folge ist die zunehmende Übertiefung der Mulde. Kare können sich durch rückschreitende Erosion weiter entwickeln, so dass sich beim Zusammentreffen ihrer Rückwände an einem Gebirgskamm, der an beiden Flanken Kare besitzt, ein scharfer **Grat** bilden kann. Ist ein Berggipfel an mehreren Seiten durch die Erosion von Kargletschern zu einer spitzen Form umgestaltet worden, nennt man ihn **Karling** oder **Horn** (abgeleitet vom Matterhorn).

Kare

An der hangabwärtigen Öffnung der Mulde ist eine **Karschwelle** ausgebildet. Sie ist auf Gefälleunterschiede bereits vor der Eisakkumulation zurückzuführen. Die glaziale Überprägung und Ausgestaltung der Schwelle wurde durch die verminderte Erosion des Gletschers im Übergangsbereich von einem flachen in ein steileres Gefälle bedingt. Das übertiefte Becken füllt nach Abschmelzen des Eises ein **Karsee** aus. Liegen mehrere Quellmulden in unterschiedlicher Höhenlage übereinander, dann kann sich nach der Vereisung eine **Kartreppe** bilden. Kartreppen sind häufig in den zentralen Teilen der Hochgebirge zu finden und an übereinander liegende, d.h. unterschiedlich alte Talschlüsse gebunden.

Trogtäler

Fluvial geformte Täler und Tiefenlinien werden durch glaziale Prozesse in charakteristischer Weise überprägt und durch Erosionsprozesse umgestaltet. So erhält ein Kerbtal, das im Zuge einer Vergletscherung der Erosionswirkung des Eises ausgesetzt ist, nach Abschmelzen des Eises ein parabelförmiges Querprofil. Durch postglaziale, fluviale Akkumulation im Bereich des Talbodens kann sich ein parabelförmiges Tal zu einem trogförmigen Tal weiterentwickeln. Täler mit einem solchen **parabel- bis trogförmigen Querprofil** werden als Trogtäler bezeichnet und sind **im Längsprofil oft getreppt**, d.h. in Becken und Schwellen gegliedert. Die Becken wiederum sind häufig stark übertieft und können nach der Vergletscherung von **Trogwannenseen** oder **Beckenseen** eingenommen werden. Auch wenn einzelne Stufen oder Becken im Längsprofil auf geologische/petrographische Ursachen zurückgeführt werden können, steht die Treppung glazial überformter Täler in enger Beziehung zu Veränderungen der Eismächtigkeit und damit der Erosionskraft des Gletschers.

Konfluenz und Diffluenz

Am **Zusammenfluss** zweier Gletscher (Konfluenz) erhöht sich Eismächtigkeit und Erosionskraft, so dass eine **Konfluenzstufe** mit einem talabwärts gelegenen Becken entstehen kann. Eine verringerte Eismächtigkeit entwickelt sich durch **Transfluenz**, d.h. beim Überfließen in ein benachbartes Talsystem, oder durch Diffluenz, also einem **Auseinanderfließen** (z.B. beim Eintritt ins Vorland) des Gletschers. Verringerung der Erosionskraft und fehlende Übertiefung (Schwellen) im Tallängsprofil sind die Folgen.

Hängetäler

Besonders deutlich zeigen sich unterschiedliche Erosionsleistungen in Form von Hängetälern, die gebildet werden, wenn ein **Nebengletscher** aus einem Seitental **in das Haupttal einmündet**. Durch höhere Erosionskraft infolge größerer Eismächtigkeit des Hauptgletschers ist das Haupttal deutlich tiefer erodiert als das Seitental, so dass sich dessen Talboden oft hoch an der Talwand des Haupttales befindet, dort „hängt". Die Zuflüsse aus den höher gelegenen Nebentälern stürzen durch den Gefällsknick als Wasserfall (Hängetaltyp, s. Kap. 1.6.2) in die glazial übertieften Haupttäler hinab.

Fjord

Glazial überformte Täler vergletscherter Küstengebirge, die im Rahmen des Meeresspiegelanstiegs nach der letzten Glazialzeit **überflutet** wurden, werden als Fjorde bezeichnet. Für Fjorde wie ebenso für die anderen hier genannten glazialen Erosionsformen gilt, dass sie in typischer Ausbildung nur in Massengesteinen (Plutoniten, Vulkaniten, Metamorphiten, s. Kap. 1.3.2) zu finden sind. Bei Sedimentgesteinen mit ausgeprägten Schichtungsstrukturen spielen die petrographischen Eigenschaften bei der Gestaltung der Erosionsformen eine große Rolle.

Zungenbecken

Zungenbecken entstehen durch die **Erosion von Lockermaterial** als wannenartige Übertiefungen im Bereich **ehemaliger Gletscherzungen** von Piedmont-, Tal- oder Auslassgletschern. Meist sind glazitektonische Prozesse an ihrer Entstehung beteiligt. Sie werden häufig durch Endmoränenwälle begrenzt und treten sowohl in Gebieten ehemaliger Gebirgsvergletscherungen, als auch bei einzelnen Eisloben von Inlandvereisungen auf. Nach Abschmelzen des Eises können sich **Zungenbeckenseen** bilden.

Glazialer Transport

Obwohl die Eisgeschwindigkeit eines Gletschers vergleichsweise gering ist und damit dessen Materialtransport nur langsam erfolgt, können insgesamt enorme Transportleistungen erbracht werden. Während der pleistozänen Eiszeiten wurden gewaltige Materialmengen und tonnenschwere Felsblöcke über Entfernungen von weit mehr als 1000 km transportiert. Glazial transportierte Lockersedimente werden als **Debris** bezeichnet. Der Begriff **Moräne** dagegen umfasst nur die abgelagerten glazialen Sedimente und die daraus resultierenden Oberflächenformen. Wird Lockermaterial auf der Gletscheroberfläche transportiert, spricht man von **supraglazialem** Debris. Dabei handelt es sich häufig um auf der Eisoberfläche deponierten Hangschutt. Bei Transport innerhalb des Gletscherkörpers verwendet man die Bezeichnung **englazialer** Debris. An der Gletscherbasis transportiertes und im Regelfall am Untergrund erodiertes Material ist **subglazialer** Debris. Die Begriffe supra- und subglazial beziehen sich sowohl auf den Ursprungsort des Debris, als auch (ergänzt um englazial) auf die jeweils aktuelle Transportlokalität bzw. den späteren Ablagerungsort. Das heißt, dass Debris supraglazialen Ursprungs auch englazial oder subglazial

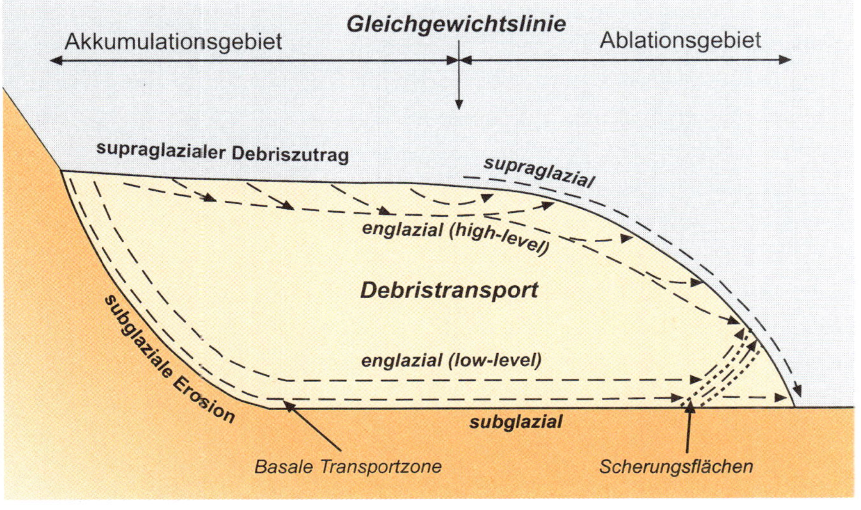

Abb. 1.32 Prinzip des Gletschertransportsystems (nach Baumhauer & Winkler 2014, S. 54).

transportiert werden kann, wenn er beispielsweise in eine Gletscherspalte fällt. Die Eisbewegungslinien im Akkumulationsgebiet des Gletschers sind zur Basis hin gerichtet, da dort ständig neuer Schnee akkumuliert wird. Dadurch gelangt auch ein von der Talflanke losgesprengter Stein sukzessive in tiefere Lagen des Gletschers. Unterhalb der Gleichgewichtslinie ist im Ablationsgebiet der Bewegungssinn durch die dominierende Abschmelzung dagegen zur Eisoberfläche hin gerichtet. Auf dem zunächst englazialen Transport zur Gletscherzunge wird jener Stein deshalb irgendwann im Ablationsgebiet wieder an der Gletscheroberfläche erscheinen und dort supraglazial transportiert werden.

Glaziale und glazifluviale Akkumulationsformen

Bei den Akkumulationsformen und Sedimenten muss zwischen glazialen Ablagerungen unterschieden werden, die durch das Gletschereis entstanden sind, und Sedimenten bzw. Formen glazifluvialen Ursprungs, abgelagert durch das Schmelzwasser. Bei glazialen Ablagerungen ist zu beachten, dass im deutschen Sprachgebrauch Oberflächenformen ebenso wie Sedimente als **Moräne** bezeichnet werden. Als Sedimente sind Moränen durch eine schlechte Sortierung gekennzeichnet und bestehen aus einem Gemisch unterschiedlichster Korngrößen. Ursache dafür ist, dass für den glazialen Transport und die Akkumulation das Gewicht und die Korngröße des Debris keine Rolle spielt. Je nach Transportweg (supraglazial oder subglazial), Transportdistanz und ursprünglichen Eigenschaften können im Moränenmaterial eckige Partikel (z. B. supraglazialer Debris an Hochgebirgsgletschern), aber auch zugerundete Komponenten (subglazialer Debris bei Inlandvereisungen und langem Transportweg) vorliegen. Es existieren unterschiedliche Typen von Moränenmaterial. Sie werden nach dem Ort der Akkumulation oder den sedimentologischen Eigenschaften klassifiziert. Beispielsweise kann man zwischen **lodgement till** (Absetzmoräne), in einem aktiven Prozess subglazial unter sich bewegendem Eis abgelagert und vergleichsweise kompakt, und **melt-out till** (Ausschmelzmoräne) unterscheiden. Letztere wird sub- oder supraglazial passiv durch das Abtauen des Eises abgelagert. Eine Besonderheit ist **flow till** (Fließmoräne), wassergesättigtes Moränenmaterial, das von der Gletscheroberfläche abgleiten/-fließen kann.

Geschiebe

Vom Eis bewegte größere Gesteinsfragmente wie **Grobkies, Steine und Blöcke** werden auch als Geschiebe bezeichnet. Auf ihren Oberflächen können sich zu Gletscherschrammen analoge Formen befinden, d. h. sie sind **gekritzt. Erratika** nennt man Gesteinsfragmente oder Blöcke, die nicht im Ablagerungsgebiet anstehen. Sie müssen demzufolge aus einem entfernten Gebiet antransportiert worden sein, in dem derartige Gesteine autochthon vorkommen. Sie sind wertvolle Indikator für die Herkunft des Eises. Große erratische Blöcke werden auch als **Findlinge** bezeichnet.

Moränen

Die Gruppe der ebenfalls als **Moränen** (**moraines**) bezeichneten, zumeist wallartigen glazialen Oberflächenformen ist überaus heterogen. Da in der Literatur die verschiedensten Abgrenzungskriterien benutzt werden, resultiert eine Vielzahl von Begriffen und Klassifikationsansätzen daraus. Ausschließlich räumlich kann man die an der Gletscherfront entstandenen **Endmoränen** (Stirnmoränen, Frontalmoränen) von den seitlich am Gletscher positionierten **Lateralmoränen** (Ufermoränen) unterscheiden. Während diese Moränen zusammengefasst als **Randmoränen** (Marginalmoränen) bezeichnet werden und sie einer bestimmten Eisrandposition zuzuordnen sind, entstehen **subglaziale Moränen** und verwandte Formen unter dem Gletscher (in den meisten Fällen bei aktivem Gletschereis). Ist wie bei den meisten Hochgebirgsgletschern eine typische Gletscherzunge ausgebildet, kann sich ein geschlossener **Moränenkranz** entwickeln, wobei die Moränen in der Position zwischen End- und Lateralmoränen auch als **Laterofrontalmoränen** bezeichnet werden. Mehrere individuelle Moränenwälle können ineinander geschachtelte **Moränenkomplexe** oder **Moränensysteme** bilden. Ist in den Moränenwällen noch ehemaliges Gletschereis vorhanden, spricht man von **Eiskernmoränen**.

Stichwort

Glaziale Sedimente, ein Begriffswirrwarr

Terminologie und Klassifikation glazialer Sedimente sind komplex, kompliziert und nicht selten auch uneinheitlich. Häufig werden die gleichen Begriffe in der deutschen und der internationalen Fachliteratur unterschiedlich verwendet. Die Begriffsvielfalt glazialer Sedimente mit teilweise mehreren synonymen Ausdrücken für dieselben Sedimente resultiert nicht zuletzt daraus, dass sich unterschiedliche Teildisziplinen der Geowissenschaften mit der Untersuchung glazialer Sedimente beschäftigen. Beispielhaft hierfür ist die allgemein übliche Verwendung des deutschen Begriffes „Moräne“: Neben der Verwendung für charakteristische glazialgeomorphologische Formen in Anlehnung an das englische „moraine“ bezeichnet Moräne auch glazial abgelagerte Sedimente („till“ als entsprechender englischer Begriff) und darüber hinaus Debris. Dadurch erhält der Moränenbegriff eine mehrdeutige und problematische Bedeutung. Daraus folgernd sollte sich der Begriff Moräne ausschließlich auf die entsprechenden geomorphologischen Formen beschränken. Glaziale Sedimente dagegen sollten als Moränenmaterial bezeichnet werden und das aktiv transportierte Material als Debris. Da Moränenmaterial zusätzlich nach genetischen, chronologischen und sedimentologischen Kriterien weiter differenziert werden kann sorgt die vorgenommene Einschränkung des Begriffs Moräne für ausreichende Klarheit. Eine gute Übersicht über die v. a. in der Quartärgeologie noch gebräuchlichen traditionellen deutschen Begriffe findet sich z.B. bei Ehlers (2011), der sie den entsprechenden internationalen Begriffen einschließlich ihrer aktuellen Interpretation gegenüberstellt.

Randmoränen lassen sich auch genetisch unterscheiden. **Thrust moraines** (Stauchendmoränen i.e. S.) entstehen bei kaltbasaler Basis an der Front vorstoßender polarer oder subpolarer Gletscher. Durch Permafrost gefrorene Lockersedimente im Vorland werden durch glazitektonische Prozesse aufgestaucht. **Push moraines** (Stauchendmoränen i.w.S., zur Terminologie vgl. a. Stichwort) werden dagegen an warmbasalen Gletschern ohne Permafrost im Vorland – im Zuge von (auch saisonalen) Vorstößen der Gletscherfront durch unterschiedliche Einzelprozesse – zu Wällen aufgepresst. In beiden Fällen setzen sich die entstehenden Endmoränenwälle im Regelfall aus dem bereits an der Gletscherfront vorhandenen Lockermaterial unterschiedlicher Herkunft zusammen und die eigentliche Ablagerung von (neuem) Moränenmaterial tritt zurück. Die für Hochgebirge typischen (alpinen) Lateralmoränen werden dagegen als **dump moraines** (Satzmoränen) bezeichnet, da sie durch die passive Akkumulation supraglazialen Debris an den lateralen Gletschergrenzen entstehen. Im Gegensatz zu den meisten Endmoränen können sie im Laufe mehrerer aufeinander folgender Gletscherhochstände weitergebildet werden und große Dimensionen erreichen. **Präglaziale Moränen** sind in Hochgebirgen weit verbreitet. Es handelt sich dabei um temporäre Moränen, bei denen supraglazialer Debris auf der Gletscheroberfläche wallförmig konzentriert ist. Je nach Position der Wälle bezeichnet man diese als **supraglaziale Medialmoränen** (Mittelmoränen) oder seitliche **supraglaziale Lateralmoränen** (Seitenmoränen). Ihre wallartige Morphologie verdanken supraglaziale Moränen der Isolationswirkung des Debris, der das unterlagernde Gletschereis vor der Abschmelzung schützt. Diese Moränen existieren nur während des aktiven Transports auf der Gletscheroberfläche.

Subglaziale Moränen bzw. verwandte glaziale Akkumulationsformen bedekken große Flächen ehemals vergletscherter Gebiete, treten aber meist morphologisch weniger deutlich in Erscheinung als die Randmoränen. Dies gilt insbesondere für die **Grundmoränen** (ground moraine), flache, wenig reliefierte Ablagerungen von überwiegend subglazialem Moränenmaterial. Im Gegensatz dazu ist die **kuppige Grundmoräne** (hummocky moraine) durch ein deutliches Relief bei kleinräumigem Wechsel zwischen Höhen und Tiefen gekennzeichnet. Die sich räumlich an markante Endmoränen anschließende kuppige Grundmoräne verdankt ihre Form Toteis, das während des Gletscherrückzugs abgetrennt wurde. Nach dessen Abtauen entstehen **Sölle (Toteislöcher)** oder **Toteisseen**. Beim Rückzug der eiszeitlichen Inlandeismassen entstanden durch große Toteisbereiche großflächige **Niedertaulandschaften** (**Eiszerfallslandschaften**), deren Topographie und Relief durch das passive Niedertauen und das Anfallen großer Schmelzwassermengen geprägt wurde.

Drumlins

Nur unter aktiven warmbasalen Gletschern können Drumlins, **hügelartige subglaziale Akkumulationen von Lockermaterial**, entstehen. Es handelt sich um stromlinienförmige, in der Bewegungsrichtung des Eises gestreckte Rücken mit ovalem Grundriss. Ihr Querprofil ist asymmetrisch: Der steilere Hang befindet sich auf der der Eisbewegung zugewandten Seite, der Leehang fällt flach ab. Sie treten oft vergesellschaftet in **Drumlinfeldern** auf und können bei Längen von mehreren hundert Metern Höhen zwischen wenigen und mehreren Zehnern von Metern besitzen. Obwohl ihre Entstehung nicht abschließend geklärt ist, wird eine subglaziale Verformung unverfestigter Sedimente derzeit als wahrscheinlich angenommen.

Glazifluviale Formen

Im Gegensatz zu den Sedimenten, die unmittelbar durch das Eis transportiert wurden, sind die durch das Gletscherschmelzwasser transportierten und abgelagerten glazifluvialen Sedimente geschichtet und nach Korngrößen sortiert. Sie werden bei abnehmender Transportkraft entweder noch im Bereich des Gletschers sub-, en- oder supraglazial oder **proglazial** im Gletschervorland abgelagert. Die glazifluvialen Akkumulationen jenseits des Eisrandes bzw. eines zugehörigen Endmoränenzuges werden als **Sander** bezeichnet. Sie entstehen im Zuge länger andauernder Stillstands- oder langsamer Rückzugsphasen durch seitliches Zusammenwachsen von individuellen Sanderkegeln einzelner Schmelzwasseraustrittsstellen (Gletschertore) zu einer Sanderfläche. Den Übergang zwischen Endmoränen und Sander bilden steile Schwemmkegel, die als **Übergangskegel** bezeichnet werden. Den Schmelzwasserdurchbruch durch eine Endmoräne nennt man aufgrund seiner Form **Trompetentälchen**. Die Korngrößenzusammensetzung der Sander kann sehr stark variieren. So sind sie im süddeutschen Alpenvorland als Schotterflächen ausgebildet, während sie im Bereich der norddeutschen Vereisung aus Sanden bestehen. Mit wachsender Entfernung vom Eisrand nimmt die Korngröße des Sandermaterials ab.

Oser und Kames

In Schmelzwasserkanälen unter dem Gletscher kann Material zu lang gezogenen, geschichteten Tunnelfüllungen aus Sand und Kies akkumuliert werden. Nach Abtauen des Eises bleiben diese so genannten **Oser** (Singular: Os) als **lang gestreckte Dämme**, häufig von mehreren Zehner Kilometern Länge, erhalten. Auch zwischen oder auf abtauenden und zerfallenden Gletscherteilen können glazifluviale Sedimente abgelagert werden, welche man als **Kames** be-

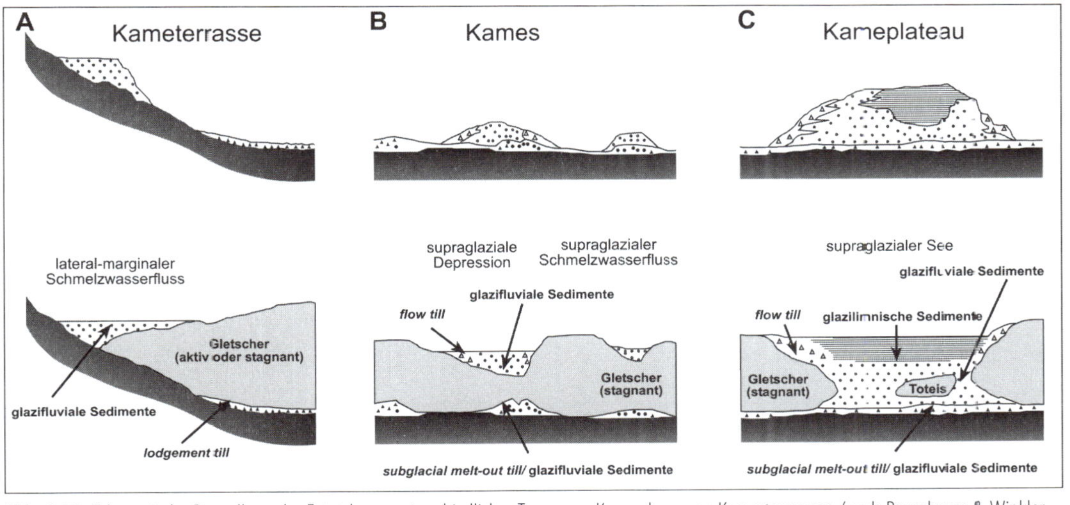

Abb. 1.33 Schematische Darstellung der Entstehung unterschiedlicher Typen von Kames bzw. von Kamesterrasssen (nach Baumhauer & Winkler, 2014, S. 195).

zeichnet. Im Gegensatz zu den Osern ist ihre Morphologie oft unregelmäßig. **Kamesterrassen** sind Ablagerungen im Zwischenraum von Gletscher und benachbartem Talhang.

Bändertone

Im unmittelbaren Umfeld der Gletscher können sich **Seen** bilden, in denen Bändertone abgelagert werden. Diesen entsprechen die nahe der Gletscherfront im Meer zu findenden **Warventone**. Durch jahreszeitlich bedingte Wechsel im Sedimentationsgeschehen entsteht eine charakteristische Bänderung der Sedimente. Während des Winterhalbjahres kommen dünne, dunkle und tonige Schichten zur Ablagerung; im Sommer bilden sich hellere, grobkörnigere und mächtigere Schichten. Winter- und Sommerschicht bilden zusammen eine Warve. Basierend auf dieser charakteristischen Schichtenabfolge wurde die für Datierungszwecke verwendete **Warvenchronologie** entwickelt.

Glaziale Serie

Eine idealtypische räumliche Anordnung und Abfolge glazialer und glazifluvialer Sedimente und Oberflächenformen des Alpenvorlandes wurde von A. Penck und E. Brückner (1901-1909) beschrieben. Ihre „glaziale Serie" beginnt mit der **Grundmoränenlandschaft** (und deren Einzelformen wie Drumlins etc.) innerhalb eines Zungenbeckens. Die das Zungenbecken nach außen begrenzenden **Endmoränenzüge** markieren die äußersten Vorstoßpositionen des

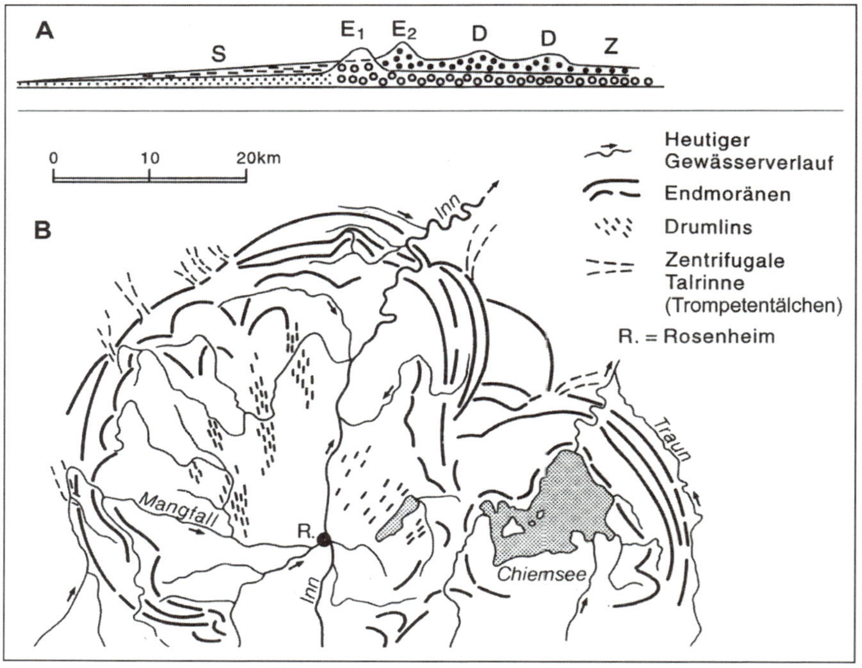

Abb. 1.34 A) Schematischer Längsschnitt der glazialen Serie (verändert nach Penck & Brückner, 1901–1909, aus Ahnert 2009, S. 320); Z = Zungenbecken, D = Drumlins, E = Endmoränen, 1 = älterer Gletschervorstoß, 2 = jüngerer Gletschervorstoß, S = Sander/Vorschüttschotter. B) Glaziale und glazifluviale Formen des Inn-Chiemsee-Gletschers (nach Troll, 1924, aus Ahnert, 2009, S. 320).

Gletscherlobus. An die äußeren Flanken der Endmoränen schließen sich die in Süddeutschland als Schotterfelder ausgebildeten proglazialen, glazifluvialen Ablagerungen an, denen im norddeutschen Tiefland die weitläufigen Sanderflächen entsprechen. Den Abschluss der glazialen Serie bilden dort die glazialen Entwässerungsrinnen, die **Urstromtäler**. Sie verlaufen von Südost nach Nordwest, dem äußeren Rand der Sanderflächen und der generellen Abdachung der Landoberfläche folgend zum Becken der heutigen Nordsee. Im Alpenvorland fehlen vergleichbare Urstromtäler. Die Schmelzwassermassen flossen nach Norden, ehe sie in die Donau mündeten. ■

Wissens-Check

1. Warum ist die Epoche des Pleistozäns so wichtig für die physische Geographie und warum trifft dieses für die größeren Vereisungsphasen im Paläozoikum sowohl am Ende des Karbon, zu Beginn des Perm als auch an der Wende vom Kambrium zum Ordovizium nicht zu?
2. Wovon hängt die Höhenlage der klimatischen Schneegrenze ab?
3. Erläutern Sie die verschiedenen Komponenten der Gletscherbewegung.
4. Definieren Sie und nennen Sie die Unterschiede zwischen Exaration, Detersion und Regelation.
5. Wie transportiert ein Gletscher Debris?
6. Nennen Sie die Unterschiede zwischen Sander und Vorschüttschotter.
7. Nennen Sie die Unterschiede zwischen einem Outlet- und einem Talgletscher.
8. Was sind Ice Aprons?
9. Nennen Sie die Faziesunterschiede zwischen einer supraglazialen Lateralmoräne und einer Kamesterrasse.
10. Warum gibt es in Regionen, die im Pleistozän von Inland- und/oder Vorlandeis bedeckt waren, eine so große Zahl von Seen.

Literaturhinweise

Baumhauer, R., Winkler, S. (2014): Glazialgeomorphologie – Formung der Landoberfläche durch Gletscher. Stuttgart (Borntraeger).

Ehlers, J. (2011): Das Eiszeitalter. Heidelberg (Springer).

Ehlers, J., Gibbard, P.L., Hughes, P.D. (Hrsg.) (2011a): Quaternary glaciations – extent and chronology. Amsterdam (Elsevier).

Hambrey, M. (1994): Glacial Environments. London (UCL Press).

Hambrey, M.J., Alean, J. (2004): Glaciers. 2. Auflage Cambridge (University Press).

Liedtke, H. (1981): Die nordischen Vereisungen in Mitteleuropa.- 2. Aufl. Forschungen zur deutschen Landeskunde, Bd. 204 (Trier).

Winkler, S. (2009): Gletscher und ihre Landschaften. Darmstadt (WBG).

1.8 Periglaziale Prozesse und Formen

Überblick

Periglazial bezeichnet als Sammelbegriff sowohl **Klimabedingungen** als auch **Landformen** (also zeitlich wie räumlich), die durch die Vorherrschaft frostdynamischer Prozesse gekennzeichnet sind. Voraussetzung für periglaziale Formungsprozesse sind mittlere Jahrestemperaturen unter 0 °C. Die sommerliche Erwärmung reicht jedoch aus, um den im Jahresverlauf fallenden Schnee bis auf perennierende Schneefleckenreste zu schmelzen, so dass sich keine permanente Schneedecke oder Gletscher bilden können. Periglazialgebiete sind sowohl im Polar- und Subpolargebiet als auch in der periglazialen/subnivalen Höhenstufe der Hochgebirge zu finden. Während der pleistozänen Kaltzeiten gab es auch in Mitteleuropa weiträumige Periglazialgebiete. In Deutschland lagen diese im eisfreien Gebiet zwischen der alpinen und der nordeuropäischen Vereisung.

1.8.1 Grundlagen frostdynamischer Prozesse in Periglazialgebieten

Der Begriff Permafrost

Permafrost ist die Bezeichnung für Lithosphärenmaterial, das während der Dauer von mindestens einem Jahr Temperaturen unter 0 °C aufweist und somit über die **Zeit** und die **Temperatur** definiert wird. Bodeneis ist eine mögliche Konsequenz, jedoch nicht die Ursache von Permafrost. Oberflächeneis wie z. B. Gletscher (auch kalte Gletscher) werden als Bestandteil der Hydrosphäre angesehen und nicht dem Permafrost zugeordnet.

Gletschereis entsteht durch die Transformation von Schnee über Firn zu Eis und wird deshalb auch als sedimentäres Eis bezeichnet. Permafrost dagegen enthält überwiegend **„magmatisches Eis“**, das durch Gefrieren von Wasser z. B. im Untergrund entsteht. Im Gegensatz zum **eisreichen Permafrost** (ice-rich permafrost) ist beim **trockenen Permafrost** (dry permafrost) weder Eis noch freies Wasser vorhanden. Wenn das Eis die Porenräume des Substrats nicht ausfüllt, spricht man auch von **untersättigtem (undersaturated) Permafrost**. Beim **gesättigten (saturated) Permafrost** befinden sich Eis und Poren im Gleichgewicht, während beim **übersättigten (supersaturated) Permafrost** der Eisgehalt das Porenvolumen übersteigt.

Der häufig verwendete Begriff Dauerfrostboden ist problematisch, da es sich bei dem gefrorenen Material nicht um „Boden“ im eigentlichen, bodenkundlichen Sinn handeln muss und oft auch nicht handelt. Insgesamt sind etwa 25 % der Festlandfläche der Erde von Permafrost bedeckt, der im hochkontinentalen Sibirien eine Mächtigkeit von bis zu 1500 m erreichen kann.

Der oberste Bereich im Permafrost wird **Auftaubereich** oder **active layer** genannt. Seine Mächtigkeit beträgt im Allgemeinen zwischen wenigen Dezimetern und etwa drei Metern. Die Bezeichnung Active Layer rührt von den im Wesentlichen hier stattfindenden periglazialen Formungsprozessen. Die **Permafrosttafel**, auch Permafrostspiegel genannt, trennt den Auftaubereich vom dauerhaft gefrorenen Untergrund. Die Permafrostmächtigkeit ist die vertikale Distanz zwischen Permafrostspiegel und Permafrostbasis. Unterhalb der Permafrostbasis folgt der ungefrorene Untergrund. Der Permafrost lässt sich in zwei Teilbereiche untergliedern. Im oberen sind noch periodische bis episodische Temperaturschwankungen zu beobachten. Unterhalb der thermischen Nullamplitude finden keine Temperaturschwankungen mehr statt. Dieser Teil wird als **isothermer Permafrost** bezeichnet. Mit zunehmender Tiefe steigt die Temperatur schließlich sukzessive wieder an. Dort, wo sie den Gefrierpunkt übersteigt, beginnt der Niefrostbereich. Wenn die Auftauschicht im Winter nicht vollständig durchfriert, spricht man von **inaktivem Permafrost**. Vom Permafrost mit jahreszeitlicher Auftauschicht ist die jahreszeitliche bzw. saisonale Bodengefrornis zu unterscheiden.

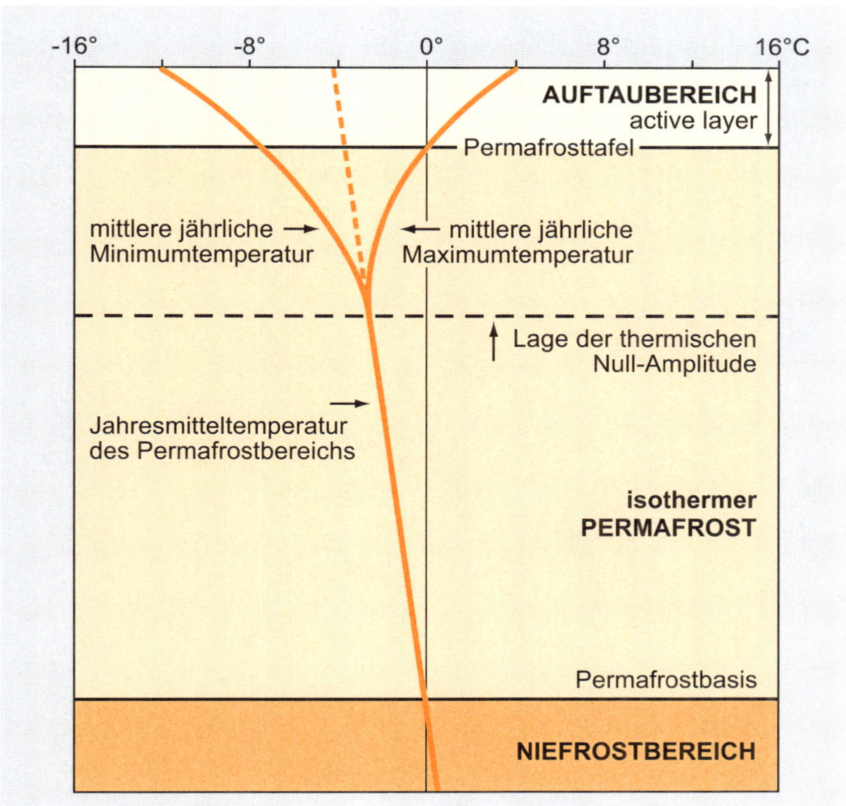

Abb. 1.35 Schematisiertes Vertikalprofil des Permafrostes (verändert nach Karte, 1979 und Blümel, 1999).

Nicht gefrorene Bereiche innerhalb des Permafrostes werden als **Taliks** bezeichnet. Taliks können als Linsen oder Taschen im Permafrost selbst (Intra-Permafrost-Talik), als Auftaubereich darüber (saisonaler Talik) oder als Niefrostbereich unterhalb des Permafrostes (Sub-Permafrost-Talik) auftreten.

Ist der Untergrund - abgesehen von den Taliks unter großen Seen, Flüssen oder dem Meer - durchgehend gefroren, so spricht man von **kontinuierlichem Permafrost**. **Diskontinuierlicher** (fleckenhafter) **Permafrost** erstreckt sich zwischen der Zone mit kontinuierlichem Permafrost und der Zone ohne Permafrost bzw. dem Bereich mit **sporadischem** (inselhaftem) **Permafrostvorkommen**. Kontinuierlicher Permafrost geht äquatorwärts normalerweise in diskontinuierlichen über, der schließlich vom sporadischen Permafrost abgelöst wird. Es gibt allerdings keine scharfen Grenzen zwischen den einzelnen Bereichen. Diese Dreiteilung wird auch für die Gliederung des Hochgebirgspermafrostes verwendet. Die Sonderform des submarinen Permafrostes (offshore permafrost) ist an negative Salzwassertemperaturen gebunden oder hat sich in einst negativen Temperaturen ausgesetzten Küstenbereichen gebildet, die später durch Meerestransgression überflutet wurden (vorzeitlicher, reliktischer Permafrost).

Permafrost ist dort anzutreffen, wo die mittlere Jahresmitteltemperatur der Luft unter 0 °C liegt. Bei Temperaturen zwischen ca. -6 bis -8 °C handelt es sich um kontinuierlichen Permafrost und bis ca. 0 bis -1 °C um diskontinuier-

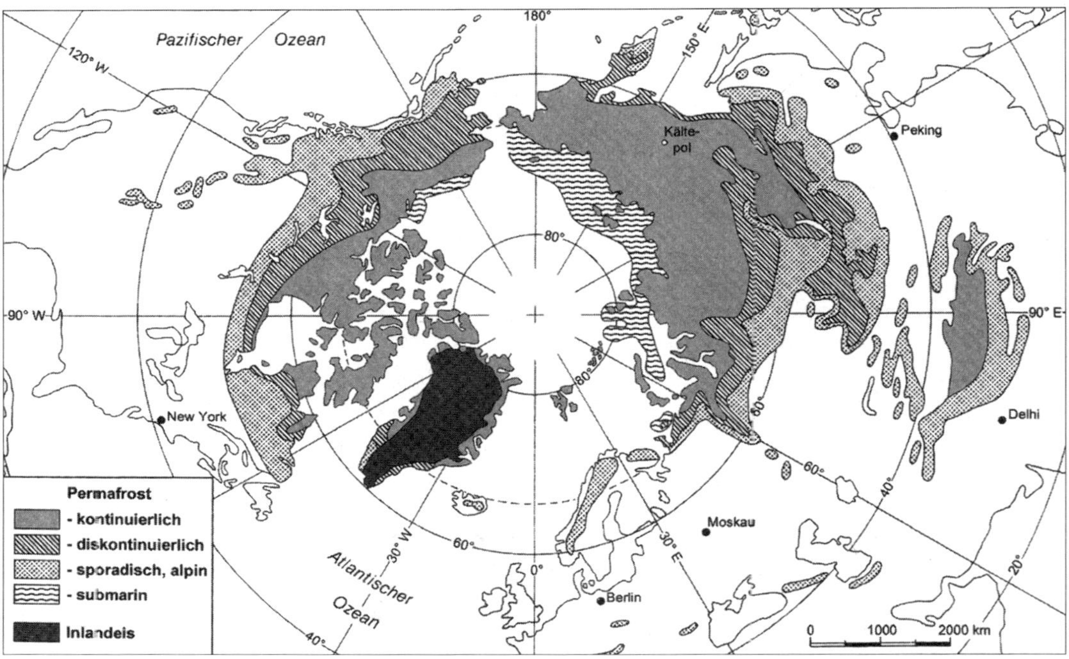

Abb. 1.36 Permafrostverbreitung auf der Nordhemisphäre (aus Blümel, 1999, S. 139).

lichen Permafrost. Sporadischer Permafrost kann auch bei positiven Jahresmitteltemperaturen vorkommen, entweder reliktisch oder aufgrund eines speziellen Mikroklimas mit entsprechender, dieses Mikroklima bestimmender Faktorenkonstellation.

Von grundlegender Bedeutung für frostdynamische Prozesse sind zum einen die **Existenz der Permafrosttafel**, die durch ihre wasserstauende Wirkung die Zone des Active Layer nach unten begrenzt, sowie zum anderen der Einfluss von **Frost und Frostwechseln**. Wenn Wasser zu Eis gefriert, nimmt sein Volumen um rund 9% zu. Bei dieser Volumenzunahme werden so genannte **kryostatische Drücke** erzeugt. Fällt dagegen innerhalb kurzer Zeit die Temperatur sehr stark ab, zieht sich ein gefrorener Körper zusammen, so dass sich sein Volumen verringert und Spalten und Risse entstehen können. Dieses Phänomen wird als **Tieffrostkontraktion** bezeichnet. Beim Eis im Untergrund kann es sich um epigenetische oder syngenetische, rezente oder reliktische Bildungen handeln. Das Eis lässt sich weiter in die beiden aus geomorphologischer Sicht besonders bedeutenden Formen Segregationseis und Injektionseis differenzieren.

Segregationseis

Segregationseis entsteht durch die Wanderung des Wasserdampfes aufgrund eines Dampfdruckgefälles in Richtung zur Gefrierfront. Es liegt meist in Form **oberflächenparalleler Eislinsen** vor und entsteht vor allem in feinkörnigem Material. Bei Gefrier- und Tauprozessen resultieren deutliche Hebungs- und Setzungserscheinungen.

Injektionseis

Injektionseis ist im Gegensatz zum Segregationseis relativ rein und entsteht durch in das Substrat aufgrund hydrostatischen Drucks eindringendes Wasser.

1.8.2 Periglaziale Formung

Kryoturbation

Durch Frosteinwirkung kommt es nicht nur zu einer Materialaufbereitung (Frostverwitterung, s. Kap. 1.4.1), sondern es wird im Auftaubereich des Permafrostes (Substrat) eine Reihe von **Sortierungsprozessen** und **Gefügeveränderungen** in Gang gesetzt. Voraussetzung ist meist ein genügend großer Anteil von Feinmaterial (Wasserspeicherfähigkeit bzw. Bildung von Segregationseis). Die durch frostdynamische Prozesse bedingten Bewegungen, Materialverlagerungen und Sortierungsprozesse bezeichnet man als Kryoturbation.

Das vertikale Anheben von Steinen wird als **Frosthebung** bezeichnet. Hierdurch werden Steine innerhalb des Active Layers zur Oberfläche hin verlagert, wobei sie vielfach gleichzeitig aufgerichtet werden. Frosthebung spielt nicht nur im Periglazialgebiet eine Rolle, sie findet auch bei saisonalem Frost im Bereich der Mittelbreiten statt.

Während der sommerlichen Auftauphase, die von der Oberfläche in die Tiefe voranschreitet, sackt das Feinmaterial durch die Volumenverkleinerung zusammen, die größeren Steine lagern auf noch gefrorenem Substrat. Beim weiteren Voranschreiten der Taufront rutscht weiteres Feinmaterial unter die Steine, so dass diese insgesamt eine relative Aufwärtsbewegung erfahren, die auch als Auffrieren von Steinen bezeichnet wird. Seitliches Eindringen der Frostfront kann analog zu einer Lateralbewegung der Grobbestandteile führen, die **Frostschub** genannt wird. Die durch Frosthebung und Frostschub bedingte Materialsortierung führt zur Bildung von **Frostmusterstrukturen** („Struktur- oder Frostmusterböden", patterned ground). Sie können in eine Vielzahl geomorphologischer Untertypen eingeteilt werden.

Steinnetze und Steinstreifen

Wenn im Herbst der Frost von der Oberfläche her in den sommerlichen Auftaubereich eindringt, wird zwischen Frostfront und Permafrosttafel ein Talik eingeschlossen. Beim Gefrieren des Taliks kommt es zu Spannungen und Druckunterschieden, die sich in Stauchungen und Verwürgungen des Substrats äußern. Je nach Ausprägung wurden derartige Formen in der deutschen Literatur als **Würge-**, **Brodel-, Taschen-**, **Zapfen-** oder **Tropfenböden** bezeichnet.

Bei skelettarmem Material können **nicht-sortierte Feinerdekreise, Feinerdenetze** oder **nicht-sortierte Polygone** (nonsorted circles, nets polygons) auftreten, deren Muster z. T. auf den Wechsel von vegetationsbedeckten und vegetationslosen Bereichen zurückgeht. Bei skelettreichem Substrat entstehen **Strukturböden** mit deutlicher Materialsortierung. Sie treten zum Beispiel in Form von **sortierten Steinringen**, **-polygonen** oder -netzen (sorted circles, polygons, nets) mit Feinerdekernen auf. Bereits bei geringer Hangneigung (ab ca. 2°) werden diese Strukturen mit dem Einsetzen der Solifluktion in längliche Formen bis hin zu gefällsparallelen Steinstreifen deformiert.

Solifluktion

Solifluktion ist neben der Kryoturbation der zweite charakteristische Formungsprozess in Periglazialgebieten, auch wenn Solifluktion nicht zwangsläufig an das Auftreten von Permafrost gebunden ist. Allgemein bezeichnet Solifluktion eine langsame, hangabwärts gerichtete Bewegung wassergesättigten Materials (s. Kap. 1.5). Die Wassersättigung wird durch eine stauende Schicht im Untergrund erreicht. Handelt es sich hierbei um eine Permafrosttafel, so spricht man meist von **Gelifluktion**, in vegetationslosen Gebieten von **freier** oder **ungebundener Solifluktion**. Vollzieht sie sich dagegen unter einer geschlossenen Vegetationsdecke, nennt man sie **gebundene Solifluktion**. Wulstartige Zungen, so genannte **Solifluktionsloben** und **Solifluktionsterrassen**, sind typische Formen der gebundenen Solifluktion. Die ungebundene Solifluktion umfasst geregelte und ungeregelte Formen. Zu den ungeregelten Formen zählen die **Solifluktions-** oder **Hangschuttdecken**. Bei einsetzender Materialsortierung entstehen Übergangsformen wie **Schuttloben** und **Blockzungen** mit Anhäufungen von Grobmaterial im Stirnbereich. Geregelte Formen entstehen durch das Zusammenspiel von Frostsortierung und Solifluktion, so dass **Streifenböden** mit sortierten Steinstreifen bzw. nicht-sortierte Streifen aus Feinerde entstehen.

Stichwort

Periglaziale Hangsedimente

Von den vielen unterschiedlichen Ablagerungen, die die Oberflächen der deutschen Mittelgebirge prägen, sind die unter periglazialen Klimabedingungen während der Glazialzeiten des Pleistozäns entstandenen und abgelagerten Sedimente am weitesten verbreitet. Sie werden unter dem Begriff Deckschichten zusammengefasst. Authochton entstandene Deckschichten wurden durch Kryoturbations- und Gelifluktionsprozesse gebildet, sie haben die größte Verbreitung. Nur lokal anzutreffen sind dagegen allochthone, rein äolische Formen zu denen neben Löss (s.u.) auch die Flugsanddecken an vielen Talwänden der mitteleuropäischen Flüsse gehören. Beide bilden darüber hinaus eine Reihe von Mischformen. Die Deckschichten haben einen wichtigen Einfluss auf die mineralogischen und chemischen Eigenschaften des oberflächennahen Untergrunds. So bestimmen sie die Bodenqualität, steuern den Hangwasserhaushalt und die Wasserqualität, und sie beeinflussen durch Filterung die Schadstoffgehalte. Aufgrund ihrer differenzierten hydraulischen Eigenschaften können insbesondere die Mischformen in Hanglagen die lateralen Abflusskomponenten gegenüber der Versickerung begünstigen und damit Hochwässer und Schadstofftransporte beeinflussen.

Als Sonderform der Solifluktion wird häufig die **Kammeissolifluktion** erwähnt, die jedoch nur im Feinmaterial wirksam ist. Sie tritt in Hochgebirgen auf, wobei sich bei Temperaturen unterhalb des Gefrierpunkts Eisnadeln bilden. Die aus Luft- und Bodenfeuchtigkeit gespeisten Kristalle wachsen senkrecht zur Oberfläche. Dabei können kleine Substratpartikel angehoben werden, die bei Zerstörung der Eiskristalle durch Tauen oder Abknicken der Gravitation folgend nach unten wieder abgesetzt werden. Dieser Mechanismus führt, vor allem bei häufigen Frostwechseln, zu einer sukzessiven, hangabwärts gerichteten Verlagerung von Feinmaterial.

Nivation

Bei der Nivation handelt es sich nicht um einen Einzelprozess, sondern um die weitgreifende und nicht schlüssig definierte Sammelbezeichnung für Prozesse, die mit der Wirkung längerfristig liegenden oder perennierenden Schnees auf den Untergrund im Zusammenhang stehen. Während Schneekriechen und Massentransporte über die Schneeoberfläche mit Schnee in direktem Zusammenhang stehen, verstärkt dessen Schmelzwasser die physikalische und chemische Verwitterung und führt aufgrund des wassergesättigten Untergrundes zu einer Intensivierung der Solifluktion. Hangabwärts können als Akkumulationsformen Schneeschuttwälle (pronival ramparts, protalus ramparts) entstehen. Die im initialen Stadium zunächst kleinen Hohlformen, **Nivationsnischen** (nivation hollows), entstehen durch die lokal besonders intensiv wirkenden Teilprozesse Verwitterung, Frostdynamik und Solifluktion. Im Laufe der Zeit können bei rückwärtiger Ausdehnung der Nivationsprozesse deutliche Verebnungen wie **Nivationsterrassen** entstehen, bzw. bei größeren Dimensionen **Kryoplanationsterrassen**.

Abluation bezeichnet eine korngrößenselektive, meist flächenhafte Abspülung von Feinmaterial im Periglazialbereich. Als Residuum (Rest) bleiben in erster Linie die gröberen Korngrößen zurück.

Eiskeile

Durch die frostdynamischen Prozesse, insbesondere im Bereich des eisreichen Permafrostes entstehen im **polaren/subpolaren** und **alpinen Periglazial** charakteristische Formen: Im kontinuierlichen polaren Permafrost bilden sich durch **thermische Kontraktion** bei schneller Abkühlung und tiefen Temperaturen Risse und Spalten (**Tieffrostkontraktion**) im eisreichen Feinmaterial. Die Spalten füllen sich im Frühjahr bzw. Frühsommer mit wiedergefrierendem Schmelzwasser. Dadurch wird das vollständige Schließen der Risse unterbunden und es bildet sich unterhalb der Auftauschicht Spalteneis (Segregationseis). Die häufige Wiederholung dieser Prozesse führt zur Bildung von massiven Eiskeilen, die bei flächenhafter Verbreitung zu polygonalen Eiskeilnetzen (Eiskeilpolygone) zusammenwachsen können. Durch die Volumenexpansion bei der Bildung des Segregationseises weisen die überlagernden Feinsedimente meist eine charakteristische Aufwölbung auf. Eiskeilpolygone gehören als spezieller Typ zu den Frostmusterstrukturen. Da die Spalten nach Abtauen des Eises mit Sedimenten verfüllt werden, bleibt die Form erhalten. Auch in Mitteleuropa findet man weit verbreitet fossile Eiskeile. Sie gelten als Indikatoren periglazialer Formungsprozesse während der pleistozänen Kaltzeiten.

Pingos

Besonders auffällige periglaziale Landschaftsformen sind Eis- oder Frosthügel. Die größten Vollformen der periglazialen Landoberflächen mit Durchmessern von 30–600 m und bis zu 70 m Höhe werden als Pingos bezeichnet. Sie bestehen aus einem massiven Eiskern und einer darüber liegenden sedimentären Deckschicht. Es lassen sich zwei Typen verschiedener Entstehung unterscheiden:

- Der **geschlossene** oder **Mackenzie-Typ** (closed-system-pingos) im kontinuierlichen Permafrost kann beim Verlanden eines Sees, unter dem sich ein Talik ausgebildet hat, entstehen („geschlossenes hydrologisches System"). Der Talik gefriert von oben und von der Seite, wodurch der kryostatische Druck auf das noch ungefrorene Wasser immer größer wird und schließlich das Wasser in Richtung des geringsten Widerstandes und damit nach oben gedrückt wird. Es bildet sich ein massiver Eiskörper aus Injektions- und Segregationseis, der die überlagernde Deckschicht aufwölbt.
- Beim **offenen** oder **Ostgrönland-Typ** (open-system-pingos) im diskontinuierlichen Permafrost gerät versickerndes Oberflächenwasser als Sub- oder Intrapermafrostwasser unter hydrostatischen Druck und wird nach oben gepresst („offenes hydrologisches System"). Da diese Pingos an austretendes Subpermafrostwasser gebunden sind, treten sie häufig an flachen Unterhängen oder an Talflanken im subpolaren Periglazial auf und sind meist an polythermale Gletscher gebunden. Überschreiten Pingos eine be-

stimmte Größe, kann deren Deckschicht aufreißen. Dadurch geht die isolierende Wirkung verloren, der Eiskörper beginnt aufzutauen und der Pingo wird abgebaut.

Palsas

Palsas sind 10–30 m breite, 15–150 m lange und bis zu 10 m hohe Torfhügel, die in Mooren in der diskontinuierlichen oder sporadischen Permafrostzone vorkommen. Die Aufwölbung der mineralischen und organischen Lagen erfolgt durch die Bildung von zwischengelagerten Segregationseislinsen. Torf besitzt in feuchtem Zustand eine hohe Wärmeleitfähigkeit, während er bei (sommerlicher) Austrocknung isolierend wirkt. Bei Zerstörung der isolierenden Torfschicht, z. B. durch fortgeschrittenes Größenwachstum, schmelzen die Eislinsen und die Form zerfällt. Sowohl Palsas als auch Pingos können sich im Hochgebirgsperiglazial nicht entwickeln.

Thufure (Rasenhügel, Erdbülten, earth hummocks) sind rundliche bis ovale, vegetationsbedeckte Kuppen mit feinmaterialreichem Kern. Sie werden bis zu einem halben Meter hoch. Im Gegensatz zu den Pingos und den Palsas sind sie nicht an das Auftreten von Permafrost gebunden, da sie sich bereits bei saisonalem Frost bilden.

Thermokarst

Thermokarst bezeichnet die Degradation von eisreichem Permafrost. Allerdings wird dieser in der Literatur immer noch häufig verwendete Begriff sehr missverständlich benutzt und von karstähnlichen Hohlformen (s. Kap. 1.9) abgeleitet, die bei der Permafrostdegradation entstehen können.

Blockgletscher

Die für das **alpine Periglazial** auffälligsten Formen sind Blockgletscher (rock-glaciers) und **Stauchmoränen** (push moraines), zwischen denen es Übergangs- und Mischformen gibt. Beide Formen sind Ausdruck von Kriechbewegungen im eisreichen Permafrost, wobei Blockgletscher Schutt-Eis-Gemische darstellen, die sich aufgrund der Hangneigung talwärts bewegen und dabei häufig „lavastromartige“ Fließstrukturen ausbilden. Ihren Namen verdanken sie der Ähnlichkeit mit Gletscherzungen bzw. der früheren Vermutung, dass es sich bei diesen Formen um stark schuttbedeckte Gletscher handelt. Das Eis in den **Blockgletschern** besteht vorwiegend aus Segregationseis. Daneben kommen aber auch sedimentäres Eis aus begrabenem Lawinenschnee und Reste von Gletschereis vor. An der Blockgletscherbewegung sind vermutlich zwei Komponenten beteiligt: Zum einen die Deformation des Schutt-Eis-Gemisches, dessen Eisgehalt das Porenvolumen übersteigt, und zum anderen ein Gleitprozess an der Permafrostbasis. Aktive Blockgletscher gelten als sicherer Indikator für diskontinuierlichen Permafrost. Inaktive Blockgletscher zeigen zwar keine Kriechbewegungen mehr, enthalten aber noch Eis. Bei fossilen Blockgletschern ist das Eis ausgeschmolzen und die Form kollabiert. **Stauchmoränen** sind durch Gletscher verformte, gefrorene Lockersedimentmassen. Die Eissättigung führt zur Kohäsion und die auf die Stauchmoräne durch einen vorrückenden Gletscher ausgeübten Spannungen führen zur Bildung von Wülsten, Faltenstrukturen und Überschiebungen.

Aufgrund intensiver Frostverwitterung und der Steilheit des Reliefs sind die periglazialen Prozesse im Hochgebirge oft durch hohe Massenumsätze gekennzeichnet. Dies zeigt sich z.B. bei der Bildung von Hangschutthalden, Hangschuttkegeln und insbesondere bei den periglazialen Murgängen mit ihrem hohen Erosionspotenzial.

Fluviale Formung

Einige Besonderheiten weist die fluviale Formung in den Periglazialgebieten der Erde auf. So ist der Abflussgang durch eine **extreme Saisonalität** mit Spitzenwerten in der Auftauperiode gekennzeichnet. Da der Untergrund durch den Permafrost größtenteils abgedichtet ist, findet nahezu ausschließlich Oberflächenabfluss statt. Die Flüsse verfügen zu diesen Zeiten über eine enorme Transportkapazität. Dennoch ist Tiefenerosion nur beschränkt möglich. Neuere Untersuchungen zeigen, dass die ehemals herrschende Auffassung einer intensiven Talbildung nicht mehr haltbar ist. Die typische Flussgrundrissform stellt mit Aufschotterungssohle und der Verteilung des Abflusses auf mehrere Stromstriche eine verzweigte Form dar.

Äolische Formung

Aufgrund der natürlichen Gegebenheiten können in Periglazialgebieten äolische Prozesse äußerst wirksam werden. Im unmittelbaren Randbereich der Eisschilde wehen beständige, starke Winde vom Gletscher in das Vorland, **katabatische Fallwinde**. Die physikalische Verwitterung stellt große Mengen an Feinmaterial zur Verfügung. Geringe Niederschläge und schüttere Vegetation bewirken, dass das aufbereitete Feinmaterial weder durch Feuchtigkeit noch durch Pflanzen(wurzeln) festgehalten wird, so dass es leicht ausgeweht und an anderer Stelle wieder abgelagert werden kann.

Löss

Das wichtigste **äolische Lockersediment**, das vor allem während der pleistozänen Kaltzeiten gebildet wurde, ist der Löss (s. Kap. 1.10). In Deutschland findet man Löss im Alpenvorland, in den Becken der Mittelgebirge und des süddeutschen Schichtstufenlandes sowie in der Bördenlandschaft am Nordrand der Mittelgebirge. Das Material wurde durch Frostverwitterung zerkleinert und aufbereitet, bevor es aus den periodisch trockengefallenen Flussbetten, den Gletschervorfeldern und Sanderflächen ausgeweht werden konnte. Für die Sedimentation ist eine gewisse Vegetationsdecke nötig, die als Staubfänger dient. Dies wird beispielsweise in der Höhengrenze der Lössverbreitung deutlich, die man als ehemalige Höhengrenze der Vegetation interpretiert.

F ugsand

Ein weiteres äolisches Sediment des kaltzeitlichen Mitteleuropas ist der Flugsand. Aufgrund seiner **gröberen Korngröße** sind die Transportdistanzen geringer als beim Löss. Flugsandfelder mit Dünenbildung finden sich deswegen zumeist in unmittelbarer Nähe der Liefergebiete im Osten größerer Flüsse (s. Kap. 1.10). ■

Wissens-Check

1. Nennen Sie die morphoklimatischen Kennzeichen von Periglazialgebieten.
2. Skizzieren Sie den vertikalen Aufbau eines Permafrostbodens.
3. Warum ist der active layer für die aktuelle Geomorphodynamik so wichtig?
4. Was versteht man unter Thermokarst?
5. Sie sollen in Alaska eine Erdölpipline von Prudhoe-Bay (70°N) nach Anchorage (62°N) bauen. Welche geomorphologischen Faktoren müssen Sie dabei insbesondere berücksichtigen und wie lösen Sie die technischen Probleme?
6. Ab wieviel Grad Hangneigung geht Kryoturbation in Solifluktion/Gelifluktion über, ab wieviel Grad Hangneigung ungeregelte Steinstreifen in Runsenspülung?
7. Sie sind in den Northwest Territories Kanadas unterwegs und entdecken ein aktuelles Eiskeilnetz. Es ist für Sie ein Indikator für welche vorherrschenden geomorphologischen Bedingungen?

Literaturhinweise

Clark, M.J. (Hrsg.) (1988): Advances in periglacial geomorphology. Chichester (Wiley & Sons).

Dixon, J.C., Abrahams, A.D. (Hrsg.) (1991): Periglacial Geomorphology. Chichester (Wiley & Sons).

French, H.M. (1996): The periglacial environment. Harlow (Addison Wesley Longman).

Karte, J. (1990): Das Ensemble der periglaziären Formen in dreidimensionaler Sicht. In: Liedtke, H. (Hrsg.): Eiszeitforschung. Darmstadt (WBG).

Kneisel, C. (2004): New insights into mountain permafrost occurrence and characteristics in glacier forefields at high altitude through the application of 2D resistivity imaging. Permafrost and Periglacial Processes, 15: 221–227.

1.9 Karst

Überblick

Karst ist die Landschaftsbezeichnung für die Kalksteinhochflächen im westlichen Slowenien. In der Geomorphologie beschäftigt sich die Karstmorphologie mit der erklärenden Beschreibung von Landformen in Regionen mit vorherrschender Lösungsverwitterung und -abfuhr (s. Kap. 1.4.2) und dominierender unterirdischer Entwässerung. Die durch Lösungsprozesse erzeugten spezifischen Landformen bilden das **Karstrelief**, zu dessen Kennzeichen insbesondere außerhalb der Tropen das verstärkte Auftreten geschlossener Hohlformen zählt. Darüber hinaus sind Karstgebiete durch hydrographische Besonderheiten gekennzeichnet.

1.9.1 Petrographische und hydrologische Grundlagen und Voraussetzungen

Voraussetzungen für die Karstentwicklung sind die Löslichkeit und die Reinheit des Gesteins, eine ausreichendes Wasserangebot, die Wasserwegsamkeit (Wasserdurchlässigkeit) des Gesteins und die Möglichkeit der Drainage zum Vorfluter (s. Kap. 1.6.2).

Löslichkeit der Gesteine

Die Gesteine mit der höchsten Löslichkeit sind **Salzgesteine** wie Kalisalz (Sylvinit, KCl) oder Steinsalz (Halit, NaCl). Ihre Löslichkeit ist derart hoch, dass sie - außer unter extrem ariden Klimabedingungen - nicht oberflächlich vorkommen. Treten Salzgesteine im Untergrund auf, so kann es bei Kontakt mit Boden- oder Grundwasser zu Auslaugung (**Subrosion**) kommen. Die entstehenden Hohlräume können Einbrüche oder Sackungen an der Erdoberfläche verursachen. Lösungserscheinungen an Salzgesteinen werden auch als **Salinarkarst** bezeichnet. Gips und Anhydrit (die wasserfreie Form des Gipses) sind verkarstungsfähige **Sulfate** (s. Kap. 1.3.1). Die wichtigste Gruppe der verkarstungsfähigen Gesteine ist jedoch die der weit verbreiteten **Carbonate**, deren Löslichkeit stark vom Kohlensäuregehalt des Wassers abhängt (s. Kap. 1.4.2). Neben Kalkstein (in Reinform $CaCO_3$) ist der etwas weniger leicht lösliche Dolomit ($CaMg(CO_3)_2$) zu nennen. Trotz ihrer erheblich geringeren Lösungsanfälligkeit können Korrosionserscheinungen unter gewissen Voraussetzungen auch an **Silikatgesteinen** (s. Kap. 1.3.2), insbesondere an **Sandsteinen**, beobachtet werden. Man spricht dann von **Silikat**- bzw. von **Sandsteinkarst**.

Wasserangebot und Wasserwegsamkeit

Neben der Löslichkeit des Gesteins ist als weitere Voraussetzung für eine Verkarstung **ausreichend verfügbares Wasser** nötig. Um Kalkstein angreifen zu können, muss das Wasser **Kohlendioxid** enthalten. Da Wasser Kohlendioxid vor allem aus der Bodenluft aufnimmt, ist diese Bedingung in der Natur im Normalfall erfüllt. Um eine fortgesetzte Kalklösung und damit eine voranschreitende Entwicklung der Verkarstung zu gewährleisten, darf das Wasser nicht stagnieren, da sich sonst eine gesättigte Lösung bilden würde. Damit sind neben der Anwesenheit von Wasser auch die **Wasserwegsamkeit** im Untergrund und die Drainage des kalkgesättigten Wassers zum Vorfluter wichtig. Karstgebiete befinden sich aus diesem Grund stets oberhalb des Grundwasserniveaus, und Verkarstungsprozesse können nur dann einsetzen, wenn das verkarstungsfähige Gestein höher als der Vorfluter liegt und dadurch eine Drainage zum Vorfluter möglich ist. Bewegt sich das Wasser durch Risse, Klüfte oder Fugen im Kalkstein, so werden diese zunehmend durch Lösung erweitert und es kommt zur Ausbildung der typischen Karstformen.

Reinheit der lösungsfähigen Gesteine

Die Lösung ist umso intensiver, je größer die Reinheit des Gesteins ist. Wird verunreinigter Kalkstein (Ton- und Schluffpartikel anderer Minerale) gelöst, reichern sich diese mineralischen Verunreinigungen im Gestein an und können als **Residualtone** oder **-lehme** die wasserwegsamen Hohlräume verstopfen und damit die Weiterentwicklung des Karsts behindern.

Lösung und Ausfällung

Korrosion bezeichnet die chemische Lösung von Kalk durch CO_2-haltiges Wasser. Pro Liter Wasser können – abhängig von CO_2-Gehalt und Temperatur – etwa 100–400 mg $CaCO_3$ aufgenommen werden. Mit zunehmendem Kohlendioxidgehalt steigt die Fähigkeit des Wassers zur Lösung von Kalk.

Der Prozess der Korrosion lässt sich schematisch in zwei Teilprozesse gliedern.

Kohlendioxid (z.B. aus der Bodenluft) und Wasser verbinden sich zunächst zu **Kohlensäure**:

$$CO_2 + H_2O \rightarrow H_2CO_3$$

Das wasserunlösliche Calciumcarbonat reagiert mit der Kohlensäure und wird zu wasserlöslichem **Calciumhydrogencarbonat** umgewandelt:

$$CaCO_3 + H_2CO_3 \rightarrow Ca(HCO_3)_2$$

Die Intensität, mit der die beschriebenen Prozesse ablaufen, hängt von verschiedenen Bedingungen ab. Zu diesen zählen v.a. der CO_2-Partialdruck der Bodenlösung, die Wassertemperatur sowie pflanzliche und mikrobiologische Aktivitäten. Je höher der Partialdruck der Bodenluft ist, umso mehr CO_2 wird im Wasser gelöst. Der Partialdruck selbst wiederum steigt mit der CO_2-Konzentration in der Atmosphäre. Eine niedrige Wassertemperatur begünstigt die Kalklösung, denn je kälter das Wasser ist, umso mehr CO_2 wird gelöst.

Umgekehrt kann es zur **Ausfällung** von Kalk kommen, wenn einer Lösung Kohlendioxid entzogen wird. CO_2 wird dem Bodenwasser beispielsweise direkt durch Photosynthese treibende Pflanzenteile (CO_2-Aufnahme!) entzogen. Werden die Pflanzenteile von ausgefälltem Kalk verkrustet, entsteht Kalktuff. Wenn eine Kalklösung aus dem Untergrund an die Erdoberfläche mit veränderten Umgebungsbedingungen (geringerer Druck, höhere Temperatur) austritt, kann ebenfalls CO_2 entweichen und es kommt zur Kalkausfällung in Form so genannter **Sinterkalke**.

Mischungskorrosion

Die bei gegebenen Kohlendioxid-Gehalten maximal lösliche Kalkmenge lässt sich anhand der **Sättigungskurve** (W1-A-W2, vgl. Abb. 1.37) darstellen. Sie repräsentiert das Gleichgewicht zwischen Kalk und Kohlensäure. Wird der CO_2-Gehalt an der Abszisse gegen den $CaCO_3$-Gehalt an der Ordinate aufgetragen, so kennzeichnet der Bereich oberhalb der Sättigungskurve kalkübersättigtes, der darunter liegende Bereich kalkaggressives Wasser.

Beim Kontakt zweier kalkgesättigter Wässer unterschiedlicher Temperatur kommt es zum Phänomen der **Mischungskorrosion** (Bögli 1964). Abbildung 1.37 macht deutlich, dass die Mischungsgerade (W1-B-W2) unterhalb der Sättigungskurve linear im kalkaggressiven Bereich verläuft. Im Gegensatz dazu verläuft die Sättigungskurve nicht linear. Das bedeutet, dass aus zwei kalkgesättigten Wässern ein Mischwasser entsteht, das nicht kalkgesättigt ist und einen Kohlendioxid-Überschuss aufweist, der zu weiterer Kalklösung führt.

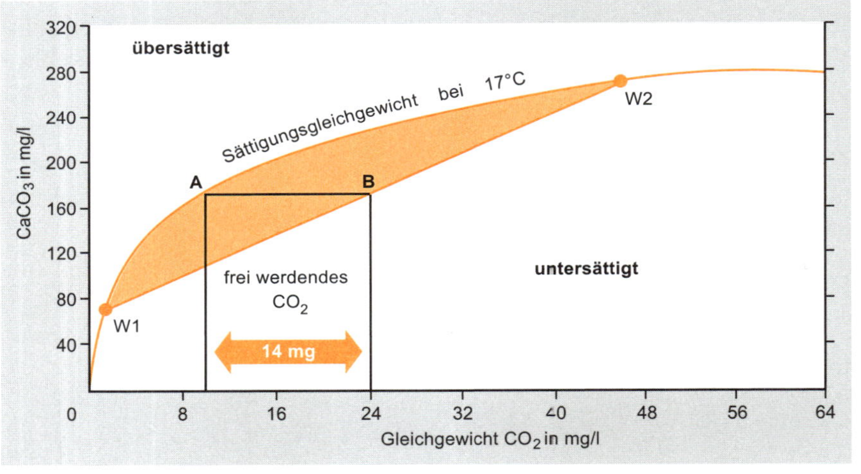

Abb. 1.37 Mischungskorrosion (nach Bögli, 1964, vereinfacht).

1.9.2 Karsthydrographie

Die hydrographische Besonderheit von Karstlandschaften ist die dominierende unterirdische Entwässerung bei gleichzeitigem Fehlen oberirdischer Fließgewässer. Das Niederschlagswasser kann entweder diffus in den Untergrund einsickern oder konzentriert in Schlucklöchern (**Ponoren**) verschwinden. Ebenso können allochthone Flüsse, die aus nicht verkarsteten Gebieten in Karstregionen fließen, entweder deutlich an Wasser verlieren oder auch ganz im Untergrund verschwinden (Donauversickerungen an der oberen Donau bei Immendingen und Fridingen). Darüber hinaus bilden die Hohlräume des

Untergrundes ein komplexes System kommunizierender Spalten und Röhren, in denen Druckunterschiede wirksam werden, die zu Veränderungen der normalen – der Schwerkraft folgenden – unterirdischen Abflüsse des Wassers führen können.

Karsthydrographische Zonen

Der Bereich zwischen Erdoberfläche und der Karstwasserfläche (s. u.) wird als **vadose Zone** bezeichnet. Ihre Hohlräume und Röhren sind meist luftgefüllt und werden vom einsickernden Wasser entsprechend der Schwerkraft von oben nach unten durchflossen. Das Wasser sammelt sich in der darunter liegenden **phreatischen Zone**, deren Hohlräume wassergefüllt sind. Dazwischen befindet sich der phreatisch-vadose Grenzbereich. Er ist in seiner Höhenlage nicht konstant und kann je nach Wasserzufuhr (z.B. durch starke Niederschläge oder Schneeschmelze) deutlich variieren. Dieses Niveau ist besonders für die Ausbildung von Höhlen disponiert, da sich hier unterschiedlich stark gesättigte Karstwässer mischen und damit die Mischungskorrosion wirksam wird. Die Obergrenze der phreatischen Zone bildet die **Karstwasserfläche**, eine piezometrische Fläche, die jahreszeitlichen Schwankungen unterworfen ist. Sie ist nicht identisch mit dem Grundwasserspiegel, da sich deutliche Unterschiede im Wasserstand des Systems kommunizierender Hohlräume, Spalten und Röhren (abhängig von Durchmesser des Hohlraums, Fließgeschwindigkeit, Druck) einstellen.

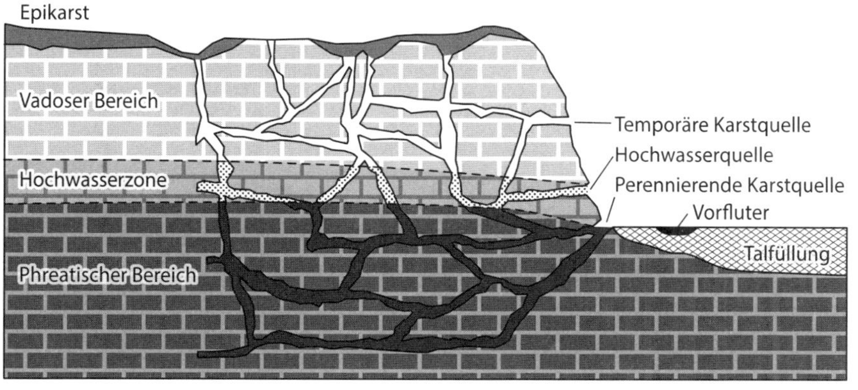

Abb. 1.38 Die karsthydrographischen Zonen in einem verkarsteten Gebirge (verändert nach Pfeffer, 2010).

Karstquellen

Aufgrund der raschen Wasserbewegungen im Karstsystem reagieren Karstquellen sehr zügig auf Veränderungen der Wasserzufuhr und unterliegen deshalb starken Schwankungen der Quellschüttung. Als **Hungerbrunnen** bezeichnet man Wasseraustritte an höher gelegenen Hangpositionen, die nur bei Hochständen der phreatischen Zone gespeist werden, während sie in Trockenzeiten kein Wasser schütten. Bei **Quelltöpfen** steht das Wasser unter Druck und die Schüttung erfolgt der Schwerkraft entgegengesetzt, aufsteigend aus der phreatischen Zone. Die Bewegung, bei der das Wasser unter Druck durch die Hohlräume des Karstsystems gepresst wird, nennt man **Druckfließen**.

1.9.3 Karstformen und Karstlandschaften

Karstlandschaften sind durch spezifische Oberflächenformen gekennzeichnet, die in ihrer Verbreitung auf Regionen mit den oben genannten petrographischen und hydrographischen Voraussetzungen beschränkt sind. Karstformen können entweder direkt an der Erdoberfläche (**Oberflächenkarst**) oder im Untergrund (**Tiefenkarst**) auftreten. Ist das verkarstete Gestein - abgesehen von einzelnen Resten - weder von Boden noch von Vegetation bedeckt, so spricht man von **nacktem Karst**. Beim **bedeckten Karst** sind eine Boden- und in der Regel auch eine Vegetationsdecke vorhanden. **Überdeckter Karst** bezieht sich auf eine nachträglich mit Sediment (z.B. Löss oder Flugsand) überzogene Karstfläche. **Unterirdischer Karst** umfasst die Gesamtheit der unterirdischen Karstphänomene unter jüngeren Deckschichten. Für Karstformen, die unter Vorzeitklimaten gebildet wurden und die aktuell ohne weitere Entwicklung lediglich erhalten bleiben, verwendet man die Bezeichnung **Paläokarst** oder **fossiler Karst**.

Oberflächenformen der Karstgebiete

Die Oberflächenformen der Karstgebiete reichen von Kleinformen von wenigen Zentimetern Größe bis hin zu Megaformen im Kilometer-Bereich. Die **Kleinformen** des Karstes werden als **Karren** bezeichnet. Im nackten Karst

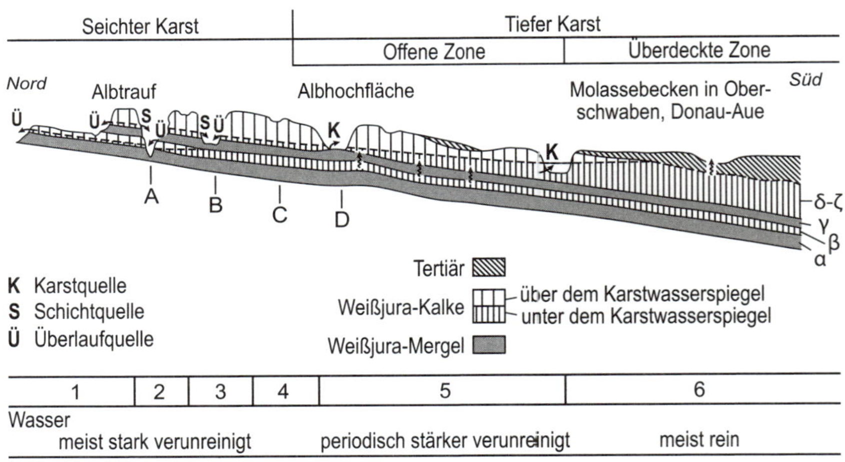

A = Täler, in denen beide Wasserstockwerke erschlossen sind.
B = Täler, in denen nur das obere Wasserstockwerk erschlossen ist.
C = Täler über dem Niveau des Karstwasserspiegels (Trockentäler).
D= Täler, in denen tektonische Schichtaufwölbungen angeschnitten sind.

1 = Überlaufquellen mit geringer Schüttung.
2 = Stärkere Überlaufquellen sowie Schichtquellen mit geringer Schüttung infolge kleiner Einzugsgebiete.
3 = ???
4 = „Hungerbrunnen", periodisch schüttende Quellen bei hohem Karstwasserstand.
5 = Karstquellen mit starker Schüttung.
6 = Durch Deckschichten artesisch aufdringendes Karstwasser.

Abb. 1.39 Seichter und tiefer Karst in der Schwäbischen Alb (verändert nach Geyer & Gwinner 1991, S. 327).

sind die verschiedenen Karrentypen im Normalfall scharfkantig ausgebildet, während im bedeckten Karst stärker gerundete Formen dominieren. Je nach Form und Bedeckung lassen sich verschiedene Typen unterscheiden. Von **Kluftkarren** spricht man, wenn sich Karren am Kluftmuster des Gesteins als Ansatzstelle der Korrosion orientieren und dieses nachzeichnen; an Schnittpunkten verschiedener Kluftrichtungen bilden sich oftmals **Karrentische**. **Rinnen-** und **Rillenkarren** folgen als länglich gestreckte Formen dem Einfallen von Gesteinsflächen. Im Gegensatz zu den Rillenkarren, die an unbedeckte Oberflächen gebunden sind, können die formenreicheren Rinnenkarren sowohl im bedeckten als auch im nackten Karst auftreten. **Rund-**, **Napf-** und **Lochkarren** sind rundliche bis ovale Hohlformen, die eine Karstgesteinsschicht auch vollständig durchziehen können. Sie entstehen durch Wasserstau auf flachen Gesteinspartien. Auch in silikatischen Gesteinen treten rundliche Eintiefungen auf, die wohl aus dem Zusammenspiel zwischen Gesteinslösung und chemischer Verwitterung resultieren. Man nennt diese Form des Silikatkarstes **Opferkessel**.

Dolinen

Die wichtigste, in nahezu allen Karstlandschaften anzutreffende Leitform des Karstes ist die Doline. Dolinen sind **runde bis ovale Hohlformen** des Oberflächenkarstes mit Durchmessern von wenigen Metern bis weit über tausend Meter. Grundsätzlich lassen sich **Einsturzdolinen** von **Lösungsdolinen** unterscheiden, wobei erstgenannte durch Nachbruch über Hohlräumen im Untergrund entstehen. Frische Einsturzdolinen haben oft scharfe Ränder und steile, senkrechte oder auch überhängende Wände. Dagegen entstehen Lösungsdolinen durch Gesteinslösung, wobei die Lösungsintensität mit der Tiefe abnimmt, so dass eine schüssel- bis trichterförmige Hohlform entsteht. Sie finden sich häufig an besonders lösungsanfälligen Stellen wie z.B. an Kreuzungen von Klüften. An diesen Stellen können sich auch **Karstschlote** bis weit in den Untergrund erstrecken. Wenn wasserunlösliche Deckschichten über Hohlräumen im unterlagernden Kalkstein nachstürzen, handelt es sich nicht um eine Doline, sondern um einen **Erdfall**. Mit Lösungsrückständen und Akkumulationsmaterial verfüllte Kluftkarren und Dolinen mit geringem Durchmesser werden als **Schlotten** bezeichnet. Befinden sich mehrere in unmittelbarer Nachbarschaft nebeneinander, so spricht man von einer **geologischen Orgel**. **Trockentäler** sind Täler mit gleichsinnigem Gefälle in Karstgebieten, die durch fluviale Prozesse geschaffen wurden, aber heute ohne sichtbare oberflächliche Entwässerung sind. Sie werden häufig von Dolinen unterbrochen. Besonders ausgeprägt sind Trockentäler im Bereich der Schwäbisch-Fränkischen Alb. Allerdings beschränken sich diese Trockentäler nicht allein auf Karstregionen, sondern finden sich auch in Trockengebieten oder in Regionen mit anderen wasserdurchlässigen Gesteinen.

Stichwort

Erdfälle in Würzburg

Mainfranken und Würzburg gehören zwar nicht zu den bekannten Karstregionen in Deutschland, dennoch bilden der den Würzburger Talkessel umschließende Muschelkalk, aber auch Gips und Steinsalz, eine Vielzahl typischer Karsterscheinungen im Stadtgebiet aus. Die dramatischsten Auswirkungen der Muschelkalk-Verkarstung im Stadtgebiet von Würzburg sind im südlichen, direkt am Main liegenden Teil Stadtteil Sanderau zu finden. Hier ist die Talaue von Mergel- und Gipsschichten des Mittleren Muschelkalkes, mehrere Meter mächtigen Flusssanden und lehmigen Hangschuttdecken (Kap. 1.8) vom angrenzenden Hang des Maintals unterlagert. Hinzu kommt ein kräftiger Grundwasserstrom, der mit dem nahen Main in Verbindung steht und durch Hangwasser von den Talhängen zusätzlich verstärkt wird. Starkregenereignisse, die den Grundwasserstrom noch zusätzlich verstärken oder andere Erschütterungen können das den verkarsteten Gipsschichten auflagernde Lockermaterial mobilisieren und in die Hohlräume des Untergrundes eintragen. Die Folge sind Erdfälle an der Oberfläche, die durchaus ein Haus „verschlucken" können. So musste 1995 ein Wohnhaus komplett abgerissen werden, nachdem sich unvermittelt der Kellerboden gesenkt hatte.

Uvalas

Uvalas sind **abflusslose Hohlformen**, die größer als Dolinen sind, jedoch nicht die Ausmaße von Poljen erreichen. Sie lassen sich als Übergangsformen interpretieren, die vermutlich aus dem Zusammenwachsen mehrerer Lösungsdolinen hervorgehen. Uvalas besitzen mehrere Tiefenzentren, über die in den Untergrund entwässert wird. Die beckenartigen **Poljen** erstrecken sich häufig über mehrere Kilometer und sind damit die größten geschlossenen Hohlformen des Karstes. Der ebene Boden der Poljen ist meist von Lösungsrückständen und allochthonem Akkumulationsmaterial bedeckt. Häufig liegt der Boden der Poljen etwa auf dem Niveau des Karstwasserkörpers. Dadurch stellen die Poljen oft Gunsträume innerhalb der kargen Karstlandschaft dar, die landwirtschaftlich intensiv genutzt werden. Bei schwankendem Karstwasserspiegel können sie saisonal überflutet werden, ansonsten auch von einem Fließgewässer durchflossen werden. In diesem Fall tritt dieses an einer Seite aus einer Karstquelle zu Tage und verschwindet auf der anderen Seite in einem **Ponor** oder **Schluckloch**. Dolinen, Uvalas und Poljen lassen sich als **Großformen** des Karstes auffassen. Es sind typische Formen des **dinarischen** oder ektropischen Karstes.

Karstformen in den Tropen

Mega- bzw. Extremformen finden sich im **tropischen Karst**. Im Gegensatz zum dinarischen Karst, dessen Bild von Hohlformen dominiert wird, ist der tropische Karst durch die äußerst effiziente Lösung von Gesteinen gekennzeichnet, die sich in Vollformen mit zwischengeschalteten Senken äußert. Bei den Vollformen (**Kegel- oder Turmkarst, Mogoten**) handelt es sich um Reste der größtenteils bereits weggelösten carbonatischen Gesteine. Die Basis der steilwandigen Vollformen liegt entweder auf dem Niveau der Karstwasserfläche oder über unlöslicherem Gestein. Je nach ihrer relativen Höhe und Steilheit werden die Vollformen, die ebenfalls von Lösungsformen durchsetzt sind, als **Karstkegel** oder **Karsttürme** bezeichnet. Mit fortschreitender Lösung und Herauspräparierung dieser großen Vollformen entstehen gleichfalls für den tropischen Karst typische Hohlformen: Eine Sonderform bzw. Weiterentwicklung der Dolinen sind Cockpits. Beim **polygonalen Karst** berühren sich mehrere Dolinen bei ihrer horizontalen Ausweitung, bis ein Hohlformennetz aus Einzelelementen mit poly- bis hexagonalem Grundriss die Karstfläche überzieht. Bei weiterer Eintiefung bis auf das Niveau der Karstwasserfläche oder einer weniger löslichen Schicht im Untergrund entstehen **Cockpits**, große Lösungshohlformen mit sternförmigem Grundriss und ebenem Boden. Von dort aus kommt es zur Versteilung der umgebenden Vollformen durch Lösungsunterschneidung.

Als Voraussetzungen zur **Genese** des tropischen Vollformenkarstes werden u. a. diskutiert: Rezente Bildung durch extreme klimatische Gegebenheiten in den feuchten Tropen und lange Zeitdauer der Verkarstung, da während der Kaltzeiten – im Gegensatz zu vielen außertropischen Karstgebieten – keine Unterbrechung der Korrosion infolge langer Frostphasen stattfand. Neben den genannten Formen des tropischen Karstes können in den Tropen auch alle Formen des dinarischen Karstes auftreten. Obwohl immer noch häufig dargestellt, verläuft die Entwicklung von Karstlandschaften nicht in einem **Karstzyklus**, der mit der allmählichen Anlösung einer Karstgesteinsfläche und damit der Bildung initialer Hohlformen beginnt und in der weitgehenden Auflösung des betreffenden Gesteins mit nur noch wenigen verbleibenden Resten – den Vollformen – bzw. sogar deren Auflösung endet. Vielmehr zeigen alle neueren Untersuchungen, dass die Karstformen schaffenden Prozesse regional sehr unterschiedlich ausgeprägt sind. Die Entwicklung der Karstformen ist stärker von den klimatischen Gegebenheiten abhängig als vom Faktor Zeit.

Tiefenkarst

Tiefenkarst umfasst alle unterirdischen Karstphänomene. Seine Leitform ist die **Höhle**. Ausgangspunkt der Höhlenbildung sind häufig Kreuzungsstellen großer, stark wasserführender Klüfte, an denen intensive Lösung stattfindet. Die Entwicklung zu Höhlen und die Ausgestaltung von Höhlensystemen erfolgt bevorzugt im Schwankungsbereich des Karstwasserspiegels. Man spricht deshalb auch von **epiphreatischen** Höhlen. Nach Niederschlagsereignissen wird frisches, kohlendioxidreiches Wasser angeliefert, womit das Niveau des nun lösungsaktiveren Wassers steigt. Als weiterer Aspekt kommt das Phänomen der Mischungskorrosion hinzu. Da die Höhenlage der Karstwasserfläche auf das Niveau des Vorfluters ausgerichtet ist, kann es durch Hebung des Karstgebietes und/oder Eintiefung des Flusses zur Ausbildung mehrerer **Höhlenstockwerke** kommen. Große und gut entwickelte Höhlensysteme entstehen, wenn der Vorfluter über lange Zeiträume eine konstante Höhenlage beibehält.

In Karsthöhlen wird Kalk aber nicht nur gelöst, sondern auch abgeschieden, wenn dem Wasser z. B. durch Druckminderung beim Austritt aus Klüften in offene Höhlenräume Kohlendioxid entzogen wird. In diesem Fall bilden sich **Sinterkalke** oder **Tropfsteine** (**Speleotheme**). **Stalaktiten** entstehen an der Höhlendecke, wenn kalkgesättigtes Sickerwasser mit der CO_2-ärmeren Höhlenluft bei gleichzeitiger Druckminderung in Kontakt kommt. Kohlendioxid diffundiert in diesem Fall - dem Gradienten entsprechend - vom Wasser in die Luft, und aus der nun übersättigten Lösung wird Kalk ausgefällt. In der direkten Verlängerung von Stalaktiten findet man am Höhlenboden häufig **Stalagmiten**. Von der Höhlendecke fallende Wassertropfen setzen bei ihrem Aufprall CO_2 frei, das zur Kalkausfällung führt. **Travertinsäulen** entstehen durch das Zusammenwachsen von Stalaktiten und Stalagmiten. ■

Wissens-Check

1. Von welchen Faktoren sind die Intensität der Lösung und auch die Lösungsgeschwindigkeit von (leicht-)löslichen Gesteinen abhängig?
2. Kennzeichnen Sie die Phasen der regulären und der irregulären Auslaugung. Welche geomorphologischen Zonen mit Karstformen sind daran gekoppelt.
3. Erläutern Sie die Mischungskorrosion.
4. Erläutern Sie die Bildungsmöglichkeiten für eine Doline.
5. Warum reichen Karsthöhlen an der adriatischen Küste von Montenegro unter den heutigen Meeresspiegel, an der finnischen Ostseeküste jedoch nicht?
6. Definieren Sie die Begriffe „Korrosion" und „Eforation".

Literaturhinweise

Bögli, A. (1964): Mischungskorrosion – ein Beitrag zum Verkarstungsproblem.- Erdkunde, 18: 83–92.

Dreybrodt, W. (1988): Processes in Karst systems – Physics, Chemistry and Geology. Berlin, New York (Springer).

Ford, D., Williams, P.W. (1989): Karst geomorphology and hydrology London (Unwin Hyman).

Jennings, J.N. (1987): Karst Geomorphology. 2. Aufl. Oxford (Basil Blackwell).

Pfeffer, K.H. (2010): Karst. Stuttgart (Borntraeger).

Zötl, J.G. (1974): Karsthydrogeologie. Wien (Springer).

1.10 Äolische Prozesse und Formen

Überblick

„Äolisch", abgeleitet von Aiolos, dem griechischen Gott des Windes, bezeichnet alle durch die Windwirkung geschaffenen Formen. Die Verbreitungsschwerpunkte der windbestimmten Formung befinden sich in den **Trockengebieten** der Erde. Charakteristisch ist dort eine durch die klimatisch-hygrischen Bedingungen hervorgerufene spärliche bis nicht vorhandene Vegetation. Steht darüber hinaus Lockermaterial an der Oberfläche zu Verfügung, können äolische Prozesse wirksam werden. Trockenheit kann unterschiedliche Ursachen haben. Ausgedehnte Trockengebiete finden sich im Bereich der **subtropischen Hochdruckgürtel** sowie in Regionen mit **ausgeprägt kontinentalem Klima**. **Küstenwüsten** sind an tropischen und subtropischen Küsten zu finden und entstehen unter dem Einfluss kalter Meeresströmungen. Dort wird kalte Meeresluft von wärmeren Luftmassen überlagert. Diese Inversion verhindert Konvektion, also das Aufsteigen erwärmter Luft mit anschließender Wolkenbildung, und damit auch Niederschlag. Obwohl die ariden Gebiete der Erde vielfach gleichzeitig durch Hitze gekennzeichnet sind, ist diese Kopplung nicht zwangsläufig, denn auch bei den **polaren Kältewüsten** handelt es sich um Trockengebiete. Häufig treten Trockengebiete auch im **Lee von Gebirgszügen** auf.

1.10.1 Grundlagen äolischer Formung

Physikalische Grundlagen

Bei der äolischen Dynamik handelt es sich, dem fließenden Wasser vergleichbar, um ein **Grenzflächenphänomen** zwischen fester Oberfläche und der darüber hinwegstreichenden Strömung. Ebenso wie beim Wasser verursacht der Wind im Normalfall eine turbulente Bewegung, die mit zunehmender Strömungsgeschwindigkeit größer wird. Aufgrund seiner extrem geringen Dichte, die nur rund 1/1000 der Dichte von Wasser beträgt, ist die Transportkompetenz des Winds allerdings erheblich geringer als die des Wassers.

Unebenheiten der Erdoberfläche werden als **Rauigkeit** bezeichnet. Sie wird durch die **Rauigkeitslänge** ausgedrückt. Die **Schubspannung** ist die auf eine Flächeneinheit wirkende Reibungskraft, die von einer unteren (Erdoberfläche) auf eine obere (Luftstrom) Strömungsschicht ausgeübt wird. Die **Schubspannungsgeschwindigkeit** beschreibt den Reibungswiderstand der Luft. Rauigkeitslänge und Schubspannungsgeschwindigkeit sind die wesentlichen Parameter des **logarithmischen Windgesetzes**, das eine Abschätzung der Windgeschwindigkeit in unterschiedlichen Höhen ermöglicht. Luftströmungen weisen generell ein **logarithmisches Bewegungsprofil** auf: Die Windgeschwindigkeit nimmt mit der Höhe über der Erdoberfläche aufgrund des geringeren Einflusses der Bodenreibung zu, wobei unterschiedliche Rauigkeitslängen differenzierte Bewegungs- oder Geschwindigkeitsprofile in der Reibungsschicht erzeugen.

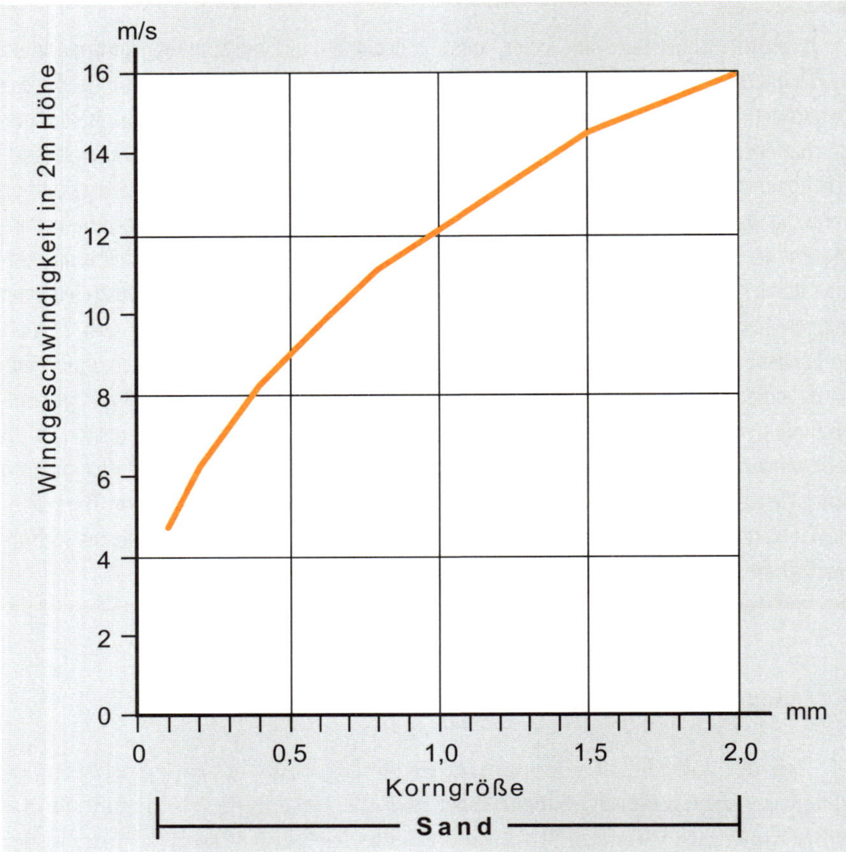

Abb. 1.40 Die Beziehung zwischen dem Beginn des äolischen Transports verschiedener Korngrößen und der Windgeschwindigkeit (nach Bagnold, 1941 aus Ahnert, 2009, S. 120).

Materialtransport durch Wind

Voraussetzung für den Transport ist zunächst die Überschreitung der kritischen Schubspannungsgeschwindigkeit, so dass der Luftstrom Teilchen von der Bodenoberfläche ablösen und aufnehmen kann. Je nach Korngröße und wirksamer Schubspannungsgeschwindigkeit lassen sich unterschiedliche Arten des Transports unterscheiden. Ton- und Schluffkorngrößen werden in Suspension transportiert, während der Transport der Sandfraktion durch Saltation und Reptation erfolgt. Bei ausreichender Turbulenz können durch den Transport in **Suspension** sehr große Distanzen überwunden werden. Vor allem sehr kleine Partikel mit einem Durchmesser von <0,02 mm halten sich über längere Zeiträume in der Luft. Schluff- und Tonteilchen können darüber hinaus, durch elektrostatische Anziehungskräfte an gröberen haftend, durch „Huckepacktransport" verlagert werden.

Saltation

Im Gegensatz zur Suspension erfolgt der Transport von Sand in unmittelbarer Nähe der Bodenoberfläche durch Saltation und Reptation. Die Saltation ist durch eine vorwiegend **springende und hüpfende Bewegung** der Sandkörner gekennzeichnet. Sie wird durch mehrere Faktoren wie Windschub, Windsog und Auftrieb verursacht. Bei der Saltation beschreiben die einzelnen Körner parabelförmige Flugbahnen. Beim Aufsteigen bis zu einer Höhe von etwa 1-2 m bewegen sie sich in einer steil nach oben gerichteten Kurve, bevor sie in spitzem Winkel wieder auf die Oberfläche zurückfallen. Bei diesem Aufprall geben sie einen Teil ihrer kinetischen Energie an die dabei getroffenen Körner weiter, die dadurch bei entsprechender Größe entweder ebenfalls zu saltierender Bewegung veranlasst oder aber vorwärts gestoßen werden. Diesen Vorgang nennt man Reptation.

Reptation

Dabei handelt es sich um eine **kriechende Vorwärtsbewegung** größerer Sandkörner über die Bodenoberfläche. In diesem Zusammenhang sind auch elektrostatische Kräfte von großem Einfluss. Sie resultieren aus der Reibung der einzelnen Körner aneinander. Dadurch bedingt können Sandkörner „zittern" und sogar Bewegungen entgegengesetzt der Windrichtung ausführen. Gleiche Ladungen ermöglichen eine Vorwärtsbewegung auch gröberer Komponenten. Im Gegensatz zu den in Suspension über größere Distanzen transportierbaren Schluff- und Tonteilchen erfolgt der Transport von Sand in der Regel über erheblich geringere Entfernungen.

Äolische Prozesse werden primär durch die Wechselwirkungen zwischen Wind, Bodenoberfläche und Bodeneigenschaften gesteuert. Beim Wind sind vor allem die Geschwindigkeit sowie die Intensität der auftretenden Turbulenzen die wesentlichen Faktoren. Eine Vegetationsdecke, die Rauigkeit, das Relief und schließlich eventuelle Hindernisse beeinflussen die äolische Dynamik zusätzlich, während Bodeneigenschaften wie Korngrößenzusammensetzung, Dichte, Gefüge und Feuchtigkeit maßgeblich Materialablösung und Materialaufnahme steuern.

Äolische Erosion

Winderosion erfolgt durch Deflation oder durch Korrasion. **Deflation** bezeichnet die flächenhafte äolische Abtragung von Lockermaterial. Sie beginnt mit dem Überschreiten der kritischen Schubspannung, d.h. die auf- und vorwärts gerichteten Kräfte übertreffen die gravitativen und kohäsiven Kräfte. Am leichtesten können Körner im Feinstsandbereich mit einem Durchmesser von rund 0,1 mm aufgenommen werden. Bei größeren Körnern erweist sich das zunehmende Gewicht als hinderlich, kleinere werden durch Kohäsionskräfte festgehalten oder bieten dem Wind durch eine aerodynamisch glatte Oberfläche wenig Angriffsstellen. Die Kohäsionskräfte resultieren im Wesentlichen aus elektrostatischer Anziehung und aus kapillaren Kräften. Schluff- und Tonteilchen sind dann besonders anfällig für Winderosion, wenn sie durch den Aufprall saltierender Sandkörner aus dem Verband gelöst oder zumindest gelockert werden.

Die zweite Form der äolischen Abtragung ist die schleifende Wirkung des mitgeführten Materials, die als **Korrasion** bezeichnet wird. Allerdings findet man Korrasion in der Geomorphologie auch als Oberbegriff für die schleifende Bearbeitung von Material und Oberflächen, sei es durch glaziale, periglaziale, fluviale oder äolische Prozesse. Handelt es sich bei den transportierten Partikeln um gröbere Sandkörner, wirkt die Korrasion wie ein Sandstrahlgebläse mit überwiegend zerstörenden Effekten. Feinere Körner verursachen dagegen eher eine Politur von Oberflächen. Da die Geschwindigkeit des windbewegten Materials ihre maximalen Werte knapp über der Bodenoberfläche erreicht, ist die Korrasion dort auch am wirksamsten.

Äolische Akkumulation

Äolische Akkumulation findet immer dann statt, wenn die Transportkapazität des Windes nicht mehr ausreicht, um die entsprechenden Korngrößen fortzubewegen. Die charakteristischsten Formen, die aus der Akkumulation von Sand resultieren, sind **Dünen**, während feineres Material aus der Schluff-

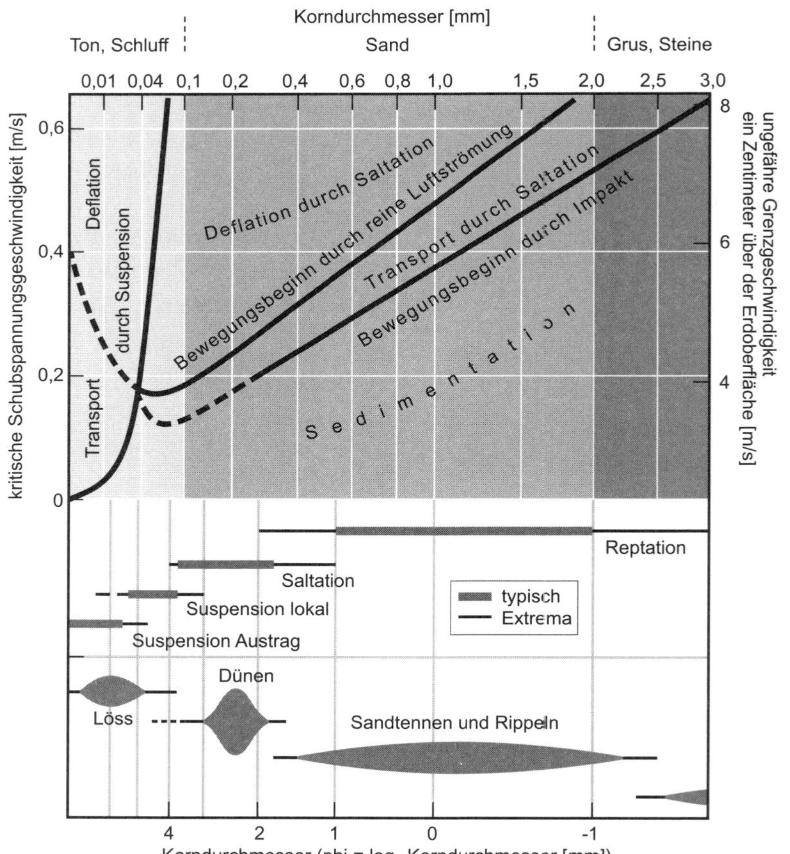

Abb. 1.41 Kritische Schubspannungsgeschwindigkeit für Deflation, äolischen Transprt und Sedimentation in Abhängigkeit von den Korngrößen sowie typische Formungsbeispiele (verändert nach Bagnold, 1941 und Bubenzer, 2012).

und Tonfraktion meist **flächenhaft** akkumuliert wird. Die Verringerung der Transportleistung und Transportkapazität kann verschiedene Ursachen haben. Veränderungen des Windfeldes oder der Oberfläche (Rauigkeit, Vegetation) können dafür ebenso ursächlich sein wie topographische Faktoren oder Hindernisse.

1.10.2 Äolische Formung

Äolische Deflationsformen

Charakteristische Formen der flächenhaften Ausblasung kennzeichnenden Deflation sind Deflationswannen und Deflationspflaster. **Deflationswannen** sind geschlossene, in Windrichtung gestreckte Ausblasungshohlformen. Das Längsprofil ist asymmetrisch mit sanft eintauchender Luvachse und steilem Anstieg im Lee. Sie treten an leicht angreifbaren Stellen in trockenem und nicht bis wenig konsolidiertem Lockermaterial auf. So bilden sich in Ton- und Salzpfannen nach Befeuchtung und späterer Austrocknung Trockenrisse mit Absonderungen kleiner Schuppen und Fragmente, die der Wind ausblasen kann.

Besteht die Oberfläche aus einem Gemisch unterschiedlicher Korngrößen, so kann die Deflation selektiv wirken. Die feineren Komponenten werden ausgeweht und die gröberen Partikel reichern sich residual an. Dadurch wird mit der Zeit die Oberflächenrauigkeit erhöht, so dass verstärkt Verwirbelungen auftreten, die wiederum die Ausblasung des Feinmaterials verstärken. Schließlich bleibt eine stabile Oberfläche mit Kies- und Steinbedeckung, ein **Deflations-** oder **Wüstenpflaster** (auch als **Serir** oder **Reg** bezeichnet), zurück. Derartige Steinpflaster sind nicht nur in den trockenheißen Regionen zu finden. Sie entstehen überall dort, wo die genannten Rahmenbedingungen gegeben sind, so auch in Periglazialgebieten.

Äolische Korrasionsformen

Korrasionsformen entstehen durch die schleifende Wirkung des Windes, so dass man auch von **Windschliff** spricht. Eine wichtige Voraussetzung für Windschliff ist die Geschwindigkeit des Windes. Sie muss deutlich höher sein, als es zum Materialtransport notwendig wäre. Die überschüssige Energie steht für die Schleifwirkung an Oberflächen von Objekten zur Verfügung. Beim Aufprall der bewegten Sandkörner auf eine Oberfläche werden sowohl feinste Splitter als auch einzelne Elektronen aus dem Verband herausgesprengt. Korrasion wirkt selektiv und akzentuiert bzw. präpariert Härteunterschiede heraus. Dabei bleiben härtere Partien als Vollformen erhalten, während weichere ausgeräumt werden. Bei extrem starken und beständigen Winden erfolgt ein Abschleifen jedoch auch ohne Unterschied bei widerständigeren Gesteinspartien.

Einzelne Steine oder Schotter, deren Luvseite durch Windschliff facettenartig so überformt wird, dass sich dort eine quer zur Windrichtung orientierte Kante bilden kann, werden als **Windkanter** bezeichnet. Bei Störung der Lagerung kann ein anderer Teil des Steins dem Wind ausgesetzt werden und es können sich weitere Kanten bilden. Windkanter sind auch häufig im periglazialen Formungsbereich (s. Kap. 1.8.2) zu finden.

Hohlkehlen sind Einkerbungen oder Einbuchtungen an Felswänden oder Einzelfelsen und treten auch an Küsten im Brandungsbereich auf (s. Kap. 1.11). Durch Windschliff geschaffene Hohlkehlen befinden sich aktuell im Einflussbereich der Saltation bis in eine Höhe von maximal zwei Metern. Für die Ausgestaltung von Hohlkehlen ist es am günstigsten, wenn der Wind in spitzem Winkel auf die Felswand auftrifft und dann an ihr entlangströmt. Bei frontalem Auftreffen wird er vor der Wand abgebremst und die schleifende Wirkung bleibt unbedeutend.

Häufig wird auch die Entstehung von **Pilzfelsen** auf Korrasion zurückgeführt. Andererseits kann es sich bei Pilzfelsen in heutigen Trockengebieten durchaus auch um überprägte Vorzeitformen handeln, die unter humiden Klimabedingungen durch selektive Verwitterung von weniger widerständigem Gestein im Sockelbereich entstanden sind.

Yardangs

Eine weitere auf Korrasion zurückzuführende Form sind **Yardangs**, an der vorherrschenden Windrichtung orientierte, stromlinienförmige, bis 10 m breite und 100 m und mehr lange Vollformen oder Rücken mit parallelem Verlauf, die häufig zwischen Deflationswannen zu finden sind. Ihre Entstehung, die noch kontrovers diskutiert wird, ist wahrscheinlich auf Initialformen wie Rinnen, Trockenrisse oder tektonische Strukturen zurückzuführen.

Windgassen sind Öffnungen oder Aussparungen zwischen zwei Vollformen, z.B. Bergen oder Yardangs. Der Wind wird kanalisiert, erhält dadurch eine höhere Geschwindigkeit und führt in den Windgassen zu einer Intensivierung von Transport, Deflation und Korrasion. Windgassen entstehen häufig entlang von tektonischen Schwächezonen oder folgen in der Hauptwindrichtung angelegten Tälern.

Windrelief

Das Windrelief als eigener Relieftyp ist durch die intensive äolische Ausgestaltung der Landschaft gekennzeichnet. Jedoch wurden viele der beschriebenen Formen in Zeiten mit erheblich stärkeren Winden gebildet. Insbesondere während der Hochglazialphasen der pleistozänen Kaltzeiten ist aufgrund erheblich stärkerer Luftdruckgegensätze eine intensivere Formung durch den Wind anzunehmen. Eine Vielzahl der beschriebenen Formen wird aktuell nur noch in wenig widerständigen Gesteinen gebildet, so dass es sich bei einigen der heute zu beobachtenden Formen um **Vorzeitformen** handelt, die aktuell lediglich überprägt werden.

Äolische Akkumulationsformen

Die äolischen Akkumulationsformen sind in hohem Maße an den jeweils vorherrschenden Transportmechanismus (Suspension, Saltation, Reptation) gebunden. Beim Transport von Schluff- und Tonteilchen kommt es dann zur Deposition, wenn die Sinkgeschwindigkeit größer wird als die wirksame Schubspannungsgeschwindigkeit. Die Sinkgeschwindigkeit kann nach dem

Stoke'schen Gesetz berechnet werden. Stäube werden neben der trockenen Deposition durch Absinken auch durch Niederschläge aus der Atmosphäre ausgewaschen. Staubsedimente bedecken das vorhandene Relief und wirken nivellierend. Die Sedimentation wird durch eine Vegetationsdecke begünstigt, die zu einer höheren Bodenrauigkeit führt und die Windgeschwindigkeit vermindert. Die Ablagerung von staubigen Sedimenten erfolgt ohne Schichtung mit Depositionsraten bis zu einigen Millimetern pro Jahr.

Löss

Das äolische Staubsediment Löss wurde bereits erwähnt (s. Kap. 1.8.2). Löss besteht ganz wesentlich aus Grobschluff und etwas Feinsand, mineralogisch dominiert Quarz. Weitere Bestandteile sind Feldspat, Glimmer, Tonminerale und Carbonate. Liefergebiete für den Löss sind trockengefallene Flussbetten und Seen, Gletschervorfelder und Sanderflächen, Endbecken in Trockengebieten, Schwemmfächer oder bereits vorhandene Lössgebiete. Die beschriebenen Staubablagerungen werden auch als **Primärlöss** bezeichnet, von denen sich der so genannte **Sekundärlöss** dadurch unterscheidet, dass er bereits zumindest einmal umgelagert wurde. **Schwemmlöss** ist durch Abspülungsprozesse verlagerter Löss.

Stichwort

Löss

Insgesamt sind rund 10% der Festlandsoberfläche der Erde von einer Lössdecke von mehr als einem Meter Mächtigkeit bedeckt. Löss ist sehr standfest und kann steile Lösswände bilden, häufig gut sichtbar an Hohlwegen in Lössregionen, z.B. am Kaiserstuhl im Oberrheintal. Die größten aktuellen Lössmächtigkeiten sind mit über 300 m im Bereich des chinesischen Lössplateaus zu finden. Liefergebiete für diesen Löss sind die zentralasiatischen Trockengebiete. Löss in Mitteleuropa ist kaltzeitlich unter periglazialen Bedingungen entstanden. Die Bedeutung des Lösses ist insbesondere in seinen günstigen Eigenschaften als Ausgangsmaterial für die Bodenbildung begründet. Die mineralogische Zusammensetzung ermöglicht eine nachhaltige Nährstofffreisetzung, während die granulometrischen Eigenschaften für günstige hydrologische Verhältnisse sorgen. Die im Löss entwickelten Böden gehören zu den fruchtbarsten Deutschlands, sind allerdings aufgrund ihrer starken Nutzung und begünstigt durch ihre Körnung stark erosionsgefährdet. Bodenverluste bis zu 100 t/ha/a in den landwirtschaftlich intensiv genutzten kontinentalen Lössregionen Osteuropas und Innerasiens sind nicht selten. Lössprofile sind gleichzeitig aber auch Landschaftsarchive. Die Spuren bodenbildender Prozesse erlauben Rückschlüsse auf frühe Umweltbedingungen und deren Veränderungen in Raum und Zeit durch den Vergleich von Lössstratigraphien, die inzwischen aus nahezu allen Lössgebieten der Erde vorliegen.

Windrippeln

Bei den Sand- und Feinkieskorngrößen dominiert die Reptation. Charakteristische Formen dieses Prozesses sind Windrippeln, kleinste Akkumulationsformen mit Wellenlängen zwischen 1-25 cm bei 0,5-1 cm Höhe. In Ausnahmefällen können auch „Megarippeln“ mit Höhen von > 50 cm auftreten.

Sie sind im Allgemeinen asymmetrisch aufgebaut mit flacher Luv- und steiler Leeseite. Ihre Kämme stehen senkrecht zur Windrichtung, wobei die Körner im Kammbereich gröber sind als in den dazwischen gelegenen Vertiefungen. Zur Entstehung von Rippeln schreibt Hugget (2003): „Seemingly simple aeolian bedforms, ripples have withstood attempts to explain them".

Dünen

Dünen bilden sich durch die Akkumulation von Sand mit Korngrößen zwischen 0,125–0,25 mm. Wie die Genese der Windrippeln ist auch die Dünenbildung derzeit noch nicht vollständig verstanden. Dünen haben meist einen flachen Luv- und einen steilen Leehang mit einer Neigung von etwa 30°, dem inneren Reibungswinkel von Sandkörnern entsprechend. Sind auf dem Luvhang Windrippeln ausgebildet, so ist dies ein Zeichen dafür, dass die Düne aktiv ist. Anders als bei den Windrippeln sind die Korngrößen im Kammbereich kleiner als in den zwischengeschalteten Depressionen. Verfolgt man den **Weg eines Sandkorns** über eine Düne, so wird dieses zunächst mittels Saltation auf der windzugewandten Seite hangaufwärts bewegt. Schließlich erreicht das Korn den Dünenkamm und stürzt von diesem den Leehang hinab. Sukzessive wird es durch nachstürzende Körner überdeckt und die Düne wandert über das Sandkorn hinweg. Letzten Endes wird das Korn am Luvhang wieder freigelegt und beginnt seine Wanderung an dessen Fuß erneut hangaufwärts. Dünen besitzen – im Gegensatz zu Lössablagerungen – eine **innere Schichtung**. Dabei wechseln sich gröbere mit feineren Lagen ab.

Bei der **Klassifikation von Dünen** können grundsätzlich freie von gebundenen Dünen unterschieden werden. **Gebundene Dünen** entstehen als Sandakkumulationen an Barrieren im Strömungsfeld des Windes wie z.B. an Pflanzen, Felsen oder Hügeln. Sie können sowohl im Luv als auch im Lee des Hindernisses entstehen. Zu den gebundenen Dünentypen gehören **Kupsten** (**Nebkas**), **Sandschwänze**, **Echodünen** und **Sandrampen**. Sandschwänze werden im Lee kleiner Pflanzen bei geringem Sandangebot gebildet. Echodünen und Sandrampen bilden sich im Luv von Hindernissen. Erstere sind durch eine Depression zwischen Dünenkörper und Hindernis gekennzeichnet. Sie entstehen vor einem Hindernis mit steilem Luvhang dadurch, dass Sand durch Luftwalzen zurückgeworfen wird. Ist der Luvhang flach ausgebildet, fehlt die Depression und die Rampe schmiegt sich als mehr oder minder sanfter Anstieg an die Barriere an.

Bei den **freien Dünen** lassen sich **Einzeldünen** von **komplexen Dünen** und **Querdünen** von **Längsdünen** unterscheiden. Die Dünenform ist stets sichtbarer Ausdruck der äolischen Dynamik.

Barchane

Barchane oder **Sicheldünen** sind Wanderdünen – also freie Dünen – mit bogenförmigem Grundriss, wobei die Hörner dem Zentrum vorauseilen. Sie treten häufig als Einzelkörper auf, wobei der Luvhang flach und der Leehang steil ausgebildet ist. Der innere Bau weist eine Schichtung parallel zum Leehang auf. Barchane zählen zu den Quer- oder Transversaldünen und benötigen eine weitgehend einheitliche Windrichtung sowie eine feste, vegetationsfreie Bodenoberfläche. Entstünden Barchane in Lockermaterial, würden durch Verwirbelungen im Lee Vertiefungen erzeugt und es käme zur Einebnung. Barchane können Höhen bis zu 30 m erreichen, in Einzelfällen auch deutlich mehr. Höhe und Wanderungsgeschwindigkeit sind indirekt proportional, so dass kleinere Exemplare größere überholen können.

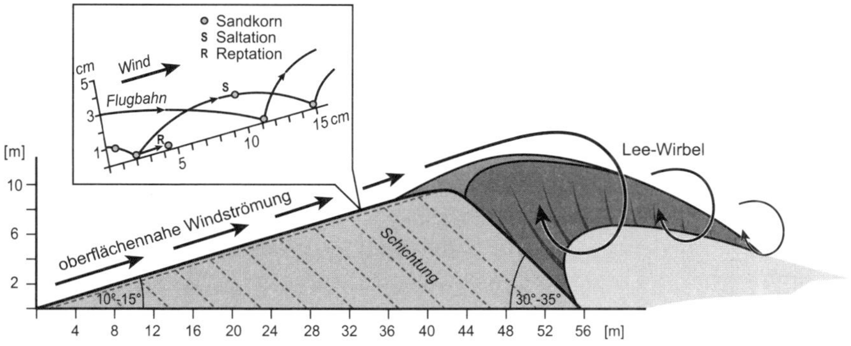

Abb. 1.42 Barchan im Profil und Sandbewegung (verändert nach Bubenzer, 2012).

Der Grundriss der Parabeldüne ist ebenfalls bogenförmig, allerdings sind die Sandschwänze dem Wind zugewandt, so dass in diesem Fall der zentrale Teil vorauseilt. Sie benötigen für ihre Entstehung eine gewisse Vegetationsbedeckung des Bodens. Durch Gras-, Kraut- oder Strauchbewuchs wird die Rauigkeit erhöht und damit der Sandtransport insbesondere im Bereich der Sandschwänze gebremst. In Ostdeutschland und Polen sind bis zu dreißig Meter hohe Parabeldünen zu finden, deren Entstehung bis in das Weichsel-Spätglazial zurückreicht.

Parabeldüne

Längs- oder **Longitudinaldünen** stellen gestreckte Sandwälle mit einem linearen bis leicht gekrümmten Grundriss im Einflussbereich der Passatwinde dar. Sie sind auf der Nordhalbkugel im allgemeinen NE-SW orientiert und lassen sich über mehrere Zehner von Kilometern verfolgen.

Längsdünen

Transversaldünen dagegen befinden sich quer zur Windrichtung. **Sterndünen** erreichen Höhen von mehr als hundert Metern. Sie entstehen bei großem Sandangebot unter wechselnden Windrichtungen.

Transversaldünen

Riesen- oder Megadünen werden als Draa bezeichnet. Sie kommen im Gegensatz zu den anderen Dünentypen ausschließlich in Sandwüsten (im Bereich der Sahara auch **Erg** genannt) vor und sind deren wesentlichste Formenelemente. Bei den Draa handelt es sich stets um Vorzeitformen aus dem Pleistozän.

Draa

Da diese Formen normalerweise **im Binnenland** anzutreffen sind, werden sie in ihrer Gesamtheit als Binnendünen bezeichnet. ■

Binnendünen

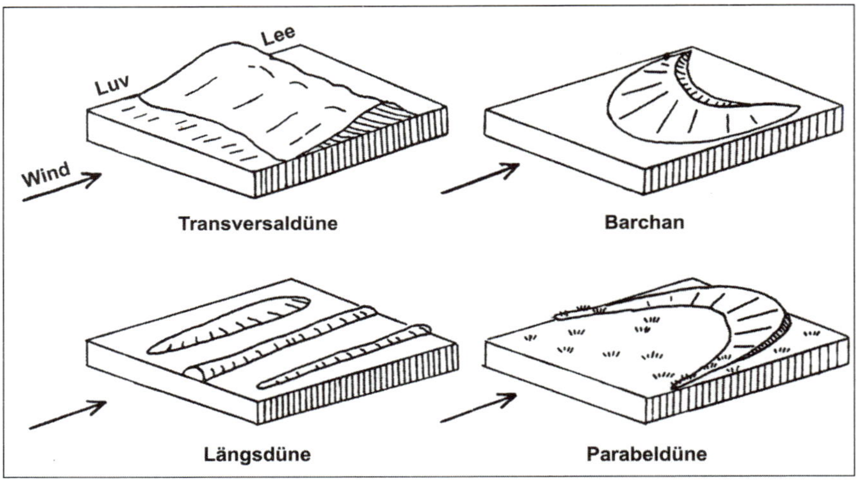

Abb. 1.43 Dünenformen und Schema der Sandbewegung bei Dünen (eigener Entwurf).

Wissens-Check

1. Definieren Sie den Begriff Schubspannungsgeschwindigkeit.
2. In welcher Form transportiert der Wind sein Material?
3. Nennen Sie wichtige äolische Deflations- und Korrasionsformen.
4. Kennzeichnen Sie die Unterschiede von Barchanen und Parabeldünen?
5. Welche maximale Neigung kann das „Slip face" einer Düne erreichen und warum?
6. Was ist Löss?
7. Warum findet man in den Gäulandschaften Deutschlands häufig eine Lössauflage?
8. Was ist Schwemmlöss?

Literaturhinweise

Bagnold, R.A. (1941): The Physiscs of Blown Sand and Desert Dunes. London (Methuen & Co.).

Besler, H. (1992): Geomorphologie der ariden Gebiete. Darmstadt (WBG).

Besler, H. (2000): Dünen als Klimaarchive. Geographische Rundschau, 52 (9):30–36.

Blümel, W.D. (Hrsg.) (1997): Äolische Dynamik: Formen und Prozesse. In: Ztschr.f. Geomorph., N.F. Suppl.-Bd. 111.

Lancaster, N. (1995): Geomorphology of Desert Dunes: London (Routledge).

Pécsi, M. (1990): Lössverbreitung, Lössentstehung, Lösschronologie. In: Liedtke, H. (Hrsg.): Eiszeitforschung. Darmstadt (WBG).

1.11 Litorale Prozesse und Formen

Überblick

Litorale Prozesse fassen alle im Küstenbereich eines Meeres wirksamen Kräfte und Vorgänge zusammen. Als Küste wird der Übergangsraum zwischen Land und Meer bezeichnet, in dem sich die Prozesse der Erosion, des Transports und der Akkumulation des Festlandes und die Wellenbewegungen und Strömungen des Meeres wechselseitig beeinflussen.

1.11.1 Wellen und Brandung – Physikalische Grundlagen

Wellenhöhe, Wellenlänge und der Tiefgang der Wellen werden von **Windstärke**, Dauer (**Wirkdauer**) und Einwirkungsstrecke des Windes (**Wirklänge**) bestimmt. Allerdings gilt dies nur, wenn die Wellenbewegungen nicht durch den Meeresboden beeinflusst werden.

Komponenten der Wellenbewegung

Die Wellenbewegung lässt sich als stationäre **Orbitalbewegung** von Teilchen beschreiben, die ortsfesten Kreisbahnen folgen, deren Durchmesser mit zunehmender Tiefe geringer wird und an der **Wellenbasis** zum Erliegen kommen. Diese Art von Welle bezeichnet man auch als **Oszillationswelle**. Die Wellenbasis befindet sich in einer Tiefe, die etwa der halben Wellenlänge entspricht. Man bezeichnet sie auch als **kritische Wassertiefe**. Der höchste Punkt einer Welle ist der **Wellenkamm**, der niedrigste das **Wellental**. Die Distanz zwischen beiden ist die **Wellenhöhe**. Der horizontale Abstand zwischen zwei aufeinander folgenden Wellenkämmen bzw. Wellentälern wird als **Wellenlänge** (**k**) bezeichnet. Die **Wel-**

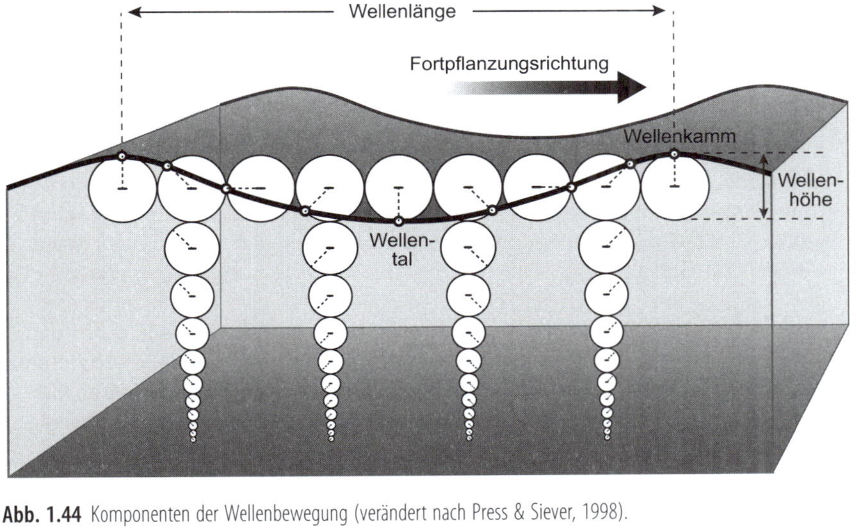

Abb. 1.44 Komponenten der Wellenbewegung (verändert nach Press & Siever, 1998).

lenperiode gibt den Zeitabstand des Durchlaufs einer Wellenlänge an einem festen Ort an. Die **Fortpflanzungsgeschwindigkeit** einer Welle errechnet sich durch die Division von Wellenlänge und Wellenperiode. Bildet man den Kehrwert der Periode, so erhält man die **Frequenz**.

Wellenbewegung in Ufernähe

Der Begriff **Dünung** wird für Wellen verwendet, die nicht mehr dem Einfluss des sie erzeugenden Windes unterliegen. Dies kann entweder darauf zurückzuführen sein, dass die Wellen sich vom Einflussbereich des Windes entfernen oder aber ein Nachlassen des Windes festzustellen ist. Läuft eine Welle dem Ufer entgegen, können sich die Orbitalbewegungen nach dem Unterschreiten einer kritischen Wassertiefe nicht mehr ungehindert vollziehen. Dieses verkürzt die Wellenlänge, während gleichzeitig die Wellenhöhe zunimmt. Die Welle wird immer steiler, bis sie schließlich in einen instabilen Zustand übergeht und sich zum **Brecher** entwickelt. Je nach Ufersteilheit entstehen unterschiedliche Formen von Wellenbrechern. Bei flachem Anstieg bilden sich **Schwallbrecher**, bei steilerem Ufer mit größeren Wellen **Sturzbrecher**. An Steilküsten werden Wellen wieder zurückgeworfen und bilden dabei **Reflexionsbrecher**. Beim Wellenbrechen werden die transversalen Oszillationswellen in longitudinale **Translationswellen** umgewandelt, so dass das Wasser dem Strand entgegenströmt.

Stichwort

Tsunamis

Am 26. Dezember 2004 wurde im Indischen Ozean durch ein Seebeben der Stärke 9,2 ein Tsunami ausgelöst, durch den an den Küsten Sumatras, Thailands, Sri Lankas und Indiens mehr als 270000 Menschen ums Lebens kamen. An der Küste Sumatras erreichten die Wellen Höhen von 20–30 m und verursachten bis 2 km weit landeinwärts katastrophale Verwüstungen. Ein Seebeben, das durch einen vertikalen tektonischen Versatz am Meeresboden ausgelöst wird, erschüttert die gesamte darüber befindliche Wassersäule vom Meeresgrund bis zur Wasseroberfläche. Die dadurch entstehenden Meereswellen werden auf dem offenen Meer kaum wahrgenommen, weil die Wellenlänge sehr groß ist. Auf offener See kann ein Tsunami eine Wellenhöhe von 0,5 m und eine Wellenlänge von 200 km haben. Allerdings können sich die Wellen mit Geschwindigkeiten von mehr als 700 km/h bewegen. In flacheren Küstengewässern werden die Wellen abgebremst und die Wellenlänge nimmt ab. Gleichzeitig schiebt sich eine gewaltige Wassermasse mit großer Geschwindigkeit nach, so dass sich die Wellen aufstellen, immer steiler werden und Höhen bis zu 40 m erreichen können. Die besondere Tragödie bei dem Tsunami vom zweiten Weihnachtstag 2004 war es, dass es einerseits bereits kurz nach dem Seebeben klar war, dass eine große seismische Welle durch den Indischen Ozean lief, es aber andererseits keine Möglichkeit gab die gefährdeten Regionen schnell zu warnen. Im Gegensatz zum Pazifischen Ozean gab es im Indischen Ozean kein gut organisiertes Warnsystem; dieses wurde erst im Gefolge der Naturkatastrophe 2008 in Betrieb genommen.

Wellenbewegung am Strand

Mit dem Einsetzen der Wellenbrechung, die an der Brecherlinie erfolgt, beginnt die **Brandungszone**. Sie ist die wichtigste geomorphologische Zone der Küste. Der **Wellenauflauf** transportiert Material strandwärts, der **Wellenrücklauf** verfrachtet einen Teil wieder zurück in das Meer. Allerdings ist die Transportkapazität des Wellenrücklaufs geringer, da ein Teil des Wassers im oberen Bereich der Strandböschung versickert. Zwischen Brecherzone und Strand stellt sich häufig eine küstenparallele **Längsströmung** ein. Im Abstand von einigen hundert Metern wird die Brandungszone durch Rinnen vom Strand zum Meer durchbrochen, in denen das aufgelaufene Wasser in starken, linienhaften **Ripströmen** wieder der offenen See zufließt. Beobachtet man an einem Strand die Wellen, so fällt auf, dass diese stets in einem nahezu rechten Winkel auf diesen auflaufen. Ursache ist die **Refraktion**. Wenn Wellen sich in einem Winkel in Richtung Strand bewegen, wird der Teil, der zuerst im flachen Wasser ankommt, auch am stärksten gebremst. Die weiter entfernten Teile der Welle behalten dagegen ihre ursprüngliche Geschwindigkeit zunächst bei, so dass alle Teile der Welle den Strand nahezu gleichzeitig erreichen.

Gezeitenzyklus

Als **Flut** bezeichnet man das Steigen des Wasserspiegels, als **Ebbe** das Sinken. Der höchste Punkt wird bei **Hochwasser** erreicht, der niedrigste bei **Niedrigwasser**. Hoch- und Niedrigwasser sind also jeweils die Wasserstände, an denen Ebbe und Flut sich ablösen. **Tidekurven** geben über die zeitliche Entwicklung des Wasserstandes innerhalb einer Tide (von einem Niedrigwasser zum nächsten Niedrigwasser) Auskunft. Die Differenz zwischen Niedrigwasser und Hochwasser nennt man **Tidenhub**. Unter bestimmten Voraussetzungen können Tiden sehr stark oder sehr schwach ausgebildet sein. Bei Voll- und bei Neumond stehen Sonne, Erde und Mond auf einer Linie, so dass sich die Kräfte überlagern und ausgeprägte Tiden, so genannte **Springtiden**, hervorrufen. Bei sehr geringem Tidenhub, der **Nipptide**, stehen Erde, Sonne und Mond im rechten Winkel aufeinander, so dass sich die Kräfte gegenseitig teilweise aufheben. **Sturmfluten** entstehen immer dann, wenn ein besonders hoher Tidenhub und außergewöhnliche Witterungsverhältnisse wie auflandige Winde zusammentreffen und dadurch extremes Hochwasser verursachen.

Stichwort

Die Gezeiten und deren himmelsmechanische Grundlagen

Als Gezeiten oder Tiden werden die regelmäßigen Wasserstandschwankungen des Meeresspiegels bezeichnet, die durch das Zusammenwirken verschiedener Kräfte im System Erde – Mond erzeugt werden. Dabei treten jeweils zwei Flutwellen gleichzeitig auf, eine auf der dem Mond zugewandten Seite und eine auf der abgewandten. Die Entstehung des Flutberges auf der „Vorderseite“ wird durch die Massenanziehung von Erde und Mond hervorgerufen. Da sich Erde und Mond um ihren gemeinsamen Schwerpunkt drehen, wird an jedem Punkt der Erde eine Fliehkraft erzeugt. Die Anziehungskraft des Mondes ist – im Gegensatz zur Fliehkraft, die an jedem Punkt gleich groß ist – entfernungsabhängig. Da die mondabgewandte Seite am weitesten von diesem entfernt liegt, ist die Massenanziehungskraft dort besonders gering, so dass an dieser Stelle die Fliehkraft überwiegt und diese den zweiten Flutberg erzeugt. Stellt man sich vor, dass die beiden Flutberge ortsfest sind und die Erde sich unter ihnen hinwegbewegt, wird deutlich, wie bei halbtägigen Gezeiten jeder Punkt im Laufe eines Tages zweimal einen Flutberg und zweimal den Bereich des Niedrigwassers passiert. Allerdings beträgt der Zyklus nicht genau 24 h, sondern 24 h 50 min. Dieser Zeitraum entspricht der Dauer eines Mondtages. In dieser Zeit stellen sich Ebbe und Flut jeweils zweimal ein, die zeitliche Differenz von Ebbe/Flut bis zur nächsten Ebbe/Flut beträgt also 12 h 25 min. An einigen Küsten der Erde kann unter bestimmten Voraussetzungen der Gezeitenzyklus auch ganztägig ausgebildet sein.

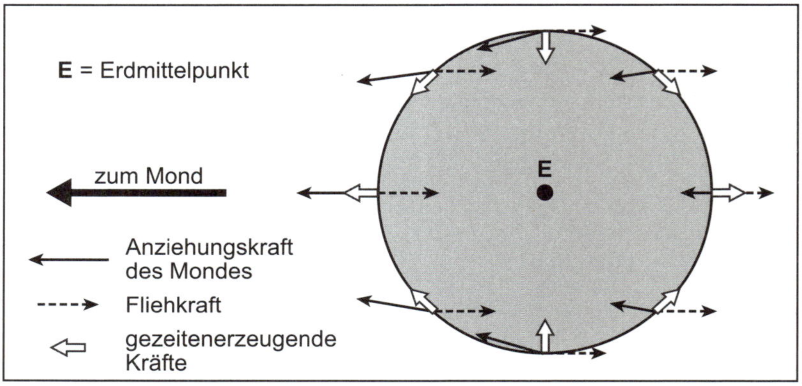

Abb. 1.45 Entstehung der Gezeiten (aus Busch, 1986, S. 59).

1.11.2 Litorale Formung

An der Küste, einem Grenzsaum, in dem sowohl die Eigenschaften als auch die Formungskräfte von Lithosphäre, Atmosphäre, Hydrosphäre und Biosphäre wirksam werden, führt die räumliche Konzentration der Formungsenergie zu raschen Veränderungen der Formen. Die **Küste** wird zum Meer hin durch das erste Auftreten der Brandung, landwärts durch den äußersten Einfluss des Meerwassers (in Form von Spray einerseits oder extremen Sturmfluten andererseits) begrenzt. Die Linie des mittleren Hochwassers - an Gezeitenküsten des mittleren Tidehochwassers - heißt **Uferlinie**. In der Geomorphologie ist es von besonderem Interesse, die Dimensionen einer betrachteten Form zu berücksichtigen. So erfasst und beschreibt die Küstenmorphologie Landformen, deren Größe von wenigen Zentimetern bis zu mehreren hundert Kilometern reichen kann (z.B. Rippelmarke - Stranddelle - Nehrung - Fördenküste - Küste des Roten Meeres als tektonisch bedingte Großform).

Ahnert (1999) bezeichnet die Abfolge von charakteristischen Formen im Küstenbereich in Analogie zur glazialen Serie als litorale Serie. Dabei muss jedoch zunächst zwischen Flachküste und Steilküste differenziert werden.

Flachküste

Im Bereich der aus Lockermaterial aufgebauten Flachküste sind Sedimentation und Materialumlagerung die dominierenden Prozesse. Die Flachküste gliedert sich stets in **Schorre** und **Strand**. Die Schorre ist ständig der Wirkung des bewegten Wassers unterworfen. Sie wird landseitig von der Linie mittleren Niedrigwassers begrenzt und zum Meer hin von der Wellenbasis. Typische Elemente der Schorre sind **Riffe** oder **Barren**, lang gezogene, küstenparallele Sand- oder Kiesakkumulationen. Sie resultieren aus den Wellenbewegungen, die sich oberhalb der Wellenbasis bis zum Meeresboden fortsetzen. Sind mehrere Riffe hintereinander ausgebildet, werden sie von küstenparallelen Rinnen, den Prielen, getrennt. Priele nennt man im Gezeitenwatt allerdings auch Entwässerungsbahnen. Oberhalb der mittleren Hochwasserlinie findet sich häufig ein uferparalleler Sand- oder Kiesrücken, der **Strandwall**. Die Materialakkumulation ist auf die nachlassende Transportkraft des auflaufenden Wassers zurückzuführen. Sie verringert sich aufgrund der zunehmenden, das auflaufende Wasser bremsenden Bodenreibung. Darüber hinaus versickert ein Teil des auflaufenden Wassers. Auf der landzugewandten Seite des Strandwalls können sich entweder weitere Strandwälle befinden oder eine flach bis sanft zum Meer geneigte Ebene. Sie wird als **Strandrinne** oder **Strandebene** bezeichnet. Fällt sie trocken, kann sie äolisch weitergeformt werden bis hin zur Bildung eines **Dünengürtels**. Werden die Dünen bei Sturmereignissen an ihrem Fuß angeschnitten, entsteht ein **Sandkliff**.

Steilküste

Im Gegensatz zu den Flachküsten dominieren bei den Steilküsten im Festgestein Prozesse der marinen Abrasion. Wesentliche Merkmale einer Steilküste sind das sehr steil bis senkrecht abfallende **Kliff** und die **Abrasionsplattform** oder **Brandungsplattform**. Dabei handelt es sich um eine flach ausgebildete Verebnung, die durch die schleifende Wirkung bewegter Gesteinsfragmente geformt wird. Am Außenrand der Abrasionsplattform können Geröllakkumulationen angehäuft werden, die man als **Meerhalde** bezeichnet. Analog dazu heißt die Akkumulation an der Basis des Kliffs, die aus herabgestürzten Gesteinstrümmern aufgebaut ist, **Kliffhalde**. Im Fußbereich des Kliffs können auch Auskolkungen vorhanden sein, die man als **Brandungshohlkehlen** bezeichnet. Ist das anstehende Gestein stark geklüftet oder aus unterschiedlich abtragungsresistenten Schichten aufgebaut, werden mitunter bizarre Formen wie **Brandungshöhlen**, **-nischen**, **-tore**, **-gassen** oder **-pfeiler** aus dem Fels modelliert. Unterliegt ein Kliff nicht mehr der aktiven Formung des Meeres, spricht man von einem toten Kliff oder **Ruhekliff**. Ebenso kann ein totes oder fossiles Kliff wieder reaktiviert und zum **Arbeitskliff** werden. Ursachen hierfür sind sowohl Meeresspiegelschwankungen als auch tektonische Prozesse, die zu Hebungen/Senkungen des Landes führen.

Die litorale Serie

Die morphologische Ausgestaltung der Flachküsten im Lockermaterial wird im Wesentlichen durch die Wirkung von Wellen und Strömungen verursacht. Aufgrund der Transportkapazitätsabnahme der auf den Strand auflaufenden Wellen durch Reibung und Versickern erfolgt ein Netto-Transport von Lockermaterial zum Ufer hin. Bei Sturmwellen dagegen findet seewärtiger Materialtransport statt und am Strand wird erodiert. Infolge der äußerst variablen Welleneigenschaften unterliegt der Strand einer andauernden Materialaufarbeitung.

Zu den kurzlebigen Kleinformen eines Strandes gehören keilförmig zum Meer hin abfallende Erhebungen, die **Strandhörner** genannt werden. Die Einmuldungen in den Zwischenräumen heißen **Stranddellen**. Sie können konstruktiv, destruktiv oder aus einer Kombination beider Prozesse entstehen. Die Dimension der zusammengehörenden Formen ist von Größe und Periode der dominierenden Wellen abhängig. Trotz des Phänomens der Refraktion bleibt beim Auflaufen der Wellen ein Restwinkel erhalten. Da der Rückstrom senkrecht die Strandböschung hinabfließt, kommt es zu einer küstenparallelen Materialverlagerung, der **Strandversetzung**. An Vorsprüngen oder Einbuchtungen der Küstenlinie können sich durch Strandversetzung Haken und Nehrungen bilden. **Haken** wachsen als längliche, schmale und häufig gekrümmte Akkumulationskörper in Leerichtung der vorherrschenden Wellen vom Strand ins Meer hinaus. Wird durch eine derartige Landzunge eine ganze Bucht mehr oder weniger komplett abgeschlossen, spricht man von einer **Nehrung**. An Küsten mit geringem Tidenhub (< 1 m) können sich **landfeste Nehrungen** aus Vorsprüngen der Küstenlinie entwickeln. Der abgeschnürte Meeresteil wird als

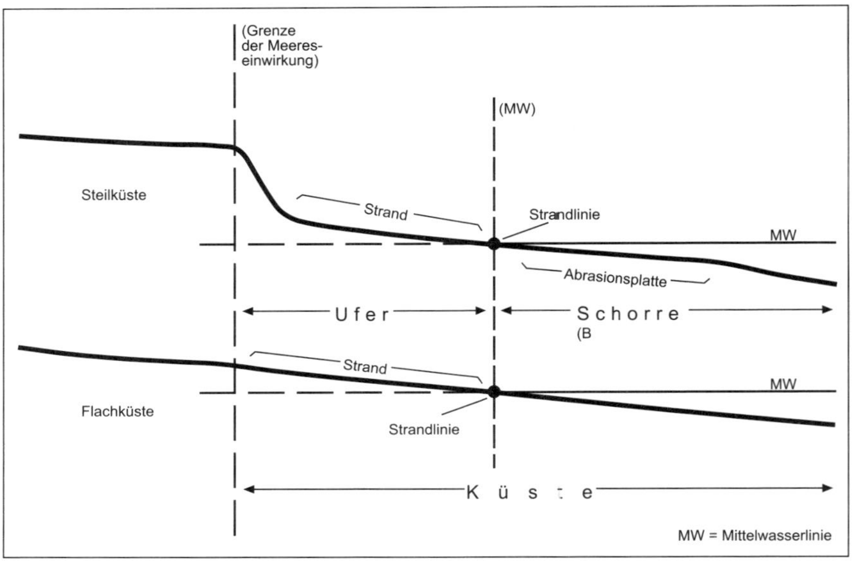

Abb. 1.46 Schorre und Strand an Steil- und Flachküsten, schematisiert (eigener Entwurf).

Haff oder **Lagune** bezeichnet. Durch Süßwasserzufluss kann er sich zu einem **Strandsee** entwickeln, wenn die Verbindung zum Meer komplett gekappt ist. Bei größerem Tidenhub verhindern die Gezeitenströmungen die Ausbildung einer geschlossenen Nehrung und es entwickeln sich **Nehrungsinseln** oder **freie Nehrungen** ohne Landverbindung. Einbuchtungen der Küste können also durch Nehrungen, Küstenvorsprünge durch marine Abrasion ausgeglichen werden, so dass die Küste dann einen geradlinigen Verlauf zeigt. In diesem Fall spricht man von einer **Ausgleichsküste**.

Küstenformung

Die Küstenformen entstehen durch das komplexe Zusammenwirken einer Vielzahl von Faktoren. Das Festland nimmt Einfluss über Lithosphäre, Relief und Sedimentzufuhr. Die Art der dominierenden Prozesse bestimmt, ob eine Küste aufgebaut (konstruktiv), abgebaut (destruktiv) oder nur erhalten (konservativ) wird. Hebungen und Senkungen des Festlandes und Meeresspiegelschwankungen entscheiden, ob eine Küste auf- oder abtaucht. Die Interaktionen zwischen Auftauchen, Abtauchen, Aufbau und Zerstörung bestimmen über Landgewinn (Küste rückt vor) oder Landverlust (Küste weicht zurück). Bei Präsenz entsprechender Lebewesen werden Küsten durch deren Einfluss, sei es phytogen durch die Aktivitäten von Pflanzen oder zoogen durch Tiere, gestaltet. Alle genannten litoralen Prozesse und Formen können in einer Vielzahl von Kombinationen auftreten und spiegeln sich in der jeweiligen Küstenform wider.

1.11.3 Küstentypen

Da die Form einer Küste durch eine vielfältige Kombination von Faktoren bestimmt wird, die in unterschiedlichen zeitlichen und räumlichen Dimensionen wirksam werden, ist die Klassifikation nach ihrer Entstehung sehr schwierig. Der Grundbauplan oder die großstrukturelle Anlage wird durch die endogene Dynamik bestimmt und durch exogene Prozesse überprägt. Veränderungen des Meeresspiegels oder Senkung bzw. Hebung des Landes führen zu einem Vordringen der Uferlinie (**Transgression**) mit einer positiven Strandverschiebung, die zum Untertauchen von Landformen führt und damit untergetauchte, zurückgewichene oder **Ingressionsküsten** bildet, während **Regression** – das Zurückweichen der Uferlinie und damit negative Strandverschiebung – zu **aufgetauchten Küsten** führt, bei denen marine Formen hinter der Uferlinie liegen. Der überwiegende Teil der heutigen Küsten gehört, als Folge des weltweiten Meeresspiegelanstiegs um 90–100 m durch das Abschmelzen des während der letzten Kaltzeit auf den Festländern als Gletschereis gebundenen Wassers, zu den Ingressions- oder zurückgewichenen Küsten.

Untergetauchte Küsten

Zu den überfluteten, durch glaziale Formung gekennzeichneten Küsten gehören die **Fjord-Küsten** Norwegens und Alaskas (untergetauchte Trogtäler) ebenso wie die Rundhöckerlandschaft der **Fjord-Schärenküste** Schwedens, die

Zungenbecken und fluvioglazialen Rinnen der **Fördenküste** Schleswig-Holsteins und die überfluteten Grundmoränenlandschaften der **Boddenküste** Vorpommerns.

Untergetauchte Flusstäler, die aufgrund des Zurückweichens der Uferlinie während der letzten Kaltzeiten des Pleistozäns kräftiger erodieren mussten und durch die seit dem Ende der letzten Kaltzeit erfolgende positive Strandverschiebung überflutet sind, bilden **Riasküsten**, benannt nach den Rias in Galicien, NW-Spanien. Überflutete subsequente und antezedente Täler bilden **Canaleküsten** (Dalmatien). Von Flussmündungen geformte Küsten heißen **Deltaküsten**, **Ästuarküsten** sind durch starke Gezeiten trichterförmig erweiterte Mündungen von Flachlandflüssen (Elbe- und Themsemündung).

Zu den Gezeitenküsten gehören auch die **Wattküsten**. Als Watt, dessen Entstehung auf den Meeresspiegelanstieg nach der letzten Kaltzeit, dem Weichsel-Glazial, zurückzuführen ist (s. Kap. 1.12.1), bezeichnet man Meeresteile, die zwischen mittlerem Tideniedrigwasser und mittlerem Tidehochwasser liegen und daher durch die Gezeitenwirkung periodisch überflutet werden oder trockenfallen. Die Wattflächen bestehen im tieferen meerwärtigen Bereich (offenes Watt) mit stärkerer Strömung aus Sand (Sandwatt), bei geringerer Wassertiefe und Strömung in Buchten oder auf der landwärtigen Seite von Inseln (Rückseitenwatt) wird Schlick abgelagert, eine Mischung aus Schluff, Ton und organischem Material (Schlickwatt). Die Sedimentation erfolgt vor allem beim Kentern der Strömung, also beim Gezeitenwechsel. Natürlich trockengefallene oder anthropogene, z.B. durch Eindeichung, trockengelegte ehemalige Wattflächen werden als Marsch bezeichnet. Priele sind Entwässerungsbahnen im Watt, tiefere, schiffbare Wasserrinnen werden als Baljen, durch die Gezeitenwirkung erodierte Durchlässe zwischen Inseln im Wattenmeer als Seegatten bezeichnet. Die Wattsedimente an der deutschen Nordseeküste sind 10–20 m mächtig und überlagern glaziale Sedimente. **Mangrovenküsten** sind die tropische Form der Wattküsten. Sind es bei der norddeutschen Wattküste salzliebende Pflanzen wie der Queller (*Salicornia herbacea*), der insbesondere mit seinen Stengeln die Sedimenation von Schlick begünstigt, so übernehmen an den tropischen Gezeitenküsten die Stelzwurzeln der Mangroven diese Aufgabe.

Aufgebaute Küsten

Ebenso wie die Mangrovenküste gehören die **Korallenküsten** und Korallenriffe auch zu den organisch gestalteten, aufgebauten Küsten. Ein **Riff** ist eine lang gestreckte, meist bis zur Wasseroberfläche reichende Aufragung des Meeresbodens. Je nach Baumaterial lassen sich Fels-, Sand und Korallenriffe unterscheiden. **Korallen** wachsen lediglich in den lichtdurchfluteten Bereichen der Ozeane bis zu einer Tiefe von etwa 15–25 m. Sie benötigen warmes, klares und sauerstoffreiches Wasser von mindestens 18 °C. Aktuell sind derartige Bedingungen nur im Bereich der tropischen Flachmeere anzutreffen. Dort, wo heute deutlich größere Riffmächtigkeiten auftreten, muss entweder eine Absenkung des Untergrundes oder aber ein Anstieg des Meeresspiegels stattgefunden haben. An der dem Meer zugewandten Außenseite befindet sich die **Riff-Front** oder das **Vorriff**. Es besteht aus den ineinander verwachsenen Skeletten aktiv wachsender, Kalk abscheidender Organismen wie Korallen und Kalkalgen, die ein hartes und resistentes Carbonatgestein bilden. Es fällt in der Regel steil zum Meeresboden hin ab und ist von brandungsaufbereitetem Riffschutt bedeckt. An das Vorriff schließt sich der als flache Plattform ausgebildete **Riffkamm** oder **Riffkern** an, der im **Rückriff**-Bereich in eine Lagune, einen wenigen zehn Meter tiefen Flachwasserbereich, übergeht. Als wichtigste Rifftypen bzw. Entwicklungsstadien von Riffen lassen sich Saumriff, Barriereriff und Atoll voneinander unterscheiden. Eine Vulkaninsel bildet den Untergrund für ein **Saumriff**, das nur als küstennahes, schmales Band in Erscheinung tritt. Sein Verlauf folgt der Strandlinie, eine Lagune ist nicht entstanden. Bei fortschreitender Entwicklung durch Abrasion, Absenkung des Untergrundes und/oder steigenden Meeresspiegel kann sich zwischen Küstenlinie und Riff eine Lagune ausbilden. Man spricht dann von einem **Barriereriff**. In der Lagune bilden sich kleine, wenig differenzierte **Fleckenriffe** unterschiedlicher Größe. Ist der über den Meeresspiegel hinausreichende Teil des vulkanischen Unterbaus komplett abgetragen bzw. abgesunken und überflutet, so dass nur noch ein ring- oder

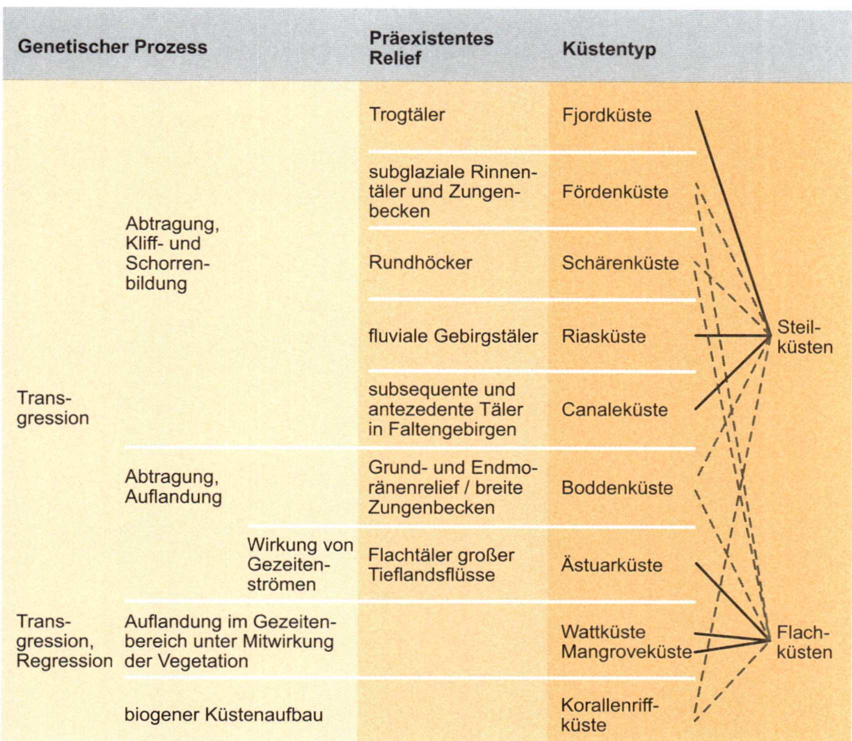

Abb. 1.47 Klassifikation der Küstentypen (eigener Entwurf).

hufeisenförmiger Riffkranz mit zentral gelegener Lagune übrig bleibt, spricht man von einem **Atoll**. Übersteigt die Sinkrate des vulkanischen Unterbaus die Wachstumsrate des Riffs, stirbt dieses schließlich ab und aus dem Vulkan wird ein **Guyot** (unter dem Meeresspiegel bleibender Einzelberg). ■

Wissens-Check

1. Wie lässt sich eine Wellenbewegung am besten beschreiben?
2. Kennzeichnen Sie die unterschiedlichen Formen von Wellenbrechern.
3. Was sind die Ursachen von Ripströmen?
4. Nennen Sie die Unterschiede zwischen einer Abrasionsplattform und einer Brandungsplattform.
5. Welche Rolle spielen Transgressions- und Regressionsbewegungen bei der Küstengestaltung?
6. Nennen Sie die Unterschiede zwischen einer Riasküste und einer Boddenküste.
7. Auf welche genetischen Prozesse sind Mangrovenküsten zurückzuführen?

Literaturhinweise

Bird, E. (2000): Coastal Geomorphology. An Introduction. Chichester (Wiley & Sons).

Kelletat, D. (1995): Atlas of Coastal Geomorphology and Zonality. In: Journal of Coastal Research 13.

Kelletat, D. (2013): Physische Geographie der Meere und Küsten. 3. Aufl. Stuttgart (Borntraeger).

Valentin, H. (1952): Die Küsten der Erde. In: Peterm. Geogr. Mitt. 246.

Woodroffe, C.D. (2002): Coasts: Form, Process and evolution. Cambridge (Cambridge Univ. Press).

1.12 Die geomorphologischen Haupteinheiten Deutschlands

Überblick

Deutschland, als zentraler Teil Mitteleuropas, gliedert sich nach geologischen Gegebenheiten und Oberflächenformen in die Küstenregionen der Nord- und Ostsee, das Norddeutsche Tiefland, die Mittelgebirgszone, die wiederum in Mittelgebirgsschwelle, Süddeutsches Stufenland und Alpenvorland unterteilt wird, und den Hochgebirgsraum der Alpen.

1.12.1 Küsten

Nordsee und Nordseeküste

Die Nordsee, ein Randmeer des Atlantiks, war seit dem Tertiär (s. Kap. 1.2.6) tektonisches Senkungsgebiet, in das im Quartär (s. Kap. 1.2.6) bis zu 1000 m mächtige Sedimente abgelagert wurden. Während des elster- und saalekaltzeitlichen Eisvorstoßes wurde das Nordseebecken glazial überprägt. Im letzten Hochglazial (Weichsel) lag der Meeresspiegel rund 90–100 m tiefer als heute. Die Oberflächengestalt der landfesten und eisfreien Deutschen Bucht, die von Rhein und Elbe durchflossen wurde, zeigte eine Altmoränenlandschaft. Der postglaziale Meeresspiegelanstieg, der eustatisch im Gefolge der abschmelzenden nordischen Inlandeismassen in mehreren Transgressionen erfolgte, erreichte mit etwa 1,20 m/Jh. während der Calais-Transgressionen vor 9000 und 6000 Jahren seine größte Intensität. Vor 6000 Jahren nahm die Nordsee ihre heutige Küstenlinie ein.

Die deutsche Nordseeküste ist als **Flachküste** ausgebildet, für deren Formung die Dynamik der Gezeiten verantwortlich ist. Das **Wattenmeer**, der aus Sand, Schlick und Muschelschalen aufgebaute und zwischen mittlerem Tideniedrigwasser und mittlerem Tidehochwasser liegende Meeresteil, ist durch den gezeitengesteuerten Wechsel von Überflutung und Trockenfallen geprägt. An der Nordseeküste unterscheidet man offene Watten und Rückseitenwatten sowie Buchtenwatten wie im Dollart und Jadebusen. Rückseitenwatten sind durch **Düneninseln**, den Ostfriesischen Inseln, vom offenen Meer abgegrenzt. Diese gelten als Teil eines von den Niederlanden nach Dänemark ziehenden Barrieresystems. Die Düneninseln der West- und Ostfriesischen Inseln werden nach Osten zunehmend kleiner, bevor sie schließlich durch Platen (flache Sandbereiche) und Sandbänke abgelöst werden. Die zwischen den Inseln gelegenen Verbindungen zum offenen Meer bezeichnet man als **Seegatts**. Sie fungieren als Leitbahnen der Gezeitenströme und können mehr als 20 m Wassertiefe erreichen, so dass ihnen große Bedeutung für die Schifffahrt zukommt. **Baljen**, **Tiefs** (Tiefenlinien) und **Gatts** gliedern die Wattfläche in einzelne, von

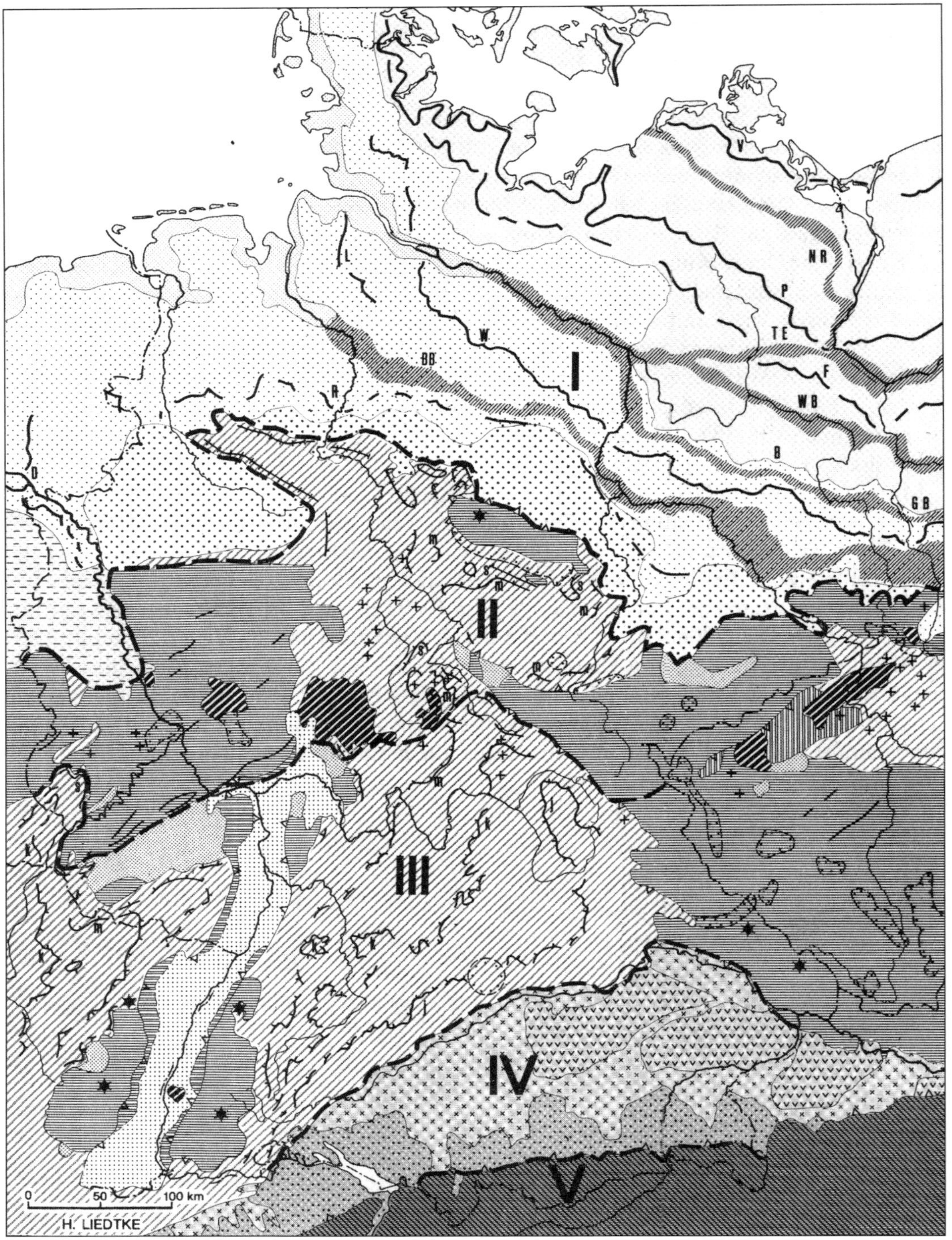

Abb. 1.48 Übersichtskarte der Oberflächenformen Deutschlands (nach Klink & Liedtke, 1984 aus Liedtke, 1995, vereinfacht).

Inseln und Marschensaum der deutschen Nordseeküste

Norddeutsches seenreiches Jungmoränengebiet mit Eisrandlagen und Urstromtälern einschließlich der Kliff- und Nehrungsküste an der Ostsee

Norddeutsches seenarmes Altmoränengebiet mit verwaschenen Endmoränen und Urstromtälern

Norddeutsches seenarmes Altmoränengebiet, stellenweise mit Lößdecken und (oder) gelegentlichen Durchragungen älteren Gesteins

Flachland aus lockeren Flussablagerungen und Tertiärsedimenten, teilweise von Löß bedeckt

Rumpfschollengebirge aus stark gefalteten paläozoischen Sedimentgesteinen, stellenweise auch magmatische Gesteine mit Härtlingszügen

Rumpfflächen oder Hügelländer auf Rotliegendsedimenten mit altvulkanischen Durchragungen oder Decken

Flachland des Oberrheingrabens mit Randschollen und Alzeyer Platte

Flach- und Hügelland des Egergrabens

Tafelländer und Stufenlandschaften mit Schichtrippen und Schichtkämmen, vorwiegend aus mesozoischen Sandsteinen und Kalken, im Norden mit kleinräumigen Aufbeulungen und Becken, im Schweizer Jura stark gefaltet

Flachwelliges Hügelland des deutschen Alpenvorlandes aus tertiären oder quartären Aufschüttungen, teilweise lößbedeckt

Altmoränen, Schotterplatten und Talböden im deutschen Alpenvorland

Seenreiche Jungmoränenlandschaft des deutschen Alpenvorlandes, mit Durchragungen von Festgestein

Alpine Hochgebirgsformen

Größere zusammenhängende Decken und Kuppenfelder tertiärer vulkanischer Gesteine

Größere Becken durch Tektonik, Ausraum, Auslaugung oder Meteoriteneinschlag

Bruchstufen

Schichtstufe im: **s** Buntsandstein, **m** Muschelkalk, **k** Keuper, **j** Jura

Schichtkamm

Saaleeiszeitliche Eisrandlagen: **D** Drenthestadium, **R** Rehburger Stadium, **L** Lamstedter Vorstoß, **W** Warthestadium

Weichseleiszeitliche Eisrandlagen: **B** Brandenburger Stadium, **F** Frankfurter Stadium, **P** Pommersches Stadium, **V** Velgaster Staffel

Urstromtäler: **BB** Breslau-Bremer Urstromtal, **GB** Glogau-Baruther Urstromtal, **WB** Warschau-Berliner Urstromtal, **TE** Thorn-Eberswalder Urstromtal, **NR** Netze-Randow-Urstromtal

Nachgewiesene eiszeitliche Vergletscherung von Mittelgebirgen

I Nord- und Ostseeküste und norddeutsches Tiefland (s. 1.12.1 und 1.12.2)

II Mittelgebirgsschwelle (s. 1.12.3)

III Süddeutsches Stufenland, Oberrheingraben und Ries (s. 1.12.4)

IV Alpenvorland (s. 1.12.5)

V Alpen (s. 1.12.6)

Rippelmarken besetzte Platen. Die kleineren, zur Landseite hin verästelten Rinnen sind die **Priele**. Sie sind im Gegensatz zu den meerwärts folgenden Baljen bei Ebbe nicht mehr schiffbar.

Landwärts schließen sich an natürlichen, nicht eingedeichten Küstenabschnitten an die Wattflächen die höher gelegenen und bei mittlerem Tidehochwasser nicht mehr überfluteten **Marschen** an, deren Sedimentation ganz wesentlich während der Dünkirchen-Transgressionen (vor 3200, 2200 und 1400 Jahren) erfolgte. In Küstennähe ragt das junge Marschgebiet bis 1,50 m über NN auf. Es geht weiter landwärts in die alte Marsch über. Typisch für die Marsch sind kalkhaltige, sandige und durchlässige Böden. Im Gegensatz zu den **Seemarschen** weisen die im Bereich von Flussmündungen sedimentierten **Flussmarschen** niedrigere Kalk- und Salzgehalte auf. Bei der **Neulandgewinnung** wird Marschland eingedeicht und damit landwirtschaftlich nutzbar gemacht.

Weiter landwärts an die Marsch schließt sich die **Geest** an, die Altmoränenlandschaft des Norddeutschen Tieflandes. Bereits seit dem 11. Jahrhundert versucht man durch den Bau von Deichen, dem amphibischen Küstenstreifen des Wattenmeeres einerseits Neuland abzuringen und andererseits die Küste insbesondere vor Sturmfluten zu schützen. **Sturmfluten** treten immer dann auf, wenn auflandiger Wind den Flutstrom an der Küste staut und erhöht. Sie gingen in früheren Zeiten häufig mit beträchtlichen Land- und Menschenverlusten einher. Viele der alten Deichbauten wurden durch die mittelalterlichen Sturmfluten zerstört. Reste von ehemals zusammenhängendem Marschland, das im Mittelalter durch Sturmfluten überflutet wurde, sind die jungen Inseln Pellworm und Nordstrand sowie die **Halligen**. Auch Dollart, Jadebusen und Wesermündung entstanden erst vor wenigen Jahrhunderten durch Sturmflutereignisse. Als schwerste Sturmflut an der deutschen Küste gilt die Marcellusflut von 1362, die auch als „große Mandränke" bezeichnet wird.

Die **Ostfriesischen Inseln** sind erst im Holozän entstanden. Sie entwickelten sich im Zuge der postglazialen Transgression aus marinen Sanden über Sandplaten zu Düneninseln. Durch den Gezeitenstrom und die vorherrschenden Westwinde unterliegen die Inseln ständiger Veränderung, die durch Landverlust (Westseiten), Hakenbildung (Ostseiten) und Bildung von Marschflächen (Südseiten) bestimmt ist. Die **Nordfriesischen Inseln** Sylt, Amrum und Föhr sind alte Inseln, die aus einem Geestkern aus saalezeitlichen Moränen aufgebaut sind. Eine Sonderstellung nimmt **Helgoland** ein. Hier wurden mesozoische Gesteine durch aufdringende Zechsteinsalze gehoben und durch glaziale und marine Abtragung überprägt.

Ostsee und Ostseeküste

Die Ostsee besitzt über das Skagerak im Bereich der dänischen Inseln nur eine enge marine Verbindung zur Nordsee. Durch den geringen Wasseraustausch mit dem Atlantik einerseits und der starken Süßwasserzufuhr der in die Ostsee mündenden Flüsse andererseits ist der **Salzgehalt** dieses Nebenmeeres

gering, so dass die Ostsee in extremen Wintern vollständig zufrieren kann. Im Gegensatz zur Nordsee sind die **Gezeiten nur schwach ausgeprägt** und damit für die litorale Dynamik ohne Bedeutung.

Nord- und Ostsee unterscheiden sich grundlegend in ihrer Entstehung. Die Ostsee war noch im Jungtertiär (Pliozän) landfest und entwickelte sich erst nach dem Abschmelzen des nordischen Inlandeises durch **Landhebung** und eustatischen **Meeresspiegelanstieg**. Als Vorläufer der heutigen Ostsee gelten der Baltische Eisstausee und das Yoldiameer, deren Uferlinien die heutige südliche Ostseeküste nicht erreichten. Der durch fluvialen Zufluss stark ausgesüßte Ancylussee reichte bei seinem Höchststand an mehreren Stellen an die heutige polnische und deutsche Ostseeküste heran. Zwischen 9700 und 7900 vor heute fielen große Randgebiete des Ostseebeckens trocken, bevor sich vor rund 7900 Jahren das Litorinameer entwickelte. Zwischen 7900 und 5700 vor heute stieg der Meeresspiegel um rund 0,9 cm/a bis zum jetzigen Niveau an. Gleichzeitig finden im Gefolge des abgeschmolzenen nordeuropäischen Inlandeises bis zur Gegenwart glazialisostatische Ausgleichsbewegungen statt.

Aufgrund der glazialen Überprägung des Ostseeraums während des Pleistozäns dominieren an der Ostseeküste glaziale Geschiebemergel und glazifluviale Sedimente, die durch litorale Prozesse erodiert und umgelagert werden. Die Küstenformen der Ostsee sind mit Förden-, Buchten-, Ausgleichs- und Boddenküste abwechslungsreich. Die **Fördenküste** erstreckt sich in Schleswig-Holstein von der Flensburger Förde im Norden bis zur Kieler Förde im Süden. Die langen, schmalen Einbuchtungen der Förden sind durch die schürfende Wirkung einer Gletscherzunge in Grund- und Endmoränenmaterial entstanden, begleitet von der Erosion subglazialer Schmelzwässer. Nach Osten schließt sich mit Hohwachter Bucht, Lübecker Bucht und Wismarbucht die etwa bis Kühlungsborn reichende **Buchtenküste** an. Dabei handelt es sich um glaziale Zungenbecken, die von Moränengürteln umgeben sind. Weiter nach Osten folgt die Mecklenburger **Ausgleichsküste**. Ihr Verlauf ist ohne bedeutende Ein- oder Ausbuchtungen nahezu geradlinig gestaltet. Im lockeren Geschiebematerial hat sich hier eine Steilküste mit vorgelagertem Strand entwickelt. Die östlich anschließende **Bodden**- oder **Boddenausgleichsküste** (mit Saaler-, Jasmunder- und Greifswalder-Bodden) bildete sich im Gefolge der postglazialen Überflutung der dortigen Grund- und Endmoränenlandschaft. Flach- und Steilküste, Erosion und Akkumulation wechseln einander kleinräumig ab. Dabei kommt es zu einer häufig sehr schnellen Ausbildung von Haken und Nehrungen.

1.12.2 Norddeutsches Tiefland

Der **Landschaftscharakter** des Norddeutschen Tieflandes wird durch pleistozäne Alt- und Jungmoränen geprägt. Größere Höhenunterschiede finden sich nur im Bereich der jungpleistozänen Endmoränenzüge. Die höchste Erhebung mit einer Höhe von 201 m über NN ist der Hagelberg im Hohen Fläming östlich von Magdeburg. Einige Gebiete an der Nordseeküste liegen unter dem Meeresspiegel (z.B. Umgebung von Emden). Der Übergang des Norddeutschen Tieflandes zur Mittelgebirgsschwelle ist nicht überall deutlich ausgeprägt, bisweilen vollzieht er sich fließend wie beim Anstieg zur Pultscholle des Erzgebirges.

Geologische Entstehung und glaziale Überprägung

Aufgrund der **tektonischen Absenkung** während der jüngeren Erdgeschichte dominierte in Norddeutschland die Akkumulation lockerer oder wenig verfestigter tertiärer und quartärer Sedimente über den unterlagernden mesozoischen Festgesteinen. Während das Tertiär eine bis zu 3000 m hohe Mächtigkeit aufweist, erreichen die quartären Lockersedimente stellenweise höchstens 500 m, teilweise aber auch nur einige wenige Meter Mächtigkeit. Halokinetische Prozesse der aus dem jüngeren Perm, dem Zechstein, stammenden plastischen Salze im Untergrund führen vorwiegend zu Muldenstrukturen. Im Gegensatz zur Mittelgebirgsschwelle in Süd-Niedersachsen, Thüringen und Nord-Hessen spielt die **Salztektonik** im Oberflächenbild nur eine untergeordnete Rolle. Vielmehr ist das Relief des Norddeutschen Tieflands wesentlich durch das im Pleistozän von Skandinavien vorrückende Inlandeis und dessen **glaziale Ablagerungen** geprägt. Holozäne Bildungen finden sich lediglich in Form geringmächtiger Auensedimente und Moorbildungen. Mit der Annäherung an die Mittelgebirgsschwelle erfolgt eine Abnahme der Mächtigkeit der quartären Ablagerungen. Die quartären Sedimente Norddeutschlands beginnen mit Ablagerungen der Elster-Vereisung, die in Küstennähe durch Tone der anschließenden Holstein-Warmzeit überlagert werden. Darauf folgen Ablagerungen der saalekaltzeitlichen Vereisung, die regional von Sedimenten der Eem-Warmzeit überlagert werden. Weichselzeitliche Sedimente finden sich nur im Jungmoränengebiet östlich der Elbe, da die Vereisung auf dieses Gebiet beschränkt blieb. Die Eisvorstöße des nordeuropäischen Inlandeises während der pleistozänen Kaltzeiten erstreckten sich weit nach Süden. So reicht der elsterzeitliche Eisvorstoß südöstlich des Harzes in einem Streifen bei Chemnitz und Dresden bis an den Rand der Mittelgebirgsschwelle. Der maximale Eisvorstoß während des Saaleglazials erreichte zwar östlich des Harzes nicht die Ausdehnung der elsterzeitlichen Vereisung, drang aber im Westen bis an den Niederrhein und den nördlichen Rand der östlichen Ausläufer des Rheinisches Schiefergebirges vor.

Stichwort

Das Klima im Pleistozän

An der Wende vom Tertiär/Pliozän zum Quartär/Pleistozän sind insbesondere in den Regionen um den Nordatlantik erste deutliche Hinweise auf markante Klimaänderungen und die Bildung großer Eisschilde vorhanden. In der Antarktis bildeten sich erste Gletscher jedoch bereits erheblich früher. Während des Pleistozäns traten ausgeprägte Eiszeit-/Glazial-Zyklen auf. Diese umfassten jeweils eine Eiszeit (Glazial) und eine Warmzeit/Zwischeneiszeit (Interglazial). Glaziale und Interglaziale unterschieden sich erheblich in ihrer durchschnittlichen Zeitdauer. Im gesamten Pleistozän gab es vermutlich rund 50 solcher glazialer Zyklen, die im älteren Pleistozän nur knapp 40000 Jahre andauerten und vom 41000 Jahres-Zyklus der Veränderung der Schiefe der Ekliptik bzw. Obliquitäts-Zyklus beeinflusst waren. Vor rund 1,2 Millionen Jahren setzte eine Veränderung der glazialen Zyklen ein, die spätestens vor 800000 Jahren abgeschlossen war. Nach dieser „Mid-Pleistocene Revolution/Transition" begannen die 100000-jährigen glazialen Zyklen, in deren Verlauf bedeutende globale Vereisungen (Glaziale) mit der Ausbildung ausgedehnter und mächtiger Eisschilde stattfanden. Die 100000-jährigen Zyklen folgten jetzt nicht mehr ausschließlich den Obliquitäts-Zyklen, sondern den ca. 100000-jährigen Exzentrizitäts-Zyklen, d.h. den zyklischen Veränderungen der Form der Erdumlaufbahn um die Sonne. Die meisten Interglaziale innerhalb eines glazialen Zyklus dauerten jeweils nur etwa 10000 Jahre. Untersuchungen zeigen, dass auch innerhalb der Glaziale erhebliche Klimaschwankungen aufgetreten sind und verhältnismäßig warme Phasen von relativ kalten Phasen abgelöst wurden. Diese Zeitabschnitte innerhalb eines Glazials bezeichnet man als Stadiale (kalt) bzw. Interstadiale (warm).

Alt- und Jungmoränenlandschaften

Nach den für die Reliefentwicklung in Norddeutschland bestimmenden Formungsprozessen lässt sich das Norddeutsche Tiefland in eine Alt- und eine Jungmoränenlandschaft gliedern. Die Grenze bilden die **weichselzeitlichen Endmoränenzüge**. Ihr Verlauf ist in Schleswig-Holstein Nord-Süd-orientiert mit auf geringer Horizontaldistanz dicht gescharten Endmoränen. In der Höhe von Hamburg erfolgt ein Umschwenken in NW-SE-Richtung bis Berlin, östlich davon sind die einzelnen Endmoränenzüge in West-Ost-Richtung orientiert. In Brandenburg und Mecklenburg-Vorpommern ist ein deutliches Auseinanderweichen der Endmoränenzüge, die Rückzugsstadien des letzten Vorstoßes des nordischen Inlandeises markieren, zu beobachten. Zu den einzelnen **Rückzugsstadien** hat sich jeweils ein eigenes, den Eisrand nachzeichnendes Urstromtal entwickelt. Dem am weitesten im Süden gelegenen Brandenburger Stadium mit dem **Glogau-Baruther Urstromtal** folgen in nördlicher Richtung das Frankfurter Stadium mit dem **Warschau-Berliner Urstromtal** sowie das Pommersche Stadium mit dem **Thorn-Eberswalder Urstromtal**.

Die Jungmoränenlandschaft wird durch Formen der Weichsel-Vereisung geprägt. Das Relief ist deutlicher ausgeprägt als das der Altmoränenlandschaft. Die Ursache liegt in der fehlenden periglazialen Überprägung des Gebietes. Die kuppige Grundmoräne bildet den inneren, ehemals eisbedeckten Teil. Sie wird nach außen vom jungen Gürtel der Endmoränenzüge begrenzt. An diesen schließt sich die Zone der Altmoränen und jungen Sander an. Im Gegensatz zum Altmoränengebiet haben sich im Bereich der Jungmoränen mit

Braunerden und Parabraunerden überwiegend **fruchtbare Böden** entwickelt. Aufgrund der kurzen Zeitspanne seit dem Ende der letzten Vereisung konnte sich noch kein **dendritisches Gewässernetz** mit einer vorherrschenden, bevorzugten Entwässerungsrichtung ausbilden. Ein weiteres geomorphologisches Merkmal der Jungmoränenlandschaft ist der Reichtum an **abflusslosen Hohlformen und Seen**. Vielfach handelt es sich dabei um ehemalige Toteislöcher. In Norddeutschland konnten sich auf diese Weise die **Holsteinische, Mecklenburgische** und **Brandenburgische Seenplatte** bilden.

Als Altmoränengebiet wird der südlich und westlich des Jungmoränengebiets anschließende Bereich zwischen den weichselzeitlichen Endmoränenzügen und der maximalen Eisausbreitung der älteren Eisvorstöße bezeichnet. Das Altmoränengebiet wurde während der weichselzeitlichen Vereisung von Tundrenklima, Permafrost und periglazialer Formung geprägt. Von geomorphologischer Bedeutung waren vor allem **spüldenudative** Prozesse und die Aufbereitung älteren Moränenmaterials durch **frostdynamische Prozesse** inklusive Solifluktion, die zur Ausbildung eines periglazialen Geschiebedecksands führten. Gleichzeitig kam es unter den semiariden bis ariden Bedingungen zu Deflation äolischer Sedimente, die heute **Löss- und Flugsandablagerungen** bilden. Die Oberflächenformen wurden durch die periglazialen Prozesse so stark überprägt, dass im Altmoränengebiet glaziale Formen nicht mehr deutlich zu erkennen sind. Der innere Bereich des Altmoränengebietes wurde dabei von den Sanderablagerungen der jüngeren Eisvorstöße flächenhaft überdeckt. Nur einige höherliegende Teile der Altmoränen ragen dabei über die Sanderoberfläche hinaus. Als Böden dominieren Podsole und Histosole. Die Altmoränenlandschaft wird häufig auch als Geest bezeichnet. Die Geest in Schleswig-Holstein gliedert sich in eine höher gelegene hohe Geest und die niedere Geest. Während die **hohe Geest** aus den periglazial überprägten Altmoränen mit flachem Kuppenrelief besteht, wird die **niedere Geest** von Sanderflächen der Weichselvereisung gebildet, die in die Senken zwischen den Altmoränen geschüttet wurden. Die vor der Weichsel-Vereisung in großer Anzahl vorhandenen Seen sind mittlerweile verlandet oder zu **Mooren** geworden. Aus dem chaotischen Gewässernetz der Jungmoränenlandschaft hat sich hier bereits ein **dendritisches Flussnetz** entwickelt.

1.12.3 Mittelgebirgsschwelle

Das variszische Gebirge, dessen **Hauptfaltung während des Karbons** erfolgte, bildet das Fundament der Mittelgebirge. Es wurde noch vor dem Ende des Paläozoikums weitgehend abgetragen und zur „**Permischen Rumpffläche**" eingeebnet. Liedtke & Marcinek (1995, S. 324) bezeichnen die mit dem Zechstein beginnende Abfolge der überlagernden Sedimentgesteine als (mesozoisches) **Tafeldeckgebirge**. Über den vielfach salinaren Ablagerungen des Zechsteins folgen

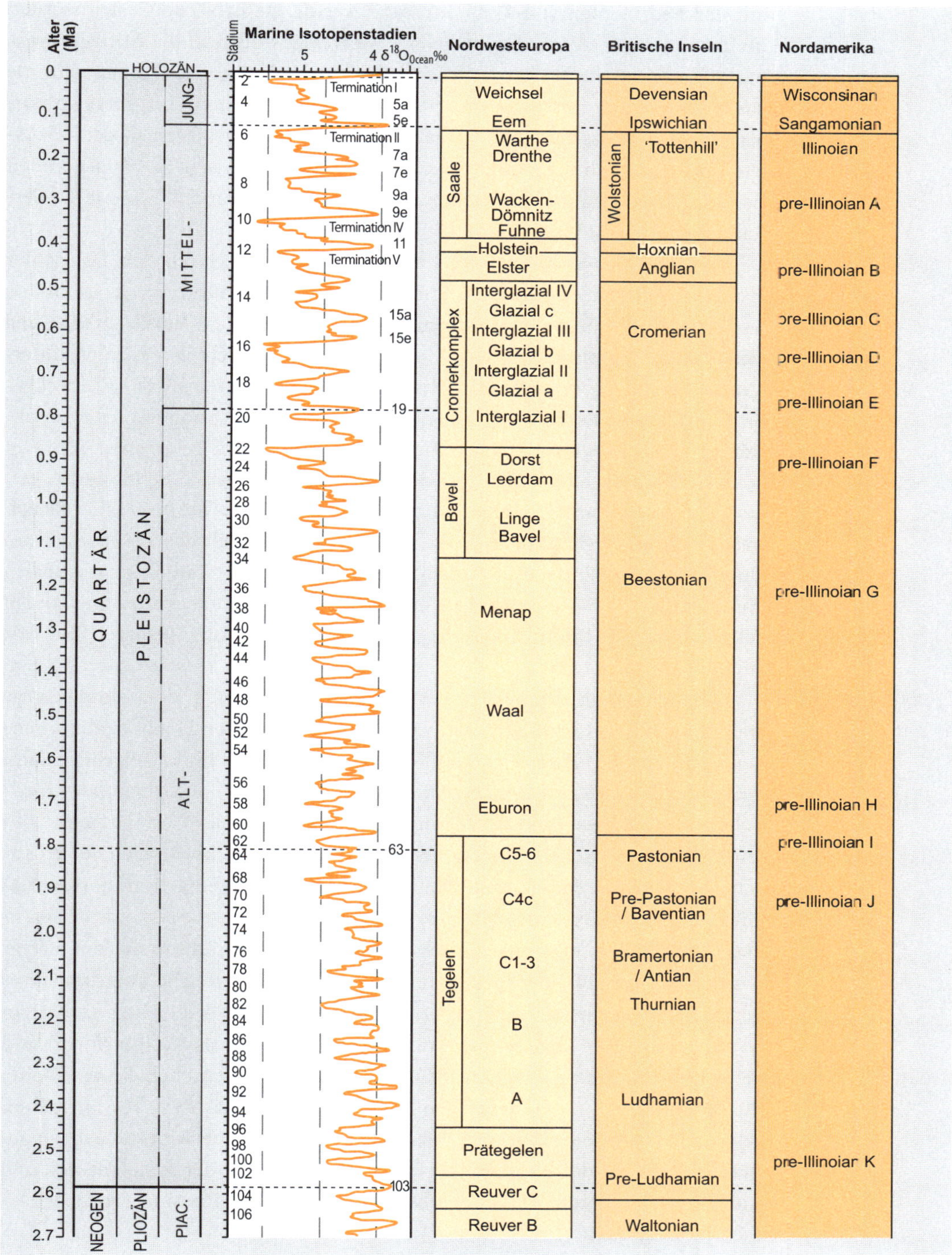

Abb. 1.49 Gliederung des Pleistozän (aus Baumhauer & Winkler, 2014, S. 16).

mit den Sedimenten von Trias, Jura und Kreide mesozoische Gesteinsserien. Im Tertiär dominierten, von einzelnen Meeresvorstößen in die Mittelgebirgsschwelle abgesehen, terrestrische Verhältnisse. Während des Quartärs konnte das elsterzeitliche Inlandeis von Norden bis in den Mittelgebirgsbereich vordringen (z. B. Weserbergland, Unterharz, Elbsandsteingebirge). In den höchsten Lagen von Schwarzwald, Vogesen, Harz und Bayerischem Wald bildeten sich in den pleistozänen Kaltzeiten eigenständige Kar- und z. T. sogar Talgletscher (Schwarzwald, Vogesen).

Geologische Entstehung

Im Zuge der alpidischen Gebirgsbildung wurden durch den Druck der afrikanischen Platte auch in der Mittelgebirgsregion Spannungen ausgelöst, so dass der spröde und starre Untergrund zerbrach und in ein **Mosaik aus Groß- und Kleinschollen** (**Rumpfschollengebirge**) zerlegt wurde. Die Schollen wurden unterschiedlich stark gehoben und teilweise verkippt. Während das Tafeldeckgebirge auf den höher herausgehobenen Schollen durch Abtragung nahezu vollständig entfernt wurde, blieb es auf den weniger stark gehobenen Schollen zum Großteil erhalten. Im Zuge der Abtragung wurden Einebnungsflächen angelegt, so dass unter wechselfeucht-tropischem Klima bis ins Tertiär **Rumpftreppengebirge** entstanden (z. B. Harz, Erzgebirge). Durch das Zerbrechen des Untergrunds am Ende des Mesozoikums und im Tertiär kam es zum Aufstieg von Magma und bis in die jüngere erdgeschichtliche Vergangenheit zu aktivem **Vulkanismus** (z. B. Rhön, Vogelsberg, Erz- und Elbsandsteingebirge, Eifel vor 11000 Jahren).

Reliefentwicklung

Das charakteristische geomorphologische Merkmal der Mittelgebirge stellt der häufige, tektonisch bestimmte Wechsel zwischen Hoch- und Beckenlagen dar. Für die Gestaltung der Oberflächenformen ist im Mittelgebirgsraum neben der Entwicklung der einzelnen Schollen in erster Linie die unterschiedliche Verwitterungs- und Abtragungswiderständigkeit der Gesteine unter den jeweiligen klimatischen Gegebenheiten von Bedeutung. Im Bereich der Hochschollen dominieren schwach reliefierte und durch Stufen getrennte Hochflächen. Diese werden einerseits von Einzelbergen, Berggruppen oder Bergrücken überragt, andererseits von schmalen Tälern tief zerschnitten. Im Quartär wurden die von Tafeldeckgebirgen eingenommenen Bereiche aufgrund ihrer geringeren Gesteinswiderständigkeit stärker überprägt als die Hochflächen im Grundgebirge. Die Genese (Strukturform – Verebnung als Skulpturform) und zeitliche Einordnung (Tertiäre Fläche – Teile der Permischen Rumpffläche) der Hochflächen in den deutschen Mittelgebirgen ist nach wie vor umstritten und nicht abschließend geklärt. Im Gegensatz zu den überwiegend exogen geprägten Formen des Norddeutschen Tieflandes ist bei der Reliefentwicklung im Mittelgebirgsraum die Wechselwirkung von endogener und exogener Dynamik maßgeblich.

1.12.4 Süddeutsches Stufenland, Oberrheingraben und Ries

Süddeutsches Stufenland

Das Relief Süddeutschlands ist durch **weiträumige Verebnungen** bestimmt, die durch **Steilanstiege** stufenartig voneinander abgesetzt sind. Eine nur schwache tektonische Verkippung sowie eine abwechselnde Lagerung geomorphologisch unterschiedlich widerständiger Gesteine des mesozoischen Deckgebirges Süddeutschlands bilden durch die bevorzugte **Abtragung der weichen Gesteine** jeweils auf der liegenden harten Schicht eine Verebnung („Landterrasse"), über der die nächstjüngere (hangende) harte Schicht eine Stufe bildet. Rechts des Rheins fallen die Schichten überwiegend nach Osten bzw. Südosten ein, linksrheinisch nach Westen. Das seit der Oberkreide aktive Hebungszentrum bilden **Vogesen** und **Schwarzwald**. Dort tritt kristallines Grundgebirge zu Tage. Im Westen schließen das **Saarländisch-Pfälzische** und das **Elsässisch-Lothrinigische Stufenland** an, das in das Pariser Becken überleitet. Hier reicht die Stufenfolge vom Buntsandstein bis zur Kreide, in Süddeutschland jedoch nur bis zum Jura. Die Anordnung der Stufen ist das Ergebnis der Verkippungsrichtung und der Intensität der tektonischen Verstellung (Einfallsrichtung und Einfallwinkel) der unterschiedlichen Sedimentgesteine des Deckgebirges. Bei stärkerer Verstellung sind die Abstände zwischen den einzelnen Stufen geringer, flachere Einfallswinkel bedingen dagegen größere Distanzen. In den Sedimentgesteinen des mesozoischen Deckgebirges fungieren die abtragungswiderständigerer Sand- oder Kalksteine als Stufenbildner. Die markanteste, bis zu 300 m Höhe erreichende Stufe bilden die jurassischen Malmkalke der **Schwäbisch-Fränkischen Alb**. Diese sind stark verkarstet und neben dem typischen Formenschatz durch ein Karstwassersystem gekennzeichnet. Das Vorland der Stufenhänge und deren Sockel bestehen vielfach aus weniger widerständigen, wasserstauenden Tonen und Mergeln. Stufenhänge mit tonigen Sockelbildnern können sehr anfällig für Massenbewegungen und insbesondere Rutschungen sein. Die Stufenflächen sind weiträumig lössbedeckt, woraus die große Fruchtbarkeit der Böden dieser **Gäulandschaften** Süddeutschlands resultiert.

Ebenso wie bei den Hochflächen der Mittelgebirgsschwelle sind auch die Entwicklung und das Alter der Süddeutschen Schichtstufenlandschaft nicht abschließend geklärt. Insbesondere die Fragen, ob sich die Stufen aus tertiären Rumpfflächen gebildet haben oder im Tertiär bereits strukturelle Merkmale bestanden sowie Ausmaß und Geschwindigkeit der Stufenrückverlegung werden noch diskutiert.

Stichwort

Schichtstufen

Schichtstufen und Schichtkämme werden durch ihren geologischen Untergrund geprägt und kommen daher in allen Klimazonen der Erde vor. Grund- und Aufriss von Schichtstufen spiegeln die jeweilige geologische Struktur wider. Sie entwickeln sich in Gebieten, deren geologischer Untergrund aus unterschiedlich verwitterungsresistenten und zumindest leicht geneigten Sedimentgesteinen besteht. In Mittel- und Westeuropa liefern das südwestdeutsche Schichtstufenland, das niedersächsische Bergland, das Pariser Becken und auch Südengland eindrucksvolle Beispiele von Schichtstufenlandschaften. In ihrem Aufriss sind Schichtstufen durch ein deutlich asymmetrisches Querprofil gekennzeichnet, einen steil ansteigenden Stufenhang und eine annähernd ebene Stufenfläche (Dachfläche, Landterrasse). Stufenbildner sind die stark abtragungsresistenten Gesteine, die Stufenfläche und der obere, meist steilste Abschnitt des Stufenhanges (Stufenstirn). Sockelbildner sind dagegen die weniger abtragungsresistenten Gesteine. Sie unterlagern den Stufenbildner und treten im mittleren bis unteren Teil des Stufenhangs zutage. Größe und Höhe der Schichtstufe wird vor allem durch die Mächtigkeit des Stufenbildners bestimmt. Jedoch haben auch die Schichtneigung, die Eintiefung der subsequenten Fließgewässer im Vorland der Stufe und die flächenhafte Abtragung des Stufenbildners Einfluss auf Größe und Erscheinung. Der Grundriss der Schichtstufen ist häufig durch Stufenrandbuchten gegliedert und durch bisweilen kilometerweit in die Stufenfläche eingreifende Stufenrandtäler gekennzeichnet, die die Stufenstirn in Sporne und Vorsprünge auflösen. Als Anzeichen für die Stufenrückverlegung wird die Stufenstirn von Zeugenbergen und Ausliegern wie dem Hohenstaufen oder dem Stuifen in der Schwäbischen Alb aufgelöst. Die Auslieger sind dabei durch den Sockelbildner mit der Stufe verbunden. Fallen die geologischen Schichten mit mehr als 10 bis 12° ein, bildet sich ein Schichtkammrelief bei dem das Relief stärker an das Ausstreichen der stark abtragungsresistenten Gesteine gebunden ist. Die mitteleuropäischen Schichtstufen sind Vorzeitformen. Seit dem Beginn des Holozän beschränkt sich die Formung an den Stufenstirnen auf Erosion an Quellaustritten, die häufig an Schichtgrenzen gebunden sind und lokale Rutschungen/Gleitungen und Bergstürze.

Oberrheingraben

Der Oberrheingraben ist mit etwa 300 km Länge und über 30 km Breite die **größte Grabenstruktur Mitteleuropas** und damit Teil einer großen Grabenzone, die vom Oslograben in Norwegen bis zur Rhônemündung reicht (**Mittelmeer-Mjösen-Zone**). Er entstand seit dem Alttertiär nördlich der sich hebenden Alpen als Dehnungsstruktur aus einer Aufwölbung des oberen Erdmantels. Im Dach der Aufwölbung kam es aufgrund der Dehnungsprozesse seit dem Eozän zur Einsenkung des Grabens. Gleichzeitig mit der **Absenkung des zentralen Teils** erfolgte eine **Heraushebung der umgebenden Hochschollen** mit Schwarzwald, Vogesen, Odenwald und Haardt. Der Graben wurde mit bis zu 3000 m mächtigen Sedimenten verfüllt, so dass einer relativen Absenkung oder Sprunghöhe von über 4000 m ein tatsächlicher Höhenunterschied von lediglich etwa 1000 m gegenübersteht. Der Übergang zu den Grabenschultern ist vielfach durch Staffelbrüche markiert.

Von entscheidender Bedeutung ist der Einbruch des Oberrheingrabens für die **Entwicklung des Flussnetzes** in Süddeutschland. Durch die tektonische Absenkung des Oberrheingrabens wurden seit dem Jungtertiär die Flusseinzugsgebiete im gesamten süddeutschen Raum verändert. So zapfte der **Urrhein**, der seit der Wende Pliozän/Pleistozän im Oberrheingraben floss, aufgrund der

Tieferlegung seiner Erosionsbasis im Gefolge der tektonischen Absenkung des südlichen Oberrheingrabens die große Teile der Schweizer Alpen und des Jura entwässernde Aare an. Sie war im Jungtertiär noch der Donau tributär, änderte an der Wende Tertiär/Quartär ihren Lauf und floss, bevor sie dem Rhein tributär wurde, über die burgundische Pforte nach Süden in den Rhone-Graben. Durch das tektonisch bedingte größere Fließgefälle vergrößerte der Rhein seit dem Jungtertiär durch **rückschreitende Erosion** und **Talanzapfungen seiner Zuflüsse** sein Einzugsgebiet, während gleichzeitig das Einzugsgebiet der Donau, deren Flussgefälle gegenüber demjenigen des Rheins erheblich geringer sind, und ihrer Zuflüsse immer kleiner wird. Auf diese Weise verlor die Donau z. B. ihre ehemaligen Zuflüsse Neckar und Oberer Main mit ihren großen Einzugsgebietsflächen, und erst am Ende des Pleistozän entzog der Rhein durch Anzapfung der Wutach große Gebiete des Schwarzwaldes der Entwässerung in die Donau.

Eine Besonderheit im Relief Süddeutschlands stellt das die Schwäbische von der Fränkischen Alb trennende Nördlinger Ries und das rund 20 km davon entfernte Steinheimer Becken dar. Bei beiden Strukturen handelt es sich um zwischenzeitlich stark überprägte Impaktkrater.

Stichwort

Der Großkrater des Nördlinger Ries

In der Mitte des Städtedreiecks München – Nürnberg – Stuttgart liegt die nahezu kreisrunde Ebene des Rieses, das mit einem Durchmesser von 25 km in den Mittelgebirgszug der Schwäbisch-Fränkischen Alb eingesenkt ist und durch den Einschlag (Impakt) eines Asteroiden entstand. Dieses flachwellige Becken ist besonders im Südwesten, Süden und Osten von einem geomorphologisch gut ausgebildeten Kraterrand begrenzt. Die heutige Kraterebene, die rund 100–150 m tiefer liegt als der Kraterrand wird als Nördlinger Ries bezeichnet. Der Impakt hat sich vor rd. 15 Millionen Jahren innerhalb weniger Sekunden abgespielt. Das Ergebnis war die Umwandlung einer belebten jungtertiären Landschaft in ein Trümmerfeld mit einem 500 m tiefen offenen Krater. Durch die Stoßwelle wurde das Gestein bis zum hinab zum Grundgebirge extrem komprimiert und nach der Druckentlastung federte der Kraterboden wieder zurück. Dabei wurden die betroffenen Gesteine hohen Drücken und Temperaturen ausgesetzt. Nach der Zusammensetzung des Ausgangsgesteins und je nach Grad der Veränderung unterscheidet man zwei neugebildete Gesteinsgruppen: Bunte Trümmermassen, die sich vorwiegend aus weniger beanspruchtem mesozoischen Deckgebirgsmaterial zusammensetzen sowie polymikte Kristallinbreccien und Suevit aus den niedrig bis hoch stoßwellenbeanspruchten Kristallingesteinen des Grundgebirges. Nach dem Impaktereignis bildete sich in dem Krater ein See, an dessen Rändern zur Bildung von fossilreichen Kalken kam, im Becken selbst wurden bituminöse Tone mit eingeschalteten Braunkohleflözen abgelagert. Diese Seesedimente füllten bis zum jüngsten Tertiär den gesamten Krater und werden seit dieser Zeit (Pliozän) wieder abgetragen.

1.12.5 Alpenvorland

Der Raum zwischen dem Nordrand der Alpen, dem Südrand von Schweizer Jura und der Schwäbisch-Fränkischen Alb sowie der Böhmischen Masse wird als Alpenvorland bezeichnet. Als nördliche Vortiefe des sich heraushebenden Gebirgskörpers der Alpen nimmt es seit dem Alttertiär dessen Abtragungsschutt, die **Molasse**, auf, die nach den jeweiligen vorherrschenden Ablagerungsbedingungen in Meeres- und Süßwassermolasse untergliedert wird. Vom Liegenden zum Hangenden ergibt sich die Abfolge Untere Meeresmolasse - Untere Süßwassermolasse - Obere Meeresmolasse - Obere Süßwassermolasse. Die Mächtigkeit der Molassesedimente nimmt von Süden nach Norden ab. In der Nähe des Alpenrandes werden mehr als 5000 m erreicht. Als Zeuge des miozänen Obermolassemeeres ist auf der Schwäbischen Alb dessen ehemalige Uferlinie, die Klifflinie, erhalten geblieben. Im Quartär wurden weiträumig **Moränen** und **Schotter** der alpinen Vergletscherungen abgelagert. Analog zur Norddeutschen Vereisung lässt sich in Süddeutschland eine würmzeitlich geformte Jungmoränenlandschft von einer Altmoränenlandschaft unterscheiden, die im Zuge älterer Vereisungen angelegt und später periglazial überprägt wurde.

Glaziale und periglaziale Formung

Für die **pleistozänen Kaltzeiten** werden nach Penck (1909) fünf eigenständige, aus dem alpinen Eisstromnetz in das Alpenvorland ausgreifende **Gletscher** (von Osten nach Westen: Salzach-Gletscher, Inn-Chiemsee-Gletscher, Isar-Loisach-Gletscher, Iller-Lech-Gletscher, Rhein-Gletscher) differenziert. In ihren **Zungenbecken** wurde das wenig widerständige Molassematerial teilweise glazial ausgeschürft, so dass diese Gebiete aufgrund ihrer verhältnismäßig tiefen Lage noch heute durch eine große Anzahl an Seen und Sümpfen gekennzeichnet sind. Die glazial übertieften Zungenbecken werden von **Endmoränenwällen** umgeben, die den Verlauf der äußeren Begrenzung der Gletscherzungen nachzeichnen. Dort, wo die Endmoränenwälle unterbrochen sind, floss das Schmelzwasser der Gletscher aus und schüttete die vorgelagerten Schotterebenen auf. Diese entsprechen genetisch den Sanderflächen Norddeutschlands, sind allerdings grobkörniger ausgebildet.

An den die Gletscher in Richtung Donau entwässernden Flüssen des Alpenvorlands entwickelten sich aufgrund der pleistozänen Klimawechsel **Schotterterrassen-Treppen** mit Akkumulation im Hochglazial und Erosion im Spät- und Interglazial. Penck (1909) unterschied vier Akkumulationsterrassen, denen er jeweils ein Hochglazial zuordnete, und benannte sie nach Alpenvorlandflüssen mit besonders charakteristischer Ausprägung der Schotterakkumulationen - von alt nach jung - als **Günz-**, **Mindel-**, **Riss- und Würmeiszeit**. Die Entwässerung der alpinen Gletscher erfolgte über die Donau als quasi natürliches Urstromtal, das allerdings nicht wie bei den Eisvorstößen im Norddeutschen Tiefland Eisrandlagen nachzeichnet, sondern sich am Verlauf der das

Alpenvorland im Norden begrenzenden Hochgebiete orientiert. Im Zuge des spät- und postglazialen Abschmelzens wurden die Endmoränenbögen stark zerschnitten und es bildeten sich die nach ihrer Form benannten **Trompetentälchen** (s. Kap. 1.7.3). Penck's Modell der vier Eisvorstöße wurde später ergänzt und erweitert, jedoch steht eine abschließende Parallelisierung des Alpenvorland-Quartärs mit der nordeuropäischen Vereisung nach wie vor aus.

Im **periglazialen Formungsbereich** außerhalb der würmzeitlichen Vereisung, den Altmoränengebieten und glazifluvialen Schotterflächen, erfolgten **frostdynamische Prozesse** sowie **äolische Transport- und Akkumulationsvorgänge**. Aus den Niederterrassenfeldern wurden Schluffe und Feinsande ausgeblasen und an anderer Stelle, häufig auf den Hochterrassen, wieder abgesetzt. Im heutigen Landschaftsbild zeigen sich die kaltzeitlich-periglazialen Prozesse in Form von **asymmetrischen Tälern** und **weiträumiger Lössbedeckung**. Die geomorphologische Formung seit Beginn des Holozäns bleibt auf den Ausgleich der Flusslängsprofile, Deltabildung in den Voralpenseen und die Bildung von Mooren beschränkt.

1.12.6 Alpen

Die Alpen erstrecken sich in einem asymmetrischen, nordkonvexen Bogen von der Nordküste des Ligurischen Meeres bei Nizza bis nach Wien, tauchen dort unter das Wiener Becken ab und finden östlich davon ihre Fortsetzung in den Karpaten. Der südöstliche Teil biegt dagegen nach Südosten um und geht so in die Dinariden Sloweniens und Kroatiens über. An der ligurischen Küste bei Genua verbindet eine S-förmige Struktur die Alpen mit dem Apennin. Üblicherweise werden die Alpen in **Westalpen**, **Ostalpen** und **Südalpen** untergliedert. Der deutsche Alpenanteil beträgt lediglich 2,2% der gesamten Fläche der Alpen und ist maximal 35 km breit. Dennoch treten in diesem kleinen Ausschnitt alle Prozesse und Formen auf, die für Hochgebirge typisch sind und deren Ursache in der jungen, **kräftigen Hebung** und der **intensiven Zertalung** beruht.

Geologisch-tektonische Entwicklung

Als junges, tektonisch komplex gebautes Hochgebirge zeigt die Struktur des Gebirgskörpers alle tektonischen Prozesse und Formen, die den Vorstellungen der Theorie der Plattentektonik entsprechen und damit von Sea Floor Spreading mit Bildung ozeanischer Kruste, Subduktion mit Krustenverdickung, Deckenüberschiebung bis zum Magmatismus reichen. Bis zur Oberkreide befand sich im Raum der heutigen Alpen der Tethysozean. Die **Tethys** besaß bei einer Breite von über 1000 km mehrere Tiefseebecken und einen Mittelozeanischen Rücken, an dem Sea Floor Spreading stattfand. Schon im Mesozoikum begann sich die Bewegungsrichtung von Lithosphärenplatten zu ändern. So drängte die afrikanische Platte zunehmend nach Norden, wodurch im Bereich der Tethys kompressive Kräfte wirkten und der Ozean in der Folgezeit auf 20% seiner ursprünglichen Breite zusammengepresst wurde. Durch diese Konvergenz erfolgte eine **horizontale Aufspaltung der Lithosphäre**. Der untere Krustenteil wurde subduziert, die im oberen Teil abgelösten Gesteinsschichten entlang von horizontalen bis schwach geneigten Gleitbahnen über große Distanzen verlagert, zum Teil als tektonische Decken übereinander gestapelt, und Gesteine in Form von Faltungen und Verbiegungen plastisch deformiert. Durch die orogenetischen Prozesse, die mit einer Krustenverkürzung einherging, wurde bis zu 25 km leichte Obere Erdkruste übereinander gestapelt. Nach dem Prinzip der Isostasie (s. Kap. 1.2.2) begann dieses Krustenpaket sich langsam herauszuheben. Die **Hebung des Deckenstapels** erfolgte im ausgehenden Oligozän und frühen Miozän, nachdem die Überschiebungen und Faltungen weitgehend abgeschlossen waren. Für die jährlichen Hebungsraten wird ein Betrag von etwa 0,8 mm angenommen. Gleichzeitig setzten mit der Hebung **Erosionsprozesse** ein. Im Norden wurde das Abtragungsmaterial im Molassebecken (nordalpines Molassebecken), das am Alpenrand beinahe 6 km Mächtigkeit erreicht, angehäuft, und etwa gleichmächtige Akkumulationen erfolgten im Po-Becken am Alpensüdrand. Teile der Molasse des nördlichen Vorlandes wurden in die Faltung mit einbezogen. Der Hohe Peißenberg in Oberbayern besteht aus gefalteter Molasse. Aufgrund der tektonischen Beanspruchung liegt dort tertiäre (Braun-)Kohle als Steinkohle vor. Der Übergang von der gefalteten zur ungefalteten Molasse bildet die tektonische Grenze der Alpen. Die naturräumliche und die geomorphologische Grenze dagegen liegen 5–20 km südlich der tektonischen.

Präglaziales Relief

Das präglaziale Relief der Alpen ist bereits tief zertalt gewesen. Kennzeichnend waren ausgeglichenere und sanftere Formen, die typischen schroffen und zugeschärften Hochgebirgsformen entwickelten sich erst später durch die Glazialerosion im Pleistozän. Alpenteile mit Hochflächencharakter werden vielfach als Ergebnis tertiärer Flächenbildung angesehen. Als Relikte früherer Landoberflächen gelten die Augenstein- und die Raxlandschaft. Aufgrund des komplexen morphologischen Gefüges sind allerdings viele Gesichtspunkte der tertiären Reliefentwicklung nach wie vor nicht geklärt.

Glaziale Formung

Durch die Vereisungen der **pleistozänen Kaltzeiten** wurden die Alpen nachhaltig überprägt. So sind die charakteristischen Hochgebirgsformen maßgeblich ein Ergebnis der im Pleistozän wirksamen glazialen, glazifluvialen und periglazialen Prozesse. In den Glazialzeiten des Pleistozäns lag die **Schneegrenze** bei rund 1000–1200 m über NN und damit mehr als 1000 m unterhalb ihres heutigen Niveaus. In den höheren Lagen bildeten sich Kargletscher und die Altflächenreste entwickelten sich durch die Akkumulation von Schnee und folgender Firn- und Gletschereisbildung zu Nährgebieten der Talgletscher. Die voreiszeitlichen, fluviatil gestalteten Kerbtäler bildeten sich durch die Tätigkeit des Gletschereises zu Trogtälern oder U-Tälern um. Auch die **Tallängsprofile** wurden glazial überprägt. Neben Gefälle- oder Talstufen entwickelten sich die

Seitentäler an den Einmündungen zum Haupttal zu Hängetälern. Vielfach entstanden im Postglazial an den Hängetalmündungen Kerbtäler oder Klammen mit Wasserfällen. Darüber hinaus wurden **Wasserscheiden** durch die Arbeit des Eises tiefer gelegt oder verlagert und Pässe ausgeweitet. Ein typisches Merkmal glazialer Erosion ist die stark gesteinsabhängige Übertiefung von Talabschnitten, die talwabwärts von Schwellen abgeschlossen sind. Übertiefungen wurden später zum Teil durch Schmelzwasserablagerungen wieder verfüllt. Vielfach findet sich Moränenmaterial von spät- und postglazialen Eisvorstößen. Die jüngste Moräne, die bereits deutlich vor dem heutigen Eisrand liegt, datiert aus dem Zeitraum um 1850.

Aktuelle Fcrmung

Heute sind die Alpen eine Region höchster **fluvialer Aktivität**. Auch **gravitative Massenbewegungen** wie Felsstürze, Rutschungen und Muren wirken insbesondere in den Talabschnitten mit glazial übersteilten Talwänden, Wildbäche transportieren große Sedimentfrachten talwärts. Glaziale und periglaziale Prozesse wirken auch heute, wenngleich mit geringerer Intensität und auf einen kleineren Höhenspielraum begrenzt als im Spätglazial. Allerdings hat in den Alpen Deutschlands insbesondere die glaziale Formung nur noch eine sehr untergeordnete Bedeutung, da die Gletscheroberflächen von Schnee- und Höllentalferner im Wettersteingebirge und Blaueis- und Watzmanngletscher in den Berchtesgadener Alpen auf weniger als 80 ha geschrumpft sind. In der jüngeren Vergangenheit werden die geomorphologischen Formungsprozesse in hohem Maß **anthropogen** (z.B. Almwirtschaft, Straßen- und Wegebau, Tourismus) beeinflusst. ■

Wissens-Check

1. Vergleichen Sie die deutsche Nordseeküste mit der deutschen Ostseeküste und diskutieren Sie die potenziellen Auswirkungen eines Meeresspiegelanstiegs auf diese Küsten.
2. Kennzeichnen Sie die Rolle junger Bruchtektonik und des Vulkanismus im Relief der deutschen Mittelgebirge.
3. Wo und warum sind in Süddeutschland äolische Sedimente unter besonderer Berücksichtigung der Lösse zu finden?
4. Erläutern Sie die Entwicklung des Rhein-Donau-Systems oder den „Kampf um die europäische Wasserscheide".

Literaturhinweise

Baumhauer, R. (2007): Von der Küste zum Hochgebirge – Reliefentwicklung. In: Glaser, R., Schenk, W. [Hrsg.]: Geographie Deutschlands: 107–116. Darmstadt (WBG).

Birkenhauer, J. (1983): Tal- und Höhenrelief der deutschen Mittelgebirge. Geographische Rundschau, 35 (1): 27–34.

Dongus, H. (2000): Die Oberflächenformen Südwestdeutschlands. Geomorphologische Erläuterungen zu Topographischen und Geologischen Übersichtskarten. Berlin, Stuttgart (Borntraeger).

Eberle, J., Eitel, B., Blümel, W.D., Wittmann, P. (2010): Deutschlands Süden – vom Erdmittelalter zur Gegenwart. Heidelberg (Springer).

Embleton, C. (Hrsg.) (1984): Geomorphology of Europe. Weinheim (Verlag Chemie).

Henningsen, D., Katzung, G. (2002): Einführung in die Geologie Deutschlands. 6. Aufl. Heidelberg (Springer).

Liedtke, H., Marcinek, J. (Hrsg.) (1995): Physische Geographie Deutschlands. Gotha (Perthes).

Semmel, A. (1980): Geomorphologie der Bundesrepublik Deutschland. Wiesbaden (Steiner).

2 Klimageographie

Elisabeth Tressel und Christof Kneisel

2.1 Einführung in die Klimageographie

Überblick

Die **Klimageographie** beschäftigt sich mit den Ausprägungen und Auswirkungen des Klimas an der Erdoberfläche. Als „Geographie-orientierte Klimakunde" zählt sie zu den Teilgebieten der Physischen Geographie, die eine räumliche Differenzierung der Klimaelemente und Klimate bis hin zu den Klimaklassifikationen verfolgt. Mit den Disziplinen **Klimatologie** und **Meteorologie** hat die **Klimageographie** die Lufthülle der Erde, die Atmosphäre, als gemeinsamen Forschungsgegenstand.

Die **Klimatologie**, ein Teilgebiet der Meteorologie, befasst sich im engeren fachwissenschaftlichen Sinne mit den Bedingungen und Abläufen der physikalischen Erscheinungen in der Atmosphäre. Ein wesentlicher Schwerpunkt ist die Betrachtung der physikalischen Zustände in der mittleren und höheren Atmosphäre sowie der Einflüsse auf das Klimageschehen an der Erdoberfläche. Dabei nutzt sie die physikalischen Erkenntnisse der Meteorologie. Eine Unterteilung der Klimatologie mit entsprechenden Arbeitsschwerpunkten erfolgt in die Allgemeine Klimatologie (u.a. separative Klimatologie), die Spezielle Klimatologie (u.a. synoptische und dynamische Klimatologie, natürliche Klimaschwankungen), die Regionale Klimatologie (u.a. regionale Differenzierung globaler Prozesse und Phänomene) und die Angewandte Klimatologie (u.a. Klimaschutz, Klimawandel).

Die **Meteorologie**, definiert als die Lehre von der Lufthülle der Erde, zählt zu den geophysikalischen Wissenschaften, deren Forschungs- und Betrachtungsgegenstand ebenfalls die Atmosphäre ist. Sie beschäftigt sich mit den physikalischen und chemischen Prozessen in der Atmosphäre sowie mit den Eigenschaften und Ursachen des Wettergeschehens und untersucht die kausalen Zusammenhänge der atmosphärischen Zustandsänderungen. Klassische Teilgebiete der Meteorologie sind u.a. die Synoptische Meteorologie (Wetterkunde/Wettervorhersage), die Aerologie (Meteorologie der höheren Luftschichten, v. a. Atmosphärenphysik) sowie Klimatologie und Bioklimatologie.

Eine eindeutige Differenzierung zwischen den Begriffen Klimageographie und Klimatologie lässt sich jedoch in den zahlreichen Lehrbüchern nur schwer finden, sondern vielmehr eine enge Verzahnung bis hin zur synonymen Verwendung beider Begriffe. Lauer und Bendix (2006, S. 10) begründen dies wie folgt: „Vielfach wird heute zur Akzentuierung einer Geographie-orientierten Klimakunde die Bezeichnung Klimageographie gewählt, in Analogie zu den Begriffen Hydrogeographie, Vegetationsgeographie usw. Da aber gleichwohl die Vielfalt der klimatischen Erscheinungen in der Atmosphäre und ihre Wirkungen im Zusammenhang mit den geographischen Faktoren der Erdoberfläche physikalisch-kausal interpretiert werden müssen, mithin hinreichende Kenntnisse der physikalisch-dynamischen Prozesse vonnöten sind, entfällt eine grundsätzliche Unterscheidung von Klimatologie und Klimageographie. Dies gilt zunehmend durch die Einbeziehung der ökologischen Dimension in den Aufgabenkatalog erdwissenschaftlicher Forschung. Hier wird die Klimatologie immer stärker zu einer übergreifenden spezifischen Betrachtungsweise des Systems Atmosphäre-Erde-Mensch." Eine Differenzierung beider Begriffe erscheint daher nicht zwingend erforderlich (siehe hierzu auch Blüthgen und Weischet, 1980 und Weischet und Endlicher, 2012).

Die Schwerpunkte im Rahmen dieser Einführung in die Klimageographie/Klimatologie liegen auf der Darstellung der physikalischen Grundlagen, des Strahlungs- und Wärmehaushaltes, der planetarischen Zirkulation der Atmosphäre (AZA), den kleinräumigen Zirkulationssystemen sowie auf der räumlichen Differenzierung der Klimazonen anhand ausgewählter Klimaklassifikationen.

2.1.1 Das Klimasystem der Erde

Klimasystem

Das Klima der Erde ist ein sehr komplexes Prozessgefüge, welches durch die enge Wechselwirkung zwischen den Komponenten der Atmosphäre, der Hydrosphäre, der Biosphäre, der Kryosphäre, der Lithosphäre, der Pedosphäre und nicht zuletzt auch der Anthroposphäre gesteuert wird. Die Atmosphäre bildet zusammen mit diesen Sphären (Untersystemen) das globale Klimasystem der Erde (Abb. 2.1). Sein Wirkungskomplex bestimmt in hohem Maße das Erscheinungsbild unserer Umwelt (z. B. Trockengebiete, Regenwald, Tundra etc.; vgl. Kap. 5).

Das **Klimasystem** besteht vereinfacht aus:

- **Sonne**: Diese bildet den Hauptmotor im Klimasystem. Dabei wird der Ablauf des Klimas von der Stellung der Erde zur Sonne bestimmt, die sich ständig ändert;
- **Atmosphäre**: Die Zusammensetzung der Atmosphäre steuert den Temperaturhaushalt;
- **Hydrosphäre**: Über Verdunstung, Wasserdampf-Transport und Niederschlag bestimmt der Wasserkreislauf die Klimazonen und damit die Lebensbedingungen auf der Erde;

- **Biosphäre**: Insbesondere über den Kohlenstoffkreislauf beeinflusst diese Sphäre das Klima auf der Erde;
- **Archiven**: Wechselhaftigkeit des Klimasystems ist in natürlichen Speichern wie Ozean- und Seesedimenten, Baumringen, fossilen Böden etc. verschlüsselt festgehalten.

Neben diesen internen Einflussparametern wirken auch noch externe Einflüsse auf das Klimasystem ein. Hierzu zählen im Besonderen die Änderung der solaren Einstrahlung (Solarkonstante) als Folge einer veränderten Sonnenaktivität, die Änderung der Erdbahnparameter, veränderte atmosphärische Bedingungen wie Vulkanaktivität etc. (vgl. Malberg, 2007, S. 303).

2.1.2 Klima – zeitliche und räumliche Dimensionen

Das Klima zeichnet sich sowohl durch eine **räumliche** wie auch durch eine **zeitliche Dimension** aus.

Zeitliche Dimension des Klimas

Definitionen

Hinsichtlich der **zeitlichen Dimension** ergibt sich eine inhaltliche Differenzierung zwischen den Begriffen **Wetter – Witterung – Klima**, die gleichzeitig Inhalte klimageographischer/klimatologischer Arbeitsweisen sind.

Wetter

Unter **Wetter** versteht man den augenblicklichen Zustand der Atmosphäre, wie sich dieser an einem bestimmten Ort und zu einer bestimmten Zeit beschreiben lässt. Betrachtungsgegenstand ist die Troposphäre. Dabei lassen sich als Grundlage der Beschreibung des Zustandes die messbaren Klimaelemente wie Luftdruck, Niederschlag, Lufttemperatur, Luftfeuchte etc. (vgl. Tab. 2.1 Klimaelemente) nennen. Wesentliche Arbeitsinstrumente sind die Wetterkarten (Boden- und Höhenwetterkarte), mit deren Hilfe das Wetter interpretiert und Wettervorhersagen abgeleitet werden können.

Witterung

Demgegenüber bezieht sich der Begriff **Witterung** auf die Betrachtung des Wettergeschehens über einen längeren Zeitraum (von einigen Tagen, einer Woche, einem Monat bis zu einer Jahreszeit) mit seinen charakteristischen Abläufen, wie z. B. das Weihnachts(tau)wetter bzw. der Altweibersommer.

Klima

Unter dem Begriff **Klima** ist die Zusammenfassung der erdnahen und die Erdoberfläche beeinflussenden atmosphärischen Zustände und Witterungsvorgänge für einen Ort, eine Landschaft oder einen größeren Raum während eines längeren Zeitraumes zu verstehen. Dies bedeutet, dass die statistischen Gesamteigenschaften (wie z. B. Mittelwerte, Streuungen, extreme Werte, Häufigkeitsverteilungen etc.) über eine genügend lange Zeitperiode festgelegt werden. Nach den Empfehlungen der World Meteorological Organization (WHO; 1960) sollen klimatologische Bezugsperioden möglichst 30 Jahre (z. B. 1901–1930, 1931–1960, 1961–1990 etc.) umfassen, um eine weltweite Datenvergleichbarkeit zwischen den auf der Welt verteilten Klimastationen gewährleisten zu können. Hierfür wurden sog. Klimanormalwerte (Climate Normals = CLINOs) definiert.

Stichwort

Großwetterlagen

Unter Großwetterlagen (GWL) versteht man eine besondere Erscheinungsform atmosphärischer Luftströmungen, die über mehrere Tage und größere Teile der Erde ähnliche Luftdruckverteilung aufweisen. Das Wetter kann in dieser Periode durchaus wechseln, der Charakter der Witterung bleibt jedoch erhalten. Für Mitteleuropa lassen sich 29 Großwetterlagen unterscheiden. Ein bekanntes Beispiel einer Großwetterlage ist die sog. Vb-Wetterlage. Bei dieser GWL liegt in den höheren Luftschichten ein Tiefdrucktrog über West- und Mitteleuropa, die Höhenströmung mäandriert vom Nordatlantik kommend zunächst südwärts, um dann über Südeuropa nach Norden umzubiegen und schließlich über Mitteleuropa weiter nordwärts auszugreifen. Ein z.B. über dem Raum Genua entstandenes Tief wird mit der Höhenströmung über Oberitalien hinweg um die Alpenostseite herum weiter nach Norden gelenkt und zieht nach seinem Weg über Tschechien und Polen weiter nach Skandinavien. Da manchmal im Vorfeld einer Vb-Entwicklung auf der Vorderseite eines bis nach Nordafrika vorstoßenden Höhentroges mit südlicher Strömung heiße Luftmassen aus der Sahara über das Mittelmeer geführt und dann mit viel Feuchtigkeit angereichert nach Norden verlagert werden, bewirken diese feuchtheißen Luftmassen auf der Vb-Zugbahn über der Osthälfte Deutschlands z.T. lang anhaltende und ergiebige Niederschläge, die durch die zusätzliche erzwungene Konvektion im Bereich der Alpen sowie der östlichen Mittelgebirge dort noch verstärkt werden können. Diese Konstellation führte zum Elbehochwasser im August 2002 (vgl. www.DWD.de)

Räumliche Dimension des Klimas – Skalenbetrachtung

Hinsichtlich der **räumlichen Dimension** des Klimas lassen sich nachfolgend aufgeführte Unterscheidungen vornehmen:

Dem **Makroklima** wird u.a. das Klima einer Zone oder eines Kontinentalteiles zugeordnet. Betrachtet werden dabei die großräumigen Bewegungsmechanismen (z.B. Allgemeine Zirkulation der Atmosphäre). Die räumliche Unterteilung erfolgt auf der Basis von Klimaklassifikationen bzw. von Klimazonierungen aus globaler, kontinentaler und großregionaler Sicht.

Im Vergleich zum Makroklima ordnet man dem **Mikroklima** das Klima der bodennahen Luftschicht zu, bezogen auf einen räumlich eng begrenzten Ausschnitt. Untersucht wird u.a. der Strahlungsumsatz an der Bodenoberfläche. Insbesondere die Verschiedenheit der Bodenbedeckung, des Pflanzenbewuchses, der Gesteinsoberfläche etc. kann auf engem Raum große mikroklimatische Gegensätze erzeugen.

Eingeordnet zwischen Makroklima und Mikroklima, bezieht sich das **Mesoklima** auf das Klima einer Landschaft, einer Stadt (**Stadtklima**) oder eines Geländes

(Geländeklima), wobei die Einflüsse der Topographie (u.a. Geländeformen, Hangneigungen) und der Beschaffenheit der Erdoberfläche auf die klimatischen Bedingungen - im Vergleich zum Makroklima - von wesentlicher Bedeutung sind.

Stichwort

Stadtklima und Luftqualität

Das Stadtklima ist von der World Meteorological Organization (WMO) als gegenüber dem Umland verändertes Lokalklima definiert. Dichte Bebauung und geringere oder fehlende Vegetation, Schadstoffemissionen und anthropogene Wärmeproduktion können in Städten zu einer höheren Durchschnittstemperatur und Schadstoffkonzentration sowie zu niedrigerer Windgeschwindigkeit und Luftfeuchtigkeit führen, als im weniger dicht besiedelten Umland. Die Veränderung des Strahlungs- und Wärmehaushaltes in Städten wird v.a. nachts deutlich, da dann der Bodenwärmestrom deutlich höher ausfällt als aus Böden und vegetationsbestandenen Flächen im Umland. Durch die erhöhte Wärmeleit- und -speicherfähigkeit der Infrastruktur (Häuser und Straßen) wird tagsüber deutlich mehr Energie in den Untergrund abgeführt als im Freiland, die nachts wieder abgestrahlt wird. In der Stadtklimatologie wird dieser Effekt als „städtische Wärmeinsel" bezeichnet. Die Intensität der städtischen Wärmeinsel hängt nicht nur vom Grad der Bebauung, sondern insbesondere auch von topographischen Gegebenheiten ab. Städte in Becken- und Tallagen weisen einen geringeren Luftmassenaustausch und eine höhere Wärmeinselintensität auf. Bei stadtklimatologischen Untersuchungen werden auch Aspekte der Luftqualität mitberücksichtigt. Dies bezieht sich auf unterschiedliche gas- und partikelförmige Schadstoffe. Hier sind insbesondere die Stickoxide (NO_x) aus dem Automobilverkehr und Industrieabgasen aus denen unter Einwirkung von Sonnenlicht über eine Reaktionskette bodennahes Ozon gebildet werden kann, zu nennen.

2.1.3 Klimaelemente und Klimafaktoren

Klima**elemente** und Klima**faktoren** bestimmen das Klima eines Raumes.

Klimaelemente

Bei den Klimaelementen handelt es sich um meteorologische Messgrößen, die einzeln sowie durch ihr Zusammenwirken das Klima in den verschiedenen Maßstabsbereichen kennzeichnen. Hierzu zählen u.a. der Luftdruck, die Temperatur, der Niederschlag, die Verdunstung, der Wind etc. (Tab. 2.1). Die Klimaelemente werden über bestimmte Messgeräte bzw. durch Beobachtungen erfasst und dienen der Beschreibung des Wetters bzw. des Klimas. Klimaelemente

Klimafaktoren

Die Klimafaktoren (Tab. 2.1) beeinflussen in ganz entscheidendem Maße die Ausprägung des Klimas. Sie lassen sich u.a. aus den geographisch beding- Klimafaktoren ten Gegebenheiten eines Gebietes ableiten. Ihre Einflussnahme auf die Klimaelemente unterscheidet sich im Vergleich unterschiedlicher Maßstabsebenen (lokal, regional, global).

Tab. 2.1 Gegenüberstellung Klimaelemente und Klimafaktoren.

Klimaelemente messbare Größen	**Klimafaktoren** geographisch bedingte Gegebenheiten eines Gebietes
– Strahlung – Luftdruck – Luftfeuchtigkeit (Wasserdampfgehalt d. Luft) – Temperatur – Wind – Verdunstung – Niederschlag – Bewölkung	– geographische Breite – Meereshöhe – Land-Wasser-Verteilung – Maritimität/Kontinentalität – Relief (Oberflächengestalt) – Bodenbedeckung – Exposition (Hangneigungsrichtung)

Stichwort

Klimawandel, Klimaschwankung, Klimaänderung

Die Begriffe bezeichnen die Veränderung des Klimas auf der Erde, unabhängig davon, ob die Ursachen auf natürlichen oder anthropogenen Einflüssen beruhen. Natürliche Gründe für Klimaschwankungen sind die Kontinentaldrift, die periodischen Schwankungen der Orbitalparameter (sog. Milankovic-Zyklen) und die Veränderung der Sonnenaktivität. Rasche Klimaschwankungen können durch explosiven Vulkanismus, Asteroideneinschläge und Rückkoppelungsprozesse im System Erde-Atmosphäre resp. Interaktionen zwischen Hydrosphäre und Atmosphäre (siehe Stichwort ENSO) ausgelöst werden.
Der aktuelle Klimawandel kann nicht nur durch natürliche Faktoren erklärt werden, sondern ist durch menschliches Handeln mitbeeinflusst, da der Mensch zum einen durch den Eintrag von Treibhausgasen und Aerosolen die Zusammensetzung der Atmosphäre und zum anderen durch die Landnutzung die Erdoberfläche verändert hat. Folgen des anthropogen induzierten Klimawandels sind u.a. eine Zunahme der globalen Mitteltemperaturen, Gletscherschwund und Permafrostdegradation, Rückgang der Meereisbedeckung, Verlängerung der Vegetationsperioden, Einwanderung von Neophyten etc. Auch Witterungsanomalien und die Häufung von Extremereignissen und Naturkatastrophen (Hochwasser und Überschwemmungen, Hitzeperioden, Gewitter, Stürme etc.) werden von manchen Klimaforschern in Zusammenhang mit dem Klimawandel gebracht, wobei diese Extremwitterungsereignisse auf einer kürzeren Zeitskala ablaufen als eine Klimaänderung.
Neben vielen negativen Aspekten hat der Klimawandel auch einige positive Aspekte wie z.B. das eisfrei werden der Nordwestpassage was durch die Verkürzung des Seeweges von wirtschaftlicher Bedeutung ist.

2.2 Kennzeichnung und Gliederung der Atmosphäre

Atmosphäre

Unter Atmosphäre ist die durch Massenanziehung an einen Himmelskörper gebundene **Gashülle** zu verstehen. Als Folge der Erdrotation verhindern Fliehkraft und Gravitation (Newton'sche Massenanziehung), dass sich die Bestandteile der Atmosphäre verflüchtigen. In Abhängigkeit von der Temperatur, der Größe und der Masse des Himmelskörpers kann ihre Zusammensetzung sehr unterschiedlich sein (vgl. u.a. Weischet und Endlicher, 2012). Während die größte Dichte im Meeresniveau vorherrscht, zeigt sich mit zunehmender Höhe eine schnelle Abnahme.

Gegenüber den Lufthüllen anderer Planeten zeichnet sich die Erdatmosphäre durch das Vorhandensein von Wasserdampf und Sauerstoff aus. Im Folgenden wird die Zusammensetzung und die vertikale Gliederung der Atmosphäre des Planeten Erde näher betrachtet, die wie eine dünne „Haut" die Gashülle der Erde umgibt.

2.2.1 Zusammensetzung der heutigen Erdatmosphäre

Zusammensetzung der Erdatmosphäre

Die Tabelle 2.2 zeigt die Zusammensetzung der reinen Erdatmosphäre nahe dem Meeresniveau, wobei die **beständigen (permanenten) Hauptgase** wie Stickstoff, Sauerstoff und Argon sowie Kohlendioxid als wichtigstes, **nicht-beständiges Spurengas** den Hauptanteil an der Zusammensetzung ausmachen.

Hervorzuheben sind zudem die wichtigen **klimawirksamen Spurengase** wie Kohlendioxid (CO_2), Methan (CH_4) und Distickstoffoxid (N_2O), die im Wesentlichen den Treibhauseffekt der Atmosphäre beeinflussen. Weiterhin enthält die Atmosphäre Suspensionen und Wasserdampf, deren Anteile örtlich und zeitlich stark variieren und die Atmosphäre 'feucht und unrein' machen. Hierzu zählen neben dem Wasserdampf, das Ozon (O_3) und die Aerosole (Meersalz, Gesteins- und Vulkanstaub, Verunreinigungen durch Industrie, Pollen, Bakterien). Der Wasserdampfgehalt der Luft ist temperaturabhängig und schwankt räumlich und zeitlich (z.B. zwischen 0,4 Vol.-% im Winter der Mittelbreiten und maximal 4,0 Vol.-% in den Tropen) sehr stark. Der Wasserdampf hat einen erheblichen Einfluss auf die atmosphärischen Prozesse. Neben seiner Bedeutung für die Wolken- und Niederschlagsbildung wirkt er ganz entscheidend auf den Strahlungs- und Energiehaushalt der Erde ein (vgl. u.a. Kap. 2.3 und 2.4). Im Vergleich zu allen anderen Gasen der Atmosphäre kommt der Wasserdampf in drei Aggregatzuständen (gasförmig als Wasserdampf, flüssig als Wasser, fest als Eis) vor.

2.2.2 Der Stockwerksbau und vertikale Gliederungsmöglichkeiten der Atmosphäre

Aufbau der Atmosphäre

In der Atmosphäre spielen sich alle Klima- und Wetterprozesse ab, wobei die beiden unteren Stockwerke für das klimatische Geschehen auf der Erde die wichtigsten sind. Der Aufbau der Atmosphäre kann in dreifacher Hinsicht gegliedert werden: thermisch, chemisch und elektrisch. Aufgrund ihrer Schichtenstruktur lässt sich eine vertikale Stockwerksgliederung (mit unterschiedlichen Eigenschaften) bis in eine Höhe von 400 km vornehmen. Dabei enden die einzelnen Stockwerks-(**Schichten-)namen** jeweils mit dem Anhängsel **-sphäre**

Tab. 2.2 Zusammensetzung der reinen Atmosphäre nahe dem Meeresniveau (verändert nach Hupfer & Kuttler, 2006, S. 36).

Bestandteil (Molekül)	Chemisches Zeichen	Vol-%
Beständige Hauptgase		
Stickstoff	N_2	78,09
Sauerstoff	O_2	20,95
Argon	Ar	0,93
	Summe	**99,97 %**
Beständige Spurengase		
Neon	Ne	$1{,}8 \times 10^{-3}$
Helium	He	$5{,}24 \times 10^{-4}$
Krypton	Kr	$1{,}0 \times 10^{-4}$
Wasserstoff	H_2	5×10^{-5}
Xenon	Xe	8×10^{-6}
Schwefeldioxid	SO_2	bis 0,0001 variabel
Nicht-beständige Spurengase (etwa 1995)		
Kohlendioxid	CO_2	0,036 variabel
Ozon	O_3	1×10^{-6} variabel
Methan	CH_4	1,75 ppm
Radon	Rn	6×10^{-18}
Distickstoffoxid	N_2O	0,32 ppm
FCKW	CF_2Cl_2 u. a.	0,00484 ppm
Ammoniak	NH_4	0,0000026
Stickstoffdioxid	NO_2	bis 0,000002
Wasserstoffperoxid	H_2O_2	0,00000004
Jod	J_2	0,0000000035
Wasserdampfgehalt der Luft schwankt aufgrund seiner Temperaturabhängigkeit (s. S. 5 und weiter unten)		

(z.B. Troposphäre) und die Stockwerks-(**Schicht-)grenzen** mit dem Anhängsel **-pause** (z.B. Tropopause) (vgl. Abb. 2.1).

2.2.3 Vertikale Stockwerksgliederung nach der chemischen Zusammensetzung

Aus der **chemischen Zusammensetzung** der Atmosphäre ergibt sich ein erstes einfaches Unterscheidungskriterium nach **Homosphäre** und **Heterosphäre**.

Vom Erdboden bis in eine Höhe von ca. 80/100 km ist die Zusammensetzung der Luft hinsichtlich des proportionalen Anteils der beteiligten Gase nahezu homogen - ausgenommen Wasserdampf und Sauerstoff. Dieser Bereich der Atmosphäre wird daher auch als **Homosphäre** bezeichnet, in der eine konvektive und turbulente Durchmischung stattfindet. Des Weiteren zeichnet sich dieser Stockwerksabschnitt durch thermische (Erwärmung) und dynamische Prozesse (Turbulenzen) aus.

Homosphäre

Oberhalb der Homosphäre befindet sich die **Heterosphäre**, in der - aufgrund mangelnder Konvektion - keine weitere Durchmischung stattfindet. Infolgedessen setzt eine Entmischung der verschiedenen Bestandteile nach ihrem Atom- bzw. Molekulargewicht (= Diffusionsvorgänge) ein, mit dem höchsten Gewicht unten und dem niedrigsten oben. Wesentlich hier ist die thermisch bedingte Eigenbewegung der Moleküle und Atome (= Brown'sche Molekularbewegung), d.h. je geringer das Molekulargewicht umso höher die Eigenbewegung der Bestandteile, umso höher die Temperatur. Dies drückt sich auch in der Namensgebung „Thermosphäre“ aus.

Heterosphäre

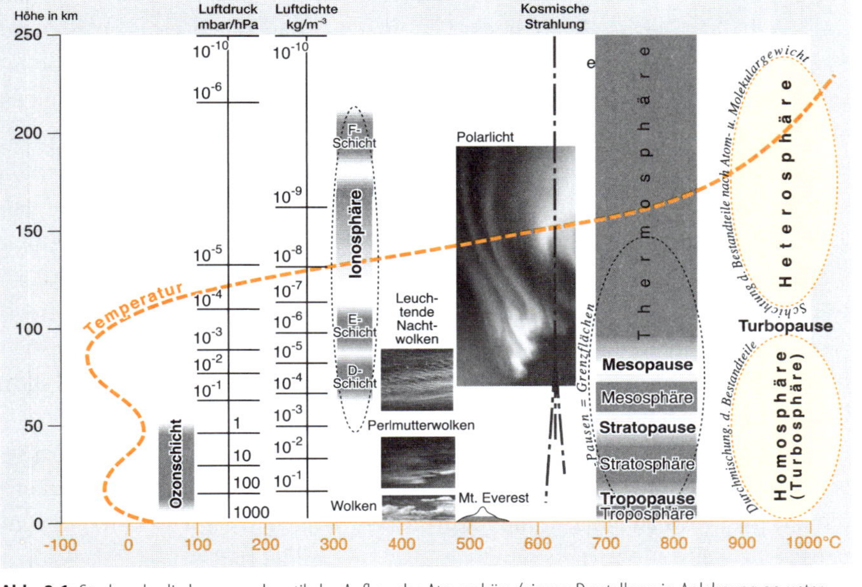

Abb. 2.1 Stockwerksgliederung und vertikaler Aufbau der Atmosphäre (eigene Darstellung in Anlehnung an unterschiedliche Autoren).

2.2.4 Vertikale Stockwerksgliederung nach der mittleren Temperaturverteilung

Temperaturverlauf

Beim **mittleren vertikalen Temperaturverlauf** ergibt sich - temperaturabhängig - eine weitere Unterteilung der Atmosphäre in verschiedene Stockwerke. Dabei zeigt sich, dass der Übergang von einem Stockwerk zum nächsten durch markante Änderungen des mittleren vertikalen Temperaturgradienten erfolgt. Diese Temperaturkurve gibt die räumlich-zeitlich gemittelte Temperatur (im Meeresspiegelniveau ca. 15 °C, an der Tropopause ca. -55 °C) an.

Die Troposphäre

Die unterste Schicht der Atmosphäre ist die **Troposphäre,** die eine dynamische Funktion besitzt. In ihr spielt sich u.a. das Wettergeschehen (Wolken- und Niederschlagsbildung) mit seinen großen Massen und Energietransporten auf der Erde ab. Im Mittel reicht sie bis in eine Höhe von ca. 12 km und enthält 3/4 der Masse der gesamten Atmosphäre. Innerhalb der Troposphäre finden Prozesse der Durchmischung und der Konvektion statt. Das physikalische Hauptmerkmal ist die stetige Abnahme der Lufttemperatur mit der Höhe. D.h. es liegt ein negativer Temperaturgradient vor, wobei die Temperaturabnahme vom Boden bis in eine Höhe von 12 km im Mittel um 0,65 °C/ 100 m abnimmt. Es handelt sich hierbei um den sog. **geometrischen** (mittleren vertikalen) **Temperaturgradienten**.

Die Ausdehnung der vertikalen Erstreckung der Troposphäre ergibt sich in Abhängigkeit von der Erwärmung der Erdoberfläche und der von dort ausgehenden konvektiven Durchmischung. Die Troposphäre reicht in den Tropen bis in eine Höhe von ca. 18 km und an den Polen lediglich bis in eine Höhe von 9 km, wie ein Schnitt vom Äquator zu den Polen zeigt. Daraus resultiert, dass die Höhenlage der **Tropopause** als Grenzschicht zwischen Troposphäre und Stratosphäre in Abhängigkeit der geographischen Breite durch sog. Tropopausensprünge gekennzeichnet ist. Die im Wesentlichen breitenkreisabhängigen Schwankungen in der Höhenlage der Tropopause sind Ausdruck der energetischen und thermischen Gegensätze in der unteren Schicht der Atmosphäre, da sich die warme Tropikluft gegenüber der kalten Polarluft stärker ausdehnen kann. Entsprechend unterschiedlich sind die Temperaturangaben: Am Äquator liegen in 18 km Höhe die Temperaturwerte zwischen -70 °C bis -80 °C, während an den Polen in nur 9 km Höhe die Temperaturwerte - 45 °C erreichen. Entsprechend der Temperaturabnahme mit der Höhe findet in der Troposphäre vom Boden bis zur Tropopause eine Luftdruckabnahme statt. Gleiches gilt auch für die Luftdichte (vgl. hierzu auch Abb. 2.1).

Die Tropopause

Der Übergang von der Troposphäre zur Stratosphäre, die Tropopause, zeichnet sich durch eine abrupte Änderung des vertikalen Temperaturgradienten aus, wobei es zu einer Temperaturumkehr kommt. Somit stellt die Tropopause eine weltweite Inversionsschicht dar. Hier bildet sich eine stabile Schicht aus, mit zunächst gleichbleibender Temperatur (= **Isothermie**) und anschließendem Temperaturanstieg (= **Inversion**) bis in eine Höhe von ca. 50 km.

Innerhalb der **Stratosphäre** findet die Bildung und Zerstörung von Ozon durch kurzwellige Sonnenstrahlung im Wellenlängenbereich zwischen 0,2 bis 0,3 µm statt. Besonders in einer Höhe von 20 bis 30 km ist eine Anreicherung von Ozon durch diese photochemischen Prozesse festzustellen. Infolgedessen kommt es in diesem Stockwerksabschnitt (= Ozonschicht) zur Absorption energiereicher kurzwelliger Ultraviolett-Strahlung der Sonne mit der Folge einer deutlichen Temperatursteigerung, da durch die Strahlungsabsorption zugleich Strahlungsenergie in Wärme umgesetzt wird. Die Ozonschicht verhindert gleichzeitig, dass die kurzwelligen (ultravioletten) Strahlen ungehindert zur Erdoberfläche durchgelassen werden (vgl. Kap. 2.3.3). Die Stratosphäre

Oberhalb der **Stratopause** (in ca. 50 km Höhe) folgt bis ca. 80 km Höhe die **Mesosphäre,** die wiederum durch eine vertikale Temperaturabnahme gekennzeichnet ist. Jenseits dieser Grenzschicht, der **Mesopause**, setzt mit dem Übergang zur **Thermosphäre (Ionosphäre)** ein erneuter starker Temperaturanstieg ein. Diese Schicht ist durch ionisierte Moleküle mit großer Geschwindigkeit und sehr hoher Temperatur gekennzeichnet. Die Mesosphäre und Thermosphäre

Aus der **thermischen Gliederung der Atmosphäre** lassen sich somit drei „**Heizflächen**" – die Erdoberfläche, die Ozonschicht und die Ionosphäre – ableiten. Dabei liegt die Antriebskraft für die Erwärmung dieser Heizflächen in der elektromagnetischen Strahlung der Sonne.

2.2.5 Die atmosphärischen Zustandsgrößen Luftdruck und Temperatur

In Verbindung mit der Darstellung der vertikalen Gliederung der Atmosphäre (Abb. 2.1) konnte gezeigt werden, dass in Abhängigkeit von der Zunahme der Höhe eine Abnahme der Temperatur und des Luftdrucks einhergeht. Diese beiden Zustandsgrößen zählen neben anderen zu den wichtigsten meteorologischen Größen, die die Prozesse im Klimasystem steuern. Daher soll auf diese Elemente hier kurz eingegangen werden. Ausführliche Darstellungen finden sich u.a. in den Lehrbüchern von Hupfer und Kuttler, 2006; Häckel, 2016; Weischet und Endlicher, 2012; Schönwiese, 2013; Lauer und Bendix, 2006; Malberg, 2007.

Der Luftdruck

Der Luftdruck stellt – neben weiteren meteorologischen Größen – eine wesentliche Grundlage für großräumige und lokale Wettervorhersagen dar. Definiert wird der Luftdruck als „die Kraft, die senkrecht auf die Oberflächen der (gedachten) Luftsäule wirkt" (vgl. Lauer und Bendix, 2006, S. 151). Anders formuliert ist der Luftdruck das Gewicht einer Luftsäule, die auf eine Unterlage drückt. Dieser hydrodrastische Druck entsteht unter der Wirkung der Schwerkraft. Die Maßeinheit für den Luftdruck ist Hektopascal (hPa). In Meeresniveau beträgt der mittlere Luftdruck 1013 hPa. Definition

Mit zunehmender Höhe nimmt der Luftdruck ab, da sich erstens die Schwerkraft verringert und zweitens das Gewicht der auflastenden Luftsäule abnimmt. Entsprechend ist die Luft auf Meeresniveau, wo das gesamte Gewicht der Luftsäule auflastet, dichter ‚gepackt' als in größerer Höhe, in der nur noch eine deutlich geringere Luftsäule existiert. Übertragen auf die vertikale Gliederung der Atmosphäre zeigt sich, dass in etwa 5,5 km Höhe der Luftdruck bereits um die Hälfte geringer ist als im Meeresniveau (vgl. Abb. 2.1). Der Zusammenhang zwischen dem Luftdruck und der Höhe wird mittels der barometrischen Höhenformel beschrieben (vgl. u.a. anschauliche Darstellungen bei Lauer u. Bendix 2006 und Häckel 2016). Zudem gibt es einen Zusammenhang zwischen dem Luftdruck und der Temperatur: Der Luftdruck nimmt in einer dichten, kalten Atmosphäre nach oben rascher ab als in einer weniger dichten, warmen Atmosphäre (vgl. hierzu 2.4.3 Aerologisches Grundgesetz).

Barometrische Höhenformel

Die Temperatur

Der hypsometrische/geometrische Temperaturgradient

Dass die Temperatur höhenabhängigen Veränderungen unterlegen ist, wurde bereits im Zusammenhang mit der Stockwerksgliederung der Atmosphäre dargelegt (vgl. Abb. 2.1). Dabei hat sich gezeigt, dass innerhalb der Troposphäre eine Temperaturabnahme mit der Höhe im Mittel um 0,65 °C/100 m erfolgt. Diesen Gradienten bezeichnet man als den **hypsometrischen** oder **geometrischen Temperaturgradienten**. Er gilt nur in der Troposphäre und ohne Vertikalbewegung von Luftvolumina. Die Ursache für die Temperaturabnahme mit der Höhe begründet sich darin, dass die Erwärmung der Atmosphäre durch die Sonne nicht von oben her erfolgt, sondern ausgehend von der Heizfläche der Erdoberfläche von unten aus erwärmt wird. Dies bedeutet, dass je weiter man sich von der Erdoberfläche entfernt, die Luft nach oben kälter wird.

2.2.6 Adiabatische Zustandsänderungen

Die Zustandsänderung der Luft wird i. W. durch die Änderung ihrer Eigenschaften wie Temperatur, Druck, Feuchte und Dichte hervorgerufen.

Der adiabatische Temperaturgradient

Der hypsometrische bzw. geometrische Temperaturgradient darf nicht mit dem **adiabatischen Temperaturgradienten** verwechselt werden, da die Anwendung des letzteren eine Vertikalbewegung (Aufsteigen/Absteigen) von Luftvolumina voraussetzt. Adiabatisch bedeutet, dass während der Vertikalbewegung des Luftpaketes Energie von außen weder zu- noch abgeführt wird.

trockenadiabatisch/feuchtadiabatisch

Dabei unterscheidet man zwischen dem trockenadiabatischen Temperaturgradienten bei trockenen Luftmassen und dem feuchtadiabatischen Temperaturgradienten bei feuchten Luftmassen. Während der trockenadiabatische

T-Gradient einen konstanten Wert von 1 °C/100 m beträgt, liegt der Wert für den feuchtadiabatischen T-Gradient unter dem des trockenadiabatischen, da die Vertikalbewegungen der Luft mit Kondensation oder Eisbildung verbunden sind. Für den feuchtadiabatischen Temperaturgradienten liegt der Schwankungsbereich zwischen 0,3 °C/100 m (bei starker Kondensation) und 0,9 °C/100 m (bei schwacher Kondensation). Regional betrachtet liegt der feuchtadiabatische T-Gradient in den Tropen bei 0,3 °C/100 m und in den Polargebieten bei 0,95 °C/100 m.

Vertikale Luftbewegungen und Schichtungsverhältnisse in der Atmosphäre

Nachfolgend wird das Verhalten vertikaler Luftbewegungen bei unterschiedlichen Schichtungsverhältnissen in der Atmosphäre betrachtet, d.h. es wird der Vergleich angestellt zwischen der Temperatur der Umgebungsluft und der Temperatur eines in Bewegung befindlichen Luftpaketes und die daraus resultierenden Vertikalbewegungen.

Schichtungsverhältnisse in der Atmosphäre

Wird ein Luftpaket (eine Luftmasse) in vertikaler Richtung bewegt, durchläuft es eine **adiabatische Zustandsänderung**:

Ein aufsteigendes Luftpaket gelangt entsprechend der Druckabnahme mit der Höhe unter einen geringeren Außendruck (der Umgebungsluft) und dehnt sich dabei infolge des in ihr herrschenden Überdruckes adiabatisch aus (= **Dilatation**). Diese Volumenänderung erfordert Arbeit. Die dazu notwendige Energie stammt aus der vorhandenen inneren (thermischen) Energie, so dass die expandierende Luft abkühlen muss.

Absteigende Luft gelangt unter höheren Druck (= Druckzunahme nach unten) und wird zusammengedrückt (= **Kompression**). Die dafür aufgewendete Kompressionsarbeit wandelt sich in innere Energie um, so dass sich ihre Temperatur erhöht (= Kompressionswärme).

Luftschichtung

Beispiele: Nimmt die Temperatur der Umgebungsluft in gleichem Maße wie die Temperatur des trockenen Luftvolumens ab, bleibt die Temperaturdifferenz zwischen Luftvolumen und Umgebungsluft in jeder Höhe konstant. Diese Art der Luftschichtung wird als **indifferent** bezeichnet, da die Vertikalbewegung weder gebremst noch beschleunigt wird.

Beträgt die Temperaturabnahme in der Umgebungsluft mehr als 1 °C pro 100 m (z.B. 2 °C/100 m), erfährt das aufsteigende (trockene) Luftvolumen eine Beschleunigung. Es ist in jeder Höhenlage wärmer als seine Umgebungsluft. Die Temperaturdifferenz wird umso größer, je weiter das Luftvolumen aufsteigt. Es erfährt dadurch einen immer größer werdenden Auftrieb. Die Schichtung wird in diesem Fall als **labil** bezeichnet.

Eine **stabile Luftschichtung** liegt hingegen dann vor, wenn die Temperaturänderung der Umgebungsluft weniger als 1 °C/100 m beträgt (z.B. 0,5 °C/100 m). Mit zunehmender Höhe gleicht sich der Temperaturüberschuss des Luftvolumens gegenüber der Umgebungsluft aus (die Temperaturdifferenz wird kleiner), wodurch die Vertikalbewegung gebremst wird. Sie wird unterbunden, sobald sich die Temperatur des Luftvolumens der Umgebungsluft angepasst hat.

Isothermie/Inversion

Beträgt die Temperaturänderung der Schichtung 0 °C pro 100 m, spricht man von **Isothermie**; beträgt sie mehr als 0 °C/100 m, nimmt sie also mit der Höhe zu, so spricht man von einer **Inversion**. Hierauf wurde bereits im Zusammenhang mit dem Stockwerksbau der Atmosphäre (Grenzbereich Troposphäre/Stratosphäre) hingewiesen (vgl. 2.2.4).

Zusammenfassend bedeutet dies, dass die Schichtung (labil, stabil oder indifferent) einen Einfluss auf die Dynamik der Atmosphäre hat. Die thermische Gliederung der Atmosphäre hat dementsprechend eine dynamische Gliederung zur Folge. Im globalen Mittel weist die Troposphäre eine **leicht stabile** Schichtung auf (hypsometrischer Temperaturgradient). Oberhalb der Tropopause werden vertikale Luftbewegungen aufgrund der isothermen bzw. inversiven Vertikalgradienten der Temperatur weitgehend verhindert. Die Tropopause stellt somit eine effektive thermostabile Sperrschicht dar, die den Luftaustausch zwischen Troposphäre und Stratosphäre wesentlich behindert.

In Verbindung mit stabilen oder labilen Schichtungsverhältnissen innerhalb der Troposphäre ergeben sich typische Auswirkungen auf die vertikalen Luftbewegungen. Insbesondere bei windschwachen und stabilen Wetterlagen (Stichwort Inversion) werden die Vertikalbewegungen eingeschränkt, wobei es v. a. über Industriegebieten zu einer Anreicherung von Abgasen und Rauch unterhalb der Inversionsschicht kommt (= SMOG-Wetterlage). Der Begriff **SMOG** leitet sich aus smoke = Rauch und fog = Nebel ab.

2.3 Strahlungs- und Wärmehaushalt

Energiequelle

Die Sonne als Hauptenergiequelle für die Erdoberfläche und die Atmosphäre bestimmt die Prozesse in der Atmosphäre und wirkt als antreibende Energiequelle für die Zirkulationsmechanismen (AZA = Allgemeine Zirkulation der Atmosphäre) sowie die räumliche Differenzierung des Klimas. Somit hängen die Umweltbedingungen auf der Erde im Wesentlichen von der Art ab, in der die Sonnenstrahlen auf die kugelförmige Erde fallen. Dabei bestimmt der je nach geographischer Breite und Jahreszeit verschiedene Winkel, mit dem die Strahlungsenergie der Sonne auf die Erdoberfläche trifft, zahlreiche Erscheinungen wie z. B.:

- die tägliche Bahn der Sonne über den Himmel
- die sich ändernden Tages- und Nachtlängen
- den Rhythmus der Jahreszeiten.

Hierüber werden die klimatologischen Parameter wie: Lufttemperatur, Windverhältnisse, Meeresströmung, Niederschlag, Unwetter etc. ganz entscheidend gesteuert.

2.3.1 Die Strahlung

Strahlung – Energiefluss in Form von Wellen

Die Strahlung ist ein physikalischer Vorgang. Hierunter versteht man allgemein den Transport von Energie in Form **elektromagnetischer Wellen**, die sich im Raum ausbreiten. Der Transport setzt sich aus Anteilen verschiedener Wellenlängen zusammen. Gekennzeichnet ist die elektromagnetische Strahlung durch die **Wellenlänge** [λ] und die **Frequenz** [υ]. Am Beispiel einer Transversalwelle (Abb. 2.2) wird gezeigt, dass unter der Wellenlänge [λ] der Abstand zwischen zwei benachbarten Punkten einer Welle gleicher Schwingungsphase verstanden wird, z.B. der Abstand zweier Wellenberge bzw. Wellentäler. Unter der Frequenz versteht man die Anzahl der Schwingungen pro Sekunde. Kurzwellige Strahlung besitzt somit eine hohe Frequenz und ist energiereicher als die langwellige Strahlung mit einer niedrigen Frequenz. Die hochenergetische kurzwellige Strahlung (radioaktive Gammastrahlung, Röntgenstrahlung und auch UV-Strahlung) wirkt zerstörend auf das irdische Leben.

Elektromagnetische Wellen

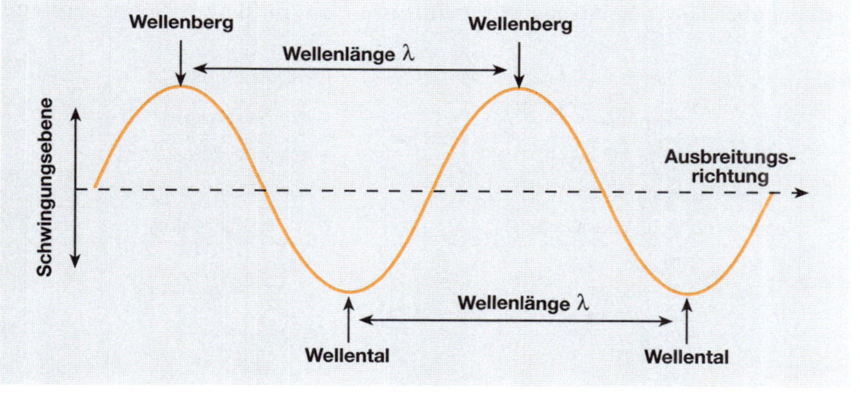

Abb. 2.2 Schematische Darstellung von Schwingungsebene, Ausbreitungsrichtung, Wellenlänge, Wellenberg und Wellental einer Transversalwelle (nachgezeichnet nach Zmarsly, Kuttler & Pethe, 2007).

Das Spektrum der elektromagnetischen Strahlung

Das breite Spektrum der elektromagnetischen Strahlung wird anhand der Tabelle 2.3 dokumentiert. Dabei reicht das Wellenlängenspektrum von der extrem kurzwelligen (solaren, auf die Sonne bezogenen) Strahlung bis zu der langwelligen (terrestrischen) Strahlung und erstreckt sich über einen Wellenlängenbereich von nahezu 18 Zehnerpotenzen.

Wellenlängenspektrum

Beispielhaft für die Untergliederung des elektromagnetischen Spektrums werden nachfolgend nur die Bereiche benannt, die für das Klimasystem - und somit für die Vorgänge in der Atmosphäre - von wesentlicher Bedeutung sind:

- der **ultraviolette Spektralbereich** mit Wellenlängen unter 0,36 µm (UV-Strahlung)
- das **sichtbare Licht** zwischen 0,36 und 0,76 µm (blau, grün, gelb, rot)
- der **infrarote Spektralbereich** oberhalb von 0,8 µm mit dem nahen Infrarot [0,8–2 µm] und dem fernen Infrarot [ab 2 µm]. Dieser langwellige Spektralbereich wird auch als Wärmestrahlung bezeichnet.

2.3.2 Die Solarkonstante

Definition

Die Strahlung besitzt die Fähigkeit, Energie von der Sonne auf die Erde zu übertragen und den Zirkulationsmechanismus der Atmosphäre in Gang zu setzen. Diese Energie misst man als Energie pro Fläche und Zeit und gibt sie als Strahlungsstromdichte mit der Einheit W/m^2 an. Den außerhalb der Erdatmosphäre gemessenen Strahlungsstrom bezeichnet man als extraterrestrische Strahlung (**Solarkonstante** = annähernd konstante Bestrahlungsstärke der Sonnenstrahlung). Die Solarkonstante wird definiert als die Strahlungsenergie, welche oberhalb des Atmosphäreneinflusses bei mittlerem Sonnenabstand

Tab. 2.3 Einteilung der Spektralbereiche nach zunehmender Wellenlänge (nach verschiedenen Quellen)

Wellenlänge		Strahlungsart
1 fm (= 10^{-15} m) bis 100 fm (= 10^{-13} m)		Kosmische Höhenstrahlung
1 pm (= 10^{-12} m) bis 100 pm (= 10^{-10} m)		Radioaktive Gammastrahlung
1 nm (= 10^{-9} m) bis 100 nm (= 10^{-7} m)		Röntgenstrahlung
100 – 280 nm	UV-C	Ultraviolette Strahlung
280 – 315 nm	UV-B	
315 – 380 nm	UV-A	
380 nm	Violett	Sichtbares Licht
380 – 440 nm	Blau	
440 – 492 nm	Grün	
492 – 571 nm	Gelb	
571 – 586 nm	Orange	
586 – 610 nm	Rot	
610 – 780 nm		
0,78 µm		Infrarote und langwellige Strahlung
1 µm = 10^{-6} m		
10 µm = 10^{-5} m		
100 µm = 10^{-4} m		
>1 mm (10^{-3} m) – 100 m (10^{2} m)		Hochfrequenzstrahlungen
>1 km (= 10^{3} m) – 1.000 km (=10^{6} m)		Elektroakustik, technische Wechselströme

und senkrechtem Einfallswinkel in einer Minute durch die Flächeneinheit fließt (vgl. Weischet und Endlicher, 2012). Ihr Wert beträgt im langjährigen Mittel 1368 W/m^2. Da die Erdbahn um die Sonne leicht elliptisch ist, variiert die Solarkonstante im Laufe eines Jahres (vgl. u.a. Hupfer u. Kuttler, 2006; Kraus, 2004; Schönwiese, 2013; Lauer u. Bendix, 2006).

2.3.3 Strahlungsgesetze

Bevor der Energieumsatz im System Erde + Atmosphäre beschrieben wird, werden zunächst die wichtigsten **physikalischen Gesetze über die Strahlung** dargelegt. Dabei richtet sich der Blick im Wesentlichen auf die spektrale Verteilung der Sonnenstrahlung und ihre Veränderung beim Durchgang durch die Atmosphäre zur Erdoberfläche.

Jeder Körper (fest, flüssig oder gasförmig) besitzt die Fähigkeit, elektromagnetische Strahlung auszustrahlen. Dabei bestimmt die Temperatur eines Köpers das abgestrahlte Wellenlängenspektrum und die Intensität der Energieabgabe:

- Je wärmer der Körper, desto stärker ist die Strahlung im kurzwelligen Bereich bzw.
- je kälter ein Körper, desto stärker ist die Strahlung im langwelligen Bereich.

Diese allgemeine Aussage führt zu dem wohl bedeutendsten Strahlungsgesetz von Max Planck (1859-1947).

Das Planck'sche Strahlungsgesetz

Die spektrale Ausstrahlung eines sog. Schwarzen Körpers (spektrale Strahldichte eines Körpers) in Abhängigkeit von der Wellenlänge und der absoluten Temperatur der Oberfläche wird physikalisch durch das **Planck'sche Strahlungsgesetz** beschrieben. Planck'sche Strahlungsgesetz

Ein strahlender Körper sendet prinzipiell alle Wellenlängenbereiche des elektromagnetischen Spektrums aus. Die Intensität der Strahlung ist eine Funktion von Wellenlänge (λ) und Temperatur (T) (= f(λ, T)). Daraus kann abgeleitet werden, dass die Ausstrahlung eines Körpers umso größer ist, je höher seine Temperatur ist bzw., dass die Intensität umso schwächer wird, je weiter man sich von der Wellenlänge mit maximaler Strahlungsabgabe (λ max) entfernt. Diese Feststellung drückt sich in der Abb. 2.3 durch die asymmetrische Glockenform der Planck'schen Kurve aus. Dabei zeigt die Abszisse die Wellenlänge (λ). Die Ordinate gibt den Anteil an der Gesamtstrahlung als vereinfachter relativer Maßstab wieder. Weiterhin lässt sich graphisch die Fläche unter der Planck'schen Kurve als gesamte abgestrahlte Energie beschreiben, Planck'sche Kurve

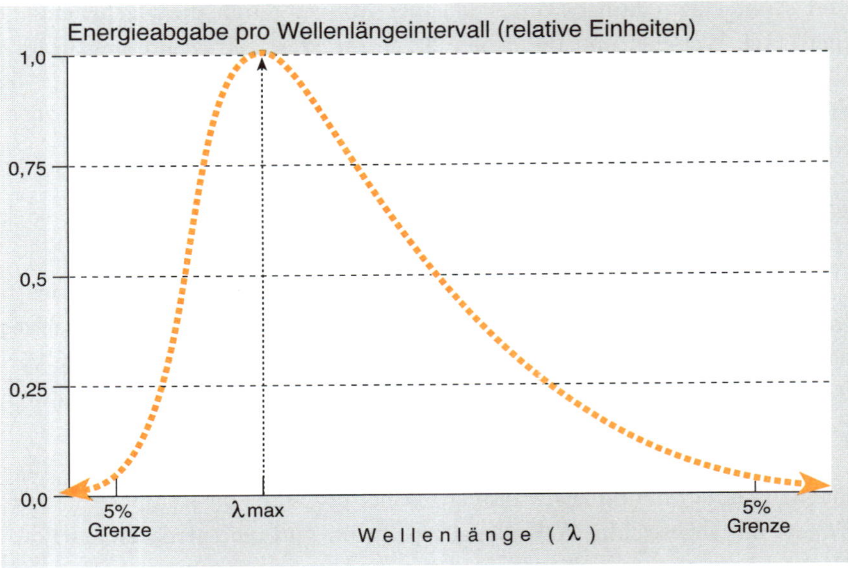

Abb. 2.3 Graphische Umsetzung des Planck'schen Strahlungsgesetzes: Spektralverteilung der nach dem Planck'schen Gesetz emittierten Strahlung (verändert nach Häckel, 2016).

eine Aussage, die zu einem weiteren wichtigen Strahlungsgesetz, dem von Stefan und Boltzmann (vgl. 2.3.3.2) führt.

Als ideale Strahlungsquelle wurde – wie bereits oben erwähnt – der sog. **Schwarze Körper** definiert. Zu den in der Atmosphäre wirksamen bedeutendsten Strahlern zählen die Sonne und die Erde. Anhand des Vergleichs der Intensitäten der von der Sonne und von der Erde ausgesandten Strahlung lassen sich für die jeweiligen idealen Strahlungskurven folgende Erkenntnisse ableiten (Abb. 2.4).

1. Die **ideale Strahlungskurve der Sonne** (Kurve 1, Abb. 2.4) wird in der sog. Planck'schen Kurve für die Temperatur von 6000 K angezeigt. Sie verdeutlicht, dass die Solarstrahlung ein breites Spektrum (0,15 μm bis ca. 10 μm) abdeckt, und dass die Maximalintensität der Energieerzeugung im Bereich des sichtbaren Lichtes (im Bereich von 0,5 μm) liegt (vgl. auch Wien'sches Verschiebungsgesetz).

2. Die **ideale Strahlungskurve der Erde** (Kurve 2, Abb. 2.4) wird in der Planck'schen Kurve für die Oberflächentemperatur von 300 K dargestellt. Festzustellen ist, dass sich die terrestrische Ausstrahlung vollständig im langwelligen Infrarotbereich des Spektrums zwischen 4 μm und ca. 60 μm bewegt. Das Strahlungsmaximum für die Strahlungskurve der Erde liegt bei ca. 10 μm.

Somit belegt der Vergleich zwischen den beiden Kurven die deutlichen Unterschiede für die Strahlungsintensität der von der Sonne und der Erdoberfläche ausgehenden Strahlung. Zudem erlaubt dieses Strahlungsgesetz die Be-

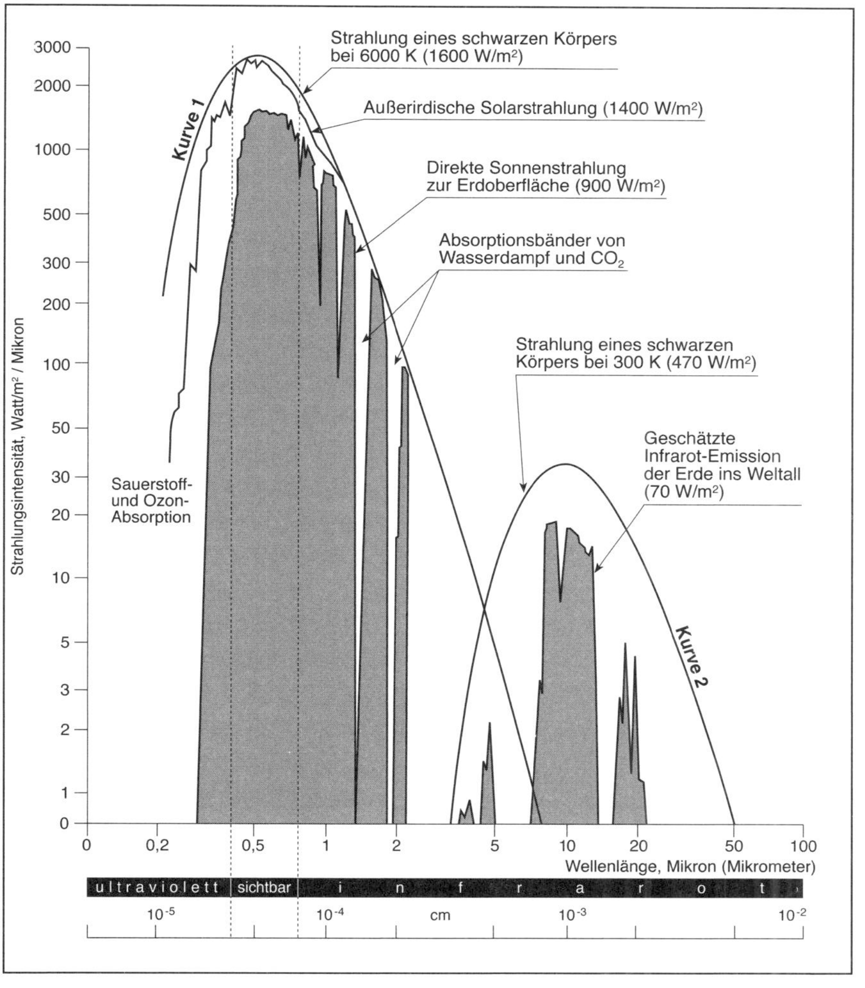

Abb. 2.4 Die Spektren der kurzwelligen Sonnenstrahlung und der langwelligen Strahlung der Erde (veränderte Darstellung nach Strahler & Strahler, 2009).

stimmung des Spektrums der durch einen Schwarzen Körper emittierten Energie. Es ergeben sich Variationen im Spektrum entsprechend der Variation der Temperatur eines Körpers.

Das Gesetz von Stefan und Boltzmann und das Kirchhoff'sche Strahlungsgesetz

Stefan-Boltzmann-Gesetz

Das **Stefan-Boltzmann-Gesetz** trifft die Aussage über die Gesamtmenge der ausgestrahlten Energie. Es besagt, dass die Energieabgabe eines Körpers mit der vierten Potenz seiner absoluten Temperatur wächst. Dies wiederum bedeutet, dass der abgegebene Strahlungsstrom ausschließlich von der Temperatur der strahlenden Oberfläche abhängt und von keinen weiteren Faktoren (Luftdruck, Luftdichte etc.) beeinflusst wird.

$J = \sigma \cdot T^4$ mit: J = Strahlungsstrom eines Körpers,
σ = Stephan-Boltzmann-Konstante (Naturkonstante),
T = absolute Temperatur (in Kelvin)

Die durch das Gesetz von Stefan und Boltzmann beschriebene Aussage beschränkt sich jedoch auf den idealen Schwarzen Körper, den es so in der Natur nicht gibt. In der Natur vorkommende, reale feste und flüssige Körper (Substanzen) können immer nur einen bestimmten Teil der vom Stefan-Boltzmann'schen Gesetz genannten Strahlung abgeben (vgl. Häckel 2016).

Kirchhoff'sches Strahlungsgesetz

Entsprechend muss das Gesetz von Stefan-Boltzmann im Sinne des **Kirchhoff'schen Strahlungsgesetzes** um den sog. Emissionskoeffizienten ε ergänzt werden, der das spezifische Emissionsvermögen von Oberflächen kennzeichnet. Der Emissionskoeffizient „gibt den Prozentsatz der Strahlungsenergie an, welche eine bestimmte Oberfläche im Vergleich zum ‚idealen Strahler' absorbieren und auch wieder ausstrahlen kann" (vgl. Leser et al. 2010). Bei den meisten Körpern ist der Emissionskoeffizient $\varepsilon < 1$, d.h. die Oberflächentemperatur des Körpers ist höher als die emittierte langwellige Strahlung anzeigt. Dieses Gesetz gibt somit den Zusammenhang zwischen abgegebener (emittierter) Strahlungsintensität und dem Aufnahme-(Absorptions-)vermögen eines Körpers bei gegebener Wellenlänge an. Auch hierdurch wird deutlich, dass die Strahlung rein thermisch angeregt und somit nur eine Funktion der absoluten Temperatur des strahlenden Köpers ist.

Das Wien'sche Verschiebungsgesetz

Wien'sche Verschiebungsgesetz

Aus dem Planck'schen Strahlungsgesetz ergibt sich als weitere Ableitung das **Wien'sche Verschiebungsgesetz**

$$\lambda \max \cdot T = \text{const.}$$

Dieses beschreibt den Zusammenhang zwischen Temperatur und Wellenlänge, wobei λ max die Wellenlänge ist, bei der ein Körper die meiste Energie transportiert. Aus diesem Gesetz lassen sich folgende Aussagen treffen:

- Das Maximum der abgestrahlten Energie verschiebt sich mit zunehmender Temperatur zu den kürzeren Wellenlängen.
- Die Wellenlänge maximaler Energieabgabe ist umso kleiner, je höher die Temperatur eines Körpers ist, bzw. umso größer, je geringer die Temperatur ist.

Anders formuliert bedeutet dies, dass mit steigender Oberflächentemperatur eines idealen Strahlers sich die Wellenlänge seiner maximal emittierten spektralen Strahlungsdichte zu kleineren Werten hin verschiebt.

Die Abb. 2.5 fasst die Aussagen unterschiedlicher Strahlungsgesetze (Planck'schen Gesetz, Stefan-Boltzmann-Gesetz und Wien'sches Verschiebungsgesetz) zusammen. Es wird gezeigt, dass die Sonne eine hohe Energieab-

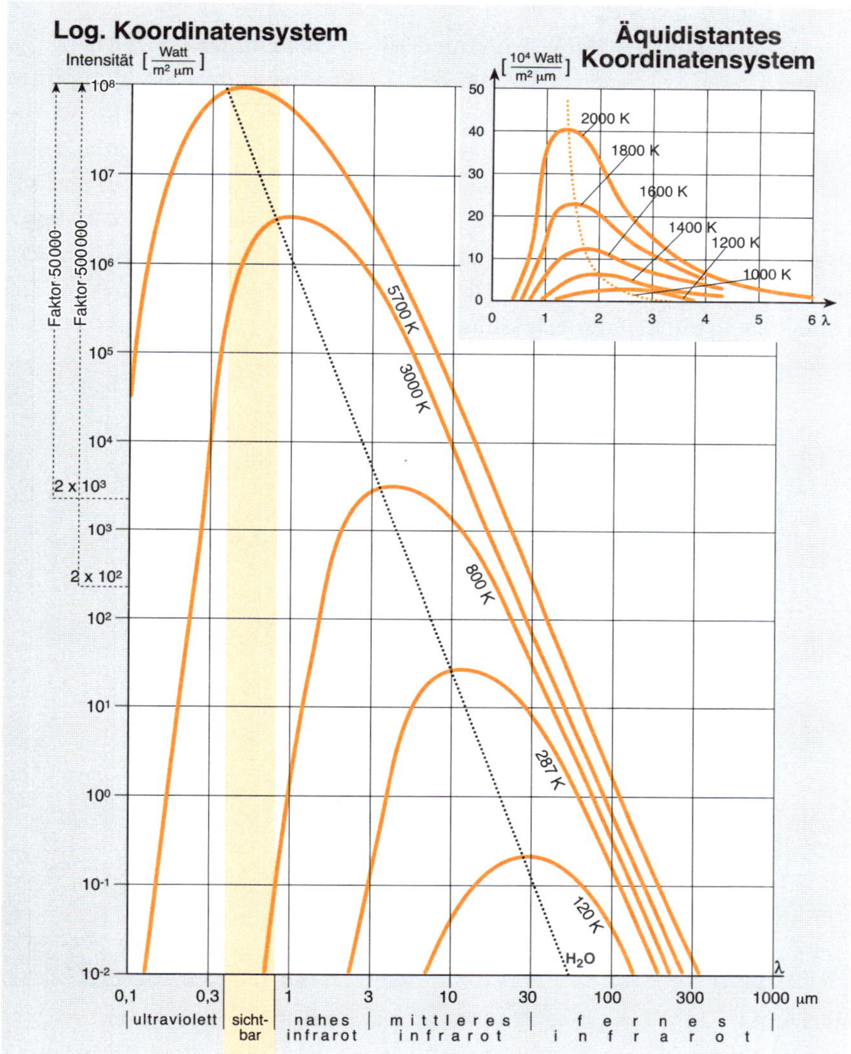

Abb. 2.5 Zusammenfassung der Strahlungsgesetze von Planck und Wien: Intensitäten der Schwarzkörperemissionen bei verschiedenen Oberflächentemperaturen in Abhängigkeit von der Wellenlänge nach dem Planck'schen Strahlungsgesetz. a) in einem logarithmischen Koordinatensystem, b) in einem äquidistanten Koordinatensystem (verändert nach Strahler & Strahler, 2009).

gabe besitzt und die Wellenlänge der maximalen Strahlung im sichtbaren kurzwelligen (0,5 µm) Bereich liegt. Im Gegensatz dazu zeichnet sich die Erde durch eine niedrige Energieabgabe aus, dabei verschiebt sich die Wellenlänge maximaler Strahlung in den unsichtbaren langwelligen (10 µm) Bereich. Die Wellenlängenbereiche < 3 µm machen insgesamt die kurzwellige Strahlung aus, Wellenlängenbereiche > 3 µm zählen zur Kategorie langwellige Strahlung.

Lambert'schen Strahlungsgesetzes

Das Lambert'sche Gesetz

Wie bereits in 2.3.1 angedeutet und wie noch an anderer Stelle näher zu erläutern sein wird, erreicht die von der Sonne ausgestrahlte Strahlung nicht uneingeschränkt die Erdoberfläche. Ein wesentlicher Grund hierfür ist die Tatsache, dass die Erde keine Scheibe ist, sondern eine Kugelgestalt besitzt und somit die Strahlen der Sonne mit einem unterschiedlichen Winkel auf die Erdoberfläche treffen. Diese Aussage kann anhand des **Lambert'schen Strahlungsgesetzes**, auch Lambert'sches **Cosinusgesetz** genannt, unterstützt werden. Anhand der Abbildung 2.6 wird deutlich, dass die Bestrahlungsstärke im direkten Zusammenhang mit dem Einfallswinkel steht: Während sich die senkrecht einfal-

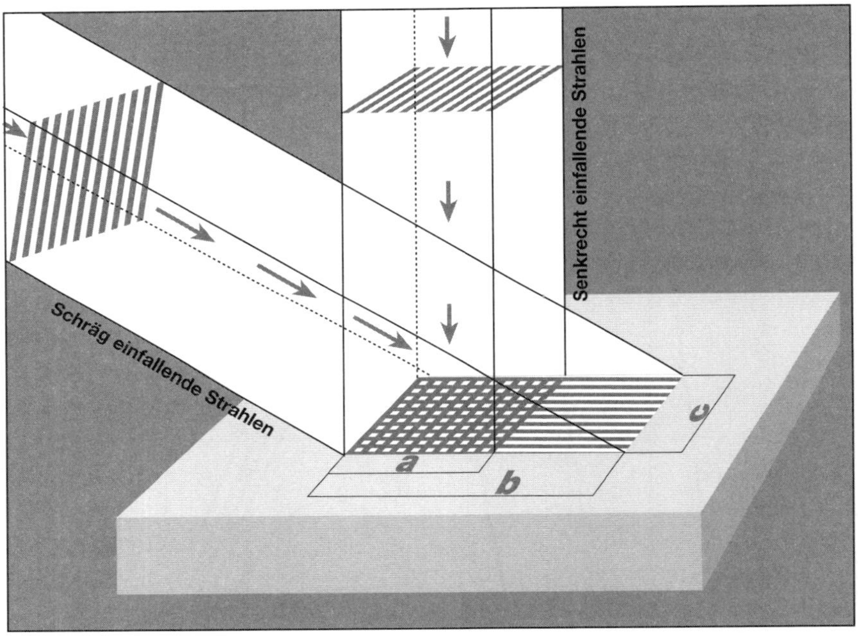

Abb. 2.6 Das Lambert'sche Cosinusgesetz: Abhängigkeit der Strahlungsintensität vom Einfallswinkel der Sonnenstrahlen (verändert in Anlehnung an STRAHLER und STRAHLER, 2009, S. 60; WEISCHET und ENDLICHER, 2008, S. 35; LAUER und BENDIX, 2006, S. 28 u. a.)

lenden Strahlen auf einen kleinen Flächenausschnitt (**Fläche a**) konzentrieren (= maximale Bestrahlungsstärke = hoher Energiegewinn), muss sich die gleiche, von der Sonne ausgehende Strahlungsmenge bei schrägem Einfallswinkel auf eine deutlich größere horizontale Fläche (**Fläche b**) verteilen, was zu einem wesentlichen Energieverlust führt.

Einfallswinkel in Abhängigkeit der Kugelgestalt

Übertragen auf die Kugelgestalt der Erde, lässt sich aus dem Cosinusgesetz von Lambert direkt ableiten, dass eine Abhängigkeit zwischen dem Einfallswinkel und der verfügbaren Strahlungsmenge für die Obergrenze der Atmosphäre bzw. für die Erdoberfläche besteht. D. h.: Mit wachsender geographischer Breite wird der Einfallswinkel der Sonnenstrahlung flacher und damit die Fläche, auf die sich ein Strahlenbündel verteilt, größer. Dies bedeutet, dass sich die gleiche, von der Sonne abgegebene Energiemenge in den Polarregionen auf eine größere Fläche (= geringer Energiegewinn), dagegen in der äquatorialen Region auf eine kleinere Fläche (= hoher Energiegewinn) verteilt.

Direkt verknüpft mit den unterschiedlichen Einfallswinkeln sind auch die unterschiedlich langen Wegstrecken für die Sonnenstrahlen durch die Atmosphäre: Je senkrechter die Sonnenstrahlung, umso kürzer die **Wegstrecke durch Atmosphäre zur Erdoberfläche** bzw. je spitzer der Einfallswinkel, umso länger die Wegstrecke (vgl. Abb. 2.6). Zieht man in diese Betrachtung noch den Einfluss der Atmosphärenmasse hinzu, wird die an der Obergrenze der Atmosphäre ankommende Strahlungsmenge auf ihrem Weg durch die Atmosphärenmasse zur Erdoberfläche einer weiteren wellenlängenabhängigen Reduzierung unterzogen. Die Schwächung, die die Sonnenstrahlung auf ihrem Weg durch die Atmosphäre zur Erdoberfläche erfährt, wird allgemein als **Extinktion** bezeichnet und umfasst die Vorgänge der **diffusen Reflexion** und der **selektiven Absorption**.

Extinktion

Atmosphäreneinfluss

Wie bereits in den vorangegangen Abschnitten anhand der Strahlungsgesetze gezeigt, unterliegt die Sonnenstrahlung beim Durchgang durch die Atmosphäre zur Erdoberfläche einem Energieverlust. Die Gründe für die **selektive Schwächung** des Strahlungsflusses in der Atmosphäre sollen nachfolgend anhand der Abbildung 2.7 verdeutlicht werden. Dabei gilt als Randbedingung, dass eine homogene Atmosphäre angenommen wird.

Die **Kurve 1** spiegelt die theoretisch angenommene Strahlung für einen Schwarzen Körper und dessen spektrale Energieverteilung wider und entspricht somit der Planck'schen Kurve für einen idealen Schwarzen Körper bei einer Temperatur von 5700 °C.

Die **Kurve 2** dokumentiert das Energieverteilungsspektrum für die Sonnenstrahlung **außerhalb** der **Atmosphäre**. Diese Kurve lässt bereits erkennen, dass der Hauptanteil der Energie im sichtbaren Bereich liegt.

Die **Kurve 3** zeigt die Energieverteilung nach dem **Durchgang** der Sonnenstrahlung **durch** die **Atmosphäre**. Hierbei wird deutlich:

- dass das Energiemaximum der auf der Erdoberfläche ankommenden Strahlung inmitten des sichtbaren Spektralbereichs (0,5–0,6 μm) liegt;
- dass ein abruptes Abbrechen der Energie zur Seite der kurzwelligen, schädlichen UV-Strahlung (< 0,36 μm) festzustellen ist, was sich aus der Absorptionsfähigkeit des Ozons in der Stratosphäre erklären lässt;
- dass die Kurve langsam in den Infrarot-Bereich ausläuft;

Absorptionsbanden

- dass in bestimmten Wellenlängenbereichen tiefe Einbrüche in der Energieverteilungskurve auftreten, die als „dunkle Bereiche" (Absorptionsbanden) bezeichnet werden;
- dass diese Absorptionsbanden im sichtbaren Spektralbereich nur sehr klein sind, und sich zum fernen Infrarot hin deutlich vergrößern. Als absorbierende Gase wirken hier i.W. der Wasserdampf und das Kohlendioxid.

Wellenlängenabhängiger Energieverlust

Der **Bereich zwischen der Kurve 2 und 3** dokumentiert die reduzierende Wirkung atmosphärischer Gase auf die Strahlung. Hier zeigen sich u.a. der Einfluss der Absorption durch atmosphärische Gase (O_3, H_2O, CO_2) sowie der Einfluss der Streuung u.a. an O_2-Molekülen und Dunstpartikeln auf die Strahlung. Damit lassen sich durch den **Vergleich der Kurven 2 und 3** folgende Schlussfolgerungen treffen: Die Sonnenstrahlung erfährt beim Durchgang durch die Atmosphäre einen wellenlängenabhängigen Energieverlust, der erstens in einer Schwächung der Gesamtenergie besteht und zweitens aus der partiellen Auslöschung der Strahlung in begrenzten Spektralbereichen (sog. Absorptionsbanden atmosphärischer Gase) resultiert. Verantwortlich für die Ursachen des Energieverlustes sind, wie schon zuvor angedeutet, die **diffuse Reflexion** und die **selektive Absorption** (vgl. z.B. Weischet und Endlicher, 2012; Lauer und Bendix, 2006).

Diffuse Reflexion

Dabei versteht man unter der **diffusen (ungerichteten) Reflexion** die Streuung der Strahlung in alle Richtungen. Verantwortlich für die Streuung sind die Luftmoleküle, die Wassertröpfchen, die Eiskristalle und die Aerosole. Bei die-

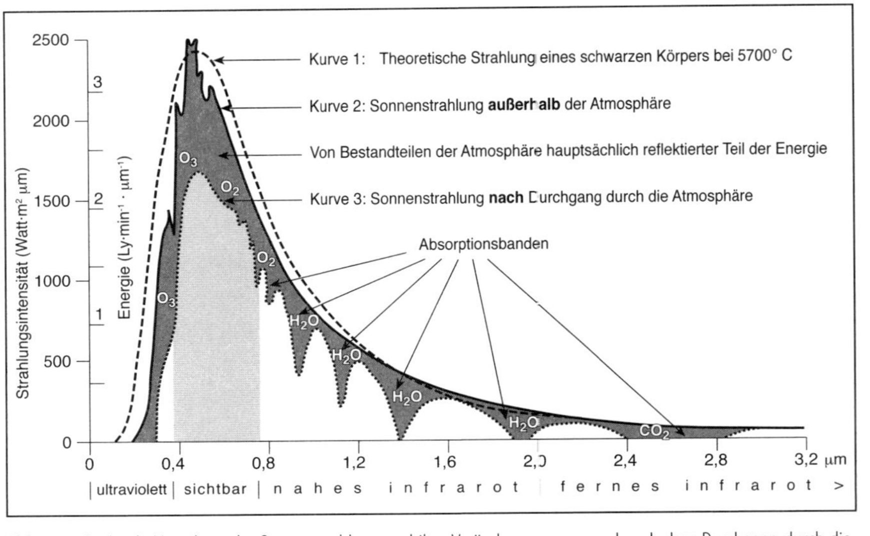

Abb. 2.7 Spektrale Verteilung der Sonnenstrahlung und ihre Veränderungen vor und nach dem Durchgang durch die Atmosphäre (Annahme: homogene Atmosphäre) (verändert nach Lilljequist, 2001; Weischet & Endlicher, 2012; Lauer & Bendix, 2006).

sem Vorgang wird die Energie der Strahlung lediglich in andere Richtungen umverteilt. Die Wellenlänge der Strahlung bleibt jedoch gleich.

Unter Absorption ist die Fähigkeit der Aufnahme elektromagnetischer Wellenenergie und deren Umwandlung in Wärmeenergie zu verstehen. In der Atmosphäre erfolgt die **Absorption selektiv**, da diese an ganz bestimmte Spektralbereiche (sog. Absorptionsbanden) gebunden ist, in denen die Gase wie Ozon (O_3), Kohlendioxid (CO_2) und Wasserdampf (H_2O) absorbierend wirken (vgl. Abb. 2.7). Selektive Absorption

Ein weiterer Energieverlust erfolgt zudem durch die spektrale Durchlässigkeit (**Transmission**) der Atmosphäre für die Strahlung über die sog. „**Atmosphärischen Fenster**". Hierbei handelt es sich um bestimmte Abschnitte im Spektrum mit nahezu ungestörter Transmission. Dadurch kann ein Teil der langwelligen Ausstrahlung der Erdoberfläche die Atmosphäre ungehindert durchdringen. Während die Absorptionsbanden in den Wellenlängenbereichen zwischen 2,5–3 µm, 5–8 µm und 14 µm liegen, konzentrieren sich die Wellenlängenbereiche, in denen die terrestrische Strahlung ungehindert die Atmosphäre „verlassen kann", bei 4,5 bis 5 µm und zwischen 8 und 13 µm. Transmission

Im Zusammenhang mit den strahlungsreduzierenden Vorgängen ist noch die Albedo, d.h. das Reflexionsvermögen von Materialien, zu nennen. Der Begriff der **Albedo** wird definiert als „das Verhältnis von reflektierter zu eingefallener Energie", meist ausgedrückt im Prozentwert der einkommenden Strahlung. Albedo

2.3.4 Der Energiehaushalt im System Erde + Atmosphäre – Strahlungsströme und Strahlungsbilanz

Die vorangegangen Abschnitte thematisierten den Einfluss der Atmosphäre auf die Strahlung und über die Aussage der Strahlungsgesetze (Stephan-Boltzmann-Gesetz, Planck'sches Strahlungsgesetz und Wien'sches Verschiebungsgesetz) wurden Gesetzmäßigkeiten für die Abläufe der Energieumsätze abgeleitet. Aufbauend auf diesen Erkenntnissen wird ein einfaches Modell für die **Strahlungs- und Wärmebilanz** für das **System Erde + Atmosphäre** unter Berücksichtigung der wichtigsten daran beteiligten Teilglieder mit der Sonne als Hauptenergiequelle betrachtet.

Das Gesamtsystem Erde + Atmosphäre gliedert sich auf in die drei Ebenen Weltraum, Atmosphäre und Erdoberfläche. Die in den einzelnen Ebenen stattfindenden Energieumsatzprozesse werden bilanziert und finden Eingang in die Strahlungsbilanzgleichung. Die Betrachtung vernachlässigt dabei die Kugelgestalt der Erde, so dass kein konkreter Raumbezug hergestellt wird.

Kurzwellige Strahlungsströme – kurzwellige Strahlungsbilanz

Der kurzwellige Strahlungsstrom (Solarstrahlung; = 100 Energieeinheiten EE), der von der Sonne zur Erde hin gerichtet ist, unterliegt beim Durchgang Kurzwelliger Strahlungsstrom durch die Atmosphäre den Einflüssen der selektiven Absorption, der diffusen Reflexion und nicht zuletzt auch der Albedo. Für die Bilanzierung der kurzwelligen Strahlungsbilanz (Solarstrahlung) müssen unterschiedliche kurzwellige Strahlungsströme beim Durchgang durch die Atmosphäre berücksichtigt werden (vgl. Abb. 2.8a), mittels derer sich die Energieumsätze quantitativ und qualitativ erfassen lassen.

Die Strahlungsmenge, die ungehindert bei wolkenfreiem Himmel zur **Erdoberfläche** gelangt, wird als **direkte Strahlung** (**Q**) (Sonnenstrahlung) bezeichnet. In dem vorgelegten Bilanzierungsmodel kommen über die direkte Strahlung 28 EE auf der Erdoberfläche an. Diejenige Strahlung, die über den Umweg der diffusen Reflexion an Wolken (12 EE), Aerosolen und Luftmolekülen (11 EE) auf der Erdoberfläche ankommt, wird als **diffuse Strahlung** (**q**) (Himmelsstrahlung) bezeichnet und erreicht insgesamt einen Betrag von 23 EE. Direkte und diffuse Strahlung ergeben zusammen die **Globalstrahlung**.

Gleichzeitig ist festzustellen, dass innerhalb der Atmosphäre über den Prozess der **atmosphärischen Reflexion** (Streuung) 26 EE ungenutzt in den **Weltraum** zurückgegeben werden. Weiterhin verliert das System 4 EE durch die Reflexion der Erdoberfläche (Albedo). Diese Energieeinheiten stehen dem System zur Energiegewinnung nicht mehr zur Verfügung. Der Gesamtwert von den insgesamt aus dem System herausreflektierten 30 EE wird auch als **planetarische Albedo** bezeichnet.

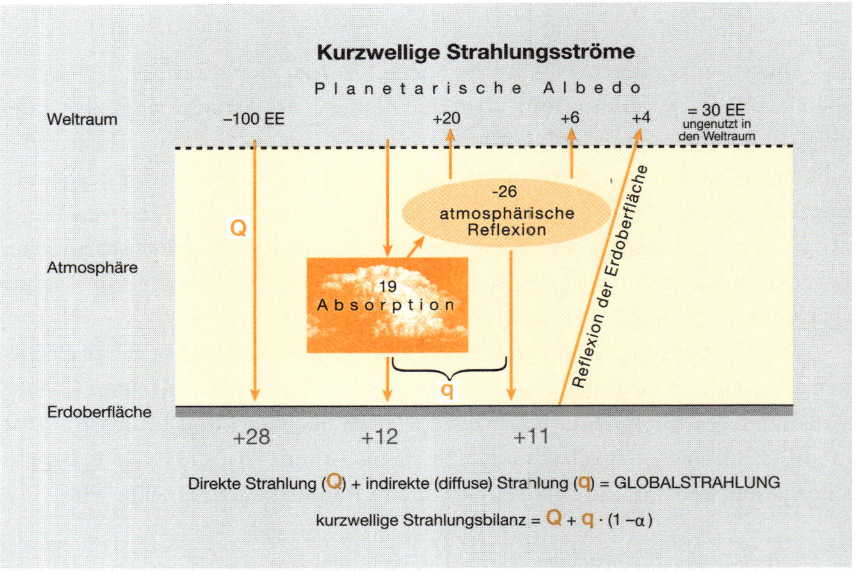

Abb. 2.8a Schema der kurzwelligen Strahlungsbilanz im System Erde + Atmosphäre (eigene Darstellung, verändert nach Lauer & Bendix, 2006).

In der mittleren Ebene, der **Atmosphäre,** werden insgesamt 19 EE von Wolken, Wasserdampf, Aerosolen, O_3 (Ozon) etc. absorbiert und tragen zur Erwärmung dieser mittleren Ebene (Atmosphäre) bei.

Der sich für die Erdoberfläche ergebende Energiegewinn von 51 EE aus der direkten und diffusen Strahlung steht auf der Erdoberfläche für die Umwandlung in Wärmeenergie zur Verfügung (= effektive Einstrahlung). Damit stellt die Erdoberfläche eine wichtige Heizfläche dar und dient der Atmosphäre als Wärmequelle.

Langwellige Strahlungsströme – Langwellige Strahlungsbilanz

Langwelliger Strahlungsstrom

Die Betrachtung der langwelligen Ströme (terrestrische Ausstrahlung; Abb. 2.8b) setzt an der Erdoberfläche an. Für die Ausstrahlung von der Erdoberfläche steht im hier betrachteten Modell ein Betrag von 114 EE für die Prozesse des Wärmeumsatzes zur Verfügung (vgl. Lauer und Bendix, 2006, S. 53, die in diesem Zusammenhang eine ausführliche Begründung vornehmen).

Über die von der Erdoberfläche ausgehende langwellige Ausstrahlung (A) (114 EE) geht insgesamt nur ein kleiner Teil der zur Verfügung stehenden Energieeinheiten aus dem System Erde + Atmosphäre direkt verloren (= 6 EE; = **direkte langwellige Ausstrahlung**). Dieser Energieverlust erfolgt über die sog. atmosphärischen Fenster (vgl. Abb. 2.8b).

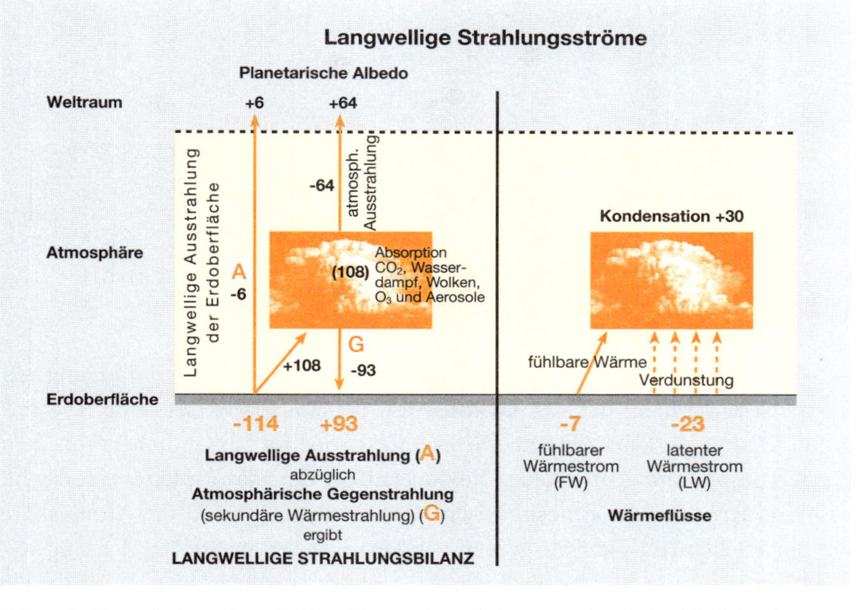

Abb. 2.8b Schema der langwelligen Strahlungsbilanz im System Erde + Atmosphäre (linke Bildhälfte) und Wärmeflüsse (rechte Bildhälfte) (eigene Darstellung, verändert nach Lauer & Bendix, 2006, S. 51).

Der weitaus größere Teil wird durch die absorptionswirksamen Bestandteile in der Atmosphäre absorbiert (= 108 EE) und somit für die weitere Ausstrahlung in der mittleren Ebene (Atmosphäre) bereitgestellt. Aus der mittleren Ebene werden 93 EE zur Erdoberfläche zurückgegeben, die dort für den weiteren Energieumsatz zur Verfügung stehen. Dieser rückläufige Prozess wird als **atmosphärische Gegenstrahlung** (G) bezeichnet. Zudem werden aber 64 EE an den Weltraum abgegeben. Diese Energie steht für den weiteren Wärmeumsatz in der Atmosphäre nicht mehr zur Verfügung. Die Bilanzierung der langwelligen Strahlungsströme ergibt aus der Differenz zwischen der Ausstrahlung und der atmosphärischen Gegenstrahlung einen Betrag von -21 EE.

Atmosphärische Gegenstrahlung

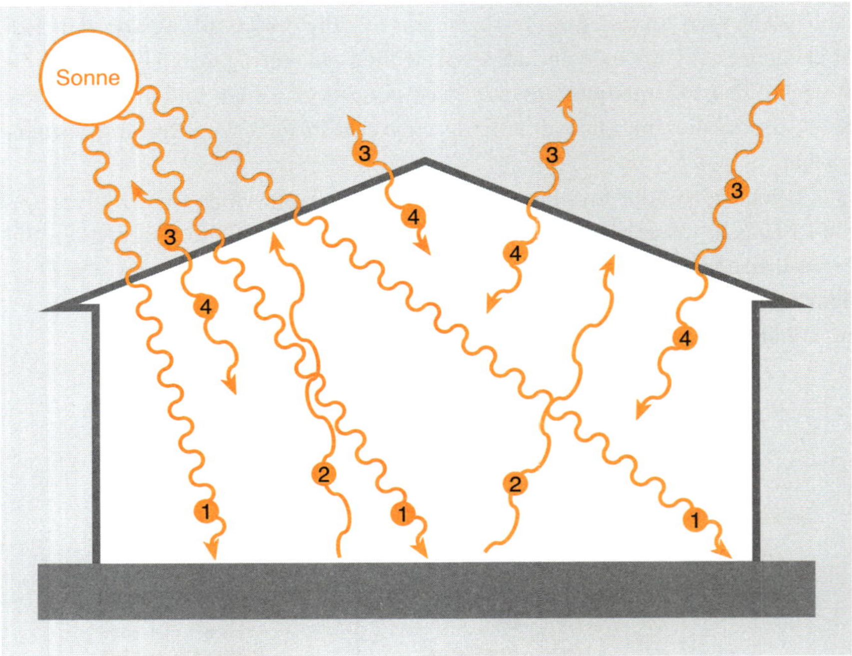

Abb. 2.9 Glashauseffekt – Bedeutung für die kurzwellige und langwellige Strahlungsbilanz im System Erde + Atmosphäre (verändert nach Häckel, 2016).

Glashauseffekt

Im Zusammenhang mit den Erläuterungen der kurzwelligen und langwelligen Strahlung kann der sog. **Glashauseffekt der Atmosphäre** mit seiner thermischen Wirkung erklärt werden. Dieser Effekt wird im Wesentlichen von dem Wasserdampf- und dem Kohlendioxidgehalt in der Atmosphäre verursacht. Insbesondere über die atmosphärische Gegenstrahlung wirkt die Atmosphäre wie ein Treibhaus. Es konnte gezeigt werden, dass der größte Teil der langwelligen Ausstrahlung von der Erdoberfläche im System Erde + Atmosphäre für den dortigen Wärmeumsatz gehalten wird, wodurch eine verstärkte Abkühlung verhindert wird. Ohne die atmosphärische Gegenstrahlung läge die tatsächliche Mitteltemperatur der Erdoberfläche von ca. +15 °C um ca. 33 °C niedriger, d.h. es würde sich eine Temperatur von ca. −18 °C einstellen (vgl. Häckel, 2016; Lauer und Bendix, 2006).

Die Auswirkungen der Ein- und Ausstrahlungsströme, und der sich daraus ergebene Glashaushauseffekt (Treibhauseffekt) der Atmosphäre wird am Beispiel der Funktion eines Gewächshauses bildlich (Abb. 2.9) dargelegt.

Die Abb. 2.9 macht deutlich, dass die kurzwellige Strahlung ungehindert durch das Glasdach in das Innere des Gewächshauses eindringt (**1**). Dort wird ein Großteil der Strahlungsmenge durch verschiedene Absorber (Boden, Pflanzen etc.) gespeichert (absorbiert). Innerhalb des Gewächshauses findet die Abgabe der absorbierten Strahlungsmenge in Form der langwelligen Strahlung statt (**2**). Dabei ist festzustellen, dass aus dem Innern des Gewächshauses praktisch keine langwellige Strahlung nach draußen (**2**) verloren geht. Durch die ständige Energiezufuhr erhitzt sich das Glasdach zunehmend. Dieser Strahlungsgewinn führt dazu, dass das Glasdach selbst ebenfalls in die Lage versetzt wird Strahlung im langwelligen Bereich abzugeben. Diese Abgabe erfolgt einerseits wiederum zurück in den Innenbereich des Glashauses (**4**). Andererseits kommt es aber auch zu einer Abgabe aus dem Glashaus heraus (**3**). Damit wird deutlich, dass die über die kurzwellige Strahlung eingebrachte Energie zum größten Teil im Glashaus für die Wärmeumwandlung „festgehalten“ wird.

Als weitere Energieflüsse von der Erdoberfläche aus sind der **fühlbare Wärmestrom** und der **latente Wärmestrom** für den Energietransport in die mittlere Ebene (Atmosphäre) (Abb. 2.8b rechte Bildhälfte) von großer Bedeutung. Durch die Erwärmung der Luft an der Erdoberfläche wird der fühlbare Wärmestrom in Gang gesetzt. Zudem wird durch die Verdunstung von Wasser an der Erdoberfläche Energie gebunden und über den Kondensationsvorgang wieder freigesetzt (latenter Wärmestrom). Im Modell (Abb. 2.8b) zeigt sich, dass der Energietransport über den latenten Wärmestrom (23 EE) wesentlich größer ist, als der über den fühlbaren Wärmestrom (7 EE). Bilanziert man beide Wärmeströme, so ergibt sich der Wert von 30 EE, der für den Wärmeumsatz in der Atmosphäre zur Verfügung gestellt wird.

Strahlungsbilanz und Wärmehaushaltsgleichung

Die **Strahlungsbilanz für das Gesamtsystem** Erde + Atmosphäre ergibt sich aus dem kurzwelligen Strahlungsstrom der Sonne und dem langwelligen Strahlungsstrom der Erde. Bilanzierung

Bilanziert man die einzelnen Ebenen für das Gesamtsystem können folgende Berechnungen aufgestellt werden:

1. die Bilanzierung für die untere Ebene (= **Erdoberfläche**) ergibt sich aus dem Differenzbetrag von effektiver Einstrahlung und effektiver Ausstrahlung. Daraus resultiert ein Gewinn von 33 EE an der Erdoberfläche.

Der entsprechende rechnerische Nachweis - auf der Grundlage der Abb. 2.8a und 2.8b - sieht wie folgt aus:

Erdoberfläche:
23 EE (Betrag der diffusen Himmelsstrahlung) + 28 EE (direkte Einstrahlung) + 93 EE (atmosphärische Gegenstrahlung) - 114 EE (langwellige Ausstrahlung) = + 30 EE

2. Für die Bilanzierung der mittleren Ebene (= **Atmosphäre**) kann demgegenüber nur eine negative Bilanz mit einem Verlust von 30 EE aufgezeigt werden. Entsprechend sieht der rechnerische Nachweis - auf der Grundlage der Abb. 2.8a und 2.8b - wie folgt aus:

Atmosphäre:
19 EE (absorbierter Anteil - über kurzwellige Einstrahlung) + 108 EE (absorbierter Anteil der ausgehenden langwelligen Strahlung von der Erdoberfläche) - 93 EE (Rückstrahlungsbetrag aus der Atmosphäre an die Erdoberfläche) - 64 EE (Abgabe aus der Atmosphäre in die dritte Ebene, Weltraum) = - 30 EE

3. Für die dritte Ebene, den **Weltraum**, ergibt sich aus dem Zusammenwirken von kurzwelligem und langwelligem Strahlungsstrom eine ausgeglichene Bilanz (Abb. 2.8a und 2.8b).

Weltraum:
-100 EE (Energieabgabe von der Sonne) + 26 EE (atmosphärische Reflexion) + 4 EE (Reflexion der Erdoberfläche) + 64 EE (Abgabe aus der Atmosphäre) + 6 EE (Abgabe von der Erdoberfläche über atmosphärische Fenster) = 0 EE

Aus den Bilanzierungen der drei Ebenen können folgende Schlussfolgerungen gezogen werden:

Aus der Bilanzierung der Erdoberfläche resultiert ein Strahlungsüberschuss. Daraus kann abgeleitet werden, dass die Erdoberfläche die Haupteinnahmequelle für Energie ist und somit eine wichtige Heizfläche (= **Wärmequelle**) im System darstellt. Demgegenüber wird deutlich, dass die Hauptausgabestelle für Energieabgabe sich in der mittleren Ebene (Atmosphäre) befindet, so dass dieser Bereich eine Abkühlungsfläche (= **Kältesenke**) darstellt.

Hieraus ergibt sich ein **Energiegefälle zwischen der Erdoberfläche und der Atmosphäre**, welches durch die beiden Strahlungsflüsse (kurzwellig und langwellig) nicht ausgeglichen werden kann. Dieses Energiegefälle wird von der Erdoberfläche aus aufgrund des dort vorhandenen Energieüberschusses zum einen durch fühlbare Wärme (FW) und zum anderen durch latente Wärme (LW) ausgeglichen (vgl. Abb. 2.8b).

Fühlbarer und latenter Wärmestrom komplettieren zusammen mit den Gliedern der kurzwelligen und langwelligen Strahlungsbilanz den Wärmehaushalt der Erdoberfläche woraus die **vereinfachte ausgeglichene Wärmehaushaltsgleichung** abgeleitet werden kann:

Wärmehaushalt der Erdoberfläche

0 = kurzwellige Strahlungsbilanz - langwellige Strahlungsbilanz - fühlbare und latente Wärmeströme

Sowohl das Energiegefälle von der Erdoberfläche zur Atmosphäre als auch das vom Äquator zum Pol (vgl. Kap. 2.3 u. 2.4) wird durch den Transport fühlbarer und latenter Wärme ausgeglichen.

2.4 Grundzüge der globalen Energieverteilung

Die im vorangegangenen Kapitel dargelegten Zusammenhänge der Energieverteilung im Modellsystem Erde + Atmosphäre erfolgten zunächst zur Vereinfachung unter den folgenden Prämissen:

- die Erde ist eine Scheibe
- der Atmosphäreneinfluss ist überall gleich
- die himmelsmechanischen Grundlagen sind außer Kraft gesetzt.

2.4.1 Planetarische Grundlagen – Erdbahnelemente

Um die Grundzüge der globalen Energieverteilung darlegen zu können, muss daher zwangsläufig der Einfluss der Kugelgestalt auf die Energieverteilung differenziert betrachtet werden.

Einfluss der Kugelgestalt

Die Drehung der Erde um die Sonne (**Erdrevolution**) und die Drehung um sich selbst (**Erdrotation**) bestimmen die vielfältige Ausprägung des Klimas, d.h. die Klimate auf der Erde. Nach dem **1. Kepler'schen Gesetz** bewegt sich die Erde im Verlauf eines Jahres auf einer **elliptischen Bahn** (Abb. 2.10), in deren einem Brennpunkt die Sonne steht. Die Umlaufdauer dient als Zeiteinheit für das Jahr (365 Tage, 5 Stunden, 48 Minuten, 46 Sekunden). Die Sonne bildet dabei den Bezugspunkt.

Im Jahresverlauf ergibt sich ein unterschiedlicher Abstand zwischen der Erde und der Sonne. Zwei charakteristische Punkte auf der Umlaufbahn sind die sog. **Apsidien**: Die geringste Entfernung zur Sonne (**Perihel**; Abstand ca. 147 Millionen km) erreicht die Erde am 2. Januar (Südsommer), die größte Entfernung zur Sonne (**Aphel**; Abstand ca. 152 Millionen km) am 2. Juli (= Nordsommer). Ihre gedachte Verbindungslinie auf der Bahnebene bezeichnet man als **Apsidienlinie**.

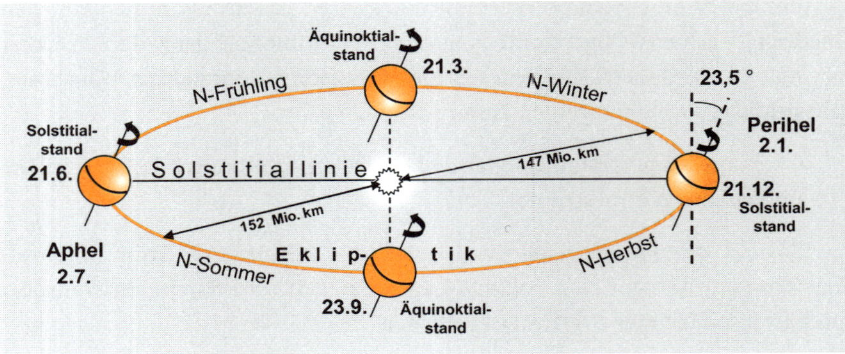

Abb. 2.10 Erdrevolution und Ekliptikschiefe – Entstehung der Jahreszeiten.

Aus den Entfernungsunterschieden der Erde zur Sonne ergeben sich unterschiedliche Geschwindigkeiten der Erde auf ihrer Bahn um die Sonne (= **2. Kepler'sche Gesetz**). Aufgrund der Massenanziehung erfährt die Erde in Sonnennähe eine Beschleunigung. Daraus resultiert die Verkürzung der Dauer des Sommerhalbjahres auf der Südhalbkugel bzw. eine Verschiebung des Herbstbeginns auf der Nordhalbkugel.

Die Umlaufbahn um die Sonne bezeichnet man als **Ekliptik**. Die Rotationsachse der Erde bildet mit der Ebene der Ekliptik einen Winkel von 66,5°. Die Abbildung 2.10 lässt erkennen, dass die Erdachse nicht senkrecht, sondern 'schief' auf der Ekliptik steht. Dabei beträgt die Achseneigung der Rotationsachse der Erde derzeit 23,5°, weshalb auch von der „Schiefe der Ekliptik" gesprochen wird. Sie hat Einfluss auf die strahlungsklimatische Großgliederung der Erde und ist Ursache für die Jahreszeitendifferenzierung.

„Schiefe der Ekliptik"

Als weitere Punkte auf der Erdbahn sind die Äquinoktialpunkte (**Äquinoktien**/Tag-Nacht-Gleichen) zu nennen, mit dem Frühlingspunkt (21.3.) und dem Herbstpunkt (23.9.). Zu diesen beiden Terminen steht die Sonne senkrecht über dem Äquator und an jedem Punkt der Erde herrscht 12 Stunden Tag und 12 Stunden Nacht. Wie noch später zu zeigen sein wird, ist zu diesen Terminen die Strahlung symmetrisch verteilt und lediglich von dem unterschiedlichen Einfallswinkel der Strahlen auf die Erdoberfläche (Kugelgestalt) abhängig. Im Jahresverlauf schwankt der Einfallswinkel der Sonnenstrahlen zur Äquatorebene zwischen den Zuständen vom 21.6. und 21.12., den sog. Sonnenwenden (**Solstitien**).

2.4.2 Kugelgestalt der Erde – Verteilung der Sonnenstrahlung – Beleuchtungsklimazonen

Aus der Kugelgestalt, der Erdrevolution, der Neigung der Erdachse (Ekliptikschiefe) und der Erdrotation resultieren breitenkreisabhängig:

- Änderungen hinsichtlich der Sonnenhöhe (Einstrahlungswinkel; vgl. 2.3.3.4)
- unterschiedliche Differenzierungen nach Jahreszeiten
- unterschiedliche Tag-/Nachtlängen im Jahresverlauf
- erhebliche Schwankungen hinsichtlich der Einstrahlungsdichte und der Einstrahlungsdauer.

Strahlungsklimatische Großgliederung

Daraus lassen sich für die strahlungsklimatische Großgliederung der Erde drei breitenkreisparallele **Beleuchtungszonen** - Hohe Breiten, Mittlere Breiten, Niedere Breiten - mit unterschiedlichen Strahlungsbilanzen und Wärmehaushalten ableiten.

Hohe Breiten

Die Zone zwischen den Polarkreisen (66,5°) und den Polen (90°) wird **Hohe Breiten** genannt. Diese Zone zeichnet sich durch extreme, jahreszeitlich unterschiedliche Beleuchtungsverhältnisse aus. Besonderes Kennzeichen der Polargebiete ist der halbjährige Wechsel von **Polartag und Polarnacht** (bis zu 6 Monaten Tag bzw. 6 Monate Nacht). In dieser Zone herrscht ein ausgeprägtes **Jahreszeitenklima** vor. Die Tageslängen innerhalb eines Jahres zeigen gegenüber allen anderen Beleuchtungszonen die extremsten Schwankungen zwischen 24 Stunden Helligkeit (Mitternachtssonne; mit überaus hohem Strahlungsgewinn) und 24 Stunden Dunkelheit auf (vgl. Abb. 2.11).

Mittlere Breiten

Die Zone der **Mittleren Breiten** liegt zwischen den Polarkreisen (66,5°) und den Wendekreisen (23,5°). Diese Zone ist charakterisiert durch **vier Jahreszeiten** mit deutlich unterschiedlichen Tageslängen, damit auch unterschiedlich langen Strahlungsverhältnissen. Längster bzw. kürzester Tag ist der 21.6. bzw. 21.12. (= Solstitien). In diesen Breiten geht die Sonne jeden Tag auf und unter (vgl. Abb. 2.11). Diese Zone, die sich über insgesamt 43 Breitengrade erstreckt,

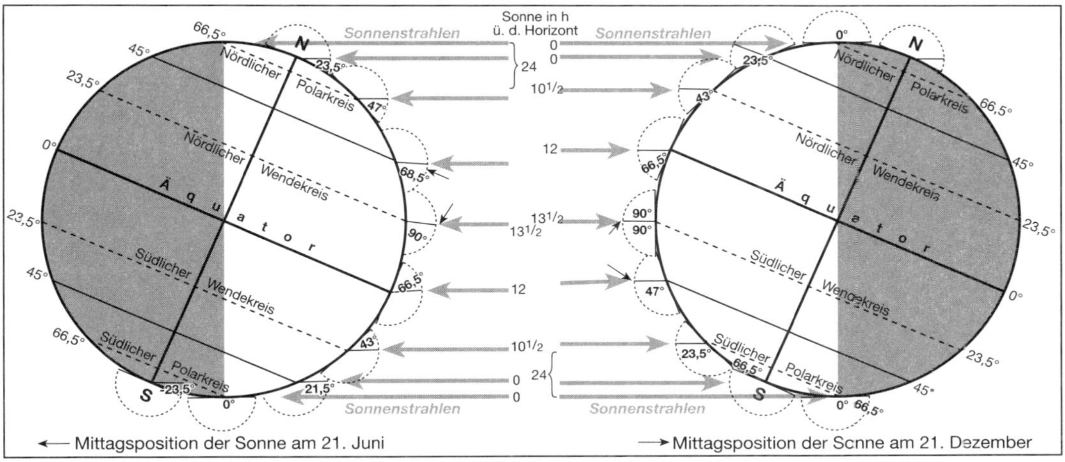

Abb. 2.11 Einfallswinkel der Sonnenstrahlung (am Mittag) zur Sommersonnenwende (21.6.) und Wintersonnenwende (21.12.) der Nordhalbkugel (verändert nach Liljequist, 2001; Strahler & Strahler, 2009).

erfährt eine weitere Untergliederung in die Zone der niederen Mittelbreiten (= Subtropen zwischen 23,5° und 45° auch **warmgemäßigte Mittelbreiten**) und die Zone der hohen Mittelbreiten (zwischen 45° und 66,5° auch **kühlgemäßigte Mittelbreiten**). Der Sommer der niederen Mittelbreiten zeichnet sich durch hohe Mittagssonnenstände und relativ kurze Tage aus, der Sommer der hohen Mittelbreiten dagegen durch geringe Sonnenhöhen und relativ lange Tage.

Niedere Breiten

Die **Niederen Breiten** befinden sich zwischen den Wendekreisen (23,5°). Sie lassen sich wie folgt charakterisieren: Die Jahreszeiten sind nicht durch große Temperaturunterschiede zu unterscheiden. Temperaturschwankungen zwischen Tag und Nacht sind größer (= **Tageszeitenklima**) als die Temperaturunterschiede zwischen Sommer und Winter. Zwischen den Wendekreisen und dem Äquator steht die Sonne zweimal jährlich im Zenit (90° über dem Horizont), am Äquator genau im halbjährigen Abstand (am 21.3 und 23.9 = Äquinoktien). Zu den Wendekreisen hin rücken die Sonnenhöchststände zeitlich immer näher zusammen bis die Sonne nur noch einmal im Zenit steht (Nordhalbkugel, NHK, am 21.6./Südhalbkugel, SHK, am 21.12.) (vgl. Abb. 2.11).

Regionale Differenzierung der beleuchtungsklimatischen Verhältnisse auf der Erde

Vergleicht man die solaren Beleuchtungszonen für einen bestimmten Termin untereinander, lassen sich aufgrund der Breitenkreisabhängigkeit Abweichungen im Hinblick auf unterschiedliche Einfallswinkel, unterschiedliche Bestrahlungsdauer und unterschiedliche Tages- und Nachtlängen feststellen.

Anhand der Abb. 2.11 soll die **regionale Differenzierung** der beleuchtungsklimatischen Verhältnisse für die Termine 21.6. und 21.12. im Vergleich zwischen Nordhalbkugel (NHK) und Südhalbkugel (SHK) aufgezeigt werden. Dabei zeigen sich die extremsten Unterschiede beim Vergleich zwischen den Hohen Breiten der Nordhalbkugel und der Südhalbkugel.

Wintersonnenwende

In den Hohen Breiten (zwischen Polarkreis und Pol) herrscht auf der NHK zur Wintersonnenwende (**21.12.**) die **Polarnacht** vor. Die Tageslänge mit ständiger Dunkelheit beträgt 24 Stunden, so dass keine Einstrahlung erfolgen kann. Entsprechend sind die Tagessummen der Einstrahlung für diesen Breitenkreisabschnitt am 21.12. gleich 0.

Im Vergleich dazu, zeigen sich am **21.12.** auf der SHK für den gleichen Breitenkreisabschnitt (66,5° bis 90°) entsprechend umgekehrte strahlungsklimatische Verhältnisse. Zwischen dem südlichen Polarkreis und dem Südpol herrscht der sog. **Polartag** vor. Daraus resultiert – im Vergleich zu den Verhältnissen auf der NHK für die SHK – ein höherer Strahlungsgenuss, da die Tageslänge mit ständiger Helligkeit von 24 Stunden eine Einstrahlungsdauer von ebenfalls 24 Stunden bewirkt.

Sommersonnenwende

Im Vergleich zum Termin 21. Dezember (NHK) ergibt sich zum **21. Juni**, der Sommersonnenwende auf der NHK, eine strahlungsklimatische Umkehr. Die Sonne steht an diesem Termin auf der NHK senkrecht über dem nördli-

Tab. 2.4: Breitenkreisdifferenzierte Angaben der Wärmemengen im solaren Klima in 1000 cal pro cm^2 Jahr (Weischet & Endlicher, 2012).

	0°	10°	20°	30°	40°	50°	60°	70°	80°	90°
Jahr	321	317	303,5	283	254	220	182.5	152	137,5	133
Differenzen zwischen den Breitenparallelen	4.0	13.5	20,5	29,0	**34.0**	**37,5**	30,5	14,5	4,5	

chen Wendekreis. Zwischen den Breitenkreisen 66,5° N und 90° N (Pol) sinkt die Sonne nicht mehr unter den Horizont. Die Sonnenscheindauer beträgt daher 24 Stunden. Es ist die Zeit des Polartages in den Hohen Breiten der NHK. Entsprechend liegt das Gebiet auf der SHK unterhalb des südlichen Polarkreises als Folge der Schrägstellung im sog. Erdschatten.

Hervorzuheben ist, dass aus der hohen Einstrahlungsdauer von täglich bis zu 24 Stunden für die Polargebiete in der Zeit zwischen Ende Mai bis Mitte Juli (NHK) bzw. zwischen Ende November und Mitte Januar (SHK) die höchsten Tagessummen der Einstrahlung auf der Erde resultieren. Diese Aussage relativiert sich beim Vergleich der breitenkreisdifferenzierten Jahreswerte für die Wärmemengen. Hier zeigt sich, dass die Jahreswerte der Wärmemengen der Hohen Breiten weit hinter denen der Niederen und Mittleren Breiten zurückliegen (vgl. Tab. 2.4).

Insgesamt lässt sich aus der Abb. 2.11 eine starke **Variabilität für die Sonnenhöhen**, d.h. für die Einfallswinkel der Sonnenstrahlen auf die Erde in Abhängigkeit der Breitenkreise erkennen. Zum Beispiel schwanken auf der NHK am 21. Juni die Einfallswinkel zwischen 66,5° am Äquator, 90° am nördlichen Wendekreis und 47,5° am nördlichen Polarkreis, woraus sich eine unterschiedliche Energieverteilung und eine sich daraus resultierende unterschiedliche Wärmemenge für die Erde erklärt. Diese Aussage kann durch die breitenkreisdifferenzierten Angaben für die Wärmemengen im solaren Klima pro Jahr unterstützt werden (Tab. 2.4).

Anhand dieser Jahreswerte lässt sich eine durchgehende Abnahme der Wärmemengen vom Äquator zu den Polen ablesen. Die Differenzen zwischen den Breitenparallelen zeigen dabei sehr große Unterschiede. Besonders in dem Breitenkreisabschnitt der Hohen Mittelbreiten (zwischen 40° und 60°) konzentriert sich der größte Energieunterschied. Hier zeigt sich ein stark ausgeprägtes Energiegefälle.

Regionale Differenzierung der Globalstrahlung und der Strahlungsbilanz

Der Einfluss der Atmosphäre und die Kugelgestalt der Erde verstärken – bedingt durch die unterschiedliche Zusammensetzung der Atmosphärenmasse, die verschiedenen Einfallswinkel sowie die unterschiedlich langen Wegstrecken für die Strahlungsmengen durch die Atmosphäre – die unterschiedliche regionale Verteilung der Strahlungsmengen. Durch den Vergleich der **Karte der Jahressummen der Globalstrahlung** (Abb. 2.12a) und der **Karte der jähr-**

Regionale Verteilung

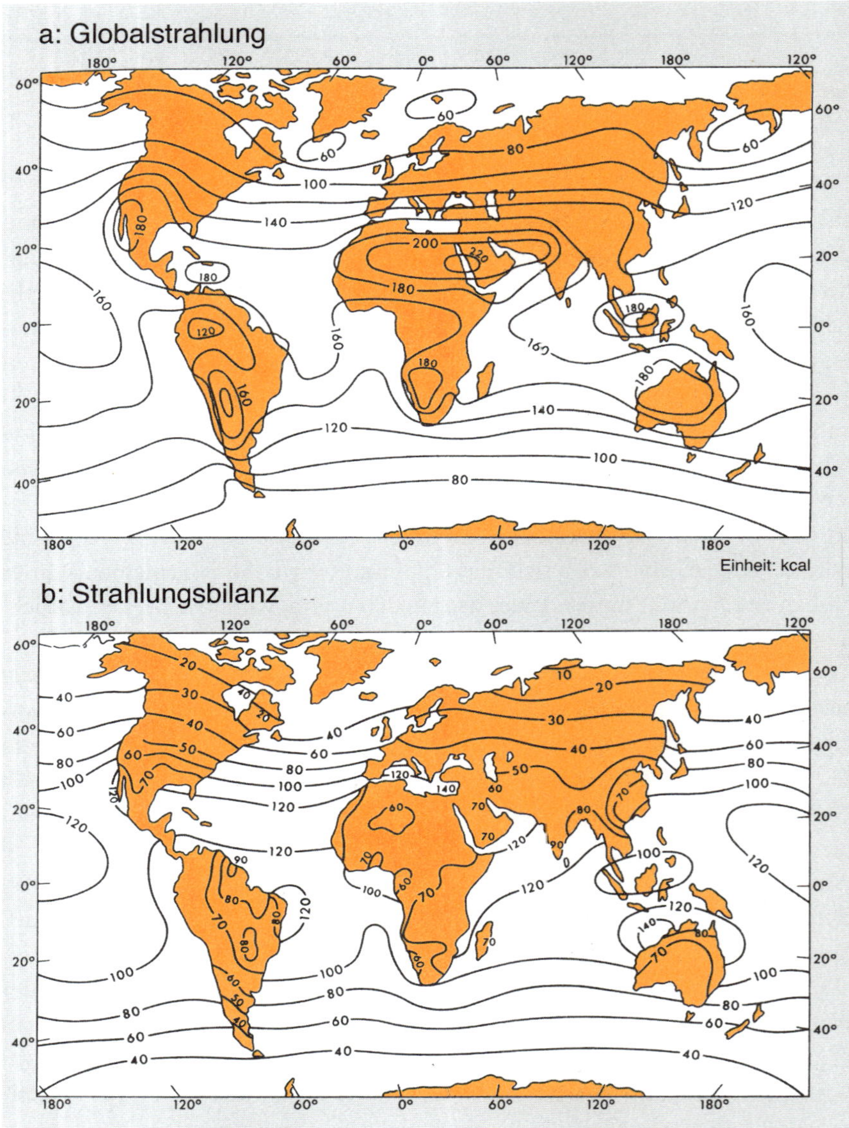

Abb. 2.12 a) Karte der Jahressummen der Globalstrahlung in kcal pro cm und Jahr und b) Karte der regionalgeographischen Verteilung der Jahressummen der Gesamtstrahlungsbilanz auf der Erde in kcal pro cm2 und Jahr (verändert nach Weischet & Endlicher, 2012).

lichen Gesamtstrahlungsbilanz (Abb. 2.12b) soll die ungleiche, breitenkreisabhängige Strahlungsverteilung (am Grunde der Atmosphäre) weiter vertieft werden.

Globalstrahlung

Die kartographische Umsetzung der Verteilung der **Jahressummen der Globalstrahlung** (direkte und diffuse kurzwellige Einstrahlung; Abb. 2.12a; vgl.

auch Abb. 2.8a) zeigt eine regionalgeographische Differenzierung. Auffallend ist, dass die höchsten Werte für die Globalstrahlung (200 bis 220 kcal/cm^2) auf der NHK für die Festlandsgebiete im Bereich der Wendekreise (z.B. Sahara) ausgewiesen werden, während in gleicher Breitenkreislage für die benachbarten westlich gelegenen Meeresflächen lediglich Werte um 160 kcal/cm^2 auftreten. Die Ursache für diese unterschiedlichen Werte der Jahressummen der Globalstrahlung ist die einstrahlungsreduzierende Wirkung des höheren Wasserdampfgehaltes und der stärkeren Bewölkung über den Meeresflächen (Extinktion).

Vergle ch NHK/SHK

Vergleicht man wiederum diese Angaben für die NHK (Festland/Ozean) mit denen in gleicher Breitenkreislage auf der Südhalbkugel, so ist festzustellen, dass dieser Breitenkreisabschnitt deutlich weniger Energie empfängt und aufgrund der Tatsache, dass die Wasserhalbkugel (SHK) in diesen Breitenkreislagen nur geringe Festlandbereiche besitzt, der Unterschied zwischen den Jahrsummen der Globalstrahlung zwischen Festland und Meeresflächen als vernachlässigbar gering zu bewerten ist. Gründe für diese Unterschiede zwischen NHK (Kontinent/Ozean) und SHK (Wasserhalbkugel) liegen wiederum im Einfluss des Wasserdampfgehaltes und des Bewölkungsgrades (Extinktionsvermögen).

Der Vergleich der Jahressummen der Globalstrahlung für die Festlandsbereiche und Meeresflächen in der äquatorialen Zone zeigt, dass hier die Festlandsbereiche aufgrund ihres höheren Bewölkungsgrades geringere Werte aufweisen, als ihre benachbarten Ozeanflächen. Insgesamt bleiben die Werte für das Festland und die Meeresflächen in der äquatorialen Zone deutlich hinter denen in den subtropischen Gebieten zurück.

Die Betrachtung von Meeresflächen und angrenzenden Festlandsbereichen zeigt für den Abschnitt zwischen ca. 35° N und 50° N ein nach Norden ausgerichtetes **meridionales Energiegefälle**. Zudem wird deutlich, dass der Unterschied zwischen den Meeresflächen und Festlandsbereichen in gleicher Breitenkreislage weniger markant ausgeprägt ist.

Zusammengefasst resultieren hieraus folgende Aussagen: Anhand der Karte der Jahressummen der Globalstrahlung (Abb. 2.12a) kann gezeigt werden, dass die Gesamtsumme der kurzwelligen Strahlung, in den verschiedenen Breitenkreislagen extinktionsbedingt deutlichen Schwankungen unterliegt: Bedingt durch die Kugelgestalt der Erde, ergibt sich eine **meridionale Differenzierung**, mit einem Energiegefälle von den Niederen Breiten (bis 220 kcal pro cm^2 und Jahr) zu den Hohen Breiten (ca. 60 kcal pro cm^2 und Jahr). Dabei ist zu erkennen, dass sich das Energiegefälle in den Mittelbreiten auf den Bereich 35° bis 50° konzentriert. Ein **zonales Energiegefälle** zeigt sich in bestimmten Breitenkreislagen zwischen den Kontinenten und den Meeresflächen, wobei die Kontinente gegenüber den Wasserflächen in gleicher geographischer Breite i.d.R. höhere Werte aufweisen. Zwischen der Südhalbkugel (Wasserhalbkugel) und der Nordhalbkugel (Landflächenhalbkugel) zeigen sich deutliche Unterschiede in den Jahressummenwerten, dabei weist die Nordhalbkugel die höheren Werte auf. Durch den höheren Anteil an Wolken in der Atmosphäre der Südhemisphäre kommt es zu einer deutlichen Schwächung der Globalstrahlung.

Gesamtstrahlungsbilanz

Zur Beurteilung des Wärmehaushaltes und der Gesamtstrahlungsbilanz ist die Betrachtung der Globalstrahlung nicht hinreichend. Vielmehr müssen Einflussgrößen wie die Albedo, langwellige Ausstrahlung der Erdoberfläche und atmosphärische Gegenstrahlung in die Bewertung mit einbezogen werden.

Die **Karte der Jahressummen der Gesamtstrahlungsbilanz** (Abb. 2.12b) dokumentiert, dass in einigen Breitenkreislagen ein Energiegefälle von den Meeresflächen zu den Kontinentflächen besteht, wobei die Festländer geringere Werte aufweisen als die Wasserflächen und somit einen Gegensatz zu den zuvor dargelegten Aussagen bezüglich der regionalen Differenzierung der Jahressummen der Globalstrahlung bilden. Besonders auffällig ist der sehr niedrige Wert für die Sahara (60 kcal/cm^2/Jahr) im Vergleich zu den benachbarten Ozeanflächen (120 kcal/cm^2/Jahr). Aufgrund der großen Trockenheit in den randtropisch-subtropischen Trockengebieten und der fehlenden Bewölkung erklärt sich der Wert für die Sahara aus der starken effektiven Ausstrahlung. Durch den geringen Wasserdampfgehalt in der Atmosphäre wird ein großer Teil der langwelligen Ausstrahlung über die sog. atmosphärischen Fenster ungenutzt in den Weltraum zurückgegeben (vgl. Abb. 2.8b).

Insgesamt zeigt die Karte 2.12b der regionalen Verteilung der Jahressummen der Gesamtstrahlungsbilanz ein meridionales Energiegefälle mit wachsender geographischer Breite von den Tropen (Energieüberschussgebiet) zu den Polen (Energiedefizitgebiet). Dieses Energiegefälle verstärkt sich auf beiden Halbkugeln im Bereich der Mittelbreiten zwischen 30° und 50° (vgl. auch Abb. 2.13). Entsprechend müsste es hierdurch zu einer permanenten Erwärmung der Atmosphäre über den Niederen Breiten und zu einer permanenten Abkühlung über den Hohen Breiten kommen.

2.4.3 Planetarische Frontalzone

Breitenkreisabhängige ungleiche Strahlungsverteilung

Aus den bisherigen Betrachtungen der Energieumsätze und des Strahlungshaushaltes zeigt sich eine breitenkreisabhängige ungleiche Strahlungsverteilung, mit einem Überschussangebot an Energie im Bereich des Äquators (mit tropischer Warmluft) und einem Defizit im Bereich der Polargebiete (mit polarer Kaltluft), woraus sich das **meridionale** Energiegefälle zwischen den Tropen und den subpolaren/polaren Gebieten begründet (vgl. Abb. 2.8a, 2.8b, 2.13). In den vorherigen Kapiteln wurde bereits nachgewiesen, dass hierfür u.a. die Schiefe der Ekliptik, die breitenkreisbedingt ungleich langen Wegstrecken der Sonnenstrahlen durch die Atmosphärenmasse und die daraus unterschiedlich starke Wir-

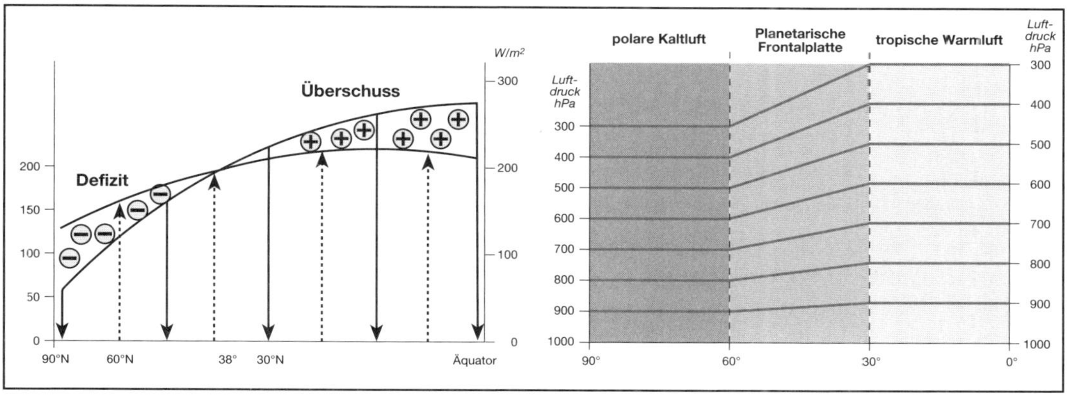

Abb. 2.13 Wärmebilanz der Erde in Abhängigkeit von der geographischen Breite (Energiegefälle; linke Abb.); Vert kale Druckverteilung in der Troposphäre und Ausbildung der Planetarischen Frontalzone (rechte Abb.) (eigene Darstellung).

kung der Extinktion etc. verantwortlich sind. Der Übergangsbereich zwischen warmer tropischer Luft und kalter Polarluft in der Troposphäre, in dem sich ein deutliches Energiegefälle einstellt, wird als **Planetarische Frontalzone bezeichnet**.

Anhand des Meridionalschnitts durch die Atmosphäre vom Äquator bis zum Pol (vgl. Abb. 2.13, rechte Abb.) lassen sich drei Bereiche aufgrund der unterschiedlichen Höhenlagen der Druckniveauflächen (Isobaren in hPa) unterscheiden, die das Ergebnis entsprechend unterschiedlicher Temperaturverhältnisse sind: Im Bereich der Niederen Breiten (0° bis 35°) weisen die isobaren Flächen in der warmen Tropikluft einen größeren Abstand auf, während sie im Bereich der Hohen Breiten (65° bis 90°) in der kalten Arktikluft deutlich enger zusammen liegen. Daraus resultiert, dass der Luftdruck in den Niederen Breiten mit der Höhe langsamer abnimmt als in den Hohen Breiten. Die Luftvolumina der tropischen Luftmasse nehmen aufgrund ihrer stärkeren Erwärmung ein größeres (Vertikal-)Volumen ein als die Luftvolumina der relativ niedrig temperierten, polaren Luftmasse, die sehr viel kompakter geschichtet ist. Den Grundsatz (gleicher Luftdruck am Boden vorausgesetzt), dass in kalter Luft der Luftdruck schneller abnimmt als in warmer Luft, beschreibt das **Aerologische Grundgesetz** (vgl. Barometrische Höhenformel). Daraus ergibt sich, dass - gleicher Luftdruck am Boden vorausgesetzt - über kalter Luft in der Höhe tiefer Luftdruck (= Höhentief) und über warmer Luft in der Höhe hoher Luftdruck (= Höhenhoch) herrscht. Zwischen diesen beiden Zonen unterschiedlich temperierter Luftmassen liegt der Bereich der Planetarischen Frontalzone, die ihren besonderen Ausdruck in der starken polwärts gerichteten **Neigung der Druckflächen** (= **barokline Schichtung**) findet (Abb. 2.13, rechts) und den konzentrierten Bereich des Energiegefälles unterstreicht.

2.5 Dynamik der Atmosphäre – planetarische Zirkulation

Aufgrund des zuvor beschriebenen globalen Ungleichgewichtes hinsichtlich der Temperatur- und Druckverhältnisse zwischen den Niederen und den Hohen Breiten müssen Bewegungsmechanismen in Form von Zirkulationen (Windsysteme) einsetzen, über die der Transport von fühlbarer und latenter Wärme aus den Überschussgebieten in die Defizitgebiete gesteuert wird. Hier setzt der energetische Antrieb für die Ausbildung der globalen **atmosphärischen Zirkulation** (**AZA**) an.

Windsysteme

Zum Ausgleich des großräumigen Energiegefälles zwischen Niederen und Hohen Breiten müsste eine globale thermische Meridionalzirkulation in Gang gesetzt werden, mit aufsteigendem Ast über dem Äquator, einem Abströmen zu den Polargebieten in der Höhe, einem absteigenden Ast über den Polen und einer Rückströmung am Boden zum Äquator. Diese Form des ‚idealen' Energieaustausches (Ein-Zellen-Zirkulation) wird jedoch aufgrund verschiedener Einflussfaktoren (z. B. Erdrotation, Corioliskraft etc.) nicht verwirklicht (Kap. 2.5.3).

Ein-Zellen-Zirkulation

Im nachfolgenden Kap. 2.5.1 sollen zunächst die grundlegenden Voraussetzungen für die Einleitung von Luftmassenbewegung und Luftmassentransport beleuchtet werden. Dabei erfolgt die Betrachtung von Luftmassen zum einen für Winde in der freien, reibungsunbeeinflussten Atmosphäre und zum anderen für reibungsbeeinflusste Winde nahe der Bodenoberfläche. Anschließend wird im Kap. 2.5.3 die Komplexität der Dynamik der Atmosphärischen Zirkulation erläutert.

2.5.1 Ursachen der Luftbewegungen

Definition

Winde entstehen, wenn sich zwischen zwei benachbarten Gebieten unterschiedliche Temperaturverhältnisse und dadurch bedingt ungleiche Druckverhältnisse einstellen. Dabei bewegt sich die Luft aus dem Gebiet mit hohem Luftdruck hin zu dem Gebiet mit niedrigem Luftdruck um hierdurch druckausgleichend zu wirken.

Definiert wird der Wind als eine vektorielle Größe (**Windvektor v**), beschrieben durch die Richtung und einen skalaren Betrag (= Windgeschwindigkeit in ms^{-1}). Die horizontale Windrichtungskomponente wird nach der Richtung benannt, aus der der Wind weht.

2.5.2 Einwirkungen bestimmter Kräfte auf die horizontalen Luftbewegungen

Großräumig betrachtet unterliegen die Luftmassenbewegungen unterschiedlichen physikalischen Kräften, wie:

- (Luftdruck-)Gradientkraft,
- Corioliskraft,

- Fliehkraft (Zentrifugalkraft),
- Reibungskraft.

Diese Kräfte können einerseits richtungsverändernd und anderseits bewegungshemmend auf Luftmassen wirken.

Gradientkraft

Die **Gradientkraft** (**G**), auch als Luftdruckgradientkraft oder Druckgradientkraft bezeichnet, ist die ausschlaggebende Kraft für die Einleitung der Luftbewegung. Sie resultiert aus horizontalen Luftdruckunterschieden und wirkt vom höheren zum niedrigeren Druck senkrecht zu den Isobaren. Hierdurch erfolgen der Ausgleich bestehender Druckunterschiede und damit der Ausgleich existenter Energiedifferenzen. Das Druckgefälle vom hohen zum tiefen Druck wird als horizontaler Luftdruckgradient bezeichnet.

Je steiler das Druckgefälle ist, desto größer sind die Druckunterschiede, entsprechend stärker müssen die Temperaturgegensätze sein. Die Windgeschwindigkeit wird ebenfalls über den Druckgradienten bestimmt: Je steiler das Druckgefälle ausgeprägt ist, umso stärker stellt sich die Windgeschwindigkeit dar.

Corioliskraft

Die **Corioliskraft** (**C**) wird definiert als eine Beschleunigung, die auf alle frei beweglichen Körper in einem rotierenden Bezugssystem (Erde) wirkt. Sie resultiert somit aus der Erdrotation von West nach Ost und kann lediglich Einfluss auf bewegte Luftmassen ausüben. Insbesondere liegt ihre Bedeutung in ihrer richtungsablenkenden Wirksamkeit als Folge der Massenträgheit der meridional strömenden Luftmassen, so dass richtigerweise von einer **Scheinkraft** gesprochen werden muss. Auf der Nordhalbkugel erfolgt eine Ablenkung nach rechts und auf der Südhalbkugel nach links.

Diese Feststellung soll an zwei einfachen Beispielen für die Nordhalbkugel beschrieben werden. Dabei ist zu bedenken, dass als Folge der Erdrotation (konstante Drehbewegung der Erde) jeder Körper (jedes Luftpaket) auf der Erde eine von der geographischen Breite abhängige Mitführgeschwindigkeit besitzt: Sie ist am Äquator am höchsten (465 m/sec) und am Pol am niedrigsten (0 m/sec), bei 50° beträgt sie 246 m/sec.

Die Wirksamkeit der Corioliskraft wird im Folgenden für meridionale Luftmassentransporte auf der NHK vorgestellt.

Im ersten Beispiel bewegen sich Luftmassen auf der rotierenden (d.h. nicht ruhenden) Erde von Süd nach Nord, d.h. vom Äquator nordwärts in Richtung zum Pol. Die mit einer dem jeweiligen Breitenkreis entsprechenden Mitführungsgeschwindigkeit gestarteten Luftmassen gelangen auf ihrem Weg vom Äquator nach Norden (NHK) in Gebiete geringerer Drehgeschwindigkeit. Das bedeutet, dass sich die Luftmassen – aufgrund ihres Geschwindigkeitsüberschusses – schneller bewegen als es der Breitenkreislage entsprechen müsste. Trägheitsbedingt eilt das Luftpaket den nördlicheren Drehgeschwindigkeitsbedingungen voraus, wodurch es eine Ablenkung nach rechts erfährt.

Findet diese Bewegung in der Höhenströmung statt, d.h. die Luftmassen strömen in der Höhe von den Niederen zu den Hohen Breiten, resultiert aus der Rechtsablenkung mit zunehmender Entfernung vom Äquator eine westliche Strömungskomponente, der sog. Westwind.

Bei der umgekehrten Bewegungsrichtung auf der Nordhalbkugel von Nord nach Süd gelangt das Luftmassenpaket mit einer bestimmten Eigengeschwindigkeit in Bereiche höherer Drehgeschwindigkeit aufgrund der Zunahme der Rotationsgeschwindigkeit vom Pol Richtung Süden zum Äquator. Hieraus folgt, dass sich das Luftpaket in der Zeit *t* trägheitsbedingt jetzt langsamer **(!)** fortbewegt, als es der neuen Breitenkreislage entsprechen müsste. Wiederum trägheitsbedingt hinkt das Luftmassenpaket der dortigen Rotationsgeschwindigkeit hinterher. In diesem Falle resultiert hieraus eine Rechtsablenkung, wodurch das in Bewegung befindliche Luftpaket in eine östliche Strömungsrichtung gelenkt wird.

Die Stärke der ablenkenden Corioliskraft (C) lässt sich über folgende Gleichung ausdrücken

$$C = 2\omega \cdot \sin \varphi \cdot v$$

Die horizontale Komponente C ist somit abhängig von der Geschwindigkeit v der bewegten Luftmasse, der Rotationsgeschwindigkeit der festen Erde ω (ω = 2p/24h = 7,29·10-5 s-1) und von dem Sinus der geographischen Breite φ.

Daraus folgt, dass bei Windstille (Windgeschwindigkeit gleich Null) die Corioliskraft keine Wirkung erzielen kann. Dies belegt noch einmal, dass die Corioliskraft eine Scheinkraft ist, die lediglich auf bewegte Luftmassen einwirkt: Je höher die Windgeschwindigkeit ist, umso stärker wird ihr Einfluss (C ~ v). Des Weiteren kann durch die obige Gleichung gezeigt werden, dass die Breitenkreisabhängigkeit über den Sinus der geographischen Breite in den Wert der Corioliskraft eingeht und dass der Maximalwert vom Pol (sin 90° = 1) bis zum Äquator hin (sin 0° = 0) abnimmt.

Dies bedeutet, dass außer am Äquator die Corioliskraft (C) eine sukzessive Ablenkung der Luftströmung bewirkt, und zwar solange, bis die Bewegungsrichtung (v) im rechten Winkel zum Druckgradienten (G) steht. Dies entspricht der Maximalablenkung mit der Ausbildung des sog. geostrophischen Windes in der reibungsunbeeinflussten Höhenströmung.

Reibungskraft

Rauhigkeitselemente an der Erdoberfläche wirken der Bewegung der Luftmassen entgegen. Dabei führt die bremsende Wirkung der **Reibungskraft** (**R**) zu einer Geschwindigkeitsabnahme und nimmt somit indirekt auch Einfluss auf die Corioliswirkung (Ablenkung). Unbeeinflusst davon bleibt die Gradientkaft, da diese unmittelbar aus den Luftdruckunterschieden resultiert. Mit zunehmender Höhe verliert die Reibungskraft ihre Wirkung auf die Luftmassen.

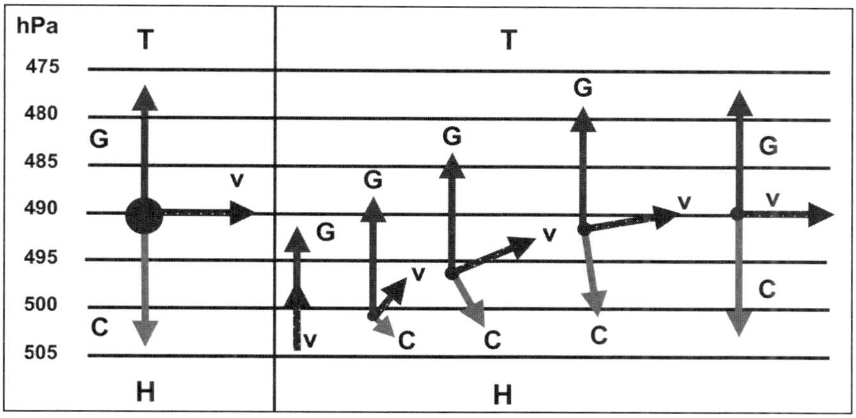

Abb. 2.14a Der geostrophische Wind – Entwicklungsstadien in der reibungsunbeeinflussten Atmosphäre (links: schematisch, rechts: Entwicklungsstadien) (eigene Darstellung).

Wirkungsweise der Kräfte bei gradlinigen Isobaren (Linien gleichen Luftdrucks)

Geostrophischer Wind

In dem vorherigen Kapitel wurde dargelegt, dass Kräfte wie Corioliskraft und Druckgradientkraft auf horizontale Luftmassenbewegung einwirken. In der Abb. 2.14a (links) wird die Beeinflussung der Luftmassen durch die Gradient- (G) und die Corioliskraft (C) in einem großräumigen homogenen Druckfeld in ca. 5000 m Höhe (somit reibungsunbeeinflusst) mittels eines Kräfteparallelogramms schematisch dargestellt, in dem die Druckniveauflächen gradlinig angeordnet sind.

Vektoriell betrachtet zeigt sich im Diagramm (links), dass die Gradientkraft (G) senkrecht zu den Isobaren (Linien gleichen Druckes) vom hohen Druck zum niedrigen Druck gerichtet ist. Die Corioliskraft (C) steht senkrecht zur Bewegungsrichtung und wirkt zudem entgegengesetzt zur Gradientkraft. Hieraus ergibt sich ein Gleichgewicht zwischen diesen beiden Kräften, mit der Folge, dass der Wind (die Luftmassen) isobarenparallel strömt. Hierbei handelt es sich um den sog. **geostrophischen Wind**.

Übertragen auf die Windsysteme der Erde entspricht der geostrophische Wind dem außertropischen Westwind.

Die Entwicklungsstadien des geostrophischen Windes werden anhand der Abb. 2.14a (rechts) beschrieben:

Aufgrund eines Temperatur- und Druckgefälles wird ein Luftpaket in Bewegung gesetzt, wobei zunächst in geringer Entfernung zum Äquator lediglich die Druckgradientkraft (G) die Richtung (v) der Luftmasse vom Hoch (H) zum Tief (T) (NHK), senkrecht zu den Isobaren bestimmt. Mit zunehmender Entfernung vom Äquator setzt die Wirkung der Corioliskraft (C) ein, wobei die Luftmassen eine Rechtsablenkung erfahren. Die Ablenkung wirkt so lange, bis sich ein Gleichgewicht zwischen der Gradient- und der Corioliskraft ausbildet (= **Maximalbetrag der Ablenkung**) und die Luftmassen in isobarenparalleler

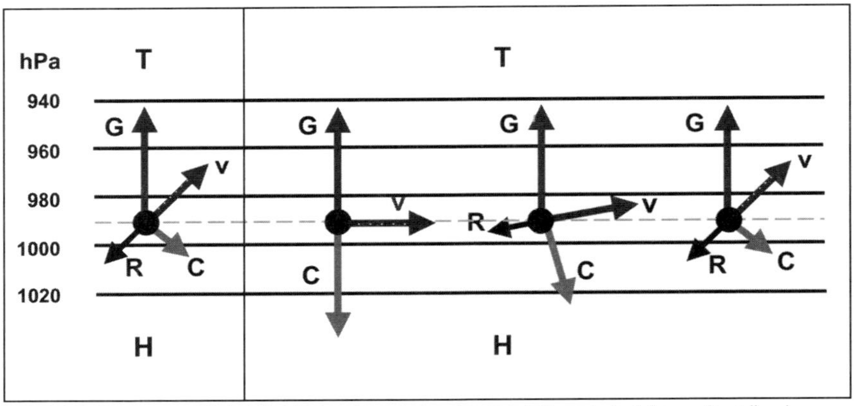

Abb. 2.14b Der ageostrophische Wind (links: schematisch, rechts: Entwicklungsstadien) (eigene Darstellung).

Richtung strömen. Unter diesen Bedingungen ist ein Ausgleich der Luftdruckgegensätze nicht möglich. Entsprechend findet kein Temperaturausgleich statt. Das würde bedeuten, dass ein Energietransport zwischen den Niederen Breiten und den Hohen Breiten verhindert wird. In der Höhenströmung gibt es jedoch bestimmte Kräfte, die zum Druckausgleich führen.

Der Ageostrophische Wind

In Bodennähe, d.h. in der reibungsbeeinflussten Atmosphäre, tritt eine weitere, luftmassenbeeinflussende Kraft, die Reibungskraft, hinzu. Die Ableitung für den aus dem Zusammenspiel von Gradient-, Coriolis- und Reibungskraft resultierenden Wind zeigt die Abb. 2.14b.

Die schematische Darstellung (Abb. 2.14b) zeigt wiederum, dass die Gradientkraft (G) senkrecht zu den Isobaren zum Tief hin gerichtet ist und bewegungseinleitend wirkt. Während die Corioliskraft (C) senkrecht zur Bewegungsrichtung steht, wirkt die Reibungskraft (R) entgegengesetzt zur Bewegungsrichtung (v). Hierdurch übt die Reibung eine abbremsende Wirkung auf die Windgeschwindigkeit aus. Zudem führt diese Reduktion der Windgeschwindigkeit gleichzeitig zu einer Schwächung des Einflusses der Corioliskraft bei gleichbleibendem Druckgradienten. Daraus resultiert eine Veränderung im Gleichgewichtszustand zwischen Gradientkraft und Corioliskraft, so dass eine Änderung der Strömungsrichtung eintritt. Die unter Reibungseinfluss befindlichen Luftmassen wehen nicht mehr isobarenparallel, sondern erhalten eine Ablenkung in Richtung der Gradientkraft, d.h. in Richtung zum tiefen Druck (Abb. 2.14b, rechts). Reibungsbedingt entsteht der sog. **ageostrophische Wind**, eine Windkomponente, die die Abweichung vom geostrophischen Wind charakterisiert.

Durch ihn können – im Gegensatz zum geostrophischen Wind – Druckunterschiede ausgeglichen werden (z.B. meridionaler Energieausgleich). Der

Ablenkungswinkel

Ablenkungswinkel schwankt gegenüber dem geostrophischen Wind in Abhängigkeit von der geographischen Breite und der Rauhigkeit der Unterlage. Zudem ändert er sich mit der Höhe (in Bodennähe am größten; Abnahme mit zunehmender Höhe). Daraus leitet sich ab, dass Luftströmungen unter Reibungseinfluss eine druckausgleichende Wirkung haben: Je stärker die ageostrophische Komponente des Windes ist, umso rascher kann der Druckausgleich erreicht werden.

Konvergenzen und Divergenzen in der Höhenströmung

Am Beispiel **konvergierender** und **divergierender Isobaren** soll die dynamisch bedingte horizontale Veränderlichkeit in den Druckverhältnissen der Höhenströmung (Frontalzone/Hohe Westwinddrift) mit der Ausbildung von Konvergenzen bzw. Divergenzen und die daraus ableitbare dynamische Entwicklung von Druckgebilden am Boden erläutert werden (Abb. 2.15).

Die Abbildung 2.15 macht deutlich, dass innerhalb der Höhenströmung die Druckverhältnisse und damit die Druckgradienten starken Schwankungen unterliegen. Dabei lassen sich Bereiche mit konvergierenden (Konvergenzgebiet; Einzugsgebiet mit zunehmender Gradientkraft) bzw. divergierenden (Divergenzgebiet; Delta der Frontalzone mit abnehmender Gradientkraft) Isobaren in der Höhenströmung feststellen, zwischen denen sich ein Bereich mit isobarenparalleler, geradliniger Strömungsrichtung (= geostrophische Verhältnisse) ausgebildet hat.

Die Ausgangssituation in der Abbildung 2.15 zeigt die Ausbildung eines geostrophischen Windes (**I**). Die Corioliskraft ist der Gradientkraft angepasst, die Strömungsgeschwindigkeit ist relativ gering, die Luftbewegung verläuft isobarenparallel.

Einzugsgebiet der Frontalzone

Verfolgt man den weiteren Verlauf der Höhenströmung, ist festzustellen, dass im Einzugsgebiet (**Konvergenzgebiet, II**) die Isobaren immer stärker zusammenrücken. In diesem Bereich haben sich die Luftdruckgegensätze intensiviert, folglich erhöht sich die Gradientkraft. Hierdurch bedingt, herrschen im Bereich

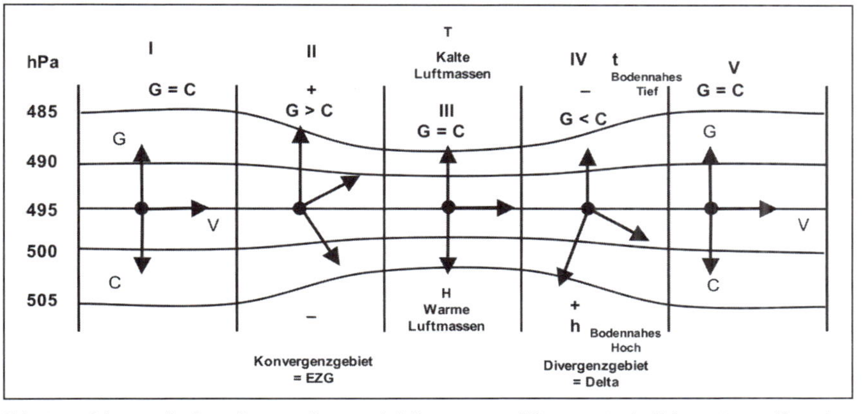

Abb. 2.15 Schematische Darstellung von (horizontaler) Konvergenz und Divergenz in der Höhenströmung (Frontalzone) im Kräftediagramm (eigene Darstellung).

der konvergierenden Isobaren deutlich höhere Windgeschwindigkeiten gegenüber den Ausgangsbedingungen (**I**) vor. Beim Einströmen der Luftmasse in das Einzugsgebiet der Frontalzone (**Konvergenzgebiet, II**) kann sich diese – trägheitsbedingt – den vorherrschenden (höheren) Windgeschwindigkeiten nicht sofort anpassen, sondern reagiert mit zeitlicher Verzögerung. Entsprechend bleibt auch die (ablenkende) Wirksamkeit der Corioliskraft hinter der verstärkten Gradientkraft (im Abschnitt **II**) zurück. In diesem Stadium überwiegt die Gradientkraft gegenüber der Corioliskraft, wodurch die Luftmasse eine Linksablenkung (schiefwinklig zu den Isobaren) zum tiefen Druck hin erfährt.

Einzugsgebiet der Frontalzone

Im Übergangsbereich (**III**) ist das Gleichgewicht zwischen Gradientkraft und Corioliskraft wieder hergestellt, so dass sich erneut ein isobarenparalleler Strömungsverlauf einstellen kann.

Delta der Frontalzone

Im anschließenden **Divergenzgebiet** (**Delta der Frontalzone, IV**), mit stark auseinanderlaufenden Isobaren, nimmt der Druckgradient ab. Entsprechend herrschen in diesem Abschnitt der Frontalzone, geringere Windgeschwindigkeiten im Vergleich zur Zone **III** vor. Dies bedeutet jedoch, dass sich die mit einem Geschwindigkeitsüberschuss einströmende Luftmasse trägheitsbedingt nicht unmittelbar den Bedingungen im Deltabereich der Frontalzone (divergierende Isobaren) anpassen kann. Somit überwiegt die Wirksamkeit der Corioliskraft gegenüber einer verminderten Gradientkraft. Hieraus resultiert ein **anisobarer Strömungsversatz** in südöstlicher Richtung zum Hohen Druck hin, wobei Arbeit gegen den Luftdruckgradienten geleistet wird. Somit wird deutlich, dass der Verlagerungseffekt in Abhängigkeit der Massenträgheit zu sehen ist, die mit dem Quadrat der Geschwindigkeit der Luftmassen wächst, und dass der Effekt anisobarer Massenverlagerung im Divergenzgebiet noch höher ist als im Konvergenzgebiet.

Im **Abschnitt V** hat sich wiederum zwischen Corioliskraft und Gradientkraft ein Gleichgewicht mit isobarenparalleler Strömungsrichtung ausgebildet.

Ryd-Scherhag-Effekt

Im Zusammenhang mit dieser dynamisch bedingten Änderung des Luftdruckfeldes spricht man vom sog. **Ryd-Scherhag-Effekt**. Die Massentransporte (Massengewinne und Massenverluste) im Konvergenz- und im Divergenzgebiet wirken sich auf die Druckverhältnisse am Boden aus. Als Folge des Ryd-Scherhag-Effektes kommt es zu einem Anwachsen des Bodenluftdrucks auf der warmen, äquatorwärtigen Seite der Höhenströmung und zu einem Abfall des Bodenluftdrucks auf der kalten, polwärtigen Seite. Der auf der kalten Seite fallende und auf der warmen Seite ansteigende Bodenluftdruck hat zur Folge, dass sich unter dem **Höhentief** auch ein **Bodentief** und unter dem **Höhenhoch** auch ein **Bodenhoch** bildet. Somit kommt es zur Ausbildung von **dynamischen Druckgebilden** am Boden.

Zusätzlich zu der zuvor geschilderten Dynamik können auch Druckgebilde aus der Höhenströmung ausscheren. Dabei verlagern sich die Tiefdruckgebiete polwärts und die Hochdruckgebiete äquatorwärts. Wie später noch zu zeigen sein wird, kommt es durch das gehäufte Auftreten von Tiefs auf der polwärtigen Seite der Frontalzone zur Bildung der **Subpolaren Tiefdruckrinne** und durch das gehäufte Auftreten von Hochs auf der äquatorwärtigen Seite der Frontalzone zur Bildung der **Subtropisch-randtropischen Hochdruckzone** (vgl. 2.5.3).

Thermische Druckgebilde und Dynamische Druckgebilde im Vergleich

Neben der Ausbildung von dynamisch bedingten Druckgebilden (vgl. Ausführungen in Verbindung mit Abb. 2.15), bewirken thermische Aspekte die sog. **thermischen Druckgebilde** (bodennah), auch als **Ferrel'sche Druckgebilde** bezeichnet. Sie sind i.W. das Ergebnis thermischer Vorgänge (Erwärmung/Abkühlung) in Abhängigkeit von der Unterlage. Infolge der Erwärmung der Landmassen (z.B. Kontinentfläche) kommt es zu einer Aufwärtsbewegung der darüber befindlichen Luftmassen. Durch diese thermisch bedingte Konvektion setzt ein Druckabfall am Boden ein. Es entsteht als thermisches Druckgebilde ein **Hitzetief**. Übertragen auf die Luftdruckgürtel der Erde bilden die Hitzetiefs im Bereich des Äquators die **Äquatoriale Tiefdruckrinne** (Innertropische Konvergenzzone (ITCZ) (vgl. Kap. 2.5.3, Abb. 2.16).

Über ausgekühlten Landmassen findet ein Absinken der ‚schweren' Luft statt, wodurch am Boden ein thermisch bedingter Druckanstieg erfolgt. Hieraus entwickelt sich als thermisches Druckgebilde das sog. **Kältehoch**. Übertragen auf die Luftdruckgürtel der Erde bilden die Kältehochs im Bereich über den Polen das **polare Hoch** (polare Antizyklone; vgl. Abb. 2.16).

Während über dynamischen Druckgebilden gleicher Druck am Boden wie in der Höhe herrscht, zeichnen sich die thermischen Druckgebilde durch entgegensetzte Druckverhältnisse zwischen Boden und Höhe aus: Über einem Hitzetief am Boden herrscht hoher Druck in der Höhe. Über einem thermischen Kältehoch am Boden herrscht in der Höhe tiefer Druck.

Beide Druckgebilde (dynamisch wie thermisch) zeichnen sich durch die nachfolgend aufgeführten **Charakteristika** aus:

Charakteristika dynamischer und thermischer Druckgebilde

- Zyklone (Tief) und Antizyklone (Hoch) zeigen einen unterschiedlichen Drehsinn, der aus der unterschiedlichen Wirksamkeit zwischen Coriolis- und Gradientkraft resultiert: Während auf der NHK die Luftmassen ein Tief gegen den Uhrzeigersinn umkreisen, bewegen sich die Luftmassen um ein Hoch im Uhrzeigersinn.
- Die Luftmassen strömen aus dem Hoch in das Tief hinein.
- In einem Tief (Zyklone) kommt es zu aufsteigenden Luftbewegungen: Während des Aufstiegs führt die Abkühlung (feucht-adiabatisch) zur Kondensation mit der Folge von Wolkenbildung. Mit dem Erreichen des Kondensationsniveaus setzt die Niederschlagsbildung ein (Advektionsniederschläge im Bereich der außertropischen (zyklonalen) Westwinddrift mit

feucht-kühlen Wetterverhältnissen/Konvektionsniederschläge im Bereich der Äquatorialen Tiefdruckrinne und feucht-warmen Bedingungen).

- Ein Hoch (Antizyklone) zeichnet sich durch absteigende Luftbewegung aus. Beim Abstieg der Luftmassen setzt eine Erwärmung (trocken-adiabatisch) ein. Durch das „Abtrocknen“ der Luft (d.h. Feuchteaufzehrung) kommt es zur Wolkenauflösung. Die Hochs im Bereich der Subtropisch-randtropischen Hochdruckzone sind durch hohe Temperaturen gekennzeichnet. In diesen Gebieten herrscht trocken-warmes Wetter vor. Die Regionen der polaren Kältehochs weisen demgegenüber niedrige Temperaturen und trocken-kaltes Wetter auf.

2.5.3 Die Allgemeine (globale) Zirkulation der Atmosphäre (AZA)

AZA

Die **Allgemeine (globale) Zirkulation der Atmosphäre** (syn. planetarische Zirkulation) ist das globale Windsystem, welches aus der ungleichen Verteilung von solarer Einstrahlung resultiert. Sie bewirkt neben den Meeresströmungen den fortwährenden Energietransport aus den Niederen Breiten in die Höheren Breiten, wodurch ein Wärmeausgleich zwischen diesen beiden Gebieten herbeigeführt wird. Somit dient die AZA dem großräumigen Ausgleich von Masse, Wärme und Bewegungsenergie. Dabei unterliegt ihre Entwicklung den erdmechanischen und geographischen Bedingungen.

Vereinfachte Ableitung der Luftdruck- und Windgürtel auf der Erde

Aufgrund der unterschiedlichen Druckverteilung auf der Erdoberfläche resultieren unterschiedliche großräumige Zirkulationen (Windsysteme), die mittels der Abbildung 2.16 nachfolgend erläutert werden. Dabei muss festgehalten werden, dass die Abbildung 2.16 eine idealisierte, somit vereinfachte Vorstellung von der (bodennahen) Verteilung der Luftdruckgürtel auf der Erde und den daraus resultierenden Windgürteln bietet. Die Gliederung erfolgt unter der Annahme einer rein geometrischen Verteilung der Einstrahlungsverhältnisse (im statistischen Mittel), d.h. ohne Berücksichtigung einer jahreszeitlichen Veränderung und ohne Berücksichtigung der Land-Wasser-Verteilung (ohne tellurische Effekte).

Planetarische Höhenströmung – Hohe (außertropische) Westwindzone

Am Beispiel der Ableitung des geostrophischen Windes wurde bereits ein wichtiges Glied der planetarischen Zirkulation, die außertropische Westwindzirkulation (syn. Hohe Westwinddrift WWD) kurz vorgestellt.

WWD

Aus dem polwärts gerichteten meridionalen Druck-(Energie-)gefälle resultiert – in der reibungsfreien höheren Troposphäre – als Folge der Wechselwirkung zwischen Erdrotation, Gradientkraft und Corioliskraft eine **erdumspannende, zonale Strömung** (zwischen 40° und 65° Breite) von W nach E. Sie wird **als planetarische Westwindzone** (Hohe Westwinddrift) bezeichnet. Charak-

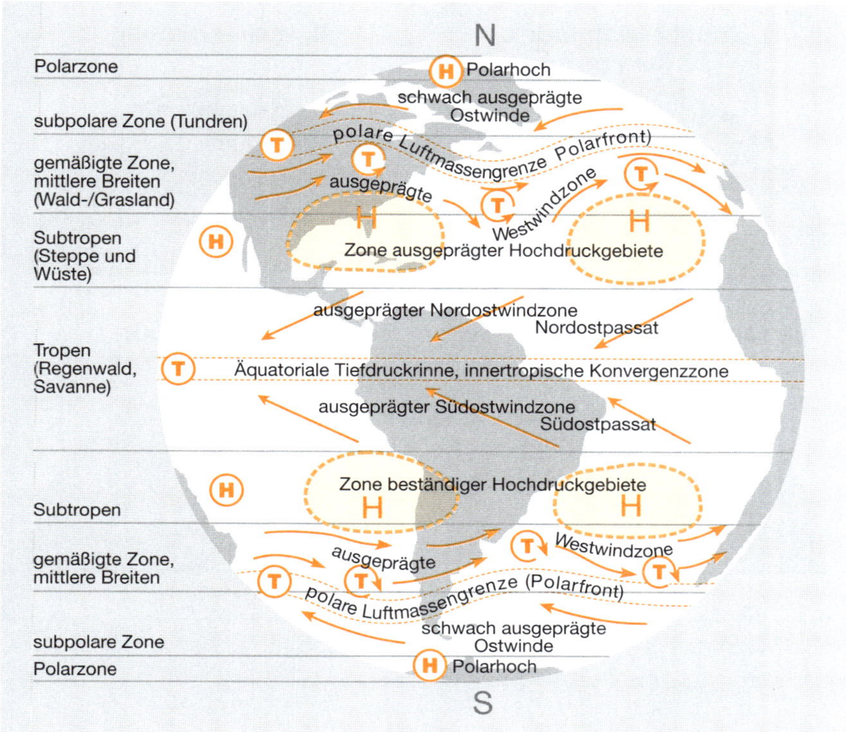

Abb. 2.16 Bodennahe planetarische Zirkulation – Luftdruck- und Windgürtel (nach Schöwiese, 2013).

teristisch für diese Zone ist das Aufeinandertreffen unterschiedlich temperierter Luftmassen (tropisch-warme Luftmassen und polare kalte Luftmassen). Aufgrund ihrer dynamischen Instabilität erfolgt ein Umbau der Strömungsverhältnisse, wodurch die Zonalzirkulation in eine Wellenzirkulation (sog. Rossby-Wellen) mit unterschiedlichen Stadien verschiedener Zirkulationsformen (vgl. Abb. 2.17) übergeht.

Dynamische Instabilität

Folgende Ursachen sind für die dynamische Instabilität der Höhenströmung verantwortlich:

- die Überschreitung des meridionalen Temperaturgradienten von 6 °C/ 1000 km (Bereich: 500 hPa-Niveau);
- die sog. Breitenkreisrauhigkeit durch den Übertritt der Luftmassen vom Ozean auf den Kontinent sowie beim Überqueren der Luftmassen von meridional verlaufenden Gebirgsketten (= Anchoring-Effekt).

Der Umbau der Strömungsverhältnisse führt - wie oben bereits angedeutet - zu einer erdumspannenden Wellenzirkulation von W nach E. Dabei bilden sich im statistischen Mittel 5 bis 6 Wellen aus. Anhand der Abbildung 2.17

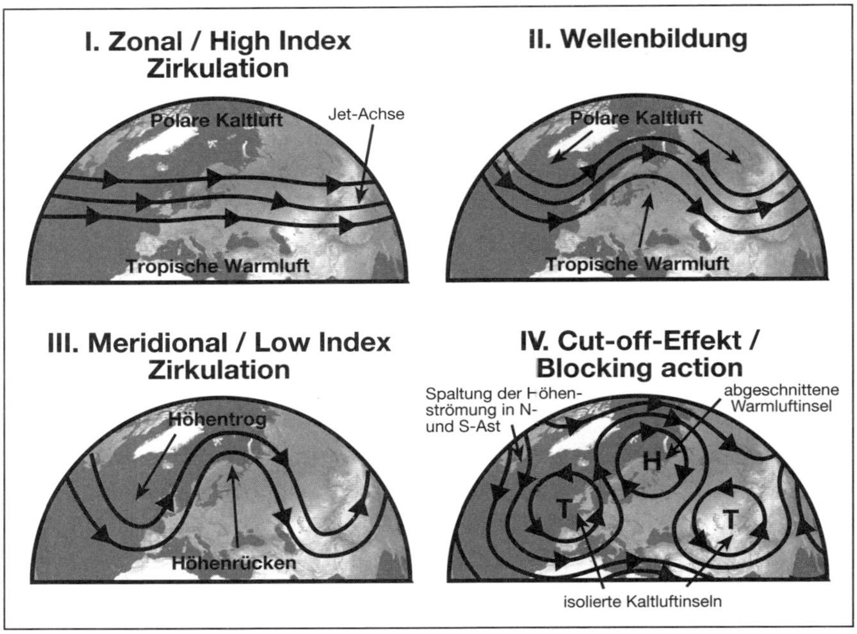

Abb. 2.17 Schematische Darstellung unterschiedlicher Zirkulationsformen in der Höhenströmung (außertropische Westwindzone) (verändert nach Weischet & Endlicher, 2012; Lauer & Bendix, 2006 u. a.).

Zirkulationsformen

werden die verschiedenen Stadien der Zirkulationsformen in der Höhenströmung beschrieben.

Das **Stadium I** zeigt den breitenkreisparallelen (**zonalen**) Verlauf der Höhenströmung. In diesem Stadium bleiben die meridionalen thermischen Gegensätze zwischen den Niederen Breiten und Hohen Breiten bestehen. Ein Druck- und Energieaustausch ist nicht möglich.

Ausgehend von dieser breitenkreisparallelen (**Zonal**-)Zirkulation (= **High-Index-Zirkulation; Stadium I**) geht die Westwinddrift – aus den oben vorgestellten Gründen – von einer Zonalzirkulation sukzessive in eine längenkreisparallele (**Meridional**-)Zirkulation (= **Low-Index-Zirkulation**) mit stark ausgeprägten Mäandern über (**Stadien II bis III**).

Die dynamische Instabilität der Westwinddrift führt im Zusammenhang mit der Bildung von mäanderartigen Wellen der Höhenströmung (**Rossby-Wellen** oder **Long-scale-Wellen**) zur Entstehung von polwärts gerichteten **Höhenrücken** (Warmluftvorstöße) und äquatorwärts gerichteten **Höhentrögen** (Kaltluftvorstöße) (**Stadium III**). Die Lage der Höhenrücken und Höhentröge orientiert sich an den Ursachen, die die Instabilität der Höhenströmung hervorrufen (= quasistationäre Lage).

Durch diesen **Pendelmechanismus** der Hohen Westwinddrift (i.W. auf der NHK ausgebildet) – mit der Auslenkung nach Süden bzw. nach Norden – setzt

Energieaustausch

ein Energieaustausch zwischen den Niederen und Hohen Breiten über den meridionalen Strömungsverlauf ein. Hierdurch kann das Energiegefälle zum Ausgleich gebracht werden. Die Wellen wandern ostwärts mit der Höhenströmung.

Mit dem Anwachsen der Mäanderhälse (Vergrößerung der Schwingungsamplitude) werden im weiteren Verlauf einzelne **Warmluftzellen** (= Hoch; Antizyklonen) und **Kaltluftzellen** (= Tief; Zyklonen) abgeschnürt. Hierdurch kommt es zu einer Blockierung der Westwinddrift bis in große Höhen, wobei sich die Höhenströmung in mehrere Äste (N- und S-Ast) aufspaltet (**Stadium IV**). Diesen Vorgang der Abspaltung einzelner Luftmassen bezeichnet man als **Cut-off-Effekt**, die damit verbundene Blockade der Westwinddrift als **Blocking-Action**. Im weiteren Verlauf stellt sich dann wieder die zonale Zirkulation ein.

Die Dynamik der Höhenströmung und die sich daraus entwickelnden Zirkulationsformen sind auf den Höhenwetterkarten (500 hPa-Niveau) sehr gut nachvollziehbar.

Bezogen auf die Land-Wasserverteilung der Erde lassen sich für die Breitenkreislagen zwischen 45° bis 65° folgende Aussagen ableiten: Vergleicht man die beiden Halbkugeln miteinander, so ist festzustellen, dass auf der Nordhalbkugel, aufgrund der größeren Reibungsunterschiede in den Mittelbreiten, ein wesentlich stärker ausgebildeter Pendelmechanismus (im Winter) vorherrscht als auf der Südhalbkugel. Die quasistationäre Lage der Höhenrücken und der Höhentröge verursacht erhebliche thermische Unterschiede zwischen den West- und Ostseiten der Kontinente.

Dynamisch und thermisch bedingte Luftdruckgürtel

Subpolarer Tiefdruckgürtel und Subtropisch-randtropischer Hochdruckgürtel (dynamisch)

Die aerodynamische Folge der Mäanderwellen, mit der Ausbildung von Konvergenz und Divergenz führt zum Ausscheren von Luftmassen (sog. Nährwirbeln) aus der west-ost-gerichteten Höhenströmung (WWD). Polwärtig (NE-Richtungs-Komponente) bilden sich die **Zyklonen** mit zyklonalem Drehsinn (vgl. auch Abb. 2.17) entgegen dem Uhrzeigersinn aus. Äquatorwärtig (SE-Richtungs-Komponente) entwickeln sich **Antizyklonen**, mit antizyklonalem Drehsinn im Uhrzeigersinn (vgl. auch Abb. 2.17). Gleichzeitig resultieren aus diesen Ausscherungsvorgängen auf der polwärtigen Seite der Höhenströmung ein **dynamisch** bedingter Tiefdruckgürtel (**Subpolare Tierdruckrinne**; gehäuftes Vorkommen von Tiefs) und auf der äquatorwärtigen Seite ein **dynamisch** bedingter Hochdruckgürtel (**Subtropisch-randtropischer Hochdruckgürtel**; gehäuftes Vorkommen von Hochs). Sie stellen wichtige Aktionszentren in der Atmosphäre dar. Die bekanntesten dynamischen Tief- und Hochdruckgebilde auf der Nordhalbkugel sind das Aleuten-Tief und das **Island-Tief** sowie das **Azoren-Hoch** und das Pazifik-Hoch. Islandtief und Azorenhoch sind dabei für das Wettergeschehen in Mitteleuropa verantwortlich.

Stichwort

Nordatlantische Oszillation (NAO)

Unter der NAO versteht man meridionale Luftdruckdifferenzen im Nordatlantik zwischen den Aktionszentren Islandtief und Azorenhoch, die in Form von Indexwerten beschrieben werden. Die Nordatlantische Zirkulation hat großen Einfluss auf Wetter und Witterung in Europa. Ein positiver NAO-Index (ausgeprägtes Azorenhoch und Islandtief) bewirkt eine starke westliche Luftströmung, die in Mitteleuropa zu milden und niederschlagsreichen Wintern führen. Bei schwacher Ausprägung der Druckgegensätze (negativer NAO-Index) und folglich abgeschwächter Westwinddrift dominieren meridionale Komponenten wie Rossby-Wellen und Blockade-Situationen, Kaltlufteinbrüche aus Nordosten (kontinentale Luftmassen des Russlandhochs) nach Mitteleuropa können die Folge sein, während im westlichen und zentralen Mittelmeerraum stärkere Niederschlagstätigkeit resultiert.

Äquatoriale Tiefdruckrinne und Polare Hochdruckzone (thermisch)

Die thermisch bedingten Luftdruckgürtel sind – wie die Bezeichnung bereits ausdrückt – das Resultat thermischer Vorgänge (Erwärmung/Abkühlung) in Abhängigkeit von der Unterlage.

Hierzu zählt die **Äquatoriale Tiefdruckrinne**, die nahe dem Äquator ihre Ausbildung findet (vgl. Abb. 2.17). Ihre Entstehungsbedingungen wurden bereits aufgezeigt. In der Höhe wird dieser Druckgürtel von einem Höhenhoch überlagert. Über die **thermischen Hitzetiefs** erfolgt u.a. die Bereitstellung großer Mengen an fühlbarer u. latenter Wärme. Die Zirkulationsvorgänge werden im Zusammenhang mit der Erläuterung der sog. Drei-Zellen-Struktur der mittleren meridionalen Zirkulation weiter unten besprochen (vgl. 2.5.4).

Ein zweiter thermischer Luftdruckgürtel, das **polare Hoch** befindet sich im Bereich der Polgebiete. Diese **thermischen Kaltluft-Antizyklonen** sind lediglich auf die unteren Troposphärenschichten beschränkt und werden in der Höhe von einem Tief überlagert.

Die globale Verteilung der Windgürtel

Aus den zuvor dargestellten Luftdruckgürteln resultiert ein **atmosphärisches Strömungsbild**, wobei sich die einzelnen Windgürtel in Abhängigkeit des jeweiligen Druckgefälles und der Einwirkung der unterschiedlichen Kräfte (i.W. Corioliskraft, Gradientkraft, Reibung) entwickeln. Eine vereinfachte Ableitung der Windgürtel wird im Folgenden beispielhaft für die NHK vorgenommen und unter Kap. 2.5.4 (Stichwort: Drei-Zellen-Struktur) weiter vertieft.

Ableitung der Windgürtel

Aus dem Druckgefälle zwischen dem Subtropisch-randtropischen Hoch und der Äquatorialen Tiefdruckrinne resultieren – reibungsunbeeinflusst, geostrophisch – **die Passate** (Ostwinde). Unter Reibungseinseinfluss setzt eine Richtungsänderung ein, wobei sich mit Verringerung der ablenkenden Wirkung durch die Corioliskraft ageostrophisch die NE-Passate entwickeln.

Aus dem Druckgefälle zwischen der Polarzone und der Subpolaren Tiefdruckrinne resultieren - reibungsunbeeinflusst - die **polaren Ostwinde**. Unter Reibungseinfluss setzt eine nordöstliche Richtungskomponente ein, die NE-Ostwinde. Insgesamt sind diese Winde im Vergleich zu den Passaten jedoch nur schwach ausgebildet.

Wie bereits dargestellt, entwickelt sich durch das herrschende Druckgefälle zwischen dem Subtropisch-randtropischen Hochdruckgürtel und der Subpolaren Tiefdruckrinne die **Planetarische Frontalzone** mit der **Hohen Westwinddrift** (WWD).

2.5.4 Drei-Zellen-Struktur

Anhand eines vereinfachten Schemas der sog. **Drei-Zellen-Struktur der mittleren meridionalen Zirkulation** sollen die Zirkulationsmechanismen und die sich daraus ergebenden Ausgleichsmöglichkeiten der meridional unterschiedlichen Strahlungs- und Energiebilanz der Erdoberfläche und der bodennahen Luftschichten (vgl. Abb. 2.18) erläutert werden.

Die Abbildung 2.18 verdeutlicht das Prinzip der sog. Drei-Zellen-Struktur. Es handelt sich um die Ausbildung dreier „Wirbel", die durch energetische Vorgänge untereinander in Verbindung stehen. Ihre jeweilige Lage und Intensität wird jedoch durch die Abhängigkeit vom Jahresgang modifiziert.

Die Erläuterung setzt bei der **Hadley-Zelle** an, die den Bereich zwischen dem Äquator und dem SRH (Subtropisch-randtropischer Hochdruckgürtel)

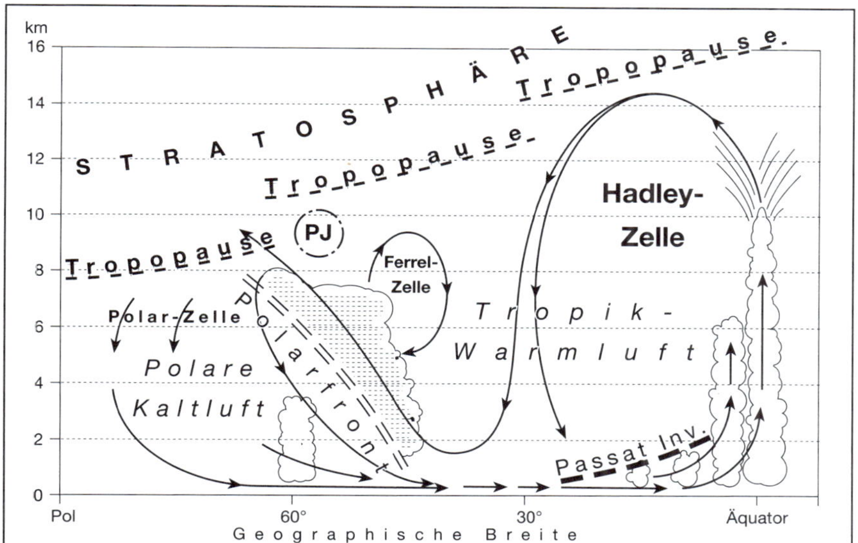

Abb. 2.18 Schematischer Vertikalschnitt durch die meridionale Querzirkulation auf einer Halbkugel (verändert nach Weischet & Endlicher, 2012).

ausfüllt und durch die tropischen Zirkulationen (Innertropische Konvergenz und Konvektion sowie die Passatzirkulation) gekennzeichnet ist. Als Sonderform muss in diesem Zusammenhang noch die tropische Monsunzirkulation – als Folge einer jahreszeitlichen Verlagerung der großräumigen Druck- und Windsysteme – genannt werden (siehe weiter unten).

Tropische Zirkulation

Ausgehend vom Äquator, zeichnet sich die tropische Zirkulation durch einen aufsteigenden Ast im Bereich der Innertropischen Konvektions- und Konvergenzzone und einem absteigenden Ast im Bereich des Subtropisch-randtropischen Hochdruckgürtels (Wendekreis) aus.

Innertropische Konvektions- und Konvergenzzone ITCZ (Äquatoriale Tiefdruckrinne)

Die Äquatoriale Tiefdruckrinne ist der Bereich der höchsten Einstrahlung, wodurch vom Boden ausgehend, eine starke konvektive Aufwärtsbewegung der Luftmassen eingeleitet wird. Thermisch bedingt entwickelt sich ein Hitzetief mit der Folge aufsteigender Luftmassen. Über diesen aufsteigenden Ast der Meridionalzirkulation (Abkühlung der warmen Luftmassen) kommt es zur Kondensation und Wolkenbildung.

Zudem unterliegt dieser bodennahe Bereich einer starken Strömungskonvergenz. Aus dem bodennahen Bereich der SRH beider Halbkugeln strömen die Passate in der Äquatorialen Tiefdruckrinne zusammen. Diese Prozesse (verstärkte Konvektion und Strömungskonvergenz) drücken sich in der Bezeichnung „Innertropische Konvektions- und Konvergenzzone“ aus.

In der Höhe erkennt man einen Bereich mit Strömungsdivergenz, mit einem polwärts gerichteten Luftmassenabfluss, wobei im Bereich der SRH eine Strömungsablenkung einsetzt mit der Folge einer Absinkbewegung in Richtung Boden. Die Absinkbewegung führt zu einer Erwärmung der Luft (trockenadiabatischer T-Gradient) und bewirkt eine Wolkenauflösung (vgl. Passatzirkulation).

Bodennah bildet sich im Bereich der SRH eine Divergenz aus. Dieser Divergenzbereich zeichnet sich zum einen durch eine äquatorwärts gerichtete horizontale Strömungskomponente (= Passate) aus. Zum anderen wird ein Teil der divergierenden Luftmassen in die Ferrel-Zelle eingespeist.

Passatzirkulation

Bei der Passatzirkulation handelt es sich um eine großräumige, vertikale Meridionalzirkulation im Bereich der Hadley-Zelle. Wie im vorherigen Abschnitt bereits angedeutet, resultiert die **Passatzirkulation** aus der gegensätzlichen Druckkonstellation zwischen dem SRH und der ÄT in Bodennähe. Dieses bodennahe Druckgefälle führt oberhalb der Bodenreibungsschicht zu einer großräumigen Luftströmung mit Ost-West gerichteter Strömungskomponente. Reibungsunbeeinflusst (d.h. geostrophisch) entwickeln sich die **Ostpassate**. Reibungsbeeinflusst (bodennah) resultieren aus diesem Druckgefälle ageostrophisch bedingte Strömungen, die **NE-Passate (NHK)** bzw. **SE-Passate (SHK)**, die „schiefwinklig“ in Richtung Äquator fließen. In Ergänzung zur Abbil-

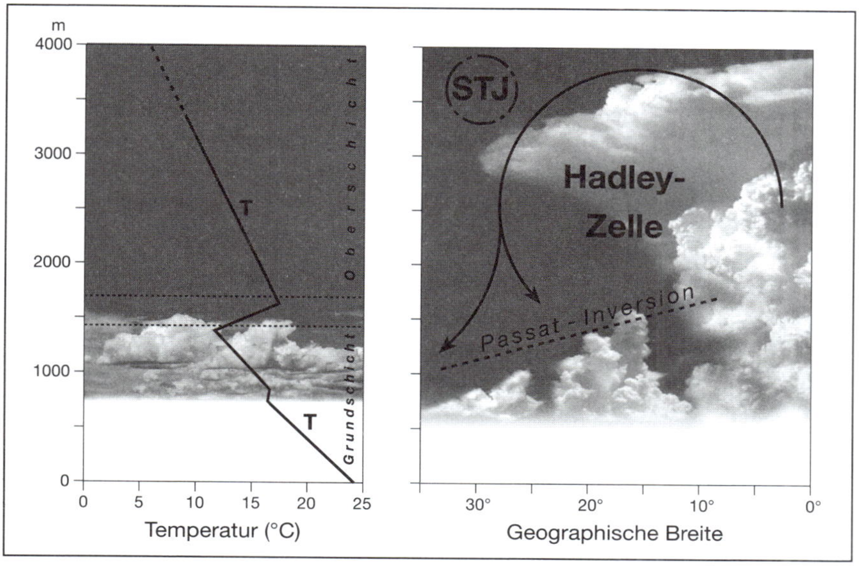

Abb. 2.19 Schema der tropischen Passatinversion und Vertikalgliederung der Passatströmung (verändert nach Lauer & Bendix, 2006).

dung 2.18 erfolgt die weitere Erklärung der Passatzirkulation mit Unterstützung der Abbildung 2.19, die eine charakteristische Vertikalgliederung der Passatströmung in drei Schichten aufzeigt: die Passat-Grundschicht, die Passatinversionsschicht und die Passat-Oberschicht. Dabei zeigt die Abbildung 2.19, dass in der Höhe, d.h. aus dem Kernbereich des Subtropisch-randtropischen Hochdruckgürtels (Antizyklone) eine Absinktendenz einsetzt, wodurch die absinkenden Luftmassen erwärmt werden und innerhalb der Oberschicht eine Wolkenauflösung einsetzt. Diese dynamische Absinktendenz kann sich jedoch nicht bis zum Boden durchsetzen. Der Grund hierfür liegt darin, dass die in Richtung Äquator strömenden Luftmassen in den unteren Schichten durch die Aufheizung eine Aufwärtsbewegung (turbulenter Wärmerstrom) erfahren. Diese Aufwärtsbewegung wird zudem durch latente Wärmeströme (Konvektion) beim Überströmen der Ozeane mit der Folge von Wasserdampfanreicherung der Luftmassen verstärkt. An der Grenzschicht zwischen den durch Absinktendenz sich erwärmenden Luftmassen und den durch Aufwärtsbewegung sich abkühlenden Luftmassen kommt es zur Ausbildung der **Passatinversion**. Die Abbildung 2.19 zeigt zudem eine deutliche Anhebung der Passatinversion mit Annäherung an den Äquator. Verursacht wird dieser Anhebungsprozess zum einen durch die immer stärkere Aufheizung der Luftmassen in der Grundschicht mit der Folge einer verstärkten Aufstiegstendenz und zum anderen durch die nachlassende Wirkung der Absinktendenz in der Oberschicht. Im unmittelbaren Bereich der Äquatorialen Tiefdruckrinne wird die Passatinversion schließlich aufgebrochen.

Stichwort

ENSO (El Niño Southern Oscillation)

Als eine kurzfristige Klimaschwankung und anschauliches Beispiel der Interaktion von Atmosphäre und Hydrosphäre kann das ENSO Phänomen angesehen werden. Eine Änderung der großräumigen Luftdruckverteilung im Bereich des tropisch-subtropischen Pazifiks, die im Abstand von einigen Jahren für einen mehrmonatigen Zeitraum auftritt sorgt dabei für eine kurzfristige Klimaanomalie im Bereich des Pazifiks sowie über meteorologische Fernwirkungen sog. Telekonnektionen auch in anderen Regionen der Erde.
In Normaljahren sorgen hohe Wassertemperaturen im westlichen Pazifik für großräumige Konvergenz feuchtwarmer Luftmassen mit Konvektion, Wolkenbildung und Niederschlag im westpazifischen Bereich. Die aufsteigenden Luftmassen werden meridional (Hadley-Zirkulation) und zonal entlang des Äquators transportiert (Walkerzirkulation). Mit dem SE-Passat werden warme oberflächennahe Wassermassen nach Westen geführt mit der Folge, dass kaltes Tiefenwasser vor der Küste Südamerikas nach oben strömt (sog. Upwelling).
In El-Niño-Jahren kommt es zu einer Verschiebung der atmosphärischen Zirkulation. Die ITCZ verlagert sich weiter nach Süden aufgrund einer Verminderung der Druckgegensätze zwischen dem südpazifischen Hoch und dem asiatisch-australischen Tiefdruckgebiet. Der SE-Passat schwächt sich ab, warmes Wasser wird bis an die südamerikanische Westküste verlagert (West-Ost-gerichtete sog. äquatoriale Kelvinwelle), und der Kaltwasserauftrieb wird nahezu unterbunden. Intensive Konvektion bedingt über dem Ostpazifik ergiebige Niederschläge in einer in Normaljahren durch absinkende Luftmassen und Trockenheit geprägten Region (vgl. Lauer und Bendix 2006).

Tropische Monsunzirkulation

Unter dem Einfluss des tellurischen Effektes (Land-Wasser-Verteilung, jahreszeitlich wechselnde thermische Einflüsse der Kontinente, unterschiedliche Ausprägungen des Reliefs und der Oberflächenbeschaffenheit etc.) werden jahreszeitlich bedingt die bisher vorgestellten erdumspannenden Luftdruck- und Windgürtel insbesondere über den Kontinentflächen durch andere Luftdruckverhältnisse und Zirkulationsmechanismen aufgebrochen. Hierzu zählen im Wesentlichen die tropische Monsunzirkulation, die Walker-Zirkulation (ebenfalls eine tropische Zirkulation) und die Ostwindzirkulation über den Polen der Erde.

Monsune bilden sich i.W. dort aus, wo große Landmassen gegenüber benachbarten Ozeanflächen im Sommer stark erhitzt (Hitzetief) werden bzw. im Winter einer starken Abkühlung (Kältehoch) unterliegen. Infolge der jahreszeitlichen „Wanderung" des Sonnenstandes verlagern sich die planetarischen Wind- und Luftdruckgürtel nach der jeweiligen Sommerhalbkugel - über Land weiter als über dem Meer (= tellurisch-monsunaler Effekt).

Dabei müssen folgende Kriterien erfüllt sein:

- Ein jahreszeitlicher Wechsel der Windrichtung um mindestens 120° (= **Monsunwinkel**).

- Ein gleichsinniger, dem Monsungang paralleler Gang der meteorologischen Elemente (Niederschlag, Bewölkung, Temperatur und relativer Luftfeuchtigkeit), z. B. **Wechsel von Trocken- und Regenzeit**.
- Die Winde müssen im Sommer landeinwärts, im Winter seewärts wehen.

Zum Beispiel wird der Subtropisch-randtropische Hochdruckgürtel im Sommer über allen Kontinenten der Nord- und in geringerem Umfang auch auf der Südhalbkugel von Ferrel'schen Hitzetiefs (kontinentale Wärmezyklone) unterbrochen, deren Umfang und Intensität von der Größe der jeweiligen Landmasse abhängen. Dabei erfolgt eine Verlagerung der Innertropischen Konvektions- und Konvergenzzone in die kontinentalen Bereiche der jeweiligen Sommerhalbkugel.

Monsungenese

Im Folgenden wird die Monsungenese am Beispiel des **Indischen Monsuns** (tropischer Monsuntyp der Hadley-Zelle) (Abb. 2.20) betrachtet. Die Ausbildung des Indischen (südasiatischen) Monsuns ist im Zusammenhang mit dem ausgedehnten zentralasiatischen Hochland zu sehen, welches im Sommer eine große Heizfläche (Wärmequelle) und im Winter eine große Kältesenke darstellt. Hieraus resultiert im jahreszeitlichen Wechsel ein unterschiedliches Druckgefälle zwischen den Subtropen und dem Äquator.

Im **Winter der Nordhalbkugel** bildet sich über dem indischen Subkontinent bodennah ein **thermisches Kältehoch (Ferrel'sches Kältehoch)** aus, welches durch die Massenerhebung des zentralasiatischen Hochlandes noch deutlich verstärkt und in der Höhe von einem Tief abgelöst wird. Aus dieser Druckkonstellation im Bereich des SRH ergibt sich ein Druckgefälle vom SRH zur Äquatorialen Tiefdruckrinne (Hitzetief am Boden, überlagert von einem Hoch in der Höhe) und einer daraus resultierenden nordöstlichen Strömungskomponente (**Nordost-Monsun**). Diese winterliche Monsunströmung entspricht der nordöstlichen Passatströmung, mit einer stark ausgebildeten stabilen Schichtung (Flächendivergenz, Absinktendenz etc.; vgl. Erläuterung Passatzirkulation), die sich insgesamt durch Niederschlagsarmut auszeichnet. Beim Anströmen von Hindernissen kommt es luvseitig durch die erzwungene Konvektion zur Niederschlagsbildung.

Im **Sommer der Nordhalbkugel** entwickelt sich bodennah über dem indischen Subkontinent aufgrund der starken Erwärmung ein ausgeprägtes **thermisches Hitzetief** (**Ferrel'sches Hitzetief**), welches noch durch die starke Massenerhebung des asiatischen Hochlandes verstärkt wird. Hierdurch entsteht eine zweite Zone mit tiefem Luftdruck (NITC, nördliche Innertropische Konvergenzzone), die sich im Vergleich zur Äquatorialen Tiefdruckrinne durch einen noch tieferen Kerndruck auszeichnet. Es entwickelt sich ein transäquatoriales Luftdruckgefälle von dem winterlichen SRH der Südhalbkugel über die Äquatoriale Tiefdruckrinne hinaus in den Bereich des Hitzetiefs über dem indischen Kontinent bis zum nördlichen Wendekreis.

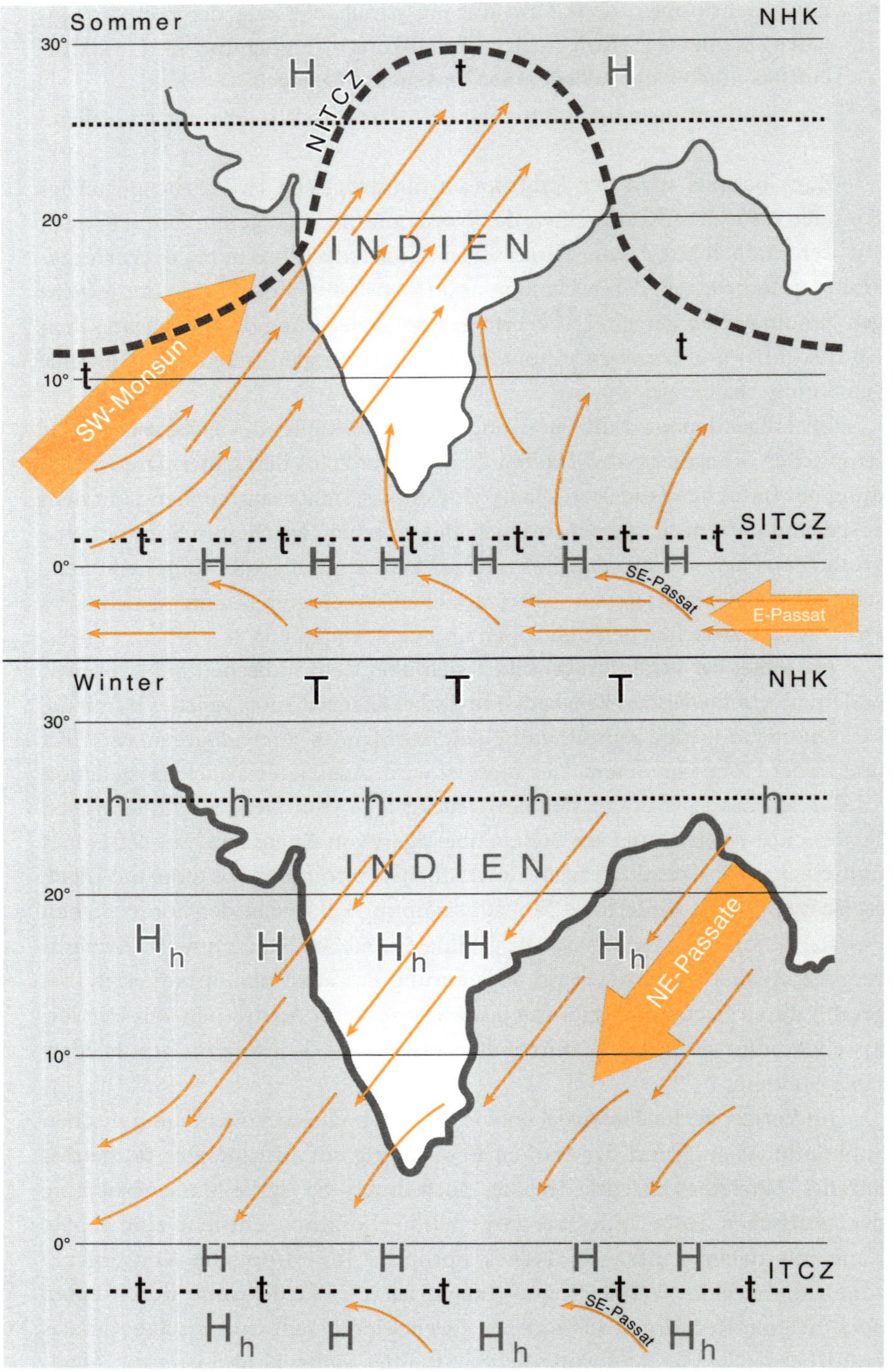

Abb. 2.20 Monsunzirkulation am Beispiel der NHK – Sommer- und Wintersituation (Indischer Monsun) (eigene Darstellung).

Aus diesem Druckgefälle resultieren entsprechende Strömungsverhältnisse: Vom winterlichen SRH der SHK entwickeln sich die SE-Passate, die beim Überschreiten des Äquators auf die NHK aufgrund der Vorzeichenänderung der Corioliskraft (= wachsender Einfluss der Coriolisablenkung) eine Rechtsablenkung erfahren. Aus dem südhemisphärischen SE-Passat entwickelt sich mit der weiteren Entfernung vom Äquator im tropisch-subtropischen Bereich der NHK ein SW-Wind, der **SW-Monsun** (Sommermonsun). Auf dem Weg vom Äquator in Richtung des nördlichen Wendekreises unterliegen zudem die Luftmassen dem Effekt der Flächenkonvergenz und verlieren damit ihre Stabilität. Aus der stabil geschichteten Passatströmung ergibt sich nun die labil geschichtete Monsunströmung, die sich auf ihrem Weg über die warmen Ozeane mit Wasserdampf angereichert hat. Diese stark wasserdampfhaltigen konvergierenden Luftmassen verursachen insbesondere beim Übertritt auf das Land eine rasche Kondensation mit heftigen Niederschlägen, die durch zusätzlich erzwungene Konvektion (im Luv der Gebirge) eine deutliche Steigerung erfahren. Somit hat der SW-Monsun alle Eigenschaften eines Passates verloren. So verzeichnet die Station Cherrapunji (1313 m ü. NN, 25°15'N, 91°44'E) im Juni eine Niederschlagsmenge von ca. 3000 mm. Mit einem Jahresmittel von 11633 mm N zählt diese Station zu den regenreichsten der Erde (vgl. Lauer u. Bendix, 2006, S. 196).

Ferrel-Zirkulation der Mittelbreiten

Polwärts an die Hadley-Zelle schließt sich in den Mittelbreiten der Planetarischen Frontalzone die sog. **Ferrel-Zelle** an, mit absteigenden Luftmassen im Bereich des Subtropisch-randtropischen Hochdruckgürtels und aufsteigenden Luftmassen in der Subpolaren Tiefdruckrinne (Zyklonen) der Mittleren Breiten. Zwischen diesen Druckgürteln ist die Polarfront als eine Aufgleitfront ausgebildet (vgl. Abb. 2.18). Das Strömungsbild zeigt weiterhin, dass bodennah ein Teil der Luftmassen zurück zum SRH strömt. Über die Höhenströmung ergibt sich eine Verbindung zur weiter nördlich gelegenen Polaren Zelle.

Die Ferrel-Zelle zeichnet sich in der unteren Troposphäre i.W. durch horizontale Wellen und Wirbel aus. Durch die Strömungsdynamik der zyklonalen und antizyklonalen Wirbel wird ein Wärmeaustausch zwischen den Niederen und Hohen Breiten ermöglicht (vgl. planetarische Höhenströmung). Hierbei handelt es sich um die sog. Meso-scale Zirkulation (= Ferreltyp der Zirkulation), die an die Höhenströmung gekoppelt ist und von den Long-scale-Wellen der Hohen Westwinddrift mitgeführt wird.

Meso-scale Zirkulation

Die Ferrel-Zirkualtion der Mittelbreiten zeigt ihre stärkste Wirksamkeit im Winter der NHK, wobei als wichtige Aktionszentren das Kanadahoch (thermisch) und das Islandtief (dynamisch) auf der Polseite der Planetarischen Frontalzone sowie das Mexikotief (thermisch) und das Azorenhoch (dynamisch) auf der Äquatorseite der Planetarischen Frontalzone auftreten. Aufgrund des unterschiedlichen Drehsinns dieser Druckgebilde (antizyklonal/zyklonal) ergeben sich zwei Bereiche, in denen unterschiedlich temperierte Luftmassen (meridional) gegeneinander geführt werden. Hierdurch kommt es zu einer Verschärfung des meridionalen Temperaturgradienten. Diese Bereiche, in denen die Temperaturunterschiede am größten sind, werden als **frontogenetische Punkte** zwischen den Aktionszentren bezeichnet, die Grenzlinie zwischen den Luftmassen als **Polarfront**. Die Verstärkung des Temperaturgefälles bedingt eine Verschärfung des meridionalen Druckgefälles, wodurch die Polarfrontfläche instabil wird (= wellenartige Ausschläge) und es dadurch zur Ausbildung von sog. **Frontalzyklonen** kommt.

Polarfront

Die Frontalzyklonen machen eine dynamische Entwicklung in Form des Auf- und Abbaus (von der Wellenstörung bis zur Okklusion) (vgl. Abb. 2.21) durch und ermöglichen die meridionalen Druckgegensätze auszugleichen. Sie werden von der Hohen Westwinddrift „mitgeführt". Die Entwicklungsstadien einer Ideal-Frontalzyklone sind anhand der Abb. 2.21 dokumentiert:

Entwicklungsstadien einer Ideal-Frontalzyklone

Das Ausgangsstadium **(1)** zeigt, dass die unterschiedlich temperierten Luftmassen zunächst zonal aneinander vorbeigeführt werden, getrennt durch die Polarfont. Durch die Verschärfung der Temperaturgegensätze wird die Polarfront instabil und es kommt zur sog. Wellenstörung **(2)** (vgl. Höhenströmung: Überleitung High-Index-Zirkulation zur Low-Index-Zirkulation). Bedingt durch die unterschiedlichen Drehgeschwindigkeiten der Druckgebilde, trifft die zyklonale Kaltluft auf die langsamere antizyklonale Warmluft. Hierdurch kommt es zur Störung der Polarfront, wobei sich an der Front Wirbel bilden. Um die Krone der Wellenstörung hat sich ein Tief (**3**) gebildet, das sich weiter verstärkt. Auf der Ostseite, auch Vorderseite genannt, strömt warme Luft nach Norden gegen die Kaltluft und gleitet auf die spezifisch schwerere Vorderseitenkaltluft auf. Die Aufgleitfläche stellt die Warmfront dar. Auf der Westseite (= Rückseite) strömt die Kaltluft nach Süden und schiebt sich aufgrund ihrer höheren Dichte unter die spezifisch leichtere warme Luft, wodurch diese vom Boden angehoben wird. An der Grenze zwischen der rückseitigen kalten Luft und der vorgelagerten warmen Luft entsteht die Kaltfront als aufgesteilte Frontfläche (Einbruchsfront). Kalt- und Warmfront begrenzen den sog. Warmsektor. Mit dem Stadium (**4**) ist die Entwicklung der Ideal-Zyklone mit ausgeprägtem tiefem Luftdruck erreicht. Das Reifestadium (**5**) zeigt, dass der Bereich des Warmluftsektors immer stärker eingeengt wird, da die Kaltfront die Warmfront immer schneller einholt. Im Kern des Tiefs hat bereits die Okklusion eingesetzt. Der fortschreitende Okklusionsprozess führt dazu, dass sich die Kaltluft völlig unter die Warmluft schiebt. Die meridionalen Druckgegensätze am Boden sind aufgehoben und mit der Auflösung der Okklusion stellt sich wieder die Ausgangssituation, d.h. die zonale Zirkulation, ein (**6**).

An der Polarfront bildet sich nicht nur eine Frontalzyklone aus, sondern eine Serie von Zyklonen, die sog. **Zyklonenfamilien**, die mit der Weströmung

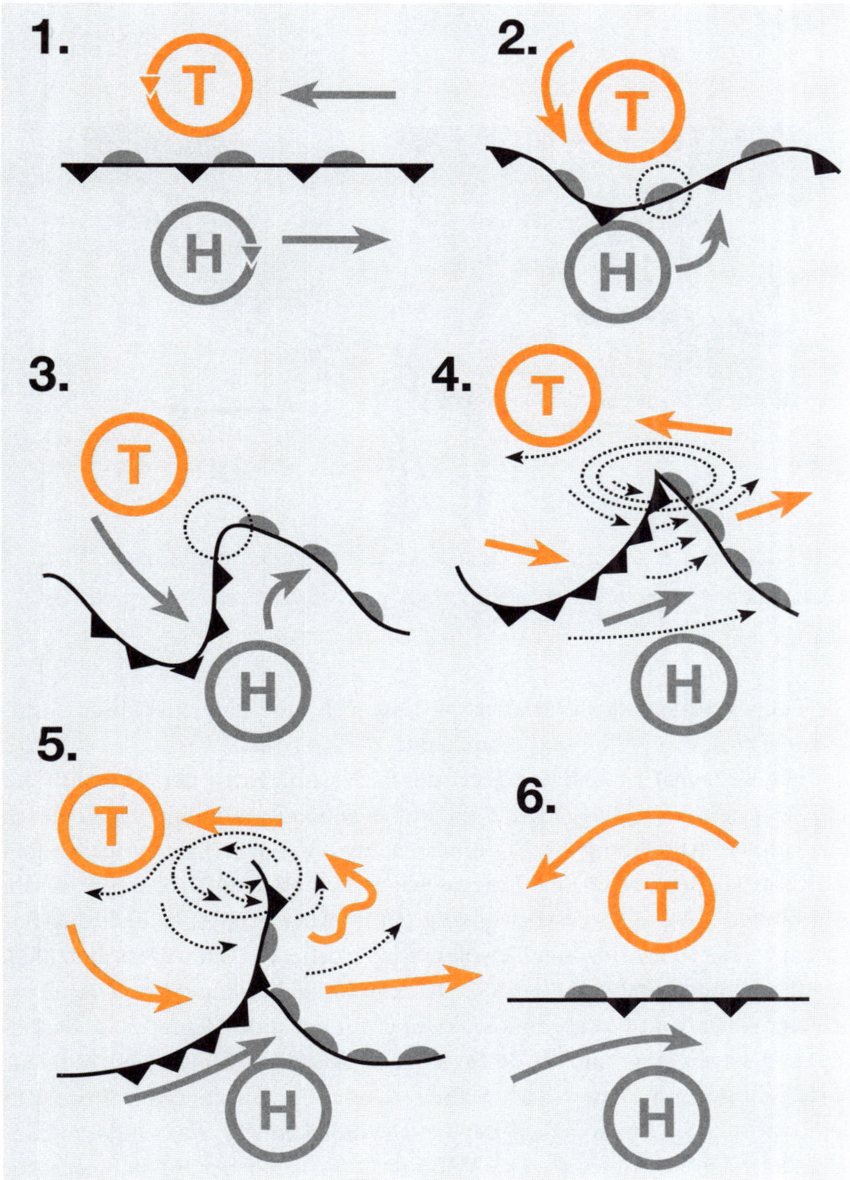

Abb. 2.21 Entwicklungsstadien einer Frontalzyklone (eigene Darstellung).

nach Osten ziehen und in der Regel beim Übertritt auf Kontinentmassen infolge der Bodenrauhigkeit an Wirksamkeit verlieren und sich auflösen. Dieser Auflösungsprozess findet in Europa i.W. im Bereich der baltischen Länder und im NW von Russland statt. Entsprechend werden diese Regionen auch als **Zyklonenfriedhöfe** bezeichnet. Ihre beste Ausbildung zeigen sie über den Ozeanflächen.

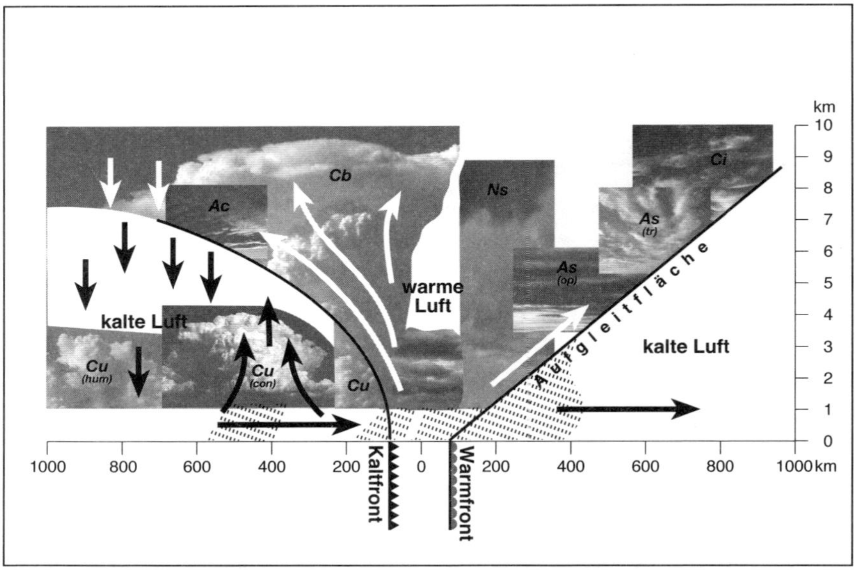

Abb. 2.22 Wettererscheinungen beim Durchzug einer Idealzyklone (schematischer Schnitt, verändert nach unterschiedlichen Autoren).

Charakteristische Wettererscheinungen

Beim **Durchzug einer Frontalzyklone** lässt sich eine charakteristische Aufeinanderfolge von Wettererscheinungen feststellen (Abb. 2.22).

Die **Warmfront** ist charakterisiert durch das Aufgleiten der Warmluft auf die Vorderseiten-Kaltluft. Hierbei kommt es entlang der Aufgleitfläche durch adiabatische Abkühlung der Luftmassen zur Bildung einer ausgedehnten Schichtbewölkung. Nacheinander entwickeln sich folgende Wolkengattungen: in größeren Höhen: Cirrus-Bewölkung (Ci; schleierförmig), in Richtung Bodenfront eine schichtförmige Bewölkung: Cirrostratus (Cs), Altostratus (As), Stratus (St) und Nimbostratus (Ns). Dabei sinkt die Wolkenuntergrenze deutlich zur Warmfront hin ab. In Verbindung mit der großflächigen Aufgleitbewölkung setzen lang anhaltende **advektive Niederschläge** (Landregen, Aufgleitniederschläge), im Winter auch Schneeschauer ein. Bis zur Warmfront fällt der Luftdruck in Abhängigkeit der Geschwindigkeit des Warmluftvorstoßes schneller oder langsamer ab. Der Wind weht aus südlicher bis südwestlicher Richtung.

Advektive Niederschläge

Mit dem Durchzug der Warmfront ist ein Windsprung verbunden: Der Wind dreht auf zonale Richtung (Westwinde). Die Temperaturen steigen merklich an. Im **Warmsektor** herrscht niederschlagsfreies Wetter, und bis auf wenige Cumuluswolken (Cu) ist der Himmel unbewölkt.

An der **Kaltfront** kommt es zu intensiven konvektiven Hebungsprozessen der Warmluft, verbunden mit der Ausbildung einer hoch reichenden Konvektionsbewölkung (haufenförmige Cumulus-Bewölkerung über Altocumulus,

Ac, bis hin zu Cumulonimbus, Cb), gefolgt von heftigen Schauerniederschlägen (**konvektive Niederschläge**), die häufig mit Gewittern verbunden sind. Im Zusammenhang mit dem raschen Einbruch der Kaltluft spricht man auch von einer Einbruchsfront. Mit dem Durchgang der Kaltfront ist wiederum ein Windsprung nach Nord bis Nordwest verbunden; die Temperatur sinkt ab und der Luftdruck steigt stark an.

Konvektive Niederschläge

Die Polar-Zelle

Nördlich der Ferrel-Zelle setzt die **Polar-Zelle** (vgl. Abb. 2.18) an, die jedoch vertikal nur gering ausgebildet ist und im Vergleich zu allen anderen Zirkulationszellen als schwächstes Glied der Drei-Zellen-Struktur gilt. Es handelt sich hierbei wieder um eine thermisch bedingte Zirkulationsform.

Aus den Tiefdruckgebieten der gemäßigten Breiten werden dieser Zelle Luftmassen zugeführt, die in der Höhe polwärts abfließen. In den Polregionen selbst sinken die Luftmassen ab. Bodennah entwickelt sich aufgrund der starken Abkühlung ein thermisches Kältehoch, mit geringer vertikaler Erstreckung. In einer Höhe von ca. 2–3 km entwickelt sich aufgrund des Druckgefälles zur Subpolaren Tiefdruckrinne hin geostrophisch bedingt (= reibungsunbeeinflusst) der polare Ostwind, wogegen sich bodennah, unter dem Einfluss der Bodenreibung, ageostrophisch bedingt, ein NE-Wind auf der NHK und auf der SHK ein SE-Wind einstellt. Über das bodennahe Abfließen besteht aber auch eine mögliche Verbindung zur Hadley-Zelle, wodurch ein Kaltlufteinbruch bis in den subtropischen Bereich erfolgen kann.

2.6 Klimaklassifikationen

Auf der Basis der Klassifizierung und Klimatypisierung vielfältiger Klimaelemente und Klimafaktoren in ihrem jeweiligen charakteristischen Zusammenspiel sowie deren Auswirkungen auf den Naturhaushalt der Erde wurden verschiedenartige Klimaklassifikationen entwickelt, die i.d.R. auf unterschiedlichen Maßstabsebenen kartographisch dargestellt werden. Dabei haben Klimaklassifikationen allgemein das Ziel, eine Typisierung der charakteristischen geographischen Unterschiede des Klimas vorzunehmen, d.h., die Verteilung der Klimate in einem Raum systematisch zu bestimmen und zu ordnen. Anhand nachvollziehbarer Klassifikationskriterien werden ähnliche Klimate (Klimazonen) gegenüber andersartigen abgegrenzt.

In einer Vielzahl von fachwissenschaftlichen Publikationen sind die unterschiedlichen Ansätze maßstabsbezogener Klimaklassifikationen ausführlich behandelt (vgl. u.a. Blüthgen und Weischet, 1980; Hupfer und Kuttler, 2006).

Im Folgenden werden lediglich globale Klimaklassifikationen vorgestellt. Auf der Grundlage unterschiedlicher Einteilungskriterien unterscheidet man

effektive und genetische Klimaklassifikation

zwischen den **effektiven** (z. B. Klassifikation nach Köppen-Geiger, 1918/1948; Thornthwaite, 1948; v. Wissmann, 1962; Troll-Paffen, 1963; Lauer-Frankenberg, 1985) und den **genetischen** (z. B. Klassifikation nach Hettner, 1911/1930; Alissow, 1950/1954; Flohn, 1950; Kupfer, 1954; Hendl, 1963) **Klimaklassifikationen**.

Je nach Art der Klimaklassifikation findet diese Berücksichtigung für wissenschaftliche Fragestellungen in verschiedenen Disziplinen wie z. B. Pflanzenökologie, Agrargeographie, Geomorphologie, Bioklimatologie.

2.6.1 Genetische Klimaklassifikation n. Flohn (1950)

Bei der **genetischen Klimaklassifikation** (nach Flohn, 1950) wird i.W. die atmosphärische Zirkulation (großräumige Luftmassendynamik) als genetisches Merkmal herangezogen. Die kartographische Umsetzung der Luftdruck- und die daraus resultierenden Windgürtel der Erde erfolgt in der sog. **Klimarübe**, einem von Wasserflächen umgebenen Idealkontinent (vgl. Abb. 2.23). Dabei geht Flohn in seiner genetischen Klimaklassifikation von vier Zirkulationsgürteln (zonale Windgürtel auf jeder Halbkugel) der unteren Troposphäre aus, deren Begrenzung unter dem Einfluss des Sonnenstandes einer jahreszeitlichen Verlagerung unterliegen und drei „Überlappungsgürtel" liefern. Dabei unterscheidet Flohn zwischen stetigen bzw. **homogenen** (= ganzjährig vorherrschende Windsysteme) und **alternierenden** (= zwei benachbarte Systeme wechseln halbjährig einander ab) Klimaten. Die Gliederung in sieben Zonen kann der Abbildung 2.23 entnommen werden.

Die Herleitung der Klimagliederung basiert auf den großräumigen Zirkulationsgürteln und entspricht in etwa der sog. Drei-Zellen-Struktur (vgl. Kap. 2.5.4, Abb. 2.18). Hier wie dort fehlt die Monsungenese als eigener genetischer Klimatyp.

Idealkontinent

Die graphische Umsetzung der schematischen Klimagliederung auf dem **Idealkontinent** (= Flohn'schen Klimarübe) mit insgesamt sieben Klimazonen lässt folgende Feststellungen zu:

1. Trotz der Darstellung auf einem Idealkontinent zeigt sich insgesamt eine charakteristische **Asymmetrie** in der Aufeinanderfolge der Klimazonen 1 bis 7 zwischen den West- und Ost(küsten)seiten der Kontinente (Differenzierung: Maritimität/Kontinentalität). Eine vollständige Aufeinanderfolge der sieben Klimazonen lässt sich nur im unmittelbaren Bereich der Westküsten der Kontinente erkennen.
2. Die Asymmetrie steht in einem engen Zusammenhang mit den **tellurischen Effekten** (Gegensatz: Ozean/Kontinent) auf die großräumigen Strömungen. Die tellurischen Auswirkungen (z. B. dem Strömungsverlauf entgegen gesetzter Gebirgszüge) lassen sich insbesondere am Beispiel der Zone fünf

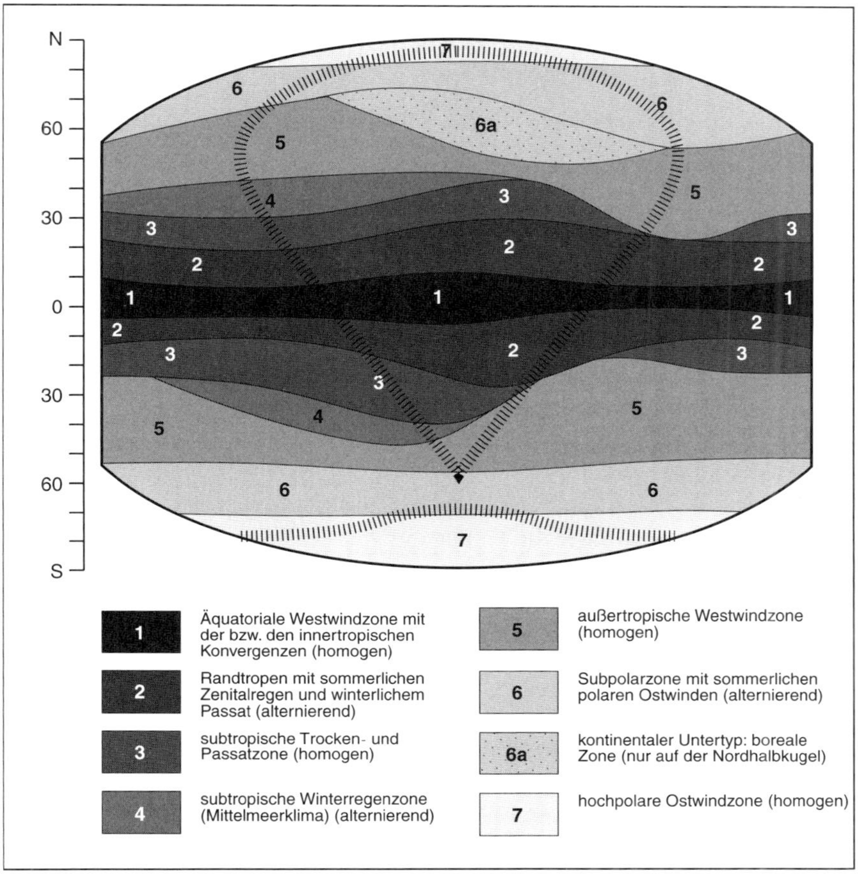

Abb. 2.23 Die schematische Klimagliederung auf dem Idealkontinent und den Weltmeeren (verändert nach Flohn, 1950).

(außertropische Westwindzone) durch ihre mäanderartige Ausbildung belegen. Charakteristisch ist das **Nordwärtsausgreifen** beim Übertritt der Luftmassen vom Ozean auf den Kontinent (= Höhenrücken der WWD) und die **äquatorwärtige Verlagerung** (= Höhentrog der WWD) inmitten der Kontinentmasse.

3. Der **Monsuneffekt** (im Sommer der NHK) - ebenfalls tellurisch bedingt - lässt sich durch ein nordwärts Ausgreifen der Zone zwei im östlichen Festlandsbereich des Idealkontinents nachvollziehen.
4. Durch diese asymmetrische Ausbildung der Zonen zwei und fünf und deren starke Annäherung auf der Ostseite des Idealkontinents werden die Zonen drei und vier an den Ostseiten „**abgequetscht**".
5. Die **boreale Zone 6a**, ein Resultat des kontinentalen Effekts, findet sich lediglich auf der NHK, da auf der SHK (= Wasserhalbkugel) in der entsprechenden Breitenlage die notwendigen Kontinentalmassen fehlen.

6. Im Vergleich zur NHK erreicht jedoch die Zone fünf auf der SHK ihre größte Ausdehnung auf den Ozeanflächen (besonders in den östlichen Meeren).
7. Insgesamt zeigt der Vergleich der Anordnung der sieben Klimazonen zwischen der NHK und der SHK deutliche Abweichungen, deren Ursachen sich i.W. durch die unterschiedlichen Land-Wasser-Anteile (= tellurischer Effekt) der beiden Halbkugeln begründen lassen.

2.6.2 Effektive Klimaklassifikation nach Köppen/Geiger

Die „**effektive**" Einteilung der Klimate auf der Erde beruht i.W. auf der Beobachtung und Gruppenbildung von Klimaelementen (i.d.R. Lufttemperatur und Niederschlag) und ihrer Zuordnung zu den dadurch hervorgerufenen Effekten (wie z.B. Vegetationszonen, Wasserhaushalt). Dabei erfolgt die Abgrenzung der Klimazonen über die Festlegung von Schwellenwerten der oben genannten Klimaelemente.

Die älteste und wohl weltweit bekannteste effektive Klimaklassifikation ist die von Köppen/Geiger. Durch ihre klar abgegrenzte Systematik wird diese Klimaklassifikation noch heute als didaktisch vorteilhafte Darstellungsmethode angesehen. Sie zeichnet sich i.W. durch eine vergleichsweise geringe Anzahl von Klimazonen aus, deren Abgrenzung gegeneinander auf der Basis einprägsamer Grenz- und Schwellenwerte erfolgt, die sich hauptsächlich an den Auswirkungen des Klimas auf die Vegetation orientieren. Ihre kartographische Umsetzung findet diese globale Klassifikation auf einer Weltkarte. Auf der Grundlage dieser Art der Klimazonendifferenzierung sind in gewisser Weise auch genetische Rückschlüsse möglich.

Die Abgrenzung der Klimazonen basiert auf einer **Klimaformel**, die aus einer Buchstabenkombination besteht. Der erste (Groß-)Buchstabe der Klimaformel bestimmt die Klimazonen, die im Wesentlichen über die Temperatur gegeneinander abgegrenzt werden. Hiervon ausgenommen sind jedoch die Klimazonen der Trockengebiete der Erde. Der zweite (Klein-)Buchstabe kennzeichnet den Klimatyp innerhalb der Klimazone jeweils nach der Jahressumme und der jahreszeitlichen Verteilung der Niederschläge. Der dritte (Klein-) Buchstabe beschreibt den Klimauntertyp, der wiederum über die Temperatur bestimmt wird.

Klimazonen

Klimatyp

Klimauntertyp

Die **Köppen/Geiger-Klassifikation**, meist auch verkürzt als Köppen'sche Klimaklassifikation bezeichnet, unterscheidet sechs Hauptklimazonen (A-, B-, C-, D-, E- und F-Klimate). Dabei werden die Klimazonen A, C, D, E und F thermisch definiert. Ausgenommen hiervon sind die B-Klimate, welche über hygrische Aspekte eine Untergliederung erfahren und somit eine Sonderstellung in diesem System einnehmen.

Thermische Abgrenzungskriterien

Im Folgenden werden zunächst die 6 Hauptklimazonen mit den wichtigsten Abgrenzungskriterien genannt:

A-Klimate: Tropische (Regen-)Klimate; kein Monatsmittel < 18 °C;
B-Klimate: Trockenklimate (weitere Ausführungen s. weiter unten);
C-Klimate: Warm-gemäßigte (Regen-)Klimate; die Mitteltemperatur des kältesten Monats liegt zwischen 18 °C und -3 °C, die des wärmsten > 10 °C.
D-Klimate: Boreale, subarktische (Schnee-Wald-)Klimate; diese sind nur auf der NHK zu finden. Die Mitteltemperatur des kältesten Monats liegt unter -3 °C, die des wärmsten über 10 °C.
E-Klimate: Schneereiche, kalte Klimate jenseits der Baumgrenze. Die Mitteltemperatur des wärmsten Monats bleibt unter 10 °C.
F-Klimate: Klimate des ewigen Frostes (Eisklima); die Mitteltemperatur des wärmsten Monats liegt unter 0 °C.

Hervorzuheben ist noch, dass die E- und F-Klimate i. d. R. zusammengefasst und mit einer Differenzierung zwischen ET- (= Tundrenklima) und EF- (= Klima des ewigen Frostes) Klimate in Karten ausgewiesen werden.

Hygrische Abgrenzungskriterien

Wie bereits oben erwähnt nehmen die B-Klimate (= Trockenklimate) eine Sonderstellung in der Köppen'schen Klassifikation ein, deren Abgrenzung gegenüber den anderen Klimazonen (A, C, D, und E) nach hygrischen Kriterien über die sog. **Trockengrenzformeln** erfolgt, die empirisch ermittelt wurden. Notwendige Parameter, die Eingang in die Trockengrenzformeln finden, sind der Niederschlag als mittlerer Jahresniederschlag (N angegeben in cm) und die mittlere Jahrestemperatur (T °C). Über die Trockengrenzformeln wird eine Unterscheidung zwischen einem Gebiet mit Sommerregen (N = 2(T + 14)), einem Gebiet mit ganzjährigen Niederschlägen (N = 2(T + 7)) und einem Gebiet mit Winterregen (N = 2 T) vorgenommen. Die Klimazone B wird des Weiteren durch einen zweiten Großbuchstaben in zwei Klimatypen unterteilt:

- das BW-Klimat = Wüstenklima
- das BS-Klimat = Savannen-/Steppenklima.

Für die Ermittlung der Grenze zwischen dem BS-Klimat und dem BW-Klimat bedient sich Köppen der Trockengrenzformel. Dabei gelten für die Steppen-/Savannenklimate (BS) folgende Berechnungen:

- Für Sommerregengebiete: $N \leq 2\,(T + 14)$
- Gebiete mit ganzjährigem Regen: N ≤; 2 (T + 7)
- Winterregengebiete: $N = 2\,T$

Durch das Weglassen des Faktors 2 in den obigen Formeln werden entsprechend die Wüstenklimate (BW) berechnet

- Für Sommerregengebiete: $N \leq T + 14$
- Gebiete mit ganzjährigem Regen: $N \leq T + 7$
- Winterregengebiete: $N \leq T$

Die BS- und BW-Klimate lassen sich zudem noch nach thermischen Gesichtspunkten - durch zusätzliche Kleinbuchstaben (h $> 18\,°C$ = heiß; k $< 18\,°C$ = kalt) - weiter unterteilen. Hieraus ergeben sich folgende Klimate:

- BSh = Savanne (Dorn- und Trockensavanne) und BSk = kalte Steppen (außerhalb der Wendekreise);
- BWh = heiße Wüsten und BWk = kalte Wüsten.

Die **Hauptklimazonen** (A, C und D) erfahren durch den Zusatz eines Kleinbuchstabens je nach jahreszeitlicher Verteilung der Niederschlagsmengen eine weitere Untergliederung in insgesamt zehn Klimatypen (Tab. 2.5).

Tab. 2.5: Die Hauptklimazonen und ihre Unterteilung. (Zusammenstellung aus unterschiedlichen Quellen)

2. (Klein-)Buchstabe	A-Klimate	C- und D-Klimate
w = wintertrocken	mindestens 1 Monat <60 mm N	regenreichster Monat der wärmeren Jahreszeit hat mehr als 10 mal so viel Niederschlag wie regenärmster der kalten Jahreszeit
s = sommertrocken	mindestens in einem Monat des Sommerhalbjahres weniger als 60 mm N; kommt nur selten vor (z. B. im Lee tropisch-subtropischer Inseln, wie Hawaii)	regenreichster Monat der kälteren Jahreszeit hat mindestens 3-mal so viel Niederschläge wie regenärmster der wärmeren Jahreszeit
f = immerfeucht	in keinem Monat weniger als 60 mm N	Niederschlagsschwankungen geringer als unter wintertrockenen und sommertrockenen Bedingungen
m = Mittelform zwischen immerfeucht und wintertrocken	Bereich des tropischen Monsunklimas: Trockenzeit ist so kurz, dass Bodenfeuchtigkeit (aus den niederschlagsreichen Monaten noch vorhanden), Wachstum eines tropischen Regenwaldes ermöglicht.	

Aus der Kombination des ersten und zweiten Buchstaben werden die **Klimatypen** abgeleitet (Tab. 2.6).

Tab. 2.6: Die Klimatypen.

Klimaformel	Klimatypbezeichnung
Af	Immerfeuchtes Tropenklima, Klima des tropischen Regenwaldes
Aw	Tropisches, wechselfeuchtes Klima mit trockener Winterperiode
Am	Feuchtes Tropenklima, extreme Feuchteperiode, Monsunklima
As	Feuchtes Tropenklima mit sommerlicher Trockenperiode, Klima der Feuchtsavanne
Cf	Immerfeuchtes, winterkühles Klima
Cw	Wintertrockenes, warmes Klima (v.a. aufgrund des Höhengradienten abgeleitetes gemäßigtes Klima der Hochländer/Gebirge)
Cs	Warmes, sommertrockenes Klima („Mittelmeerklima")
Df	Immerfeuchtes, winterkaltes Klima
Dw	Wintertrockenes, winterkaltes Klima
Ds	Sommertrockenes, winterkaltes Klima

Der dritte (Klein-)Buchstabe kennzeichnet den **Klimauntertyp** auf der Basis thermischer Gegebenheiten (Tab. 2.7).

Tab. 2.7: Die Klimauntertypen.

3. (Klein-)Buchstabe	B-Klimate	C- und D-Klimate
a = heiße Sommer		Temperatur des wärmsten Monats liegt >22°C
b = warme Sommer		Temperatur des wärmsten Monats liegt <22°C; mehr als 4 Monate >10°C
c = kühle Sommer		Die Temperatur des wärmsten Monats ist <22°C; 1–3 Monate liegen >10°C
d = extrem kalte Winter		Ein bis vier Monate liegen >10°C; der kälteste Monat <−38°C
h = heiß	Jahresmittel-T liegt >18°C	
k = kalt	Jahresmittel-T liegt <18°C	

Trotz des überzeugenden didaktischen Ansatzes dieser Klimaklassifikation müssen jedoch einige **Inkonsistenzen** herausgestellt werden, die i.W. durch die Ableitung der Klimazone auf der Basis der oben beschriebenen Schwellenwerte (Temperatur und Niederschlag) beruhen. Aus genetischer Sicht ergeben sich Probleme bezüglich der Zuordnung des Großbuchstabens C einerseits zu den Mittelbreiten (Cf- bzw. Cs-Klima) und anderseits zu den tropischen Hochgebirgen, wobei hier das Cw-Klima (z.B. auf der Südhalbkugel: Ostafrikanische Höhenstationen) innerhalb der Klimazone Aw bzw. BSh liegt. Eine vergleichbare Inkonsistenz zeigt sich im Bereich des tibetanischen Hochlandes, welches aufgrund des Höhengradienten und einer dadurch bedingten ungünstigen Strahlungsbilanz wie das Klima der Polargebiete mit dem Großbuchstaben E belegt wird.

2.7 Lokale Windsysteme

Unter mesoskaligen, kleinräumigen Zirkulationssystemen werden Lokalwindsysteme wie u.a. der Land- und Seewind, der Berg- und Talwind sowie orographisch bedingte warme und kalte Fallwinde verstanden. Stellvertretend für diese kleinräumigen Zirkulationssysteme kann an dieser Stelle lediglich die Genese des Alpenföhns als warmer Fallwind erläutert werden.

2.7.1 Der Alpenföhn

Die Abb. 2.24 dokumentiert die **thermodynamische Föhntheorie** und macht deutlich, dass dieses Zirkulationssystem an orographische Hindernisse (Gebirgszüge) gebunden ist.

Durch die Luftdruckgegensätze zwischen der Alpensüdseite (hoher Luftdruck) und der Alpennordseite (tiefer Luftdruck) wird als lokales Zirkulationssystem der Föhn in Gang gesetzt.

Auf der Luvseite des Gebirges (Alpensüdseite) werden die anströmenden Luftmassen orographisch bedingt zum Aufsteigen gezwungen. Dieser erzwungene Luftmassenaufstieg führt zunächst zu einer trockenadiabatischen Abküh-

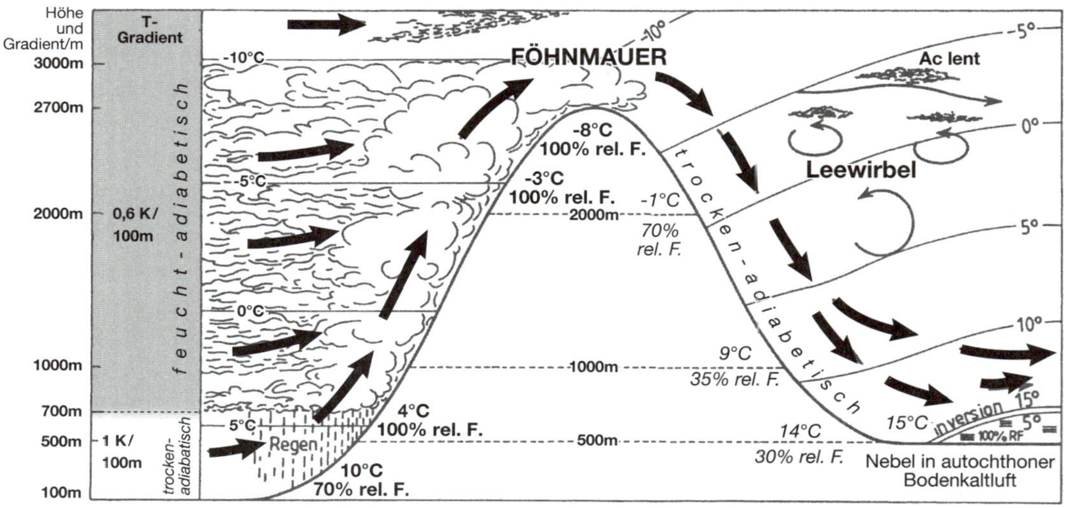

Abb. 2.24 Schematische Darstellung des alpinen Föhns (Alpensüdseite = linke Seite (Luv) des Gebirges; Alpennordseite = rechte Seite (Lee) des Gebirges) (verändert nach Hupfer & Kuttler, 2006).

lung (mit 1 °C/100 m) mit der Folge von Wolkenbildung. Mit dem Erreichen des Kondensationsniveaus (in der Abb. in ca. 700 m Höhe) setzt die Niederschlagsbildung ein und es bildet sich eine Staubewölkung aus. Zudem wird ab diesem Niveau zusätzliche Wärmeenergie (Kondensationswärme) freigesetzt, so dass sich die bis in die Kammregion des Gebirges weiter aufsteigenden Luftmassen mit einem geringeren Temperaturgradienten abkühlen, nämlich feuchtadiabatisch, also lediglich um 0,6 °C/100 m (vgl. Abb. 2.24).

Mit dem Überschreiten des Alpenhauptkammes kommt es strömungsbedingt im Lee des Gebirges (Alpennordseite) zum Absinken der mit einer Restfeuchte beladenen Luftmassen. Dabei erwärmen sich die abgleitenden Luftmassen zunächst noch feuchtadiabatisch und schließlich trockenadiabatisch bis zum Alpennordfuß mit der Folge einer raschen Wolkenauflösung. Vergleicht man die Ausgangstemperatur der auf der Alpensüdseite gestarteten Luftmassen mit der Temperatur der auf der Alpennordseite ankommenden Luftmassen, muss festgestellt werden, dass die am Nordalpenfuß ankommenden Luftmassen wärmer sind, als sie in vergleichbarer Höhenlage auf der Alpensüdseite gestartet waren (vgl. Abb. 2.24).

Ein charakteristisches Merkmal dieses lokalen Windsystems ist die vielfach zu beobachtende Föhnmauer, wenn die mächtige Staubewölkung der Luvseite wie eine Wolkenwand über dem Gebirgskamm steht. Zudem bilden sich häufig hinter dem Alpenkamm – in Verbindung mit dem Herabgleiten der Luftmassen – Luftwirbel, die sog. Leewirbel (vgl. Abb. 2.24). ■

Föhnmauer

Wissens-Check

1. Worin liegt der Unterschied zwischen Wetter, Witterung und Klima?
2. Was sagt das Lambert'sche Strahlungsgesetz aus und welche Folgen hat es für den Strahlungshaushalt der Erde/Erdatmosphäre?
3. Was beschreibt das Aerologische Grundgesetz und welche Folgen hat es für die Atmosphäre in Polnähe?
4. Wie entsteht geostrophischer Wind und welche Kräfte wirken? Worin liegt der Unterschied zum ageostrophischen Wind?
5. Wie entsteht ein dynamisches Druckgebilde?
6. Worin unterscheiden sich dynamische und thermische Druckgebilde?
7. Wie entstehen Rossbywellen?
8. Erläutern und skizzieren Sie die Entwicklungsstadien einer Frontalzyklone?
9. Erläutern und skizzieren Sie die Monsungenese am Beispiel des Indischen Monsuns?
10. Was beschreibt der Föhneffekt und welche Auswirkungen hat dieser auf die nördlichen und südlichen Voralpen und das Alpenvorland?
11. Worin unterscheiden sich effektive und genetische Klimaklassifikationen

12. Welche Größe ist zur Ableitung der Klimazonen der Erde von besonderer Bedeutung, die Globalstrahlung oder die Strahlungsbilanz?

13. Erläutern Sie den Jahresgang von Temperatur und Niederschlag im Mittelmeergebiet (Csa-Klima).

Literaturhinweise

Häckel, H. (2016): Meteorologie. 8., vollst. überarb. u. erw. Aufl. Stuttgart (UTB).

Lauer, W., Bendix, J. (2006): Klimatologie. (= Das Geographische Seminar). 2., neu bearb. u. korr. Aufl. Braunschweig.

Schönwiese, Chr.-D. (2013): Klimatologie. 4., überarb. u. aktual. Aufl. Stuttgart (UTB).

Weischet, W., Endlicher, W. (2012): Einführung in die Allgemeine Klimatologie. (= Borntraeger Studienbücher der Geographie). 8., vollst. neu bearb. Aufl. Stuttgart.

3 Hydrogeographie

Steffen Möller und Brigitta Schütt

Überblick

Die Hydrogeographie untersucht die räumliche Verteilung des Wassers auf der Erde und leistet damit einen wichtigen Beitrag für Fragen des Zugangs zur Ressource Wasser, der räumlichen und zeitlichen Verteilung der Niederschlags-, Verdunstungs- und Abflussprozesse sowie der Wasserverfügbarkeit. Die Hydrogeographie beschäftigt sich somit neben den physikalischen, chemischen und biologischen Eigenschaften der Gewässer auch mit der Nutzung des Wassers durch den Menschen. Hierbei spielen die Erschließung und nachhaltige Nutzung von Wasserressourcen durch integriertes Einzugsgebietsmanagement sowie Nutzungskonflikte um Wasser eine wichtige Rolle.

3.1 Wasserkreislauf und Wasserhaushaltsgleichung

Der Wasserkreislauf beschreibt den Weg des Wassers, den es vom Meer über die Verdunstung und den atmosphärischen Wasserdampftransport zum Nieder-

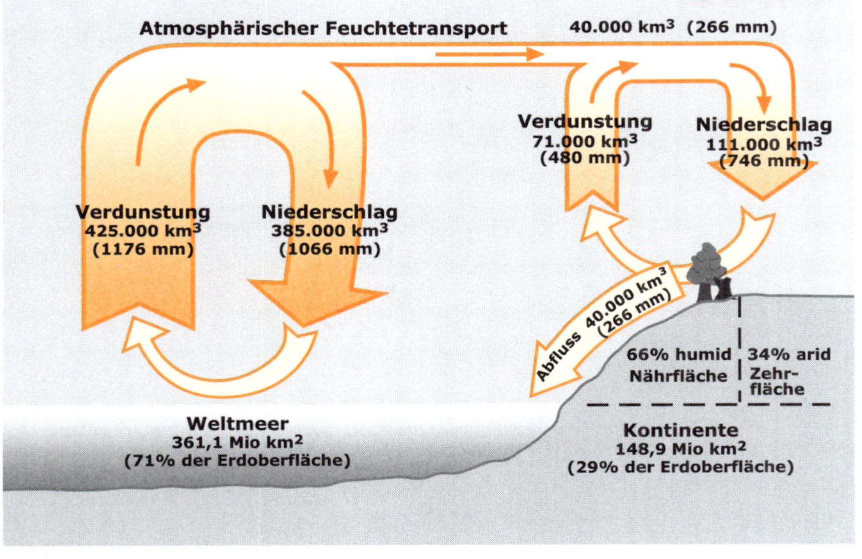

Abb. 3.1 Der globale Wasserkreislauf (nach Endlicher, 1991, S. 76).

schlag (Abb. 3.1) nimmt, und die damit verbundenen ständigen Zustands- und Ortsänderungen des Wassers. Die an diesem Wechselspiel beteiligten Prozesse sind hauptsächlich Verdunstung, Niederschlag, Versickerung und Abfluss. Beim Durchlaufen des Wasserkreislaufs unterliegen die einzelnen Wassermoleküle nicht nur einer Zustandsänderung, sondern durch Übergang zu verschiedenen Wasserspeichern (vgl. Tab. 3.1) auch einer beständigen Ortsänderung.

Wasserkreislauf

Niederschlag regnet aus der Atmosphäre auf die Erdoberfläche und kann dort verdunsten oder zum Meer abfließen. Über dem Meer oder bereits über dem Festland verdunstet ein Teil des Wassers und gelangt somit zurück in die Atmosphäre. Vollziehen sich Niederschlag, Abfluss und Verdunstung ausschließlich über den Festlandsflächen, wird dies als **kleiner Wasserkreislauf** bezeichnet. Der **große Wasserkreislauf** bindet zusätzlich Niederschlag und Verdunstung über den Ozeanen ein.

Um den Wasserhaushalt für das Einzugsgebiet eines Gewässers zu erfassen, werden die Input- und Outputgrößen einander gegenüber gestellt. Den Input bildet der Niederschlag (N). Die Outputgrößen stellen die Verdunstung (V) und der Abfluss (Q) dar. Zusätzlich werden so genannte Speicher betrachtet, in denen Wasser über kurze Zeiträume zurückgehalten wird. Werden die Werte für Niederschlag, Verdunstung und Abfluss über längere Zeiträume betrachtet, ist die Speicheränderung (Retentionsfaktor ΔS) vernachlässigbar. Werden jedoch kürzere Zeiträume, z. B. Monate oder Jahreszeiten, betrachtet, spielen die Speicher eine wichtige Rolle, da sie kurzfristige Defizite in der Wasserversorgung ausgleichen.

Die **Allgemeine Wasserhaushaltsgleichung**

$$N = V + Q + \Delta S$$

stellt die Grundlage für die weiteren Ausführungen im Rahmen dieses Kapitels zur Hydrogeographie dar.

Tab. 3.1: Verteilung des Wassers auf der Erde in den einzelnen Speichern und mittlere Verweildauer (nach Schmidt, 1984, 22)

	Wassermenge [km³]	Anteil [%]	Mittlere Verweildauer [a]
Gesamtwassermenge	1.360×10^6	100,00	
Wasser im Meer	1.322×10^6	97,20	3.300
Tiefliegendes Grundwasser	42×10^5	0,31	5.000
Grundwasser bis 800 m Tiefe	42×10^5	0,31	330
Bodenwasser und oberflächennahes Grundwasser	67×10^3	0,01	1
Wasser im Gletschereis	292×10^5	2,15	9.600
Wasser in Seen	229×10^3	0,017	8
Wasser in Flüssen	1.250	0,0001	12,5 Tage

3.2 Niederschlag und Interzeption

3.2.1 Niederschlagsbildung

Niederschlagsbildung

In den Mittleren Breiten kann Niederschlag durch zwei Prozesse gebildet werden: durch das Zusammenwachsen kleiner Wassertröpfchen (Koagulation) und durch das Wachsen von Eiskristallen (Bergeron-Findeisen-Prozess).

Die Kondensation, die Aggregatzustandsänderung von Wasserdampf zu Wasser, lässt sehr kleine Tröpfchen entstehen, die durch die Aufwinde in den Wolken verwirbelt werden, aber nicht nach unten sinken. Aufwinde verwirbeln die Wassertropfen, die dadurch aufeinander prallen und sich zu größeren Tropfen mit höherem Gewicht verbinden. Schwere Tropfen, deren Fallgeschwindigkeit größer ist als der Aufwind, können als Niederschlag zur Erde fallen. Der Niederschlag, der durch den Koagulationsprozess gebildet wird, weist aber eine kleine Tropfengröße auf und fällt als Nieselregen (0,05 bis 0,25 mm Tropfenradius) aus gering mächtigen Stratus- oder Cumuluswolken.

Bergeron-Findeisen-Prozess

Der zweite Niederschlag bildende Prozess wird auch als Bergeron-Findeisen-Prozess bezeichnet und tritt in Mischwolken auf, die sowohl Wassertröpfchen als auch Eiskristalle enthalten. Staub- oder Aerosolpartikel in der Wolke stellen Eiskerne dar, an die sich unterkühlte Wassertropfen anlagern, die vom flüssigen in den festen Aggregatzustand übergehen. Auch Wasserdampf kann - ohne zunächst den flüssigen Aggregatzustand anzunehmen - sofort gefrieren (Sublimation). Über den entstandenen Eiskristallen ist der Dampfdruck sehr niedrig, so dass sich Wasserdampf oder weitere Wassertropfen anlagern können. Die Eiskristalle wachsen, werden schwerer und sinken zur Erde. Erreichen sie dabei wärmere Luftschichten, tauen sie und fallen nicht als Schnee, sondern als großtropfiger Regen (mehr als 0,25 mm Tropfenradius). Niederschlag, der in der Eisphase entstand, bildet sich vor allem in mächtigen Cumulonimbuswolken.

Cumulonimbuswolken entstehen vor allem dann, wenn Luftmassen hoch aufsteigen können. Dies ist besonders im Sommer der Fall, wenn die Erdoberfläche die darüber liegenden Luftschichten aufheizt und diese - auf Grund der geringeren Dichte von Warmluft gegenüber der darüber liegenden kälteren Luft - aufsteigen. Cumulonimbuswolken können in den Mittleren Breiten bis zur Tropopause in 10 bis 12 km Höhe aufsteigen. Der Aufstieg erwärmter Luftmassen wird als Konvektion bezeichnet und die Niederschläge, die dadurch entstehen, als konvektive Niederschläge.

Konvektive Niederschläge

Konvektive Niederschläge weisen einen großen Tropfenradius auf und sind sehr ergiebig. Sowohl die Niederschlagssumme dieses Ereignisses als auch die Niederschlagsintensität, d.h. die Niederschlagssumme pro Zeiteinheit (z.B. innerhalb einer Stunde), sind hoch. Daraus lassen sich mehrere Konsequenzen ableiten, die nicht nur für hydrologische Fragestellungen bedeutsam sind, sondern auch Auswirkungen auf die Trinkwassergewinnung oder auf die Landwirtschaft haben:

- Da konvektive Niederschläge eine starke Erwärmung der Luftmassen voraussetzen, treten sie vorwiegend in den Sommermonaten auf. Daher weisen in Deutschland die Monate Juli und August die höchsten Niederschlagssummen und auch die höchsten Niederschlagsintensitäten auf.
- Wenn in einer bestimmten Zeiteinheit mehr Niederschlag fällt, als in den Boden versickern kann, muss der Überschuss oberflächig abfließen. Hierbei kann es zur Zerstörung des Oberbodens kommen, die vom flächenhaften Abtragen kleiner Partikel bis zum Schluchtenreißen reicht.
- Wenn ein großer Anteil des Niederschlagswassers oberflächig abfließt und nur ein geringer Teil in den Boden infiltriert, kann dieser das Grundwasser nicht erreichen und damit auch nicht die Grundwasservorräte auffüllen. Durch eine permanente Entnahme von Trinkwasser und durch kapillaren Aufstieg und Verdunstung von Grundwasser sinkt der Grundwasserspiegel im Sommer ab, so dass regional Engpässe in der Trinkwasserversorgung möglich sind.

Diese drei Beispiele verdeutlichen die Zusammenhänge, die zwischen Atmosphäre, Hydrosphäre, Pedosphäre, Morphosphäre und Anthroposphäre in Mitteleuropa bestehen.

Advektive Niederschläge

Advektive Niederschläge entstehen nicht durch lokalen Aufstieg von erwärmten Luftmassen, sondern durch den Herantransport von Luftmassen (Advektion). Zwar treten auch bei advektiven Niederschlägen Luftmassenaufstiege auf, z. B. beim Überströmen von Gebirgen oder beim Aufeinandertreffen von Kaltluft und Warmluft, jedoch überwiegt der horizontale Luftmassentransport. An einer Warmfront gleitet die Warmluft langsam auf die vor ihr liegende Kaltluft, kühlt sich beim Aufstieg ab und der in ihr enthaltene Wasserdampf kann kondensieren und als Niederschlag abregnen. Dieser durch Advektion entstandene Niederschlag ist in der Regel von geringer Tropfengröße und Intensität. Im Gegensatz zu den kurzen, intensiven und räumlich eng begrenzten konvektiven Niederschlägen sind advektive Niederschläge lang anhaltend (Landregen) und über große Flächen ausgedehnt.

Bei advektiven Niederschlägen bildet sich in gebirgigen Regionen ein besonderes Niederschlagsmuster aus. Strömen Luftmassen über ein Gebirge hinweg, so werden sie zum Aufsteigen gezwungen. Dabei sinkt die Temperatur der Luftmassen, der Taupunkt wird erreicht und die Niederschlagsbildung setzt ein. Auf der in Anströmrichtung der Luftmassen gelegenen Gebirgsseite (Luv) regnen sich die Luftmassen ab. Hinter der Kammlinie sinken die nun abgekühlten Luftmassen auf Grund der höheren Dichte wieder ab und erwärmen sich beim Abstieg. Durch die höhere Temperatur können sie nun wieder mehr Wasserdampf aufnehmen, so dass die der Anströmrichtung abgewandte Gebirgsseite (Lee) geringere Niederschlagssummen verzeichnet.

Luv-Lee-Effekte sind in Mitteleuropa in allen Mittel- und Hochgebirgen zu finden. In Deutschland sind sie am markantesten beim Überströmen des Harzes und des Schwarzwaldes ausgeprägt. Da im Jahresverlauf die meisten Niederschlag bringenden Frontalzyklonen aus westlichen Richtungen nach Mitteleuropa strömen, stellen Nord-Süd verlaufende Gebirgsketten eine Barriere dar, die überströmt werden muss. Hierbei bilden sich markante Luv- und Lee-Gebiete aus.

3.2.2 Interzeption

Der Niederschlag trifft an Land selten direkt auf offene Wasserflächen oder auf den frei liegenden Boden, sondern bleibt zunächst an der Vegetation haften (Interzeption). Ein Teil des Niederschlages verdunstet wieder von der Oberfläche der Vegetation (Interzeptionsverdunstung). Niederschlag kann aber auch durch die Baumkrone hindurch fallen (durchfallender Niederschlag), von den Blättern abtropfen (abtropfender Niederschlag) oder über den Stamm zum Boden fließen (Stammabfluss).

Als Interzeptionsverlust wird die Differenz des Niederschlages auf unbedeckten Boden (Freilandniederschlag) und unter einem Baumbestand (Bestandsniederschlag) angegeben. Er ist abhängig von Baumart, Jahreszeit, Tropfengröße, Dauer und Intensität des Niederschlages und der Windgeschwindigkeit. Bei geringer Niederschlagsintensität kann mehr Niederschlag an der Vegetation haften bleiben. Eine hohe Windgeschwindigkeit fördert die Verdunstung. Im Winter wirken mehrere Prozesse gleichzeitig auf die Höhe der Interzeptionsverdunstung: hohe Windgeschwindigkeit, vorwiegend kleine Tropfengröße bei geringer Niederschlagsintensität und lichte Baumkronen in Laubwäldern.

3.3 Verdunstung

Verdunstung ist der Übergang des Wassers vom flüssigen in den gasförmigen Aggregatzustand. Aus Wasser wird Wasserdampf, ein farb- und geruchsloses Gas. Wann dieser Übertritt erfolgt, ist abhängig von der Art der Fläche, auf der das Wasser verdunstet, deren Temperatur, dem Sättigungsdefizit des Wasserdampfes in der Luft und der Windgeschwindigkeit. Verdunstet Wasser von freien Wasserflächen, vom Boden oder auch von der Haut von Tieren und Menschen, wird dies als Evaporation bezeichnet. Im Gegensatz hierzu ist die Transpiration die Verdunstung von Wasser, das von der Vegetation aus dem Boden gesogen und über die Spaltöffnungen abgegeben wird. Der Begriff Evapotranspiration subsumiert sowohl die Evaporation als auch die Transpiration.

Evapotranspiration

Die potentielle Evapotranspiration (pET) ist die Verdunstung bei ausreichender Wassernachlieferung. Dem gegenüber gibt die tatsächliche Evapotranspiration (actual evapotranspiration, aET) an, wie viel Wasser wirklich verdunstet. Nicht immer ist die Wasserzufuhr für die Verdunstung gesichert. Insbesondere in Trockengebieten steht nicht genügend Wasser zur Verfügung, um das Sättigungsdefizit des Wasserdampfes in der Luft ausgleichen zu können. Die aET ist dann erheblich kleiner als die pET.

Die Messung der Evaporation wird mit einer wassergefüllten Wanne mit definiertem Volumen vorgenommen. Am weitesten verbreitet ist der so genannte Class-A-pan. Wenn Wasser aus der Wanne verdunstet, kann der Wasserverlust auf zwei verschiedene Arten bestimmt werden. Entweder wird der nachlassende Wasserdruck gemessen oder es wird Wasser zugeleitet, um einen konstanten Wasserdruck aufrecht zu erhalten. Aus der Bestimmung des Wasserdruckes kann die potentielle Evaporation berechnet werden. Die Messung der Evapotranspiration erfolgt mit einem Lysimeter. Ein Lysimeter besteht aus einem Bodenkörper mit definierter Oberfläche und wird seitlich versiegelt, um horizontale Wasserzu- und abfuhr zu unterbinden. Die verdunstete Wassermenge wird als Differenz aus dem Niederschlag und dem versickernden Wasser berechnet, das durch Wiegen des Bodenkörpers oder durch Abfangen der Sickerwassermenge ermittelt wird.

Nicht immer besteht die Möglichkeit, eine relativ aufwändige Verdunstungsmessung durchzuführen. Daher kann man auf eine Reihe von Formeln zurückgreifen, die eine Abschätzung der Verdunstung erlauben. Davon sollen drei Verfahren vorgestellt werden.

Berechnung der Verdunstung

1. Die Haude-Formel wird zur Berechnung der potentiellen Evapotranspiration auf Tagesbasis herangezogen und verwendet

- einen empirisch ermittelten Koeffizienten, der vom Monat und der Vegetationsbedeckung abhängig ist. Im Sommer werden auf Getreideanbauflächen die höchsten Werte erreicht, im Winter auf Waldflächen die niedrigsten.
- das Sättigungsdefizit um 14 Uhr. Das Sättigungsdefizit wird zwar in der Wetterhütte bestimmt, doch die Daten liegen nicht in jedem Land zu den so genannten Mannheimer Stunden (7, 14 und 21 Uhr Ortszeit) vor.

Weitere Nachteile der Haude-Formel bestehen darin, dass die Windgeschwindigkeit nicht berücksichtigt wird und dass zwar die Tageswerte des Sättigungsdefizits herangezogen werden, der Korrekturfaktor aber nur auf Monatsbasis vorliegt. Dennoch bietet die Haude-Formel zumindest in Deutschland ein leicht anwendbares und weit verbreitetes Instrument zur Berechnung der potentiellen Evapotranspiration.

2. Die umfassendste Formel zur Berechnung der potentiellen Evapotranspiration wurde von Penman vorgelegt und von verschiedenen Wissenschaftlern, z. B. Monteith, angepasst. Sie erfordert allerdings die Messung mehrerer meteorologischer Größen, z. B. Sättigungsdampfdruck, Windgeschwindigkeit, Sonnenscheindauer oder Parameter der Strahlungsbilanz. Daher ist sie nicht einfach anzuwenden, allerdings weltweit verbreitet.

3. Eine dritte Möglichkeit zur Berechnung der Verdunstung bietet die Schätzung aus der Wasserbilanz. Die Verdunstung wird hierbei aus der Differenz von Niederschlag und Abfluss sowie Speicherrückhalt gebildet. Da diese Größen jedoch nicht fehlerfrei erhoben werden können, stellt diese Berechnung nur eine Schätzformel dar. Beispielsweise sind die Speicherung von Wasser im Boden oder der Abstrom von Grundwasser aus dem Einzugsgebiet nur näherungsweise bestimmbar. Die Methode ist vor allem für längere Zeiträume anwendbar, nicht für Tage oder Monate. Der Vorteil besteht jedoch darin, dass hierbei nicht nur die potentielle Evapotranspiration, sondern die tatsächliche Evapotranspiration bestimmt wird.

3.4 Abfluss

Der Weg des Wassers vom Niederschlag über Oberfläche und Boden in das Gerinne wird über zwei Prozessgruppen beschrieben (vgl. Abb. 3.2): den Abflussbildungsprozess und den Abflusskonzentrationsprozess. Der Abflussbildungsprozess beschreibt die vertikalen Fließwege des Wassers: Niederschlag trifft auf den Boden und kann von der Oberfläche in tiefere Bodenhorizonte infiltrieren oder sogar bis zum Grundwasserspiegel versickern. Der Abflusskonzentrationsprozess beschreibt dagegen die horizontalen (lateralen) Fließwege des Wassers auf der Oberfläche (Oberflächenabfluss), im Boden (Zwischenabfluss) oder im Grundwasserspeicher (Grundwasserabfluss) zum Fließgerinne, dem so genannten Vorfluter. Der Grundwasserabfluss baut den Basisabfluss des Gewässers auf und sorgt für eine perennierende Wasserführung. Die Hochwasserwelle entsteht dagegen aus dem abfließenden Niederschlagswasser, das als Oberflächenabfluss oder Zwischenabfluss den Vorfluter erreicht. Diese beiden Komponenten werden zusammen auch als Direktabfluss bezeichnet.

3.4.1 Oberflächenabfluss

Die beiden wichtigsten Prozesse, die zur Bildung von Oberflächenabfluss führen, sind der Horton-Abfluss (Horton overlandflow) und der Sättigungsabfluss (saturation overlandflow).

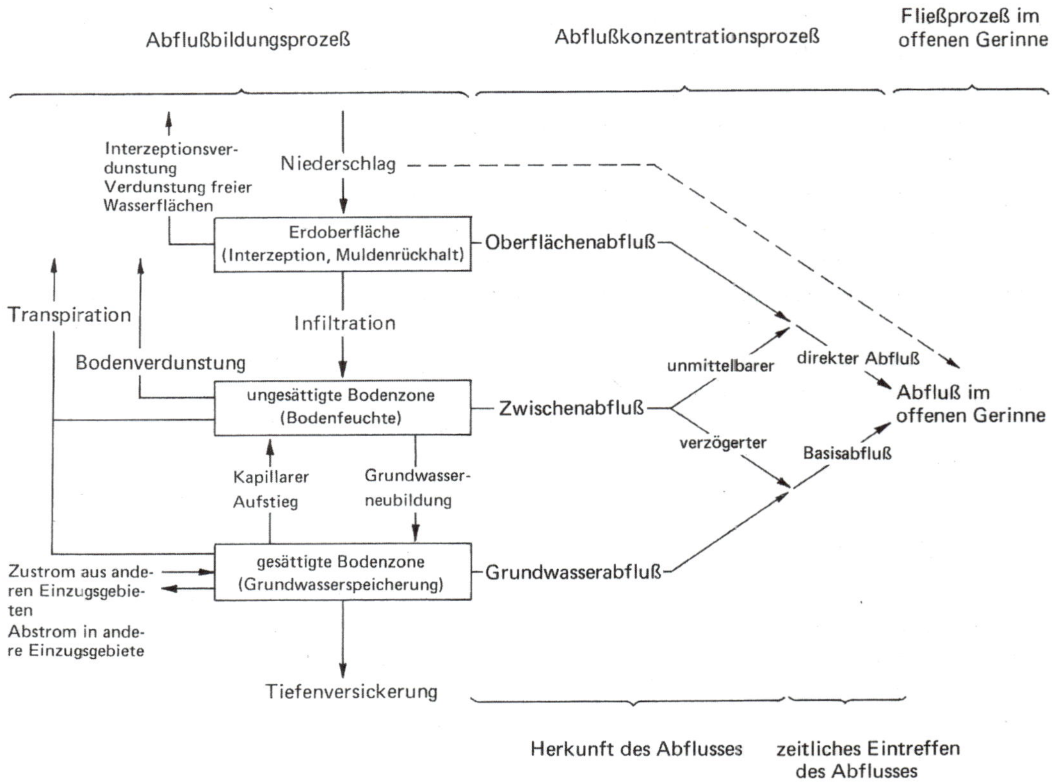

Abb. 3.2 Prozesse der Abflussbildung und Abflusskonzentration (aus Baumgartner & Liebscher, 1996, S. 476).

Horton-Abfluss

Horton-Abfluss tritt dann auf, wenn die Niederschlagsmenge in einer gegebenen Zeiteinheit (Niederschlagsintensität in mm/h) höher ist als die Infiltrationskapazität des Bodens (in mm/h).

Sättigungsabfluss

Umgekehrt können jedoch auch Niederschlagsereignisse geringer Intensität zu Oberflächenabfluss führen: Wenn während vorangegangener Niederschläge (Vorregen) der Boden bereits mit Wasser gesättigt wurde und kein weiteres Wasser mehr aufnehmen kann, tritt der Sättigungsabfluss auf. Bei der Frage nach Entstehung des Oberflächenabflusses spielen nicht nur die Niederschlagsintensität oder der Vorregen eine Rolle, sondern auch andere Faktoren wie der Einfluss der jahreszeitlich wechselnden Vegetationsbedeckung, der saisonal schwankenden Evapotranspiration, des teilweise kleinräumig stark schwankenden Reliefs oder der verschiedenen Bindungsformen von Wasser im Boden. Ein wichtiger Faktor ist auch die Höhe des Grundwasserspiegels, der in der Aue relativ nah unter der Geländeoberfläche liegt. Dadurch sind Auenbereiche prädestiniert für die Entstehung von Sättigungsflächen. Hieraus entwickelte sich eines der wichtigsten Konzeptmodelle zur Abflussentstehung, das Variable Source Area Concept.

Variable Source Area Concept

Wenn ein Niederschlagsereignis lange andauert, wird die Sättigung der Böden im Einzugsgebiet erreicht (vgl. Kap. 3.5.2). Vor allem in den ufernahen Auenbereichen tritt eine schnelle Sättigung ein. Diese resultiert nicht nur aus dem gefallenen Niederschlag, sondern auch aus dem ansteigenden Grundwasserspiegel, der in der Aue relativ nah an der Oberfläche zu finden ist. Mit Eintreffen der Hochwasserwelle tritt zusätzlich Wasser aus dem Fluss in das ufernahe Grundwasser und erhöht zusätzlich den Grundwasserstand. Dadurch nimmt im Laufe eines Abflussereignisses der Grundwasserstand zu und schafft flussnahe gesättigte Flächen, auf denen der Niederschlag direkt ins Gerinne fließen kann. Die Sättigungsfläche dehnt sich im Verlauf des Niederschlagsereignisses sowohl entlang des Gewässers als auch vom Gewässer in die Aue hin aus, sie ist eine variable Quelle für den Direktabfluss. Diese Theorie wird als „variable source area concept" bezeichnet.

Die größte Rolle für den Wasseranstieg am Pegel in kleinen Fließgewässern spielt die Beschaffenheit der pegelnahen Umgebung. Je größer der Anteil versiegelter Flächen (Straßen, Wege, Siedlungs- und Gewerbeflächen) und quasi-versiegelter Flächen (durch Bearbeitung verdichtete Böden landwirtschaftlicher Flächen) ist, desto schneller kann sich der Niederschlag als Abfluss konzentrieren und das Gerinne erreichen. Bei den so genannten „Jahrhunderthochwassern" in großen Einzugsgebieten wie Elbe oder Rhein spielt der Versiegelungsgrad jedoch eine untergeordnete Rolle (vgl. Kap. 3.4.3).

3.4.2 Wellenablauf im Gerinne

Während bei der Hochwasservorhersage in kleinen Einzugsgebieten, insbesondere an den Oberläufen und in den Quellgebieten der Flüsse (headwater catchments), Abflusskonzentrationsprozesse die wichtigste Rolle spielen, werden die Ereignisse auf größerer Maßstabsebene durch Wellenablaufmodelle prognostiziert. Hierbei ist zu beachten,

- wie viel Zeit eine Welle von einem Pegel zum anderen benötigt und
- ob sich die Wellenform auf diesem Weg verändert, etwa durch Erreichen eines Retentionsraumes, in dem sich das Hochwasser in die Aue ausbreiten kann und der Scheitel dadurch gekappt wird oder durch den Zufluss von Hochwasserwellen aus den Nebenflüssen (vgl. Kap. 3.4.3).

Der Zusammenfluss mehrerer Hochwasserwellen kann den Wellenscheitel im Hauptgewässer erhöhen, wenn die Wellen gemeinsam im Hauptgewässer ankommen. Treffen sie zeitlich versetzt ein, wird der Scheitel breiter oder es treten mehrere Wellenscheitel auf, wenn der zeitliche Versatz besonders groß ist. Beispiele hierzu werden aus dem Einzugsgebiet der Mosel im folgenden Kapitel beschrieben.

3.4.3 Zeitliche Strukturen des Abflussverhaltens

Abflussmessung

Um das Abflussverhalten eines Gewässers zu untersuchen, ist eine kontinuierliche Aufzeichnung des Abflusses notwendig. Jedoch ist derzeit nur die kontinuierliche Aufzeichnung des Wasserstandes an einem Pegel technisch möglich.

Pegel

Ein Pegel besteht aus einem senkrechten Rohr, das seitlich neben dem Bachbett angebracht wird und mit diesem verbunden ist. Gemäß dem Prinzip kommunizierender Röhren ist der Wasserstand im Pegelrohr und im Gewässer gleich. Die Hebung und Senkung des Wasserspiegels wird von einem Schwimmer erfasst, der dieses Signal an einen Stift zur Aufzeichnung auf einem Schreibstreifen oder an einen digitalen Datenlogger weitergibt. Zu ausgewählten Zeitpunkten erfolgt gleichzeitig mit dem Wasserstand auch eine Abflussmessung. Hierbei wird der Querschnitt des Flusses vermessen und an mehreren Stellen die Fließgeschwindigkeit mit einem Drehflügel oder einem akustischen Sensor bestimmt. Das Produkt aus dem Querschnitt und der Fließgeschwindigkeit ist der Abfluss. Aus den so ermittelten Wertepaaren von Wasserstand und Abfluss ergibt sich ein Streudiagramm, durch dessen Punktwolke eine mathematische Funktion gelegt wird, die eine statistische Beziehung zwischen Wasserstand und Abfluss an einem Pegel darstellt (Abb. 3.3). Sie wird als Abflusskurve bezeichnet und ermöglicht es einem Bearbeiter, für jeden gemessenen Wasserstand einen Abfluss zu berechnen.

Wird der Abfluss auf der Abszisse aufgetragen und der Wasserstand auf der Ordinate, so hat der Kurvenverlauf eine logarithmische Form, bei der der Wasserstand mit zunehmenden Abfluss langsamer ansteigt, da der durchflos-

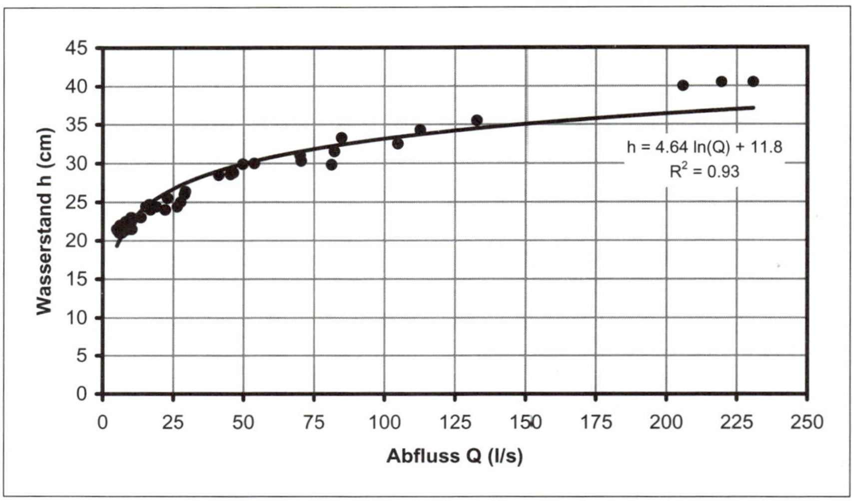

Abb. 3.3 Abflusskurve für die Lutter in Göttingen (eigene Darstellung, Datenquelle: Georg-August-Universität Göttingen, Physische Geographie).

sene Querschnitt breiter wird. In der Regel wird eine Potenzfunktion der Form $Q = a\ h^b$ angepasst (Maniak 2010). Werden beide Achsen logarithmisch dargestellt, ergibt sich eine Gerade. In manchen Fällen kann die Punktwolke auch mit mehreren Geraden für unterschiedliche Abflussbereiche dargestellt werden (Dyck & Peschke 1983).

Der zeitliche Verlauf des Abflusses an einem Pegel wird als Abflussganglinie bezeichnet. In der Abb. 3.4 sind zwei Abflussganglinien am Kartelbornsbach bei Newel in der Südeifel dargestellt. Der Ort Newel liegt etwa 7 km nördlich der Stadt Trier. Das Einzugsgebiet des Kartelbornsbaches ist nur 3,2 km² groß und der Oberlauf beginnt als landwirtschaftlicher Drainagegraben. Diese Situation ist typisch für kleine Einzugsgebiete in landwirtschaftlich genutzten Regionen. In der Nähe des Pegels Neweler Mühle befindet sich auf der Wasserscheide ein Niederschlagsmessgerät, bei dem der Niederschlag in 5-Minuten-Intervallen über eine Wippe registriert wird. Derartige zeitlich hoch aufgelöste Daten erlauben eine gute Untersuchung der Niederschlags-Abfluss-Prozesse in kleinen Einzugsgebieten, in denen der Abfluss bei konvektiven Ereignissen sehr schnell nach Beginn des Niederschlages ansteigen kann.

Hochwasser

Die obere Grafik in Abb. 3.4 zeigt die Abflussganglinie bei einem konvektiven Niederschlagsereignis. Der Niederschlag bestand aus zwei Einzelereignissen von 20 und 45 min Dauer und einer maximalen Intensität von 2,3 mm in 15 min. Nach dem ersten Niederschlag wurde ein moderater Anstieg des Abflusses registriert. Innerhalb des niederschlagsfreien Zeitraums konnte der Niederschlag zunächst in den Boden infiltrieren und die Poren füllen. Erst mit dem zweiten Ereignis stieg der Abfluss am Pegel innerhalb von 30 min von 11,6 l/s auf 25,1 l/s. Der Anstieg des Abflusses erfolgte etwa 1,5 Stunden nach Einsetzen des entscheidenden, zweiten Niederschlagsereignisses. Der abfallende Ast der Hochwasserwelle (Rezessionsast) hat die Form einer e-Funktion, die das Leerlaufen eines Speichers charakterisiert. Dass der Rezessionsast am Kartelbornsbach nicht stetig abfällt, sondern getreppt erscheint, kann auf Ungenauigkeiten beim Digitalisieren des Schreibstreifens oder auf das Leerlaufen verschiedener Grundwasser- und Bodenspeicher zurückgeführt werden.

Abflussgang inie

Die untere Grafik zeigt die Abflussganglinie bei einem advektiven Niederschlag. Dieser zeichnet sich vor allem durch längere Dauer und niedrigere Intensitäten als ein konvektiver Niederschlag aus (vgl. Kap. 3.2.1). Auch diesem Ereignis ging ein drei Tage andauernder niederschlagsfreier Zeitraum voraus. Der Abfluss stieg zwar 3,5 Stunden nach dem Einsetzen des Niederschlages moderat an, der entscheidende Anstieg zur Hochwasserspitze setzte jedoch erst nach 12,5 Stunden ein, erreichte aber bereits nach 35 min den Scheitelpunkt. Im Rezessionsast wurde ein langsames Absinken des Abflusses registriert.

Diese beiden Beispiele verdeutlichen sowohl Gemeinsamkeiten als auch Unterschiede in der Abflussganglinie. Der Abfluss ist eine Reaktion des Ein-

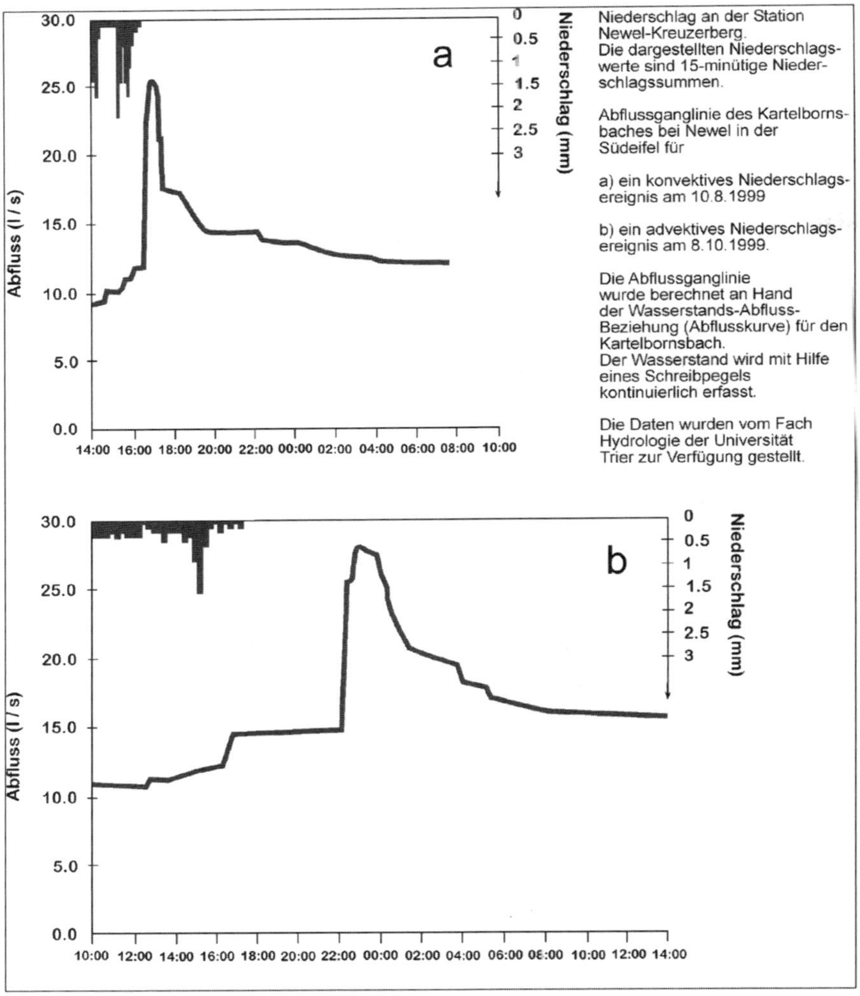

Abb. 3.4 Abflussganglinie des Kartelbornsbaches bei Newel in der Südeifel für ein konvektives Niederschlagsereignis (10.8.1999, obere Abbildung) und ein advektives Niederschlagsereignis (8.10.1999, untere Abbildung) (eigene Darstellung, Datenquelle: Universität Trier, Fach Hydrologie).

zugsgebiets auf den Niederschlagsimpuls, der aber auf dem Weg von der Oberfläche ins Gerinne und im Gerinne zum Pegel mehrere Speicher passieren muss. Bei hohen Niederschlagsintensitäten, die typisch für konvektive Ereignisse sind, ist ein starker hortonscher Oberflächenabfluss zu beobachten, also ein Abfluss, der schnell ins Gerinne gelangt. Es handelt sich also um eine kurze Reaktionszeit auf den Niederschlagsimpuls. Der Anstieg bis zum Hochwasserscheitel ist steil, aber auch der Rezessionsast weist ein schnelles Absinken des Abflusses auf. Bei einem advektiven Ereignis kann Niederschlag in den Boden infiltrieren, da die Niederschlagsintensität nur selten die Infiltrationskapazität übersteigt. Daher tritt Sättigungsflächenabfluss bei lang anhaltenden Niederschlägen wahrscheinlicher auf als hortonscher Oberflächenabfluss. Da das Wasser jedoch zunächst den Bodenspeicher füllt und durch den Boden zum Gerinne fließt, ist die Reaktionszeit des Systems auf den Niederschlagsimpuls langsamer. Zwar steigt die Abflussganglinie auch bei advektiven Ereignissen steil an, der Rezessionsast fällt jedoch nur langsam.

Trotz der vielen Gemeinsamkeiten zeigt sich doch, dass die Abflussganglinie für jedes Niederschlagsereignis eine individuelle Form annimmt. Modelle, die die Abflussganglinie in einem kleinen Fließgewässer simulieren, benötigen daher genaue Angaben zur zeitlichen Struktur des Niederschlages, bei größeren Einzugsgebieten spielt zusätzlich die räumliche Struktur des Niederschlages eine wichtige Rolle, denn vor allem konvektive Ereignisse überregnen nicht das ganze Einzugsgebiet.

Hydrologische Extremereignisse

In großen Einzugsgebieten muss bei der Betrachtung eines Hochwassers, insbesondere bei dessen Vorhersage, beachtet werden, wann die Hochwasserwellen der Nebenflüsse im Hauptgewässer eintreffen. Am Beispiel der Mosel sollen im Folgenden die beiden Extremereignisse aus den Jahren 1993 und 1995 erläutert werden.

Wenige Kilometer oberhalb von Trier münden die Nebenflüsse Sauer und Saar in die Mosel. Wenn die Scheitel der Hochwasserwellen aller drei Einzugsgebiete zeitgleich eintreffen, kommt es zu Rekordhochwasserereignissen an den moselabwärts gelegenen Pegeln. Beispiel hierfür ist das „Weihnachtshochwasser" 1993 (Abb. 3.5). Nach ergiebigen Niederschlägen im Zeitraum zwischen dem 7.12. und dem 18.12.1993 waren die Böden mit Wasser gesättigt. Am Pegel Cochem am Beginn des unteren Mosellaufs wurde zunächst nur ein leichter Anstieg registriert. Weitere Starkniederschläge zwischen dem 18.12. und dem 21.12.1993 führten zu direktem Abfluss von den Sättigungsflächen im Einzugsgebiet in die Vorfluter, die ein schnelles Ansteigen der Wasserstände entlang der Mosel bewirkten. In Cochem wurde am 22.12.1993 ein Wasserstand von 10,34 m erreicht, der höchste jemals gemessene Wert an diesem Pegel. Er entsprach einem Abfluss von 4170 m^3/s. An der Obermosel war zuvor lediglich ein Abfluss zu registrieren, der im statistischen Mittel alle 10 Jahre wiederkehrt. Zum „Jahrhundertereignis" wurde das Hochwasser erst durch das quasi zeitgleiche Eintreffen der Scheitel von Sauer und Saar oberhalb von Trier.

Nur 13 Monate später kam es zu einem erneuten „Jahrhunderthochwasser" an der Mosel. Auch bei diesem Ereignis ist die Ursache bei den ergiebigen Niederschlägen zu suchen. Mitte Januar wurden milde Luftmassen nach Mitteleuropa transportiert, die die Schneedecke in den Mittelgebirgen tauen ließen, so dass die Böden mit Wasser gesättigt wurden. Durch eine Umstellung der Wetterlage strömten zwischen dem 18.1. und dem 31.1. mehrere Frontalzyklonen nach Mitteleuropa und brachten drei Hauptniederschlagsphasen, die

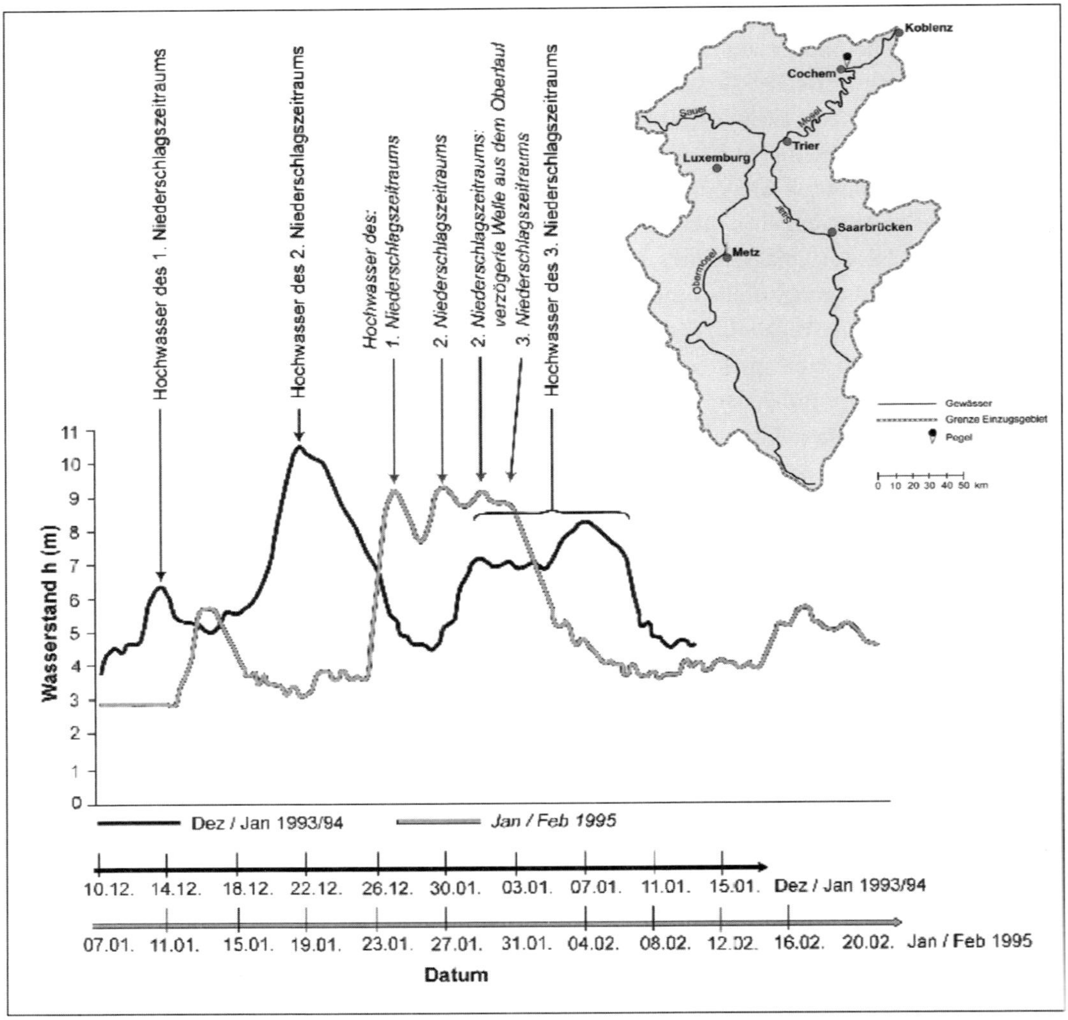

Abb. 3.5 Abflussganglinie am Pegel Cochem, Mosel, für die extremen Hochwasserereignisse von Weihnachten 1993 (schwarz) und Januar 1995 (grau) (eigene Darstellung, in Anlehnung an Ulbrich & Fink, 1996 und Engel, 1999).

am Wasserstand des Pegels Cochem noch deutlich unterschieden werden können (Abb. 3.5). Die Scheitelabflüsse aller vier Hochwasserwellen waren nahezu gleich groß und folgten in geringem Abstand aufeinander, sodass sie einen lang gestreckten, etwa 10 Tage andauernden Scheitel bildeten. Auch am Niederrhein hielt der Scheitel über mehrere Tage an und belastete die Deiche. Bei solchen langen Belastungsphasen mit hohen Scheitelabflüssen sind viele Deiche zwar hoch genug, um den Scheitel des Hochwassers zurückzuhalten, aber der anhaltende Druck durchweicht sie, sodass das Wasser langsam hindurchsickern und sogar einen Durchbruch auslösen kann. Ein weiteres Problem ist das ansteigende Grundwasser in der Aue. Auf der dem Fluss abgewandten

Deichseite kann Grundwasser als so genanntes Qualmwasser aufsteigen und damit die Stabilität des Deiches ebenfalls gefährden.

Diese beiden geschilderten Extremereignisse sollen verdeutlichen, welche Faktoren bei der Entstehung besonders großer Hochwasser entscheidend sind: der Niederschlag und der Ablauf der Wellen in den Gerinnen. Der so häufig diskutierte Einfluss der Versiegelung spielt bei den Hochwasserereignissen in Einzugsgebieten wie der Mosel und dem Rhein nur eine sehr untergeordnete Rolle. Auch der vorbeugende Hochwasserschutz ist in solchen Dimensionen nicht mehr möglich. Die Untermosel fließt in einem sehr engen Durchbruchstal durch das Rheinische Schiefergebirge. Potentielle Retentionsräume, in die ein Teil der ablaufenden Welle geleitet werden könnte, um die Hochwasserspitze zu kappen, sind nicht vorhanden. Außerdem hätte das Kappen der Hochwasserspitze nicht bei allen Ereignissen die gewünschte Wirkung. Der Scheitelabfluss würde sich zwar verringern, doch die Welle würde in die Länge gestreckt. Die Stabilität der Deiche am Niederrhein wäre dadurch ebenso gefährdet wie beim Januarhochwasser 1995. Extreme Hochwasserereignisse können also nicht verhindert werden. Man kann sich nur besser darauf vorbereiten und ein effektives Warnsystem und Katastrophenmanagement entwickeln. Auf kleinerer Maßstabsebene, d.h. in kleinen Einzugsgebieten, können die Verhinderung der Flächenversiegelung, die Schaffung von Porenraum durch Tiefpflügen des Bodens oder Maßnahmen des dezentralen Hochwasserschutzes die Hochwasserspitzen von kleinen und mittleren Ereignissen kappen.

Langfristig muss sich der Hochwasserschutz darauf einstellen, dass durch den Klimawandel die Wahrscheinlichkeit für lang anhaltende advektive Niederschlagszeiträume im Winter größer wird. In den Sommermonaten nimmt zwar die Summe der Niederschläge ab, einzelne Extremereignissen mit starken aber lokal begrenzten Hochwässern in kleinen und mittleren Einzugsgebieten nehmen dagegen zu.

Dürre und Niedrigwasser

Niedrigwasserabflüsse spielen für die Ökologie und die wirtschaftliche Nutzung von Fließgewässern eine bedeutende Rolle. Demuth (2004) beschreibt ein Beispiel aus den USA, bei dem die Schäden durch Trockenperioden sogar höher lagen als die Hochwasserschäden. Durch die Folgen des Klimawandels ist in den kommenden Jahrzehnten mit höheren Sommertemperaturen zu rechnen, die auch dazu führen, dass der Basisabfluss (vgl. Kap. 3.5.4) in den mitteleuropäischen Fließgewässern bis zu 50 % reduziert wird (Eckhardt & Ulbrich, 2003). Der Einfluss von Niedrigwasserständen in den Fließgewässern kann sich auf verschiedene wirtschaftliche Bereiche auswirken:

- Transportwesen: Bei Niedrigwasser wird die Schifffahrt eingeschränkt. Der Güterverkehr gerät ins Stocken, Waren werden nicht fristgerecht ausgeliefert oder der Verkehr muss vom Wasser auf Schiene oder Straße umgelagert werden, was dort ebenfalls zu Überlastungen führen kann. Die

Zunahme des Straßenverkehrs bedeutet einen Mehrausstoß an CO_2 und im Sommer eine höhere Ozonbelastung.

- Stromversorgung: Durch die Niedrigwasserstände steht entweder nicht genügend Kühlwasser für Kraftwerke zur Verfügung oder Kraftwerke dürfen ihr Kühlwasser nicht mehr in die Gewässer einleiten, denn dadurch würde die Wassertemperatur zu stark erhöht und der Sauerstoffgehalt im Wasser gesenkt. Kraftwerksbetreiber sind dadurch gezwungen, die Produktion zu drosseln. Dadurch steigt jedoch der Strompreis. Gestiegene Strompreise erhöhen ihrerseits wiederum die Produktionskosten und führen zu einer stärkeren Inflation.
- Hochwasserschutz: Niedrigwasser wirkt sich auch auf die Hochwassergefahr aus, so paradox dies klingen mag. Durch Niedrigwasser wird die Stabilität der Deiche gefährdet, insbesondere in den nordseeküstennahen Gewässern, da bei Ebbe das Wasser aus den Trichtermündungen stärker abfließt und Sand und Steine aus dem Unterbau der Deiche herausspült.
- Trinkwasserversorgung: Bei gleich bleibender Entnahme von Grundwasser zur Trinkwassergewinnung, aber gleichzeitig ausbleibender Grundwasserneubildung, wird der Grundwasserspiegel abgesenkt. Durch einzelne Dürrejahre wurde die Trinkwasserversorgung in Deutschland zwar bisher nicht gefährdet, aber wenn mehrere Dürrejahre hintereinander auftreten, sind Versorgungsengpässe wahrscheinlich. Zwar können Engpässe in der lokalen, auf Grundwasserentnahme basierenden Trinkwasserversorgung durch Fernwasserversorgung ausgeglichen werden, doch hierfür werden häufig Talsperren in Mittelgebirgsregionen genutzt, die von den Grundwasserdefizitregionen, z.B. in Brandenburg, weit entfernt liegen. Der Aufbau einer funktionierenden Fernwasserversorgung ist teuer und würde die Wasserpreise ansteigen lassen. Gleichzeitig erhöht sich in Folge der höheren Sommertemperaturen auch die Verdunstung aus den Talsperren, so dass effektiv gesehen weniger Trinkwasser zur Verfügung steht als wenn es aus Grundwasservorräten gedeckt werden könnte.
- Landwirtschaft: Durch die geringe Niederschlagsmenge und die hohe Sonneneinstrahlung leiden Pflanzen unter Trockenstress. Dies führt zu Ernteausfällen und zu steigender Waldbrandgefahr.
- Tourismus: Durch die in Folge der Dürre gestiegene Waldbrandgefahr werden die Waldbrandwarnstufen in den Wäldern erhöht. Dies führt zu Einschränkungen bei der Wegenutzung und zu Ausfällen von Besucher- oder Konsumentenzahlen im touristischen Sektor.

3.4.4 Räumliche Strukturen des Abflussverhaltens

Abflussverhalten

Hinsichtlich ihres Abflusses lassen sich Flüsse auf zwei Arten untergliedern. Als Erstes kann betrachtet werden, ob ein Fluss ganzjährig oder nur zu bestimmten Zeiten Wasser führt. Hierbei werden unterschieden:

- **Perennierende Flüsse**: ganzjährig Wasser führend, vor allem in humiden (feuchten) Klimaten.
- **Flüsse mit periodischer Wasserführung**: regelmäßig Wasser führend, z.B. kleinere Flüsse im Mittelmeerraum, die während der winterlichen Niederschlagsperiode Wasser führen, im Sommer dagegen trocken fallen.
- **Flüsse mit episodischer Wasserführung**: nur bei Starkniederschlägen und nicht zu regelmäßig wiederkehrenden Zeiten Wasser führend, vor allem Flüsse in ariden Gebieten.

Eine zweite Möglichkeit der Gliederung der Flüsse bezüglich der Wasserführung ist die Betrachtung des Abflussregimes. Als Abflussregime wird das gemittelte zeitliche Verhalten des Abflusses an einem bestimmten Pegel bezeichnet. Über einen langen Zeitraum, z.B. 30 Jahre, wird der Abfluss bestimmt (vgl. Kap. 3.4.2) und für jeden Tag der langjährige Mittelwert berechnet. Es ergibt sich ein Jahresgang des Abflusses, aus dem die Zeiten hoher Wasserführung und niedriger Wasserführung erkennbar sind. Die Abflussregime bezeichnen diesen mittleren Jahresgang hinsichtlich der Genese der hohen Wasserführung. Man unterscheidet:

Abflussregime

- **Einfache Regime**: Das Abfluss maximum kann auf einen Faktor zurückgeführt werden. Pluviales Regime: Niederschlag, Abflussmaximum im Zeitraum des Niederschlagsmaximums. Mediterrane Flüsse haben ihr Abflussmaximum im Winter, weil dann die Westwinddrift über den Mittelmeerraum verläuft und Frontalzyklonen Niederschläge bringen. Nivales Regime: Schneeschmelze, Abflussmaximum im Frühjahr. Mittelgebirgsflüsse haben ihr Abflussmaximum im Frühjahr, weil dann die Schneeschmelze einsetzt. Während des Winters floss nur ein Teil des Niederschlages ab. Der andere Teil wurde in der Schneedecke zwischengespeichert und wird im Frühjahr freigesetzt. Glaziäres Regime: Gletscherschmelze, Abflussmaximum im Sommer. Gletscher schmelzen dann besonders rasch, wenn die Lufttemperaturen hoch sind. Dies ist im Sommer der Fall. Hochgebirgsbäche, die aus Gletscherschmelzwässern gespeist werden, erreichen dann ihre maximalen Abflüsse.
- **Komplexe Regime ersten Grades**: Es treten zwei Abflussmaxima auf, für die zwei verschiedene Faktoren verantwortlich sind. Das primäre Abflussmaximum ist das höhere der beiden und sein auslösender Faktor wird in der

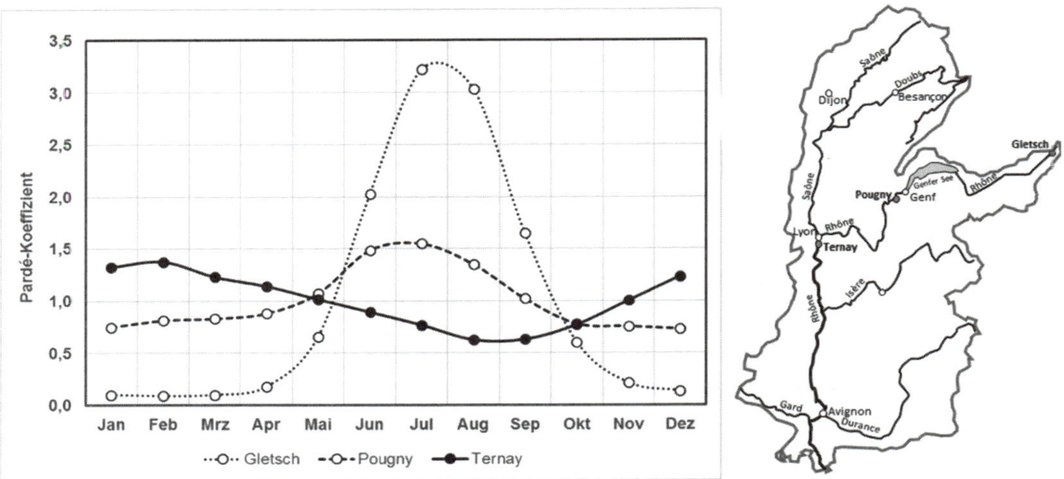

Abb. 3.6 Das Abflussregime der Rhône als Beispiel für ein komplexes Regime zweiten Grades.

Namensgebung vorangestellt, z. B. Pluvio-nivales Regime: primäres Abflussmaximum durch Niederschläge, sekundäres Abflussmaximum durch Schneeschmelze hervorgerufen. Nivo-pluviales Regime: primäres Abflussmaximum durch Schneeschmelze, sekundäres Abflussmaximum durch Niederschläge hervorgerufen.

- **Komplexe Regime zweiten Grades:** Entlang größerer Flüsse treten verschiedene Abflussregime auf. Ein Beispiel hierfür ist die Rhône (Abb. 3.6). Am Oberlauf in Gletsch liegt ein glaziäres Regime vor. Das Einzugsgebiet bis zum Pegel Gletsch ist zu 52 % vergletschert. Entsprechend groß ist die Rücklage, die im Winter über die Schneedecke gebildet wird. Der spärliche Winterabfluss besteht zum größten Teil aus Grundwasser, im Februar fließen durchschnittlich nur 0,24 m^3/s ab. Im Sommer dagegen schmilzt nicht nur die Schneedecke, sondern auch die langfristige Rücklage des Gletschereises. Dadurch beträgt der sommerliche Abfluss das 37-fache des Winterabflusses (mittlerer August-Abfluss 8,85 m^3/s). Am Pegel Pougny unterhalb des Genfer Sees ist der Jahresgang des Pardé-Koeffizienten viel ausgeglichener. Zwar ist das Maximum im Juli immer noch deutlich höher als das Minimum in den Wintermonaten, doch der Abfluss im abflussreichsten Monat Juli ist mit 518,83 m^3/s nur noch etwa doppelt so groß wie der niedrigste Monatsabfluss im Dezember (244,01 m^3/s). Durch die Zuflüsse aus dem Einzugsgebiet der Saône, die vor allem die Mittelgebirgsregionen des Burgund und des Jura entwässert, ändert sich das Abflussregime völlig. Unterhalb der Saône-Mündung in Ternay liegt ein pluviales Abflussregime vor. In den Sommermonaten Juli bis September wird nun sogar das Jahresminimum des Abflusses erreicht. Das Abflussmaximum des Jahresganges dagegen liegt

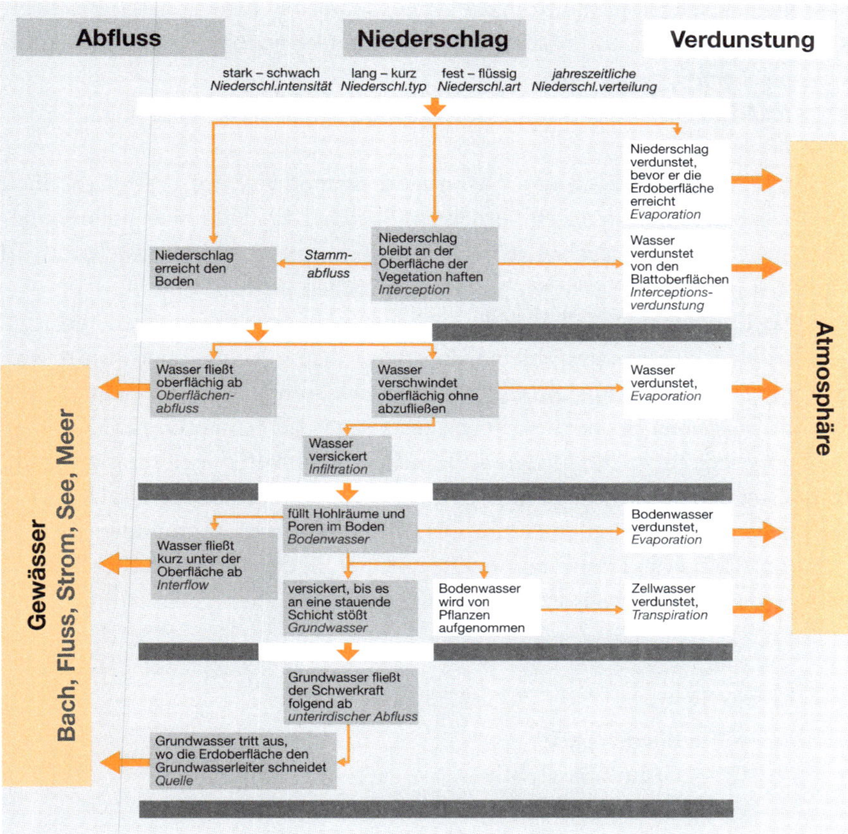

Abb. 3.7 Kaskaden-Modell: Flussdiagramm zu den Beziehungen zwischen den einzelnen Komponenten des Wasserhaushalts. Grau unterlegt sind beobachtbare Erscheinungen und Prozesse, umrissen dargestellt sind erschließbare Erscheinungen und Prozesse (aus: Böhn & Schütt, 2002, S. 66).

in den Wintermonaten und ist auf Niederschläge bei gleichzeitig geringer Verdunstung zurückzuführen.

3.5 Speicherkaskaden

In der Hydrogeographie werden die funktionalen Zusammenhänge zwischen den Wasserhaushaltsgrößen und den Einzugsgebietseigenschaften bewertet. Es werden die regelhaften Beziehungen zwischen hydrologischen Prozessen, den Prozesseigenschaften und den sie steuernden Einzugsgebietseigenschaften analysiert. Die in den Kap. 3.2 bis 3.4 dargestellten Wasserhaushaltskomponenten sind jeweils in ihrer räumlichen Verbreitung begrenzt, den so genannten Speichern:

- Niederschlag kommt nur in der Atmosphäre vor (Atmosphärenspeicher),
- Oberflächenabfluss existiert nur auf der Geländeoberfläche (Gewässerspeicher),
- Grundwasser gibt es nur im Untergrund (Grundwasserspeicher).

In den Vorstellungen des Wasserhaushaltsmodells wird Wasser regelhaft nach einer beschränkten Zeit von einem Speicher in einen oder mehrere andere Speicher weitergegeben. Um diesen Zusammenhang darzustellen, wird hier auch von einem Kaskaden-System gesprochen (Abb. 3.7).

Kaskaden-Modell

Das Kaskaden-Modell in Abb. 3.7 kann auch auf einzelne Niederschlagsereignisse in Flusseinzugsgebieten unterschiedlicher Größe angewendet werden. Bei der Betrachtung einzelner Niederschlagsereignisse in einem kleinen Flusseinzugsgebiet ist der Gleichungsansatz der Allgemeinen Wasserhaushaltsgleichung jedoch zu modifizieren, da neben einer Differenzierung zwischen den verschiedenen Abflusskomponenten (Grundwasserabfluss QG, Oberflächenabfluss QO, Zwischenabfluss QI), die Verdunstungskomponenten Evaporation (E) sowie Transpiration (T) und der Bodenwasserspeicher (Retentionsvermögen RB) ebenso wie der Interzeptionsspeicher (I) auszudifferenzieren sind (vgl. Abb. 3.6)

$$N = Q_G + Q_I + Q_O + E + T + R_B + I$$

für:	N = Niederschlag	E = Evaporation
	Q_G = Grundwasserabfluss	T = Transpiration
	Q_I = Zwischenabfluss (Interflow)	R_B = Retention im Bodenwasserspeicher
	Q_O = Oberflächenabfluss	I = Interzeption

Die Dauer, die Wasser in einem Speicher verweilt bzw. die Geschwindigkeit, mit der es von einem Speicher in den nächsten übergeht, wird durch die Form- und Materialeigenschaften der Speichereinheiten gesteuert.

3.5.1 Oberflächenwasser und Interflow

Oberflächenabfluss und Interflow (auch: Zwischenabfluss) sind der Teil des Abflusses, der dem Vorfluter als Reaktion auf ein auslösendes Ereignis wie Niederschlag oder Schneeschmelze unmittelbar zufließt. Während der Oberflächenabfluss an der Landoberfläche fließt, fließt der Interflow in den oberflächennahen Bodenschichten. Oberflächenabfluss und Interflow werden zum Direktabfluss zusammengefasst. Der Abflussbeiwert bezeichnet den Anteil am Gesamtniederschlag, der als Direktabfluss in den Vorfluter gelangt (auch: effektiver Niederschlag). Er kann sowohl für einzelne Niederschlagsereignisse ermittelt werden als auch für längere Zeiträume.

Oberflächenwasser kann flächenhaft hangabwärts fließen, bildet jedoch zumeist nach kurzer Fließstrecke konzentrierten Abfluss, der auf Grund erhöhter Fließgeschwindigkeiten bei verminderter Reibung zur Einschneidung und Talbildung führt.

Flüsse, die mittelbar oder unmittelbar in Ozeane und Meere fließen, werden als exorhëisch bezeichnet (z. B. Rhein, Elbe). Speisen die Flüsse Becken, die keine Verbindung zu den Weltmeeren haben, spricht man von endorhëischen Flüssen (z. B. Cooper River). Flüsse, die in niederschlagsreichen Gebieten entspringen und durch Trockengebiete fließen müssen, um die Weltmeere zu erreichen, werden als Fremdlingsflüsse bezeichnet (z. B. Nil). Versiegen solche Fremdlingsflüsse, bevor sie das Meer erreichen, spricht man von arhëischen Flüssen (z. B. Awash). Entwässerung

3.5.2 Bodenwasser

Jeder Boden enthält unter natürlichen Bedingungen Wasser. Das Bodenwasser entstammt größtenteils den Niederschlägen, zu einem kleineren Teil der Luftfeuchtigkeit. Es sammelt sich in den Hohlräumen des Bodengefüges. Die Geschwindigkeit, mit der Wasser im Boden versickert (Infiltrationskapazität), entspricht den Fließwiderständen, die sich aus der Menge der im Boden vorhandenen Hohlräume (Porenvolumen) und der Lagerungsart und Lagerungsdichte der Feststoffe ergeben. Bodenwasser

Als Porosität bezeichnet man den Anteil des Porenvolumens Vp am Gesamtvolumen Vg:

$$P = \frac{V_p}{V_g}$$

Die Porosität ist abhängig von Kornform, Packungsart und Dichte des Sediment- bzw. Bodenkörpers.

Das Bodenwasser ist nur eingeschränkt frei beweglich. Das ist darauf zurückzuführen, dass ein Teil an die feste Phase - die Bodenmatrix - gebunden ist. Daher lässt sich das Bodenwasser, in zwei Gruppen trennen: Sickerwasser und Haftwasser.

Sickerwasser gelangt durch Infiltration in den Boden und bewegt sich im Sickerraum mit dem hydraulischen Gradienten abwärts. Hierbei überwiegt die Schwerkraft gegenüber bindenden Kräften. Dieser Bewegungsvorgang wird als Perkolation bezeichnet. Im Boden vorhandenes Wasser wird nach unten verdrängt und dadurch selbst zum Sickerwasser. Sickerwasser

In den Boden infiltriertes Wasser, das durch Kapillar- und Adsorptionskräfte gegen die Schwerkraft im Boden zurückgehalten wird und in seiner Summe die Bodenfeuchtigkeit bildet, wird auch als Haftwasser zusammengefasst. Es setzt sich aus dem Adsorptionswasser und dem Kapillarwasser zusammen. Haftwasser

Adsorptionswasser

Das Adsorptionswasser besteht aus den Komponenten Adhäsions- (Boden ● H_2O) und Hydratationswasser (Boden ● Kation ● H_2O) und umfasst unter der Wirkung von Adsorptionskräften und osmotischen Kräften stehendes Wasser. Es umhüllt die feste Oberfläche der Teilchen, ohne dass Menisken (konkav gewölbte Wasserflächen) gebildet werden (● steht für Bindungskräfte).

Kapillarwasser

Demgegenüber wird das Kapillarwasser durch die Kohäsionskräfte des Wassers gehalten (H_2O ● H_2O), erkennbar an den typischen Wasserspannungsmenisken zwischen zwei festen Teilchen.

Bei der Infiltration des Niederschlages werden zuerst die Bindungskräfte im Boden gesättigt, ehe es zu Versickerung und damit zur Erneuerung des Grundwasserkörpers kommen kann.

3.5.3 Grundwasser

Die wassergesättigte Zone befindet sich unterhalb der Grundwasseroberfläche und ist vollständig mit Wasser gefüllt. Die wasserungesättigte Zone befindet sich oberhalb der Grundwasseroberfläche und ist nicht vollständig mit Wasser gesättigt, die Porenräume sind neben Wasser auch mit Luft gefüllt. Beide Zonen können gleichermaßen in Locker- und Festgesteinen auftreten. Das durch das Sickerwasser gebildete Grund- und Stauwasser wird nach oben durch die **Grundwasseroberfläche** abgeschlossen (Abb. 3.8). Entsprechend DIN 4049 wird unterschieden zwischen:

- dem Grundwasserleiter (Aquifer) als dem Gesteinskörper, der geeignet ist, Grundwasser weiterzuleiten, und
- dem Grundwasserhemmer (Aquiclude, auch Grundwassernichtleiter oder Grundwasserstauer) als dem Gesteinskörper, der im Vergleich zu einem angrenzenden Gesteinskörper gering wasserdurchlässig ist.

Grundwasserstockwerke

Darüber hinaus wird von Grundwasserstockwerke n gesprochen, wenn Grundwässer durch verschiedene schwer bzw. undurchlässige Schichten voneinander getrennte Grundwasserleiter darstellen.

Die Grundwasseroberfläche ist definiert als die Fläche im Untergrund, deren Wasserdruck dem mittleren Druck der Atmosphäre entspricht. Auf der freien Grundwasseroberfläche ist der hydrostatische Druck gleich dem freien Luftdruck. Mit zunehmender Tiefe addieren sich der atmosphärische Druck und der Druck, der aus der überlagernden Wassersäule resultiert. Als ungespannter (phreatischer) Aquifer wird der oberste Aquifer bezeichnet, der nach oben durch den Wasserspiegel abgegrenzt ist. Der Speicherkoeffizient entspricht hier weitgehend der entwässerbaren Porosität des Aquifers. Die Wasseroberfläche (= phreatische Oberfläche) bildet die obere Begrenzung der ge-

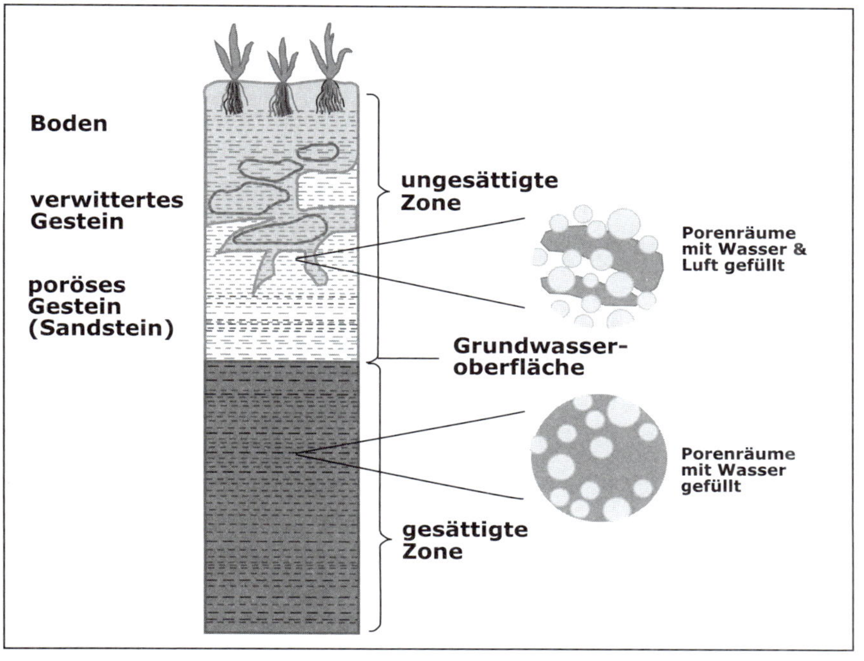

Abb. 3.8 Einteilung der Bodenwasserzonen (nach Grotzinger et al. 2008, S. 469).

sättigten Zone bzw. die untere Grenze der ungesättigten Bodenzone (Aerationszone). Ein Aquifer, der zwischen zwei mehr oder weniger undurchlässigen Schichten liegt, wird gespannter (artesischer) Aquifer genannt. Im gespannten Aquifer ist der Speicherkoeffizient eine Funktion der Kompressibilität des Aquifers.

Porengrundwasser

Porengrundwasser ist Grundwasser im Locker- oder Festgestein, dessen durchflusswirksamer Hohlraum von Poren gebildet wird. Porengrundwasserleiter (Porenaquifere) kommen vor allem in Lockergesteinen vor (Porosität ca. 30%), sie sind z.B. in Norddeutschland weit verbreitet. Kluftgrundwasser ist Grundwasser im Festgestein, dessen durchflusswirksamer Hohlraum aus Klüften und anderen Trennfugen gebildet wird. Kluftgrundwasserleiter (Kluftaquifere) kommen in Festgesteinen vor, Karstgrundwasserleiter (Karstaquifere) in verkarstetem Gestein, zumeist in karbonatischem Gestein. Einige Beispiele finden sich in Süddeutschland und auf dem Balkan.

3.5.4 Grundwasserabfluss und Quellen

Grundwasser folgt dem hydrostatischen Gefälle als unterirdischer Wasserstrom im Bereich der wassergesättigten Zone, meist im Hangenden (oberhalb) eines Grundwasserhemmers. Das oberflächennahe Grundwasser fließt dem Vorfluter mit einer zeitlichen Verzögerung von drei bis fünf Tagen zu und fin-

Basisabfluss

det im Trockenwetterabfluss seinen Ausdruck, der auch als Basisabfluss bezeichnet wird. Der infolge von Niederschlagsereignissen erhöhte Basisabfluss ist auf den Effekt des Piston-Flow zurückzuführen. Er wird nicht aus denselben Wasserteilchen gebildet, die bei einem Niederschlagsereignis infiltrieren (event water), sondern aus den Bodenwasserteilchen, die von den infiltrierenden Wasserteilchen verdrängt werden (pre-event water).

Die Bewegung des Grundwassers erfolgt mit dem hydraulischen Gradienten. Die Geschwindigkeit der Grundwasserbewegung wird über den Durchlässigkeitsbeiwert kf beschrieben. Er stellt eine Geschwindigkeitsgröße dar und gilt als Maß für den Fließwiderstand. Die Ermittlung des Durchlässigkeitsbeiwertes erfolgt nach dem Darcy-Gesetz als die durch einen Porengrundwasserleiter in einer definierten Zeiteinheit durch einen definierten Querschnitt hindurch fließende Wassermenge

Darcy-Gesetz

$$Q = k_f \cdot F \cdot h \cdot l^{-1}$$

für: Q = Abfluss [l/s]
k_f = Durchlässigkeitsbeiwert [m/s]
F = durchflossene Querschnittsfläche [m^2]
h = Druckhöhenunterschied [m]
l = Fließlänge [m]

Das Gesetz nach Darcy bedeutet, dass die durch eine Fläche F hindurch fließende Wassermenge Q sich proportional zu dem Druckhöhenunterschied h und dem filterspezifischen Koeffizienten kf und umgekehrt proportional zur Fließlänge l verhält.

Die k_f-Werte ergeben sich in direkter Abhängigkeit von Korngößenzusammensetzung und Lagerung der Feststoffe bzw. ihrer Kompaktierung.

Quellen

Tritt Grundwasser an der Erdoberfläche aus, wird auch von einem Quell austritt gesprochen. Entsprechend der Lage des Quellaustritts im Gelände und der lokalen geologischen Situation werden verschiedene Quellaustrittstypen unterschieden (Abb. 3.9):

- Schichtquellen treten auf, wo geneigte, Wasser führende Schichten von der Erdoberfläche im Bereich einer Gehängestufe angeschnitten werden.
- Von Schuttquellen spricht man, wenn eine Schichtquelle von Gehängeschutt überdeckt wird.
- Bei einer Überlaufquelle erfolgt die Schüttung gegen die Schichtneigung. Im Allgemeinen sind Überlaufquellen nur saisonal, bei hohem Grundwasserstand, aktiv.
- Artesische Quellen treten in Beckenlagen mit gespanntem Grundwasser auf.

- Bei einer Stauquelle wird der Grundwasserstrom durch abdichtende überlagernde Schichten gestaut; sodass das Wasser bei geneigter Schichtlagerung am Außenrand der Wasser stauenden Deckschichten austritt.
- Verwerfungsquellen befinden sich an Störungszonen. Trifft der Grundwasserleiter an einer Verwerfung auf undurchlässiges Gestein, kommt es entlang der Störung nach dem Prinzip der kommunizierenden Röhren zum Wasseraufstieg.

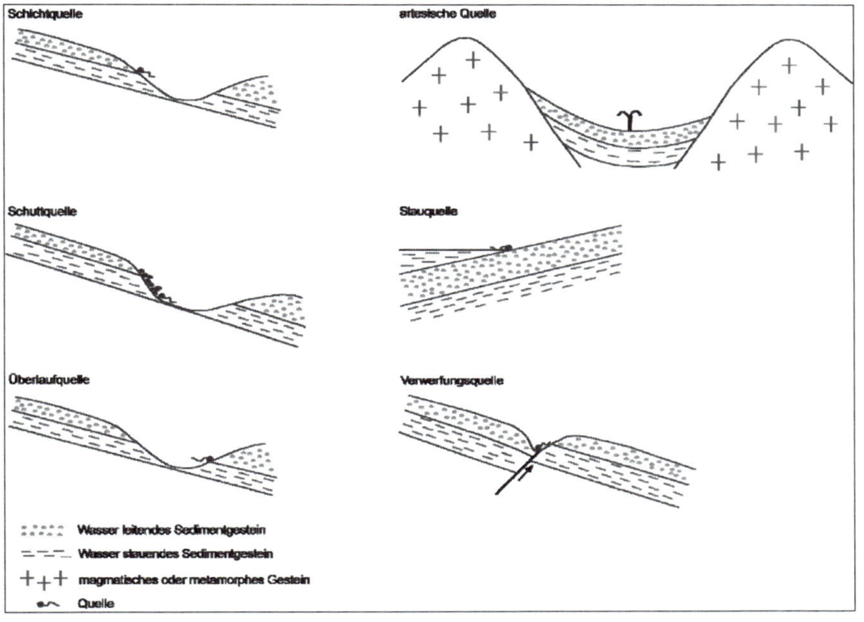

Abb. 3.9 Quellaustrittstypen (eigene Darstellung).

3.6 Stoffhaushalt

Die Bilanzierung von Stoffkreisläufen in Geosystemen gibt Massengewinne und Massenverluste für einzelne Stoffe an. Sie basiert auf der Erfassung von Stoffeinträgen aus Stoffquellen und Stoffausträgen. Es wird zwischen festen und gelösten Stoffen unterschieden. Die im Abfluss auftretenden Stoffe können natürlichen oder anthropogenen Ursprungs sein.

3.6.1 Gelöste Stoffe

Natürliche Stoffquellen

Gelöste Stoffe entstehen beim Zersatz organischer Substanz und der chemischen Verwitterung mineralischer Feststoffe. Der Zersatz organischer Substanz wird vornehmlich durch bakterielle Tätigkeit gesteuert (Humifizierung).

Die chemischen Verwitterungsprozesse der Hydrolyse, Hydratation und Oxidation in Boden und Untergrund erfolgen in Abhängigkeit von der Umgebungstemperatur und dem Milieu. Hierbei ist das Bodenwasser gleichermaßen ‚Reaktionsmedium' für chemische Umwandlungsprozesse, als auch ‚Transportmedium', das die Verlagerung gelöster Stoffe bis hin zu ihrem Export aus dem System ermöglicht. Die physikalischen Bedingungen für den Transport gelöster Stoffe im Boden ergeben sich aus den Eigenschaften des fließenden Mediums (Dichte, Viskosität und Kompressibilität) und der Permeabilität des Bodens. Diese Eigenschaften werden im Durchlässigkeitsbeiwert (vgl. Kap. 3.5.4) ausgedrückt.

Anthropogene Stoffquellen

Die atmosphärischen Stoffeinträge (Immissionen) aus anthropogenen Quellen erfolgen auf Pflanzenoberflächen, auf unbewachsenem Boden oder direkt in die Gewässer als feuchte oder trockene Deposition. Feuchte Deposition bei Niederschlag erfolgt als ‚rainout', wenn Aerosolpartikel (Staub, Rauch, Mikroorganismen) als Kondensationskerne dienen, bzw. als ‚washout', wenn Gase und Aerosole von fallenden Regentropfen adsorbiert werden. Bei trockenen Depositionen sedimentieren die Aerosole bzw. Gase und werden von Boden, Wasser oder Vegetation adsorbiert. Vegetationslose oder vegetationsarme Gebiete und Vulkanausbrüche sind natürliche Quellen für anorganische Partikel. In dicht besiedelten Gebieten gewinnen Emittenten für die Suspension anorganischer Partikel in der Troposphäre an Bedeutung. Staubemittenten sind die Industrie (96,2 %), Hausbrand und Kleingewerbe (3,4 %) und der Kfz-Verkehr (0,4 %). Wichtige anthropogene Quellen für die Emission gelöster Stoffe sind die Düngung (diffuse Quellen) und Kläranlagen (punktuelle Quellen).

Mobilisierung gelöster Stoffe im Boden

Das Adsorptions- und Kapillarwasser im Boden ist immobil, enthält gelöste Ionen und entspricht dem ‚Reaktionsmedium' Bodenwasser. Das mobile Bodenwasser liegt überwiegend als Kapillarwasser in den Makroporen vor. Bei geringen Kohäsions- und Adhäsionskräften geht es als Sickerwasser in das Grundwasser über oder fließt als Interflow in den Vorfluter (vgl. Kap. 3.5). In den verschiedenen Bodenwasserphasen kommt es zum Lösungsaustausch, wobei

- ungerichtete Molekular-Bewegungen zwischen zwei Wasserkörpern unterschiedlicher Ionenkonzentration entstehen, um einen Ausgleich des Konzentrationsgefälles herbeizuführen (Diffusion),
- gelöste Stoffe aufgenommen und mit dem Bodenwasser durch den Boden transportiert werden, ohne dass sich Vermischungseffekte einstellen (Konvektion),
- Unterschiede in der Fortbewegungsgeschwindigkeit der Wasserteilchen infolge Reibung an den Porenwandungen durch die konvektive Mitführung von Stoffen zu lokalen Konzentrationsunterschieden führen, die

über die Molekular-Diffusion ausgeglichen werden (hydrodynamische Dispersion).

Transport gelöster Stoffe innerhalb des Bodenspeichers

Vom Oberflächenabfluss abgewaschene gelöste Stoffe gelangen ohne große zeitliche Verzögerung in den Vorfluter. Der Interflow weist im Allgemeinen hohe Konzentrationen gelösten organischen Kohlenstoffs (Huminstoffe, Polysaccharide, Alkylverbindungen u.a.) auf. Im Sickerwasser hingegen wird der gelöste organische Kohlenstoff mit zunehmender Bodentiefe mikrobiell abgebaut, so dass er bei Erreichen der wassergesättigten Zone in der Regel vollständig abgebaut ist. Im mineralischen Bodenspeicher erfolgt in Abhängigkeit insbesondere von den Eigenschaften des Ausgangsgesteins, der Temperatur, der Wasserverfügbarkeit und dem pH-Wert des Sickerwassers die Freisetzung und Aufnahme gelöster Stoffe (s.o.). Alkali- und Erdalkalimetalle können in allen Profiltiefen freigesetzt werden. Die Konzentrationen gelöster Alkali- und Erdalkalimetalle in den einzelnen Speicherzuflüssen unterscheiden sich in der Regel nur geringfügig. Bei den in verschiedenen Milieus aktiven Verwitterungsprozessen und Pufferreaktionen werden Alkali- und Erdalkalimetalle mobilisiert und sowohl durch laterale Bodenwasserbewegungen als auch mit dem Sickerwasser ausgewaschen. Im anaeroben Milieu der wassergesättigten Zone (phreatische Zone) kann insbesondere reduziertes Eisen in geringem Umfang in gelöster Form vorhanden sein.

Diese Vorstellungen zu dem Ausmaß des Transportes und der Art der Freisetzung gelöster Stoffe im Boden sind jedoch nur eingeschränkt gültig, wenn anthropogene Eingriffe in den Stoffhaushalt vorliegen. Mit der Fäkaliendüngung in landwirtschaftlich genutzten Gebieten werden dem Boden leicht auswaschbarere hohe Konzentrationen an Phosphor- und Stickstoffverbindungen zugeführt.

Gelöste Stoffe in Fließgewässern

Der Chemismus eines Fließgewässers ist zunächst Ausdruck der chemischen Beschaffenheit des Ausgangsgesteins in seinem Einzugsgebiet und der Intensität, mit der Prozesse der chemischen Gesteinsaufbereitung erfolgen. Darüber hinaus sind Relief und Boden steuernde Faktoren des natürlichen Gewässerchemismus, denn die Verweil- bzw. Reaktionszeit des infiltrierten Wassers in Boden oder Gestein wird durch das hydraulische Gefälle, die Fließstrecke und die Porosität des durchflossenen Mediums bestimmt. In landwirtschaftlich genutzten und besiedelten Gebieten ist der anthropogene Einfluss auf den Gewässerchemismus dominierend. Nur etwa 6,5% der Stickstoffverbindungen und 2,0% der Phosphorverbindungen in den Gewässern stammen aus natürlichen Quellen, die Restbeträge ergänzen sich aus anthropogenen diffusen oder punktförmigen Quellen.

Die chemische Zusammensetzung und Konzentration der gelösten Stoffe im Abfluss während eines Abflussereignisses ist unmittelbarer Ausdruck der Zusammensetzung des Abflusses aus den einzelnen Abflusskomponenten:

Der überwiegend aus dem Grundwasser gespeiste Basisabfluss weist in der Regel die höchsten Lösungskonzentrationen auf, wobei sich die absoluten Werte ebenso wie die chemische Zusammensetzung in Abhängigkeit von der Zusammensetzung der Ausgangsgesteine im Einzugsgebiet verändern. Mit ansteigender Hochwasserwelle kommt es zu dem so genannten „Verdünnungseffekt“, da nun zunächst vornehmlich Oberflächenabfluss in den Vorfluter gelangt. Der Oberflächenabfluss führt auf Grund der kurzen Reaktionszeit bei hohen Fließgeschwindigkeiten jedoch nur geringe Konzentrationen gelöster Stoffe mit sich. Mit Einsetzen des Interflows steigt die Gesamtlösungskonzentration im Abfluss zunächst leicht an. In Abhängigkeit von der Herkunft des Interflows tragen gelöste organische Stoffe aus dem organischen Bodenspeicher und gelöste anorganische Stoffe aus dem mineralischen Bodenspeicher zur Erhöhung der Lösungskonzentration bei. Im Rezessionsast der Hochwasserwelle nimmt zunächst der Anteil des Oberflächenabflusses, dann der des Interflows ab. Dadurch kommt es zu einer Zunahme der Lösungskonzentration, die schließlich bei Erreichen des Basisabflusses wieder maximale Werte erreicht.

3.6.2 Feststoffe

Bei Schwebstoffen im Wasser handelt es sich im Allgemeinen um mineralische Stoffe, die nicht in Lösung gehen. Demgegenüber schwimmen organische Stoffe auf Grund ihres hohen Gasgehaltes und der damit geringen Dichte zumeist auf der Wasseroberfläche und werden dann als Schwimmstoffe bezeichnet. Feststoffe, die durch rollende oder schiebende Prozesse im direkten Kontakt mit der Gewässersohle transportiert werden, werden auch Gerölle genannt.

In natürlichen Gewässern sind das Ausmaß des Transportes von Feststoffen und die Größe der transportierten Partikel nicht nur unmittelbar abhängig von der Fließgeschwindigkeit, sondern unterliegt auch einer größeren Variabilität als der Transport gelöster Stoffe. Der größte Teil der Feststoffe wird während weniger extremer Hochwasserereignisse aus dem Einzugsgebiet ausgetragen. Quellen der Feststoffe sind sowohl Abtragsprozesse im Einzugsgebiet als auch im Gerinne selbst. Durch Oberflächenabtrag in den Einzugsgebieten mobilisiertes Material gelangt entweder unmittelbar oder nach Zwischenablagerung in den Vorfluter. In den Kläranlagen werden aus Siedlungsabwässern Schwebstoffe durch Absetzen, chemische Fällung (Trennen von Stoffen durch die selektive Anlagerung künstlich eingeblasener Luftblasen) oder Filterung bis zu 95% entfernt. Jedoch können infolge von Starkniederschlagsereignissen Abwässer eine wichtige Schwebstoffquelle sein, wenn mit Einsetzen der Mischkanalisation ungeklärte Abwässer mit kanalisiertem Regenwasser vermischt und dem Vorfluter zugeführt werden. Im Vorfluter werden diese Feststoffe gemeinsam mit dem durch Erosion und Resuspension aus Bachbett und Ufer zur Verfügung gestellten Material weitertransportiert. Bei sinkendem Abfluss erfolgt eine Ablagerung der Gerölle entsprechend ihrer korngrößenspezifischen kritischen Fließgeschwindigkeit im Gerinnebett. Demgegenüber werden die Schwebstoffe als Auelehm oder im Flussbett im Lee von Hindernissen sedimentiert oder aus dem Einzugsgebiet ausgetragen.

Schwebstoffhaushalt

Die Analyse des Schwebstoffhaushalt es erfolgt in der Regel in Zusammenhang mit Untersuchungen zum Wasserhaushalt. Eine Hochrechnung der Schwebstofffrachten des Vorfluters auf Abtragsleistungen in seinem Einzugsgebiet ist nur als grobe Schätzung zulässig. Die Erfassung der tatsächlichen Abtragsraten erfordert eine zusätzliche Berücksichtigung von Zwischenablagerung im Einzugsgebiet ebenso wie die Einbeziehung der Abtragungsraten durch den Austrag gelöster Stoffe.

Schwebstoffkonzentration

Eine positive Korrelation zwischen Schwebstoffkonzentration und Abfluss ist allgemein anerkannt. Die maximalen Schwebstoffkonzentrationen treten in der Regel gleichzeitig mit der Abflussspitze auf, da der Oberflächenabfluss das Abflussmaximum herbeiführt und über ihn auch die Schwebstoffe aus dem Einzugsgebiet in den Vorfluter eingetragen werden. Menge und Verlauf des Feststoffaustrags werden durch die Einzugsgebietseigenschaften gesteuert. In vielen Fallstudien wurde versucht, den Einfluss einzelner Einzugsgebietseigenschaften auf den Feststoffhaushalt zu bewerten, wobei neben Niederschlagsmenge und Niederschlagsverteilung die Vegetationsbedeckung eine zentrale Rolle spielt. Der Feststoffhaushalt unterliegt folglich einer starken Saisonalität, die Ausdruck jahreszeitlich variierender Hangabtragungsprozesse ist und durch die jahreszeitlichen Charakteristika der Niederschlagsereignisse, die saisonal schwankende Vegetationsbedeckung und in landwirtschaftlich genutzten Gebieten durch den Stand der Feldbearbeitung gesteuert wird.

3.7 Seen

Flüsse enthalten weniger als ein Zehntausendstel Prozent des globalen Wasservorkommens, doch ihre Bedeutung für die Abtragung der Oberflächenformen verleiht ihnen eine besondere Aufmerksamkeit seitens der Geomorphologie. Von den 1,36 Milliarden km^3 Wasser auf der Erde sind 280 000 km^3 in Seen gespeichert. Das entspricht einem Anteil von etwa 0,02 % (Daten nach Schmidt, 1984, S. 22, und Schwoerbel, 1984, S. 10). Die Wissenschaft, die sich mit den Seen und den darin ablaufenden physikalischen, chemischen, biochemischen und biologischen Prozessen beschäftigt, wird als Limnologie bezeichnet.

Seen sind ‚stehende Gewässer' und bilden sich in Hohlformen unterschiedlicher Genese. Es wird zwischen Seen des Binnenlandes und Küstenseen (z. B. Strandseen) unterschieden. Weiher sind – ebenso wie Stauseen und Bag-

Tab. 3.2 Seen mit mehr als 10000 km² Fläche (nach Schwoerbel, 20C5, S. 91)

See	Kontinent	Fläche km²	Volumen km³
Kaspisches Meer	Asien	436.400	79.319
Lake Superior	Nordamerika	83.300	12.000
Lake Victoria	Afrika	68.800	2.700
Aralsee	Asien	62.000	970
Lake Huron	Nordamerika	59.510	4.600
Lake Michigan	Nordamerika	57.850	5.760
Lake Tanganyika	Afrika	34.000	23.100
Baikalsee	Asien	31.500	23.000
Lake Malawi	Afrika	30.800	8.400
Großer Sklavensee	Nordamerika	30.000	7.000
Großer Bärensee	Nordamerika	29.500	unbekannt
Lake Erie	Nordamerika	25.300	470
Lake Winnipeg	Nordamerika	24.530	3.100
Lake Ontario	Nordamerika	18.760	1.720
Ladogasee	Europa	18.734	920
Balkhashsee	Asien	17.575	112
Tschadsee	Afrika	16.500	24

gerseen - künstlich aufgestaute Seen. Teiche oder Tümpel erreichen eine geringere Tiefe als Seen, die Abgrenzung zwischen ihnen ist jedoch unscharf. Global betrachtet haben nur 17 Seen eine Fläche von mehr als 10000 km² (vgl. Tab. 3.2), und nur zwei Seen erreichen Tiefen von mehr als 1000 m (Tanganjika See mit ca. 1500 m Tiefe und Baikal See mit ca. 1620 m Tiefe).

3.7.1 Genese der Seebecken

Neben der künstlichen Aufstauung von Oberflächenwasser kommen natürliche Seen in durch Relief formende Prozesse geschaffenen Hohlformen vor. Bei den exogenen Relief bildenden Prozessen wird differenziert zwischen:

- lokaler Übertiefung des Untergrundes durch glaziale und glazio-fluviale Prozesse (z. B. Karseen, Zungenbeckenseen, Rinnenseen),
- durch Lösungsprozesse gebildete Hohlformen (z.B. in Karstgebieten, Höhlenseen, Dolinenseen, Poljeseen),
- Abdämmung des Abflusses in Tälern durch die Ablagerung von Bergsturzmassen, Moränen, Kalksinterausfällungen, Lavaströme etc. (Bergsturzstausee, Randglaziale Seen, Moränenstausee, Surgegletschersee, Kalksinterbarrieresee, Lavastromstausee) und
- lokaler Übertiefung durch Deflation.

Darüber hinaus können auch endogene Prozesse wie Verschiebungen oder Vulkanismus zur Bildung von Hohlformen führen (Synklinaltalseen, Grabenseen, Kraterseen, Maare und Calderen). In seltenen Fällen entstanden Hohlformen an der Erdoberfläche auch infolge von Meteoriteneinschlägen.

In der Regel werden die Seen durch Oberflächen- und Grundwasserzufluss mit Wasser gespeist. Haben sie auch einen oberirdischen Abfluss, sind sie exorhëisch. Fehlt ihnen ein oberirdischer Abfluss, sind sie endorhëisch.

3.7.2 Die Physik von Seen

In Abhängigkeit von der Tiefe und der Tiefenverteilung (Bathymetrie) eines Sees wird zwischen dem Pelagial (= Freiwasserbereich) und dem Benthal (= Boden- bzw. Sedimentbereich) unterschieden.

- Das **Benthal** ist der Lebensbereich am, auf und im Boden eines Gewässers. In Binnengewässern teilt sich das Benthal in das Litoral, in dem Licht bis auf den Grund dringt (Uferzone), und das Profundal. Das Litoral wird vom Profundal durch die Kompensationsebene getrennt; unterhalb der Kompensationsebene ist die Lichtintensität zu gering, um Photosynthese zu betreiben, so dass es zu photoautropher Primärproduktion kommt. Innerhalb des Litorals wird noch das Eulitoral als Zone zwischen Hoch- und Niedrigwasserlinie ausgegrenzt, in dem Organismen leben, die wechselnde Wasserstände überstehen können. Dem steht das Sublitoral als ein rein aquatischer Siedlungsraum gegenüber. Das Vorhandensein bzw. Fehlen von Lichtenergie trennt im Lebensraum See die trophogene Zone, in der Licht für die Phytosynthese zur Verfügung steht (Aufbauzone) von der unbeleuchteten, tropholytischen Zone (Abbauzone). Benthal
- Innerhalb des **Pelagials** kommt es zu regelhaften Durchmischungen des Wasserkörpers, die in tages- und jahreszeitlichen Rhythmen auftreten können und im Wesentlichen eine Folge der Dichteanomalie des Wassers sind. Die tages- und jahreszeitlichen Unterschiede der Lufttemperatur und die sie verursachenden Schwankungen der Einstrahlung wirken sich auch auf die Temperaturen von Seen aus. Mit der Erwärmung des Wasserkörpers von oben nach unten bildet sich oberflächennah eine relativ warme Wasserschicht (= Epilimnion). Die Wassertemperaturen des Epilimnions verhalten sich in direkter Abhängigkeit zu den Lufttemperaturen, es ist im Allgemeinen vom Tageslicht durchleuchtet und gut durchlüftet. Das darunter liegende, den untersten Teil der Wassersäule bildende Hypolimnion ist demgegenüber deutlich kälter und vergleichsweise sauerstoffarm. Innerhalb beider Zonen sind die Temperaturen homogen; zwischen beiden liegt die Sprungschicht (= Metalimnion), die durch eine große Temperaturdifferenz gekennzeichnet ist. In Seen bildet sich eine Temperaturschichtung aus, Pelagial

die über mehrere Monate stabil bleiben kann. Entsprechend der Häufigkeit der Durchmischung werden monomiktische (eine Durchmischung pro Jahr) und dimiktische Seen (zwei Durchmischungen pro Jahr) unterschieden. Der Prozess der Durchmischung eines Seewasserkörpers, auch als Seezirkulation bezeichnet, ist abhängig von den klimatischen Bedingungen, dem Wärmeaustausch mit der Atmosphäre und von der Tiefe des Seekörpers. Die Durchmischung wird v. a. durch Massenaustausch infolge von Dichteveränderungen des Wassers bei Veränderung der Temperatur verursacht und häufig vom Wind angetrieben. Die Durchmischung eines Sees kann den gesamten Wasserkörper (= Vollzirkulation) oder nur den oberen Wasserkörper (= Teilzirkulation) einbeziehen. Bei starker Temperaturabnahme im Metalimnion bleibt die Zirkulation auf das Epilimnion beschränkt, es findet nur eine Teilzirkulation statt, denn das kalte Tiefenwasser weist eine hohe Dichte auf und wird nicht mehr in die Zirkulation einbezogen. Dieser Zustand wird als Stagnation bezeichnet.

3.7.3 Typen der Seenzirkulation

Abhängig von der Intensität und der Häufigkeit der Durchmischung eines Seewasserkörpers werden verschiedene Durchmischungstypen unterschieden.

- In **holomiktischen** Seen wird der Seewasserkörper mindestens einmal jährlich vollständig durchmischt.
- Ist der See ganzjährig von Eis überdeckt, wie z.B. in den polaren Breiten oder großen Höhenlagen, ist eine Durchmischung auf Grund des festen Aggregatzustandes der Eisdecke nicht möglich, und man spricht von **amiktischen** Seen.
- Tauen solche Seen in den Sommermonaten auf, können sie in dieser Zeit vollständig zirkulieren. Da in den polaren und subpolaren Breiten die Sommer nur kurz sind, kann sich keine Sommerstagnation einstellen, so dass hier von **kalt monomiktischen** Seen die Rede ist.
- Kommt es zweimal jährlich zur Vollzirkulation (Herbst, Frühjahr) und zweimal jährlich zur Stagnation (Sommer, Winter) handelt es sich um einen **dimiktischen** See; dieser Durchmischungstyp ist in den kühlen und gemäßigten Mittleren Breiten weit verbreitet.
- Demgegenüber ist in den Seen der warmen Mittelbreiten ebenso wie in den Subtropen eine ausgeprägte ‚Sommerstagnation' vorhanden (z.B: Gardasee, Lago Maggiore). In diesen Seen kommt es lediglich während der Wintermonate zu einer Abkühlung des Epilimnions, so dass durch Winde angeregt eine winterliche Vollzirkulation erfolgen kann (= **warm monomiktisch**).

- Tiefen Seen in den tropischen Tiefländern fehlt auf Grund der nicht existenten Jahreszeiten vielfach eine regelmäßige Vollzirkulation (= **oligomiktisch**).
- Demgegenüber unterliegen flache Seen in den Tropen, angeregt durch die starken tageszeitlichen Temperaturschwankungen und den Wind, einer nahezu ständigen Vollzirkulation (= **polymiktisch**).
- In **meromiktischen** Seen werden ausschließlich die oberflächennahen Bereiche durchmischt, während sich tiefe Schichten nicht mischen.

Mitteleuropäische Seen sind in der Regel dimiktisch. Für Sie kann der Jahresgang der Durchmischung folgendermaßen skizziert werden **Frühjahr**: Der gesamte Wasserkörper hat eine einheitliche Temperatur von 4°C (= Homothermie). Durch Wind angeregte Wasserbewegungen erfassen den gesamten Wasserkörper (= Vollzirkulation). **Sommer**: Bei starker Einstrahlung erwärmt sich das Hypolimnion, Windbewegungen regen seine Durchmischung an. Der Temperaturabfall zum Epilimnion ist abrupt und wird im Metalimnion nachgezeichnet. Durch Wind initialisierte Wasserbewegungen betreffen das Metalimnion nicht. **Herbst**: Die Stabilität der Sommer-Schichtung wird wieder abgebaut. Die Abkühlung des Epilimnions führt hier zu einer Temperatur- und Dichteangleichung an das Hypolimnion. Durch Wind angeregt kann es jetzt zu einer Vollzirkulation in dem durch eine labile Schichtung gekennzeichneten Wasserkörper kommen. **Winter**: Hält die Abkühlung der Lufttemperatur an, kommt es in dem vollständig durchmischten Wasserkörper ebenfalls zu einer oberflächennahen Abkühlung, die infolge der Dichteanomalie des Wassers mit einer Dichteverminderung einhergeht. Entsteht hier bei anhaltender Abkühlung eine Eisdecke, verhindert diese jede weitere Einwirkung durch Wind. Erst mit Auftauen der Eisschicht wird die Voraussetzung für eine erneute Vollzirkulation geschaffen.

3.7.4 Stoffhaushalt in Seen

In Seen ist zwischen dem Wasserhaushalt, dem Sedimenthaushalt und dem biogenen Stoffhaushalt zu unterscheiden. Der Wasserhaushalt beinhaltet den Austausch zwischen Atmosphäre und Hydrosphäre, d.h. den Eintrag von Wasser durch Niederschläge und Zuflüsse und den Austrag von Wasser durch Verdunstung und Abfluss. Die Bioaktivität der Organismen kann über die Stoff- und Energiekreisläufe mit den Prozessen der Produktion, Konsumption und Destruktion beschrieben werden. Die in einem See abgelagerten Sedimente können sowohl organisch als auch anorganisch sein. Der Sedimenthaushalt umfasst neben dem Eintrag gelöster und partikulärer Stoffe in ein Seesystem und ihrer Akkumulation im Benthos die Ad- und Desorption gelöster Stoffe an organischen und anorganischen Feststoffen und den Austausch gelöster Stoffe zwischen Wasser- und Sedimentkörper. Der Trophiegrad eines Sees beschreibt die Intensität der photoautotrophen Primärproduktion und fasst seinen Nährstoffhaushalt zusammen.

Eutrophierung

Bei der Eutrophierung handelt es sich um eine Anreicherung von Nährstoffen, insbesondere Phosphor- und Stickstoffverbindungen, in Gewässern. Der Nährstoffreichtum mitteleuropäischer Seen geht vielfach auf anthropogene Eingriffe in den Landschaftshaushalt der Einzugsgebiete zurück. Für die Primärproduktion in den Seen, das Wachstum von Algen und Wasserpflanzen, ist das Phosphat der Minimumfaktor. Durch einen erhöhten Eintrag von Phosphat aus dem Einzugsgebiet, z.B. durch Auswaschung von Phosphordünger aus dem Boden, wird die Primärproduktion im See erhöht. Zwar kann durch die photosynthetische Aktivität der Algen an der Wasseroberfläche Sauerstoff angereichert werden, doch tote organische Substanz sinkt in die Tiefe und wird abgebaut. Dieser Abbau kann durch aerobe Bakterien mit verfügbarem Sauerstoff erfolgen. Fällt jedoch viel abzubauende Substanz an, reicht der Sauerstoff nicht aus. Der Abbau erfolgt dann über anaerobe Bakterien. In den obersten Zentimetern des Benthos bildet sich ein sauerstoffarmes Milieu aus, das die Mobilität und die Remobilisierung der an den Sedimenten adsorbierten anorganischen Schadstoffe (z.B. Schwermetalle) erhöht. Lebewesen, die auf aerobe Bedingungen im Benthos angewiesen sind, z.B. Fischlaich, können dann nicht mehr überleben.

3.8 Integriertes Einzugsgebietsmanagement

Die Nutzung der Ressource Wasser wird heute mit den Zielen der Nachhaltigkeit und Umweltverträglichkeit verknüpft. International hat sich seit der Konferenz für Umwelt und Entwicklung 1992 in Rio de Janeiro (auch als ‚Erdgipfel' bekannt) in diesem Kontext der Begriff des ‚Integrierten Einzugsgebietsmanagements' (= Watershed Management) durchgesetzt, der auch in der im Jahr 2000 verabschiedeten Europäischen Wasserrahmenrichtlinie verankert ist. Integriertes Einzugsgebietsmanagement zielt darauf hin, die in einem definierten Flusseinzugsgebiet verfügbaren Ressourcen im Interesse der dort lebenden Bevölkerung sowie im Einklang mit der natürlichen Umwelt zu nutzen. Ausgangspunkt ist ein ganzheitlicher Ansatz: Das Flusseinzugsgebiet wird als ökologisches System verstanden, das nur als Ganzes überleben kann. Die Menschen sind Teil des Systems, d.h. ihre Nutzungsvorstellungen müssen im Kontext ihrer Wirkungen auf die Umwelt verstanden werden. Planung und Entwicklung erfolgen nicht mit dem einseitigen Ziel der Befriedigung jeglicher menschlicher Bedürfnisse. Gesellschaftliche Entwicklungsziele werden vielmehr in einem durch die Umwelt vorgegebenen Rahmen definiert. Ressourcen werden nur so weit genutzt, wie sie sich erneuern können, um für künftige Generationen die Lebensgrundlage zu erhalten.

Abb. 3.10 Auf den Prozess des Watershed Management einwirkende Kräfte (nach Heathcote, 1998, S. 376).

Neben der Bewirtschaftung von Boden und Wasser wird beim integrierten Einzugsgebietsmanagement auch Wert darauf gelegt, dass die Menschen (Akteure) ihre Fähigkeiten und Kenntnisse weiterentwickeln können, damit auch eine wirtschaftlich nachhaltige Nutzung der Ressourcen gewährleistet ist. Für den Erfolg einer Maßnahme ist somit entscheidend, dass die betroffene Bevölkerung ihre Nutzungsinteressen an den Ressourcen klar definiert und auch realisieren kann. Integriertes Einzugsgebietsmanagement ist auf die Partizipation der Bevölkerung bei Planung, Nutzung und Überwachung der einzelnen Maßnahmen angewiesen und hilft deshalb gerade in Entwicklungsländern demokratische Strukturen aufzubauen.

In der Entwicklungszusammenarbeit ist das integrierte Einzugsgebietsmanagement ein wichtiges Werkzeug für eine nachhaltige Entwicklung. Es umfasst verschiedene voneinander abhängige Schritte und Komponenten, die gleichermaßen für alle Bewirtschaftungsansprüche auf der Erde angewendet werden können (vgl. Abb. 3.10):

- Human Resource Development (Qualifizierung von Ressourcenmanagern und -nutzern, Aufbau und Entwicklung örtlicher Strukturen zur Zusammenarbeit, wie Zweckverbände, Genossenschaften u.Ä.),
- Wasserwirtschaft bzw. Bewirtschaftung der Wasserressourcen, Regenwasser-‚Ernte' (rainwater harvesting),
- Boden- und Land-Management (Bodenrecht, Flächennutzungsplanung u.Ä.),
- Ernte-Management (Lagerhaltung, Vermarktung),
- Forstwirtschaft (silviculture, agro-forestry),
- Weidewirtschaft und Futtermittelanbau,
- Viehhaltung (Stallhaltungen, Weidewirtschaft, Vermarktung, Milchproduktion),
- ländliche Energiewirtschaft,
- Schaffung örtlicher bzw. regionaler Infrastruktur wie Straßen, Schulen, Trinkwasser, Stärkung des informellen Sektors etc.

Wissens-Check

1. Worin unterscheidet sich die kurzfristige von der langfristigen, klimatischen Wasserbilanz?
2. Worin unterscheiden sich advektive und konvektive Niederschläge?
3. An den meisten deutschen Klimastationen fallen die höchsten monatlichen Niederschlagssummen im Juli und August. Warum sind ausgerechnet die Sommermonate so niederschlagsreich? Warum weisen unsere Flüsse in der Regel ein sommerliches Abflussminimum auf, obwohl in den Sommermonaten die meisten Niederschläge fallen?
4. Was unterscheidet Horton overlandflow und saturation overlandflow? Welcher der beiden Abflusskonzentrationsprozesse liegt dem variable source area concept zu Grunde?
5. Welchem Abflussverhalten können Flüsse, die aus Überlaufquellen gespeist werden, am wahrscheinlichsten zugeordnet werden?
6. Welches sind die wichtigsten Quellen für anthropogene und natürliche Stoffe in Fließgewässern?
7. Welche Typen der Seezirkulation können unterschieden werden?
8. Was versteht man unter Eutrophierung und was kann dagegen getan werden?
9. Was ist das Integrative am Integrated Watershed Management?

Literaturhinweise

Dingman, S. L. (2015): Physical Hydrology. 3. Aufl. Long Grove (Waveland Press).

Fohrer, N., Bormann, H., Miegel, K., Casper, M., Bronstert, A., Schumann, A., Weiler, M. (2016): Hydrologie. Bern (Haupt Verlag).

Symader, W. (2004): Was passiert, wenn der Regen fällt? Stuttgart (Verlag Eugen Ulmer)

Wilhelm, F. (1997): Hydrogeographie. (Das Geographische Seminar). 3. Aufl. Braunschweig (Westermann).

4 Bodengeographie

Christof Kneisel

Überblick

Die Bodengeographie erklärt die räumliche Differenzierung der Böden sowie deren Ursachen und stellt eine der wichtigsten Teildisziplinen der Physischen Geographie dar, die zu einer vernetzten Betrachtung der Geofaktoren in den geographischen Zonen zwingt. Die Bodengeographie befindet sich an der Schnittstelle verschiedener Nachbardisziplinen, insbesondere der Bodenkunde (Pedologie) mit der Pedosphäre als Durchdringungskomplex von Atmosphäre, Hydrosphäre, Lithosphäre und Biosphäre. Wie bei allen physisch-geographischen Teildisziplinen ist die raum-zeitliche Komponente von zentraler Bedeutung (vgl. Abb. 4.1).

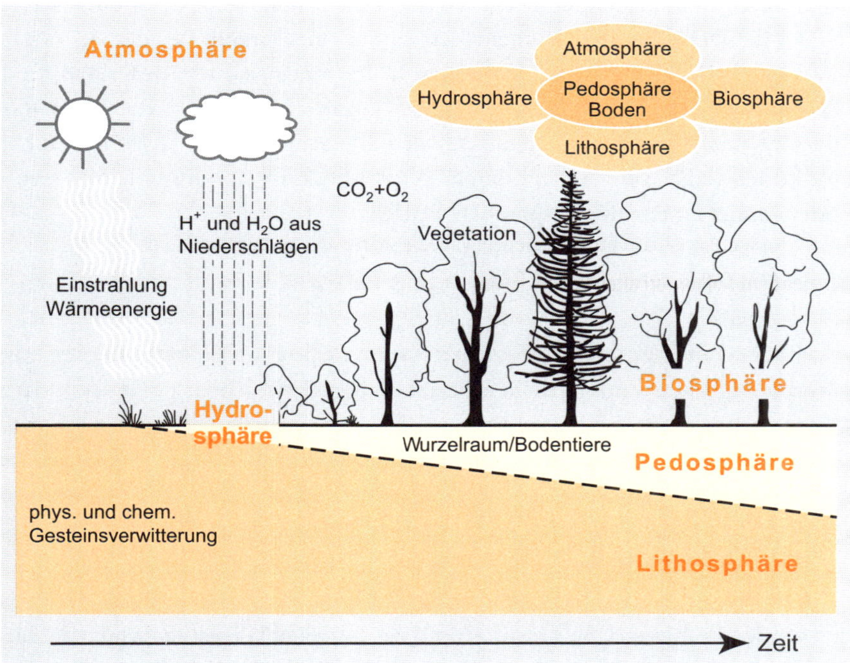

Abb. 4.1 Vergesellschaftung der Pedosphäre innerhalb der Geosphäre.

Im Sinne einer kompakten Einführung in die Bodengeographie liegt die Fokussierung auf den wichtigsten Aspekten der Bodenkunde im allgemeinen Teil sowie der Betrachtung ausgewählter bodengeographischer Aspekte im regionalen Teil mit dem Schwerpunkt auf Deutschland bzw. Mitteleuropa und einer kurzen Darstellung der Böden der Erde. Es sei daher bereits an dieser Stelle auf die weiterführende Literatur im Anhang verwiesen.

4.1 Bodenkundliche Grundlagen

Definition

Nach Schroeder (2007) ist **Boden** das mit Wasser, Luft und Lebewesen durchsetzte, unter dem Einfluss der Umweltfaktoren an der Erdoberfläche entstandene und im Ablauf der Zeit sich weiterentwickelnde Umwandlungsprodukt mineralischer und organischer Substanzen mit eigener morphologischer Organisation. Es ist in der Lage höheren Pflanzen als Standort zu dienen und bildet die Lebensgrundlage für Tiere und Menschen. Als Raum-Zeit-Struktur stellt der Boden ein dynamisches, vierdimensionales System dar.

Je nach Konstellation der Umweltfaktoren bzw. Faktoren der Pedogenese entstehen unterschiedliche Bodentypen mit einem charakteristischen Profilaufbau, also einer Abfolge von sog. diagnostischen Bodenhorizonten, die durch bestimmte Merkmale gekennzeichnet sind (siehe Kap. 4.1.2, 4.1.3, 4.2).

Obige Definition verdeutlicht bereits die Problematik bei der oft ungenauen Verwendung des Begriffs Boden. In Regionen wie z.B. den Kälte- und Wärmewüsten, in denen die organische Substanz fehlt oder pedologisch nur von sehr untergeordneter Bedeutung ist, sollte im Sinne der Definition nicht von Böden (z.B. „Frostmusterböden, Wüstenböden"), sondern vielmehr von bodenähnlichen Formen gesprochen werden.

4.1.1 Bodenbestandteile und Bodeneigenschaften

Böden bestehen bei raum-zeitlich stark wechselnder Zusammensetzung aus mineralischen, anorganischen Bestandteilen (i.W. primäre und sekundäre Minerale, Gesteinsbruchstücke), organischen Bestandteilen (das Edaphon, d.h. Gesamtheit der lebenden Bodenorganismen – Flora und Fauna, und unzersetzte und zersetzte Vegetationsrückstände), Luft und Wasser. Somit stellen Böden ein Dreiphasensystem aus festen (anorganischem und organischem Material), flüssigen und gasförmigen Bestandteilen im Porensystem dar (vgl. Abb. 4.2).

Mineralische Bestandteile

Die mineralischen Bestandteile des Bodens stammen überwiegend aus den an der Erdoberfläche verwitterten Fest- und Lockergesteinen und bilden den Mineralkörper, der die mineralischen Pflanzennährstoffe liefert und den Wurzelraum für die Pflanzen darstellt. Durch physikalische und chemische Verwitterungsprozesse entstehen Gesteinsbruchstücke, bestehend aus Mineralaggregaten und Mineralkomponenten mit primären (sog. lithogenen) Mineralen sowie neu gebildeten, sekundären (sog. pedogenen) Mineralen, zu denen die für die Böden bedeutenden Tonminerale gehören.

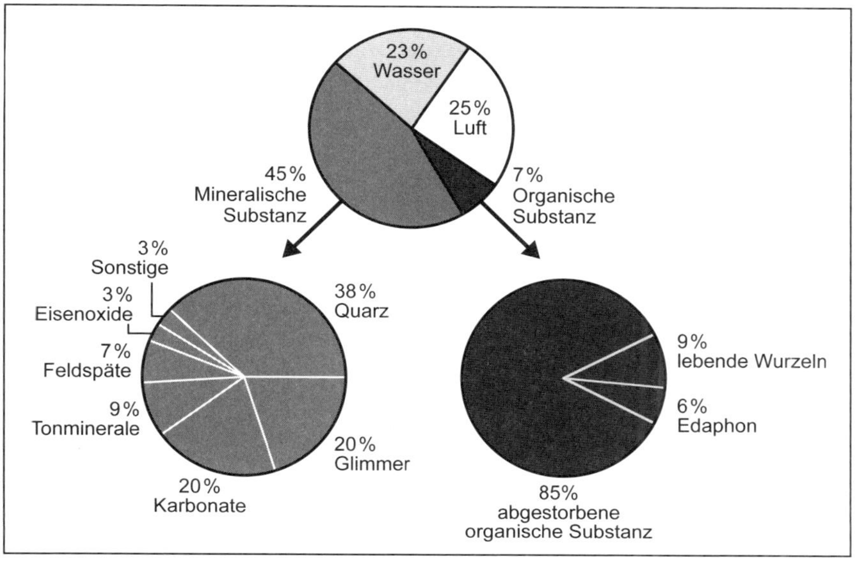

Abb. 4.2 Mittlere Zusammensetzung der Bestandteile des Bodens.

Tonminerale

Tonminerale sind Schichtsilikate (Phyllosilikate) kolloidaler Größenordnung (< 2 µm), besitzen daher eine große spezifische Oberfläche und haben die Fähigkeit Wassermoleküle und Ionen (u.a. die wichtigen Pflanzennährstoffkationen Na^+, K^+, Mg^{+2}, Ca^{+2}) reversibel anzulagern. Sie können quellen oder schrumpfen, was die Plastizität der Tone bedingt. Tonminerale entstehen aus Schichtsilikaten wie den Glimmern (Biotit und Muskovit) durch Veränderung der Zwischenschichtbesetzung oder durch Synthese aus Zerfallsprodukten der Silikatverwitterung. Nach ihrem strukturellen Aufbau werden Tonminerale in Zweischicht- und Dreischicht-Tonminerale unterteilt. Bei den Zweischicht-Tonmineralen besteht die Grundstruktur aus einer Folge von Si-O-Tetraeder- und Al-OH-Oktaederschichten, die durch Wasserstoffbrückenbindungen zusammengehalten werden. Bei den Dreischicht-Tonmineralen wird eine Oktaederschicht von zwei Tetraederschichten umgeben. Der Zusammenhalt der Schichten erfolgt hier über die Einlagerung von Kationen (oft K^+) oder durch positiv geladene Hydroxidschichten. Die Einlagerung wird durch die negative Ladung des Schichtpakets ermöglicht. Diese ist bedingt durch den isomorphen Ersatz in Tetraedern und Oktaedern. Bei der Tonmineralbildung werden in die Tetraeder und Oktaeder Zentralkationen eingelagert, die eine andere Ladung aufweisen als die Standardzentralkationen. Wird bspw. anstelle eines Si^{4+} ein Al^{3+} in den Tetraeder oder anstelle eines Al^{3+} ein Mg^{2+} in den Oktaeder eingebaut, so entsteht eine negative Überschussladung.

Isomorpher Ersatz

Bei den **Zweischicht-Tonmineralen** ist der Abstand der Doppelschichten zueinander klein und nicht variabel, so dass keine Moleküle (z.B. Wasser) oder Ionen (z.B. Nährstoffkationen) dazwischen eingelagert werden können. Die

Ionen-Adsorption erfolgt lediglich an Außen-, Spalt- und Bruchflächen. Das bekannteste Mineral dieser Gruppe ist der in den Tropen bei intensiver chemischer Verwitterung häufige, in den Böden Mitteleuropas jedoch nur selten vorkommende Kaolinit (Kaolin, Porzellanerde).

Bei den **Dreischicht-Tonmineralen** ist der Schichtabstand größer und zudem variabel, so dass Moleküle und/oder Ionen dazwischen eingelagert werden können. Aufgrund dieser Eigenschaft sind Böden mit einem hohen Anteil an Dreischicht-Tonmineralen sehr fruchtbar. Die verschiedenen Dreischicht-Tonminerale unterscheiden sich vor allem durch Art und Umfang des isomorphen Ersatzes und der Zwischenschichtbesetzung (Scheffer und Schachtschabel, 2010). Je größer der negative Ladungsüberschuss ist, umso höher ist das potentielle Adsorptionsvermögen. Dreischicht-Tonminerale wie Illit und Montmorillonit sind die typischen Tonminerale in den Böden Mitteleuropas. Tone können wie dargestellt pedogen, d.h. durch chemische Umbauprozesse im Lauf der Zeit entstehen, oder aber bereits lithogen im Boden vorkommen.

Stichwort

Kationenaustauschkapazität

Böden haben die Fähigkeit, Stoffe kurz- oder langfristig zu binden und verfügen damit über eine Filter-, Puffer- und Transformatorfunktion. Pflanzennährstoffe können beispielsweise reversibel gespeichert werden. Eine mechanische Rückhaltung im Porensystem kann als Filterung, eine Adsorption an Bodenbestandteilen als Pufferung und eine Umwandlung oder ein Abbau als Transformation angesehen werden.

Die Kationenaustauschkapazität (KAK) ist eine wichtige Bodenkenngröße und Maß wie viele negative Bindungsplätze im Boden vorhanden sind, die von Kationen besetzt werden können. Mehrschichttonminerale und die organische Substanz besitzen eine hohe Zahl von Bindungsplätzen die durch negativen Ladungsüberschuss entstehen. Die KAK hängt im Wesentlichen von der Art und Menge der organischen Substanz und der Tonminerale in den Böden ab. Böden können sowohl Kationen als auch Anionen speichern. In den gemäßigten Mittelbreiten überwiegt das Bindungsvermögen für die Kationen, wichtige Pflanzennährstoffe wie Kalium, Magnesium und Calcium werden reversibel gespeichert, während Anionen wie z.B. Nitrat i.d.R. schnell ausgewaschen werden. Das Speichervermögen für Pflanzennährstoffe und das pflanzenverfügbare Bodenwasser entscheiden maßgeblich die Bodenfruchtbarkeit und Eignung eines Bodens als (Nutz-)Pflanzenstandort (zur weiterführenden Vertiefung siehe Scheffer & Schachtschabel, 2010).

Oxide und Hydroxide

Böden enthalten stark wechselnde Anteile primärer und sekundärer Minerale, wobei der Mineralgehalt vom Mineralbestand des Ausgangsgesteins und dem Verwitterungsgrad abhängig ist. Im Verlauf der chemischen Verwitterung entstehen zudem Oxide und Hydroxide, die ebenfalls zu den mineralischen Bestandteilen gehören. Oxide und Hydroxide des Siliziums, Eisens,

Tab. 4.1 Die einzelnen Kornfraktionen des Feinbodens

Fraktion	Unterfraktion	Äquivalentdurchmesser in µm
Ton		<2
	Feinton	<0,2
	Mittelton	0,2 bis 0,63
	Grobton	0,63 bis <2
Schluff		**2 bis <63**
	Feinschluff	2 bis <6,3
	Mittelschluff	6,3 bis <20
	Grobschluff	20 bis <63
Sand		**63 bis <2.000**
	Feinsand	63 bis <200
	Mittelsand	200 bis <630
	Grobsand	630 bis <2.000

Mangans und Aluminiums treten infolge hydrolytischer Verwitterung und Mineralneubildung im gemäßigt humiden Klima vergesellschaftet mit Tonmineralen auf. Die Oxide und Hydroxide des Eisens und Mangans bedingen die Farbe der mineralischen Feinsubstanz und mithin die charakteristische Farbe verschiedener Bodentypen (vgl. Kap. 4.1.3, 4.3).

Der Mineralkörper (aus primären und sekundären Mineralen) liegt im Boden in Abhängigkeit von der Korngröße des mineralischen Ausgangsmaterials und des Verwitterungsgrades in unterschiedlichen Korngrößen vor (Tab. 4.1).

Bodenart

Aus der Korngrößenzusammensetzung der mineralischen Bestandteile des Bodens leitet sich die Bodenart ab. Man versteht darunter die Körnungs- oder Texturklasse, die vom Anteil der Kornfraktion Sand (S), Schluff (U), und Ton (T) am Feinboden bestimmt wird. Die Benennung erfolgt nach der dominierenden Kornfraktion. In Böden kommen allerdings häufig Gemische unterschiedlicher Korngrößen vor. Daher wird zusätzlich die Bodenart Lehm (L) abgegrenzt, die als Dreikorngemisch aus Sand, Schluff und Ton eine Mittelstellung zwischen den Bodenarten einnimmt (vgl. Abb. 4.3). Zudem wird zwischen den Kornfraktionen des Feinbodens (< 2 mm) und des Grobbodens (Bodenskelett) (> 2 mm) differenziert.

Organische Bestandteile

Die organischen Bestandteile des Bodens (Humus) setzen sich aus abgestorbenen Pflanzenteilen, aus toten Lebewesen sowie aus neu gebildeten Um- und Abbauprodukten, den sog. Huminstoffen, zusammen. Bisweilen wird auch das Edaphon zur organischen Substanz hinzugezählt. Ähnlich wie der mineralische Feinerdeanteil beeinflusst auch der Humus den Wasser-, Luft-, und Nährstoffhaushalt. Er stellt ein Nährstoffreservoir dar und liefert u.a. das für Pflanzen wichtige Element Stickstoff.

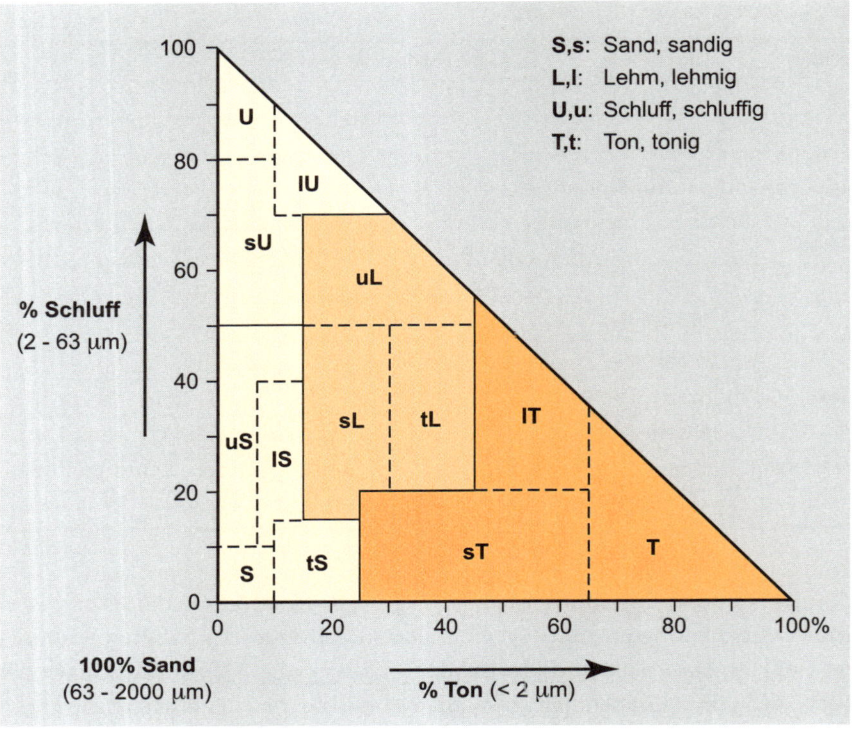

Abb. 4.3 Einteilung der Bodenarten im Korngrößendreieck (verändert nach Schroeder, 2007).

Huminstoffe

Huminstoffe, dunkel gefärbte organische Kolloide (< 2 µm) zeichnen sich wie Tonminerale durch eine große spezifische Oberfläche aus, und besitzen ebenfalls ein hohes Bindungsvermögen für Nährstoffe. Die schwarze Farbe des Humus bestimmt die dunkle Färbung des Oberbodens. Der Gehalt an organischer Substanz ist aufgrund der Pflanzenrückstände im Oberboden meist am höchsten. Die organischen Ausgangssubstanzen werden durch Organismen des Edaphons zersetzt und entweder durch **Mineralisierung** bis zu den anorganischen Stoffen (Moleküle und Ionen, insbesondere CO_2, H_2O, Ca, Mg, Fe, N, P, S) abgebaut oder über die **Humifizierung** zu hochmolekularen Abbauprodukten, den Huminstoffen, umgewandelt. Dabei zeigt die **Abbauintensität** eine deutliche Abhängigkeit von den Standortfaktoren. Optimale Bedingungen (ausreichende Temperatur, mittlere Feuchtigkeitsverhältnisse, gute Durchlüftung des Bodens, neutraler bis schwach alkalischer pH-Wert des Bodens und leicht zersetzbare organische Substanzen) führen zum schnellen Abbau von organischer Substanz, hin zu den anorganischen Endprodukten und infolgedessen zur relativen Anreicherung der schwer zersetzbaren Streuanteile. Bei suboptimalen Bedingungen (zu niedrige Temperaturen, Wassermangel resp. Wasserüberschuss und dadurch bedingter O_2-Mangel, niedriger pH-Wert des Bodens) erfolgt der Abbau deutlich verzögert mit der Konsequenz der Akkumulation der organischen Substanz.

Neben den Huminstoffen, Oxiden, Hydroxiden und Tonmineralen zählen auch die sog. Ton-Humuskomplexe zu den neugebildeten Substanzen in Böden. Es handelt sich dabei um organo-mineralische Verbindungen von Tonmineralen und Huminstoffen, die über mehrwertige Kationen resp. durch O- und OH-Brücken miteinander verbunden sind. Sie entstehen z.B. im Verdauungstrakt der Regenwürmer. Organo-mineralische Komplexe erhöhen die Gefügestabilität und verleihen dem Boden somit eine günstige Bodenstruktur.

Luft- und Wasserhaushalt

Der Luft- und Wasserhaushalt eines Bodens wird entscheidend vom Aufbau des Porensystems gesteuert. Es werden drei **Porengrößenklassen** unterschieden: Grobporen (> 50 µm), Mittelporen (50–0,2 µm) und Feinporen (< 0,2 µm). In sandigen Böden dominieren seitens des Primärporensystems die Grobporen. In tonigen Böden dominieren die Feinporen. Lehmige Böden nehmen eine Mittelstellung ein. Das sog. Sekundärporensystem wird durch biogene (u.a. Wurmgänge, Wurzelbahnen) und gefügebedingte (= Schwundrisse/Trocken- bzw. Frostrisse) Grobporen gebildet. Die schnell dränenden Grobporen sind nach Abzug des Sickerwassers mit Luft erfüllt und daher vor allem für den Lufthaushalt verantwortlich. In den Mittelporen wird Wasser über eine längere Zeit pflanzenverfügbar gespeichert. Das in den Feinporen vorhandene Wasser ist aufgrund hoher Bindungskräfte nicht pflanzenverfügbar. Die Feinporen sind nur bei starker Austrocknung mit Luft gefüllt. Die Bodenart bestimmt das **Porenvolumen** (T > U > L > S) und die Porengrößenverteilung. Ein hoher Anteil an organischer Substanz erhöht das Porenvolumen.

Bodenwasser

Das Bodenwasser stammt zum größten Teil aus den Niederschlägen der Atmosphäre und hat im Wesentlichen zwei wichtige Funktionen. Einerseits ist es Träger der aus der Bodenlösung aufgenommenen Pflanzennährstoffe, andererseits ist es für die Bodenentwicklung, diesbezüglich insbesondere für Verwitterungsprozesse (Hydratation, Hydrolyse) und die Verlagerungsvorgänge von Bedeutung. Ähnliches gilt für die Bodenluft. Sie ist Voraussetzung für die Atmung der Mikroorganismen und Pflanzenwurzeln und steuert über das Vorhanden- bzw. Nichtvorhandensein von O_2 pedogenetisch relevante Prozesse wie Oxidation und Reduktion.

Wasser- und Luftgehalt

Der Anteil des Porenraumes, der nicht mit Wasser gefüllt ist, enthält Luft. Wasser- und Luftgehalt können raum-zeitlich starken Schwankungen unterliegen. Der Luftgehalt kann z.B. in Folge von Staunässe oder Bodenverdichtung sehr gering sein. Luftmangel wirkt sich nachteilig auf die Bodenlebewesen aus. Die Zusammensetzung der Bodenluft weicht von derjenigen der atmosphärischen Luft ab. Durch die Atmung der Bodenorganismen und Pflanzenwurzeln wird O_2 verbraucht und CO_2 produziert. Daher kann der CO_2-Gehalt um den Faktor 10 höher sein als in der Atmosphäre.

Bodenacidität

Unter Bodenacidität versteht man die saure Reaktion des Bodens. Unter Bodenalkalität die alkalische oder basische Reaktion. Da der pH-Wert der mitteleuropäischen Böden zwischen 3 und 8 liegt, ist die Bodenacidität von maßgeblicher Bedeutung. Der pH-Wert beeinflusst u.a. viele Bodenbildungsprozesse (z.B. Tonverlagerung, Podsolierung) und die Verfügbarkeit von Pflanzennährstoffen. Die Ursachen der Bodenacidität liegen in der Produktion von H^+-Ionen (Protonen) über verschiedene Prozesse, wie insbesondere CO_2-Produktion bei der Atmung von Bodenorganismen und Wurzeln und Reaktion mit H_2O zu H_2CO_3 bzw. HCO_3^- und H^+, Humifizierung der organischen Substanz unter Bildung von organischen Säuren (z.B. Humin- und Fulvosäuren), H^+-Abgabe durch Pflanzenwurzeln bei Aufnahme von Nährstoffkationen, Oxidation von S- und N-Verbindungen zu H_2SO_4 resp. HNO_3, Eintrag von saurem Regen und sauer wirkenden Düngemitteln. Die Produktion der Protonen ist mit einem Verlust der austauschbaren, basisch wirkenden Kationen verbunden, da die H^+-Ionen gegen die adsorbierten Kationen (Ca^{2+}, Mg^{2+}, K^+, Na^+) ausgetauscht werden. Diese gelangen in die Bodenlösung und stehen den Pflanzen als Nährstoffe zur Verfügung. Außer dem Nährstoffentzug durch Pflanzen gehen die basisch wirkenden Kationen auch über perkolierendes Sickerwasser verloren. Die Auswaschung ist dabei umso stärker, je höher die Niederschläge und Permeabilität (Durchlässigkeit) des Bodens sind. Da die H^+-Ionen vor allem im Oberboden entstehen bzw. von außen in den Boden gelangen, herrscht im Boden meist eine Zunahme des pH-Wertes von oben nach unten vor.

Bodenversauerung

Puffersysteme

Im natürlichen Kreislauf gelangen die Kationen über die Mineralisierung des Bestandsabfalls wieder an die Austauscher. Im gemäßigt humiden Klima ist die Bodenversauerung im Lauf der Zeit ein natürlicher Vorgang, da ständig Protonen nachgeliefert und basisch wirkende Kationen über den Verbrauch durch Pflanzen, über perkolierendes Sickerwasser oder den Biomasseentzug aus dem Boden entfernt werden. Allerdings stehen in den Böden verschiedene Puffersysteme (**Pufferung** = annäherndes Konstanthalten des pH-Wertes trotz Zufuhr von Protonen) zur Verfügung, wobei H^+-Ionen neutralisiert oder abgepuffert werden können. Nach Scheffer und Schachtschabel (2010) gibt es in unterschiedlichen Böden verschiedene Puffersubstanzen und -reaktionen. Von höheren zu niedrigeren pH-Wertebereichen sind dies:

- Pufferung durch Carbonate (H^+-Ionen reagieren mit $CaCO_3$ zu HCO_3^-);
- Pufferung an variablen Ladungen von Huminstoffen und anorganischen Austauschern (Tonminerale), die in neutralen Böden mit Kationen besetzt sind, welche gegen H^+-Ionen ausgetauscht werden können (Protonierung);
- Pufferung durch Silikate (Metallkationen werden aus silikatischer Bindung freigesetzt, im Gegenzug Protoneneinlagerung);

- Pufferung durch Oxide, Hydroxide (v.a. Fe- und Al-hydroxide reagieren mit den Protonen unter Wasserabspaltung, Metallionen gehen in die Bodenlösung).

Bodeneigenschaften

Wichtige Bodeneigenschaften stehen in engem Zusammenhang zur Bodenart. Die Korngrößenzusammensetzung und hier insbesondere der Feinerdeanteil beeinflusst den Wasser-, Luft-, und Nährstoffhaushalt sowie die Bearbeitbarkeit des Bodens (Tab. 4.2).

Tab. 4.2 Bodeneigenschaften in Abhängigkeit von der Bodenart

Eigenschaften	Boden mit hohem Sandanteil	Boden mit hohem Schluffanteil	Boden mit hohem Tonanteil
Gesamt-Porenvolumen	gering	nimmt Mittelstellung ein	hoch
Anteil Grobporen	hoch		gering
Anteil Feinporen	gering		hoch
Wasserdurchlässigkeit	gut		schlecht
Wasserhaltevermögen	gering		hoch
Durchlüftung	intensiv		schlecht
Adsorptionsvermögen	gering		hoch
Nährstoffgehalt	gering		hoch
Durchwurzelbarkeit	gut		schlecht
Bearbeitbarkeit	leicht		schwer

Die Eigenschaften von Ton-, Schluff- und Sandböden sind mithin sehr unterschiedlich. Generell sind Böden mit ausgeglichener Korngrößenverteilung (z.B. Dreikorngemisch Lehm) günstiger als Böden mit Dominanz einer Korngröße (S, U, T). Sandige Böden aus kristallinem Ausgangssubstrat weisen eine hohe Permeabilität für Wasser auf und versauern insbesondere auch dadurch rasch, weil nicht alle der oben beschriebenen Puffersubstanzen vorhanden sind.

Stichwort

Bodenfruchtbarkeit – Bodenbewertung

Bodenfruchtbarkeit ist die natürliche Fähigkeit eines Bodens Pflanzen als Standort zu dienen, wobei das Ertragspotential eines Bodens insbesondere davon abhängt inwieweit der Boden Wasser und Nährstoffe pflanzenverfügbar speichern kann und wie gut der Boden durchwurzelbar ist. Neben den bodenphysikalischen und bodenchemischen Eigenschaften bestimmen auch klimatische und topographische Faktoren das Ertragspotential der Böden.

Die Bodenbewertung erfolgt in Deutschland über Schätzmethoden zur forstlichen und ackerbaulichen Beurteilung von Böden. Die forstliche Standortbewertung basiert auf der Kartierung pedologischer, makroklimatischer und geomorphologischer Merkmale. Wichtige Parameter sind z.B. Substrattyp, Durchwurzelbarkeit, pH-Wert, Humusform.
Bei der ackerbaulichen Bodenbewertung ist die Bodenzahl das Maß der Bodengüte, die sich aus der Bodenart, geologischer Entstehung und der sog. Zustandsstufe des Bodens ergibt. Dieses Verfahren beruht auf der Reichsbodenschätzung aus den 1930er Jahren. Die fruchtbarsten Böden Deutschlands mit den höchsten Ertragsmesszahlen liegen in den Lösslandschaften und der Marschen (Kalkmarschen).

4.1.2 Faktoren der Bodenbildung

Bodenbildung

Entwicklung und Aufbau eines Bodens werden durch das Zusammenwirken verschiedener Umweltbedingungen, den **Faktoren der Pedogenese (Bodenbildung)** bestimmt, die in einem komplexen Wirkungsgefüge zueinander stehen (Abb. 4.4). Die pedogenetischen Prozesse werden durch die Kombination von unterschiedlichen Bodenbildungsfaktoren ausgelöst und geprägt. Im Laufe der Zeit entstehen in Abhängigkeit von den jeweiligen Bodenbildungsprozessen charakteristische Merkmale, die zu einer Differenzierung des Bodenkörpers führen, über die **diagnostischen Horizonte** in Erscheinung treten und in Form unterschiedlicher **Bodentypen** klassifiziert werden können (vgl. Kap. 4.2, 4.3). Im Gegensatz zum geologischen Begriff der Schichten spricht man in der Bodenkunde von Bodenhorizonten im Sinne von annähernd parallel zur Bodenober-

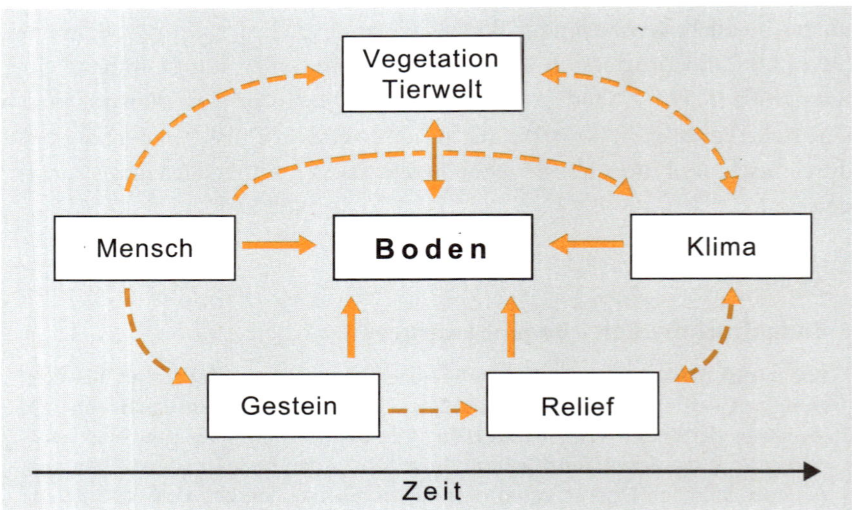

Abb. 4.4 Zusammenwirken der Faktoren der Pedogenese.

fläche verlaufenden und einheitlich ausgeprägten Bereichen des Bodens, die durch verschiedene Prozesse der Pedogenese entstanden sind.

Der wichtigste Bodenbildungsfaktor ist das Klima. Sieht man die Bodengenese als Funktion des Klimas an

B [Bodengenese, Bodenbildung] = f(K),

lässt sich eine zonale Gliederung der Böden entsprechend der zonalen Anordnung der Klimazonen und Vegetationszonen ableiten (vgl. Kap. 4.3). Unter Berücksichtigung der weiteren Landschaftshaushalts- bzw. Bodenbildungsfaktoren muss man nach Ganssen (1972) die Bodenbildung weiter fassen als Funktion von Klima (K), Vegetation (V), Gestein (G), Relief (R), Wasser (W), Tierwelt (T), menschliche Wirtschaftsweise (mW) und der Zeit (t).

B = f(K, V, G, R, W, T, mW) t

Die Bodenbildungsfaktoren können in ihrer Gesamtheit raum-zeitlichen Veränderungen unterliegen (z.B. Klimaänderung, veränderte Vegetationsbedeckung), aber auch einzelne Bodenbildungsfaktoren variieren unter Umständen in ihrer Intensität.

Klima

Die von der Strahlungsbilanz abhängige Temperatur und der Niederschlag sind die wichtigsten Einflussgrößen des Klimas, da sie insbesondere die chemischen und biologischen Vorgänge steuern und maßgeblich die Verwitterung beeinflussen. Bei Bodentemperaturen unter dem Gefrierpunkt kommen die meisten chemischen und biochemischen Vorgänge zum Erliegen. Häufige Frostwechsel haben jedoch eine intensive Frostverwitterung und Frostdynamik wie Kryoturbation (Verlagerungs- und Sortierungsprozesse) und Solifluktion (Bodenfließen) zur Folge. Darüber hinaus kommt dem Niederschlagswasser eine große Bedeutung zu, da über perkolierendes Sickerwasser Lösungs- und Verlagerungsvorgänge ermöglicht werden.

Gestein

Das Gestein bildet das Ausgangssubstrat der Bodenbildung und prägt mit seiner chemischen und mineralogischen Zusammensetzung, seinem Gefüge und seiner Körnung die Bodenentwicklung. Bei Lockergesteinen erfolgt die Verwitterung und Bodenbildung schneller als bei Festgesteinen. Grundsätzlich erfolgt die Bodenentwicklung umso langsamer, je mehr basisch wirkende Kationen aus dem Mineralbestand der Ausgangsgesteine freigesetzt werden können, weil diese der Versauerung entgegenwirken.

Relief

Das Relief modifiziert über die Exposition die lokalklimatologischen Gegebenheiten, beeinflusst die Lage zum Grundwasserspiegel und das Ausmaß der Bodenerosion durch Wasser und Wind. In ebener Lage kommt es überwiegend zu vertikalen Stofftransporten, in Hanglage dagegen auch zu lateralen Verlagerungen (vgl. Kap. 4.3.1).

Wasser

Grundwasser beeinflusst die perkolierende Wasserbewegung in der ungesättigten Bodenzone, verdrängt die Luft im Porenraum und induziert anaerobe Verhältnisse. Die bislang aufgeführten Bo-

Vegetation denbildungsfaktoren beeinflussen auch die Vegetation, die ihrerseits das Ausgangsmaterial der organischen Substanz liefert, ausgleichend auf Mikroklima und den Wasserhaushalt wirkt und den Boden effektiv gegen Erosion schützt. Bodentiere sorgen für eine Durchmischung des Bodens (Bioturbation).

Mensch Die Tätigkeit des Menschen äußert sich insbesondere in der Bodenbearbeitung (z.B. Pflügen, Tieflockern, Düngung), Bodennutzung (Ackernutzung, Rodung potentiell natürlicher Waldvegetation und Aufforstung etc.) und Bodenmeliorations- und Bodenschutzmaßnahmen (vgl. Blume et al. 2010).

Zeit Böden entwickeln sich unterschiedlich schnell in Abhängigkeit der Konstellation der anderen Bodenbildungsfaktoren. Böden, die sich unter gegenwärtigen Faktorenkonstellationen bilden, werden als **rezente Böden** bezeichnet. Die Bodenentwicklung kann einige 100 bis mehrere 100000 Jahre andauern. So ist die tiefreichende Bodenentwicklung in den Tropen nicht nur auf eine durch höhere Temperaturen bedingte intensivere chemische Verwitterung zurückzuführen, sondern auch auf eine längere Entwicklungsdauer. Die Böden Mitteleuropas sind hingegen i.d.R. nicht älter als 10000–16000 Jahre (aufgrund der pleistozänen Kaltzeiten). Ältere Bodenbildungen wurden oft durch Abtragungsprozesse erodiert, umgelagert oder mit jüngeren Sedimenten überdeckt. Derart begrabene Böden mit unterbrochener Bodenentwicklung bezeichnet man als **fossile Böden**. Böden, die sich in früheren Zeiten, bei anderer Konstellation der Bodenbildungsfaktoren entwickelt haben und sich rezent weiterentwickeln, werden als **Reliktböden** bezeichnet. Verändert sich ein Boden im Lauf der Zeit nicht mehr, hat er sein Klimax-Stadium, d.h. ein Gleichgewicht mit den Umweltbedingungen, erreicht.

Stichwort

Bodenerosion

Der Begriff der Erosion umfasst in der Geomorphologie die Abtragung der Erdoberfläche durch fließendes Wasser. Niederschlag in Form von Regen und Schneeschmelzwasser führen zu Oberflächenabfluss und erodieren den Boden wenn dieser nicht durch dichten Pflanzenbewuchs geschützt wird. Unter natürlichen Bedingungen (ohne Einfluss des Menschen) findet meist nur eine langsame Bodenabtragung statt, die i.d.R. durch Verwitterung und Bodenneubildung ausgeglichen werden kann.

Wird die natürliche, ausdauernde Pflanzendecke durch anthropogenen Eingriff verändert oder beseitigt um z.B. Ackerflächen zu erschließen, verstärken sich die Prozesse der „kulturbedingten“ Bodenerosion durch Wasser und Wind, da an die Stelle der natürlichen Vegetation durch den Ackerbau Pflanzenbestände angesiedelt werden, die den Boden nur zeitweise bedecken oder Teile der Bodenoberfläche freilassen. Problematisch ist dabei der Verlust des fruchtbaren und landwirtschaftlich bedeutenden Oberbodens. Bei der Bodenerosion durch Wasser werden Bodenaggregate durch die kinetische Energie der Regentropfen zerstört („Splash-Effekt“), die kleineren Bodenbestandteile können die Poren an der Bodenoberflä-

che verstopfen (Verschlämmung) und mithin die Infiltrationskapazität verringern. Das Wasser was nicht im Boden versickern kann fließt auch bei nur geringer Hangneigung oberflächlich ab und erodiert feines Bodenmaterial.
Bodenerosion durch Wind ist die Umlagerung von Bodenbestandteilen aus landwirtschaftlich genutzten Flächen durch die Kraft des Windes. Faktoren wie die Erodibilität des Bodens und die Erosivität der Niederschläge oder die Stärke des Windes steuern den Ablauf und die Intensität der Bodenerosionsvorgänge (siehe weiterführende Literatur, Richter, 1998). Bodenschutzmaßnahmen können dazu beitragen das Ausmaß der Bodenerosion zu minimieren. Da Verwitterung und Bodenneubildung langwierige Prozesse sind, sollten jedoch von Vorneherein durch angepasste Nutzung Bodenerosionsprozesse möglichst ausgeschlossen werden.

4.1.3 Prozesse der Bodenbildung

Das Zusammenwirken der bodenbildenden Faktoren ruft je nach Kombination verschiedene Bodenbildungsprozesse hervor, die in unterschiedlicher Intensität ablaufen. Die pedogenetischen Prozesse führen im Laufe der Zeit über stoffliche und farbliche Veränderungen zur Bildung kennzeichnender Merkmale (**diagnostische Horizonte**) und einem differenzierten Bodenprofil und bilden somit die Grundlage für die Bodentypologie (vgl. Kap. 4.2).

Transformations- und Translokationsprozesse

Grundsätzlich lassen sich Transformationsprozesse und Translokationsprozesse unterscheiden. Transformationsprozesse sind alle Prozesse, bei denen Abbau, Umwandlung und Neosynthese stattfinden (insbesondere Verwitterung, Mineralneubildung, Zersetzung, Humifizierung, Gefügebildung). Translokationsprozesse sind alle Vorgänge, bei denen es durch perkolierendes, aszendierendes oder lateral fließendes Wasser zu einer Verlagerung von Stoffen kommt. Für die Verlagerungsprozesse ist häufig eine vorhergehende Mobilisierung der Stoffe über bestimmte Transformationsprozesse notwendig (z. B. bei der Tonverlagerung).

Neben diesen horizontbildenden Prozessen gibt es mit den Turbationen horizontverwischende Prozesse. Die wichtigsten pedogenetischen Prozesse sind nachfolgend erläutert.

Verwitterung und Mineralbildung

Wichtige Voraussetzung für die eigentliche Bodenbildung ist die Verwitterung. Durch Verwitterung wird das Ausgangsgestein in gröbere und feinere Bestandteile zerlegt. Die physikalische Verwitterung führt zur mechanischen Materialzerkleinerung in unterschiedliche Korngrößen von mehreren Metern großem Blockschutt bis hin zur Grobtonfraktion. Bei der chemischen Verwitterung erfolgt die stoffliche Umwandlung des Ausgangsmaterials. Chemische Verwitterung löst Minerale. In humiden Klimaten ist die chemische Verwitterung mit der Auswaschung gelöster Verwitterungsprodukte sowie mit Entbasung und Versauerung verbunden, die ihrerseits weitere Prozesse der Bodenbildung auslösen, wie z. B. Tonverlagerung und Podsolierung. Darüber hinaus ist die chemische Verwitterung oft mit Mineralneubildung aus den Lösungsprodukten verbunden, u. a. von Tonmineralen und Eisenoxiden (vgl. Kap. 4.1).

Verbraunung und Verlehmung

Die Verwitterung eisenhaltiger Minerale unter Bildung von Eisenoxiden (i. d. R. braun gefärbte Eisenoxide wie Goethit) führt zur charakteristischen Verbraunung. Die Eisenfreisetzung aus Fe(II)haltigen Silikaten erreicht erst nach Entkalkung und einem pH-Wert < 7 ein nennenswertes Ausmaß (Scheffer und Schachtschabel, 2010). Die Verbraunung ist der profilprägende Prozess vieler Böden der gemäßigten Breiten (Braunerden) und ist oft mit einer Verlehmung (Bildung von Tonmineralen als Folge der Verwitterung der Silikate) verbunden. Welche Tonminerale gebildet werden hängt vom pH-Wert und der Zusammensetzung der Bodenlösung ab.

Mineralisation und Humifizierung

Mineralisation und Humifizierung beschreibt den mikrobiellen Abbau organischer Substanzen, wobei aus den Ab- und Umbauprodukten durch Humifizierung Huminstoffe hervorgehen (vgl. Kap. 4.1). Die Huminstoffe bilden zusammen mit den Streuresten den Humuskörper eines Bodens, der sich morphologisch in Humushorizonte und Humusformen gliedern lässt. Nach dem Bildungsmilieu wird zwischen terrestrischen (unter aeroben Verhältnissen gebildeten) und hydromorphen (unter anaeroben Verhältnissen gebildeten) Humusformen differenziert. Hierbei sind vor allem die terrestrischen Humusformen Rohhumus, Moder und Mull sowie die hydromorphen Formen Anmoor und Torf relevant. Der Rohhumus ist durch eine mächtige Humusauflage charakterisiert, wohingegen beim Mull der Auflagehumus fehlt bzw. nur eine geringe Streuauflage vorhanden ist. Moder nimmt eine Zwischenstellung ein. Der Zersetzungsgrad steigert sich also vom Rohhumus zum Mull hin. Auf anhaltend vernässten Standorten hemmt der O_2-Mangel die Zersetzung, folglich kommt es zur Anreicherung organischer Substanz. Liegen die Humusgehalte zwischen 15 und 30 %, spricht man von Anmoor, bei Humusauflagen mit über 30 % organischer Substanz von Torf. Abgesehen vom O_2-Mangel wird der Abbau der organischen Substanz auch durch niedrige Temperaturen gehemmt, wodurch z. B. im Hochgebirge mächtige Humusauflagen (Tangelhumus) entstehen können.

Tonverlagerung (Lessivierung)

Bei der Tonverlagerung handelt es sich um eine Abwärtsverlagerung von Bestandteilen der Tonfraktion (v. a. Feintonfraktion < 0,2 µm wie Tonminerale, Fe-, Al- und Si-Oxide und mit Mineralteilchen verbundene Huminstoffe) mit dem Sickerwasser. Die Tonverlagerung besteht aus Dispergierung, Transport und Ablagerung.

Dispergierung

Die Dispergierung oder Peptisation (Überführung der Bodenkolloide vom Gel- in den Sol-Zustand) ist notwendig, weil Tonteilchen meist zu Aggregaten verbunden sind und erst in Primärteilchen zerlegt werden müssen, um mit dem Sickerwasser, vorwiegend in den Grob- und Mittelporen, verlagert werden zu können. Da die Dispergierung bei Abwesenheit oder niedrigen Konzentrationen von Ca- und Al-Ionen begünstigt wird, erfolgt die Tonverlagerung vorwiegend in einem pH-Bereich zwischen pH 6,5–5.

Koagulation

Zu einer Immobilisierung und Ablagerung der Tonpartikel kommt es insbesondere, wenn die Sickerwasserfront zum Stillstand gelangt, bei Abnahme der Porengrößen, bei Wasserentzug durch Pflanzenwurzeln oder bei erhöhter Ca-Ionen-Sättigung und höherem pH-Wert. Diese Faktoren bedingen die Ausflockung der dispergierten Tonteilchen (Koagulation = Überführung vom Sol- in den Gel-Zustand). Durch den Tonverlagerungsprozess verarmt der Oberboden an Tonmineralen, im unteren Teil entsteht ein Tonanreicherungshorizont. Die Tonverlagerung kann zu Verdichtung im Unterboden führen, periodischen Wasserstau induzieren und den Bodenbildungsprozess der Pseudovergleyung einleiten. Die Lessivierung ist der profilprägende Prozess der Parabraunerden. Tonreiche Horizonte können aber auch in Form von primären Tonmineralen aus dem Gestein freigesetzt und insbesondere bei der Verwitterung von Kalk residual angereichert werden.

Podsolierung

Unter Podsolierung ist die abwärts gerichtete Umlagerung gelöster organischer Substanz zusammen mit Al, Fe und Mn zu verstehen. Wichtige Rahmenbedingungen der Podsolierung sind ein niedriger pH-Wert, gute Durchlässigkeit der meist nährstoffarmen Substrate (z.B. Sande), kühlfeuchtes Klima, schnelle Entbasung sowie schwer zersetzbare (zellulose- und gerbstoffreiche) Streu. Saure Bodenreaktion und kühlfeuchtes Klima wirken sich negativ auf die Bodenorganismen aus, wodurch der mikrobielle Abbau der organischen Substanz gehemmt ist. Wasserlösliche Huminstoffe bilden zusammen mit Al und Fe die sog. metallorganischen Komplexe (z.B. Chelate), die aus dem Oberboden ausgewaschen und im Unterboden bei Änderung des chemischen Milieus (höherer pH-Wert und Ca-Sättigung), wieder ausgefällt werden. Die Podsolierung hat eine Verarmung des Oberbodens an Al, Fe, Mn zur Folge. Im Unterboden fallen meist zunächst die organischen Stoffe aus, wodurch der betreffende Horizont eine Schwarzfärbung erfährt. Darunter erfolgt eine Oxidation der Metallionen zu verschiedenen Metalloxiden (Sesquioxide) mit dunkler oder rostbrauner Färbung. Die Metalloxide können zu Orterde- bzw. Ortstein-Horizonten verhärten. Die Podsolierung ist der profilprägende Prozess der Podsole, typische Humusform ist der Rohhumus.

Redoximorphose (Hydromorphierung)

Zur Bildung redoximorpher Merkmale (Redoximorphose) kommt es bei Sauerstoffmangel, i.d.R. induziert durch eine Wassersättigung durch stehendes oder schwach fließendes Wasser. Dabei kommt es durch Reduktion zur Lösung von Eisen- und Manganverbindungen und Verfärbung dieser Bereiche zu grauen bis blauschwarzen oder grünlichen Farbtönen. Mit dem kapillar aufsteigenden Grundwasser werden die gelösten Stoffe in höhere Bodenschichten verlagert und unter Beteiligung von Sauerstoff oxidiert. Zeitweilig luftarme Horizonte sind daher aufgrund des Wechsels von reduzierenden und oxidierenden Bedingungen durch Rostflecken (rotbraune Eisenoxide und -hydroxide) und Konkretionen aus Fe(III)- und Mn(III, IV)-Oxiden neben Bleichzonen gekennzeichnet.

Vergleyung

Eine Hydromorphierung infolge von Grundwasser wird als Vergleyung bezeichnet (charakteristischer Bodentyp ist der Gley). Die Rostflecken befinden sich typischerweise an den Aggregatoberflächen. Die Konkretionen können beim Gley von einigen Millimetern bis mehrere Zentimeter groß sein und verfestigte Horizonte in Form des sog. Raseneisensteins bilden.

Pseudovergleyung

Hydromorphierung in Folge von Stauwassereinfluss wird als Pseudovergleyung bezeichnet (charakteristischer Bodentyp ist der Pseudogley). In Böden mit periodischem oder episodischem Wasserstau werden, bedingt durch Bodenverdichtung oder tonreichere Horizonte, die gelösten Metallionen mit dem Sickerwasser vertikal bzw. unter dem Einfluss des Stauwassers lateral verlagert. Nach Abtrocknen der Staunässe oder in Bereichen in denen die Metallionen mit Sauerstoff in Kontakt kommen, fallen sie als wasserunlösliche Oxide und Hydroxide aus und bilden Rostflecken und Konkretionen, die aber im Gegensatz zu den Gleyen unregelmäßig im Boden verteilt auftreten (Marmorierung). Die Rostflecken treten zudem oft im Inneren der Aggregate auf.

Carbonatisierung und Versalzung

Carbonatisierung ist die Bildung und Anreicherung von $CaCO_3$ im Boden. In humiden Klimaten dominiert zwar die Lösung der Carbonate und Abfuhr der Lösungsprodukte, jedoch entstehen unter bestimmten Bedingungen sekundäre Carbonate, welche die Bodenmatrix fein verteilt durchsetzen, oder als Konkretionen bzw. harte Bänke vorliegen können. Sekundäre Carbonate entstehen, wenn die Konzentration von $Ca(HCO_3)_2$ z.B. durch Wasserentzug steigt oder wenn der CO_2-Partialdruck der Bodenluft sinkt, weil CO_2 entweicht. Unter Versalzung versteht man die Anreicherung von wasserlöslichen Salzen in Böden. In semiariden bis ariden Klimaten kann es zu einer natürlichen Versalzung kommen, wenn infolge starker Verdunstung und aszendenter Wasserbewegung die transportierten Salze im Oberboden oder an der Bodenoberfläche (Krustenbildung) angereichert werden. Die Salzzufuhr (Carbonate, Sulfate, Nitrate, Chloride) erfolgt über das Grundwasser, die Niederschläge oder künstlich durch Beregnung.

Desilifizierung und Ferralitisierung

Intensive chemische Verwitterung bei immerfeucht-tropischem Klima hat eine Lösung und Auswaschung von Si zur Folge (Desilifizierung); als stabile Verwitterungsprodukte werden Fe-, Al-oxide, Kaolinit und Al-Chlorit angereichert (Ferralitisierung).

Turbation (Bodendurchmischung)

Mechanische Mischungsvorgänge des Bodenmaterials können dazu führen, dass die Grenzen einzelner Horizonte verwischen. Die Bodendurchmischung kann durch verschiedene Ursachen bedingt sein: durch Bodentiere (Bioturbation), Bodenfrost bzw. Frostwechsel (Kryoturbation) und durch Wechsel von Quellungs- und Schrumpfungsvorgängen in tonreichen Böden und wechselfeuchtem Klima (Pelo-/Hydroturbation).

4.2 Bodentyp und Bodenhorizontbezeichnungen

Unter dem Einfluss der bodenbildenden Faktoren kommt es, wie dargestellt, zu verschiedenen pedogenetischen Prozessen. Meist führt dies zu abwärts gerichteter Verlagerung von Ton, Eisen, Humus, Kalk, Auswaschung oder Wiederanreicherung in tieferen Bodenhorizonten. Im Bodenprofil, einem senkrechten Ausschnitt des Bodens von der Bodenoberfläche bis zum Ausgangsgestein, werden die durch die Pedogenese entstandenen und voneinander abgrenzbaren Horizonte als einzelne sog. **diagnostische Bodenhorizonte** ausgewiesen.

Bodentyp

Böden mit charakteristischer Ausprägung und Horizontabfolge werden zu einem Bodentyp zusammengefasst und stellen die Grundlage der deutschen Bodenklassifikation dar. Die einzelnen Horizonte werden durch Großbuchstaben und zur Kennzeichnung der Horizonteigenschaften und -merkmale mit vor- oder nachgestellten Kleinbuchstaben bezeichnet. Grundsätzlich wird zwischen den organischen Auflagehorizonten (L- und O-Horizonte), dem oft mit organischer Substanz angereicherten Oberboden (A-Horizont), dem meist mineralischen Unterboden (B-Horizont) sowie dem Ausgangsgestein resp. Ausgangssubstrat der Bodenentwicklung (C-Horizont) differenziert. Die Tabelle 4.3 gibt die wichtigsten Bodenhorizonte und ihre Bezeichnung wieder (ausführliche Darstellung in Arbeitsgemeinschaft Bodenkunde, 2005).

4.3 Bodengeographische Grundlagen

Zonale Böden sind Böden, die unter dem Einfluss der für die jeweilige Zone charakteristischen Klimabedingungen und der davon abhängigen Vegetation entstanden sind (z.B. Braunerde, Parabraunerde in Mitteleuropa). Böden, die von ihrer Ausprägung her nur schwach von klimatischen Bedingungen, jedoch stärker von anderen Faktoren wie z.B. Gestein, Relief, Wasser beeinflusst sind, können mithin in verschiedenen Klimazonen auftreten (z.B. hydromorphe Böden, Gleye) und werden als **intrazonale Böden** bezeichnet. Böden, die aufgrund ihres geringen Alters noch kein für eine bestimmte Klimazone typisches Bodenprofil aufweisen und in allen Klima- und Bodenzonen möglich sind, werden als **azonale Böden** bezeichnet (z.B. Rohböden, Gebirgsböden). Intrazonale Böden zeigen flächenmäßig gegenüber zonalen Böden i.d.R. eine geringere Verbreitung, können jedoch wie bspw. in Mitteleuropa mit kleinräumig wechselnder Variation in den Ausgangsgesteinen flächenmäßig dominieren. Daher werden zunächst die Bodentypen und Bodengesellschaften Mitteleuropas und nachfolgend die zonale Betrachtung der Böden der Erde thematisiert.

Tab. 4.3 Bodenhorizonte und Ihre Bezeichnung

O	**Organische Horizonte (> 30 % org. Substanz)**
L	nicht oder wenig zersetzte Pflanzensubstanz (Nadel- und Laubstreu, L von engl. Litter = Streu)
Of	Ansammlung grob zersetzter (fermentierter) Streu
Oh	Ansammlung gut zersetzter Pflanzensubstanz
A	**Mineralischer Oberboden**
Ai	beginnende, initiale Bodenbildung
Ah	humos
Ae	eluvial, ausgewaschen, gebleicht
Al	lessiviert, tonverarmt
Ap	gepflügt oder anderweitig regelmäßig bearbeitet
Ax	biogen gemixt
B	**Mineralischer Unterbodenhorizont**
Bv	verwittert, verbraunt, verlehmt
Bt	tonangereichert
Bh	humos, Humusanreicherung durch Einwaschung
Bs	Anreicherung von Sesquioxiden
	Weitere Mineralische Unterbodenhorizonte
P	Unterbodenhorizont aus Ton od. Tonmergelgestein (P von Pelosol)
M	kolluvialer Unterbodenhorizont, M von lat. migrare
R	anthropogener Mischhorizont, entstanden durch tiefgreifende Meliorationsmaßnahmen
Go	Horizont mit Grundwassereinfluss, mit Oxidationsmerkmalen (z. B. Rostflecken)
Gr	Horizont mit Grundwassereinfluss, mit Reduktionsmerkmalen (blaugraue bis grünl. Färbung)
Sw	Horizont mit Stauwassereinfluss (stauwasserleitend)
Sd	Horizont mit Stauwassereinfluss (dicht, wasserstauend)
C	**Untergrundhorizont, Mineralisches Ausgangsgestein**
Cv	verwitterter oberer Teil des C-Horizontes

4.3.1 Bodentypen Mitteleuropas

Im Folgenden werden die wichtigsten Bodentypen Mitteleuropas nach der in Deutschland verwendeten Nomenklatur (vgl. Arbeitsgemeinschaft Bodenkunde, 2005) kurz dargestellt, darüber hinaus wird die internationale Bodenklassifikation nach der WRB (World Reference Base for Soil Resources) soweit eine Korrelation möglich ist, angegeben.

Die (A)-C und Ah-C Böden werden i. W. nach dem Ausgangssubstrat der Bodenbildung differenziert.

Syrosem/Lockersyrosem (WRB: Lithic Leptosol): Dieser Rohboden aus Fest- oder Lockergestein ist aufgrund initialer Bodenbildung durch schwache Humusakkumulation (geringmächtiger humoser Oberboden < 2 cm) und sehr geringer chemischer Verwitterung gekennzeichnet. Horizontabfolge Ai-C (i für initiale Bodenbildung). Syrosem/ Lockersyrosem

Ranker (WRB: Leptosol): Ein Ah-C-Boden aus carbonatfreiem bzw. -armen Kiesel- und Silikatgestein; Ah-Horizont bis < 3 dm mächtig. Ranker

Regosol (WRB: Regosol, Arenosol): Ein Ah-C-Boden aus carbonatfreiem bzw. -armen Kiesel- und Silikatlockergestein; Ah-Horizont bis < 4 dm mächtig. Regosol

Rendzina (WRB: Leptosol): Ein Ah-C-Boden aus festem oder lockerem Carbonatgestein; Ah-Horizont bis < 4 dm mächtig. Rendzina

Pararendzina (WRB: Leptosol bzw. Regosol): Ein Ah-C-Boden aus carbonathaltigem lockerem oder festem Kiesel- oder Silikatgestein (z.B. Löß, Mergel, carbonathaltige Schotter); Ah-Horizont bis < 4 dm mächtig. Pararendzina

Schwarzerde/Tschernosem (WRB: Chernozem, Kastanozem, Phaeozem): Ein Ah-C-Boden aus carbonathaltigem, feinbodenreichem Lockergestein (z.B. Löß); Axh-Horizont ist schwarzgrau und > 4 dm mächtig. Die Entstehung des mächtigen Axh-Horizontes ist auf den Einfluss des Klimas (semiarides bis semihumides sommertrockenes „Steppen"-Klima), der Vegetation (Kurz- und Langgrassteppe) und der intensiven Bioturbation durch Kleinsäuger und Regenwürmer zurückzuführen. Im feuchteren Frühjahr und Frühsommer herrscht intensives Pflanzenwachstum. Im trockenen Hochsommer verdorren die Gräser und Kräuter, wobei aufgrund der Trockenheit die mikrobielle Zersetzung gehemmt ist und die Biomasse nur teilweise mineralisiert wird. Im feuchteren Herbst erfolgt Mineralisierung und Humifizierung. Im kalten Winter ist die mikrobielle Aktivität wieder stark eingeschränkt, wodurch auf ein gesamtes Jahr betrachtet die Humifizierung und mithin die Akkumulation von organischer Substanz überwiegt. Die Bodentiere sorgen im Sommer für ein tiefes Einarbeiten der Pflanzenstreu. Sommertrockenheit und v.a. die Winterkälte sind dabei die Ursachen für die tief reichende Wühltätigkeit der Bodentiere. Tschernoseme zählen zu den fruchtbarsten Böden der Erde und werden daher i.d.R. ackerbaulich genutzt. Schwarzerde/ Tschernosem

Braunerde (WRB: meist Cambisol): Ein Boden mit Ah-Bv-C-Profil des gemäßigt humiden Klimas, gekennzeichnet durch große Variationsbreite des Ausgangsgesteins. Braunerden entwickeln sich aus Rankern und Rendzinen oder Pararendzinen. Kennzeichnend ist der durch Verwitterung verbraunte und oft verlehmte Bv-Horizont (Verbraunung). Je nach Ausgangssubstrat gibt es eine große Variationsbreite von basenreichen (z.B. aus Geschiebemergel, Löß, Basalt) zu basenarmen (z.B. quarzreiche Sande, Sandstein) Braunerden. Braunerde

Entsprechend groß ist auch die Variabilität der Bodengüte und demzufolge der Nutzung (ackerbauliche und forstliche Nutzung). Basenarme, saure Braunerden sind bei fortschreitender Entwicklung oft schwach podsoliert, erkennbar an einer Bleichung der Mineralkörner (sog. Kornpodsoligkeit), resp. gehen in Podsole über.

Parabraunerde

Parabraunerde (Fahlerde)/Lessivé (WRB: Luvisol): Ein Boden mit Ah-Al-Bt-C-Profil des gemäßigt humiden Klimas aus Löß, lockeren Mergelgesteinen, carbonatfreien Lehmen und lehmigen Sanden. Parabraunerden entwickeln sich aus Pararendzinen, Braunerden oder Tschernosemen nach Carbonatauswaschung durch die Lessivierung. Der an Ton verarmte A-Horizont umfasst den krümeligen, humosen Ah- und den humusarmen oft fahlbraunen Al-Horizont. Im Bt-Horizont hat Tonanreicherung in Form von Tonbelägen (sog. Toncutane) an Aggregatoberflächen und Porenwandungen stattgefunden. Parabraunerden kommen in Mitteleuropa v. a. in den Moränenlandschaften und Lößgebieten vor und sind aufgrund der Bodengüte meist ackerbaulich genutzt.

Podsol

Podsol (Bleicherde) (WRB: Podzol): Ein Boden mit L-Of-Oh-Ah-Ae-Bh-Bs-C-Profil des kühl-gemäßigt humiden Klimas mit Misch- od. Nadelwald und Zwergsträuchern als potentiell natürlicher Vegetation. Im Gegensatz zu den bisher aufgeführten Bodentypen sind beim Podsol die organischen Auflagehorizonte von Bedeutung. Ausgangsgesteine sind insbesondere Ca- und Mg-arme, gut wasserdurchlässige Lockersedimente wie Sande, auch Sandstein, Quarzit und Granit, die nach dem Einwirken der physikalischen Verwitterung ein grobkörniges Substrat bilden, oder z.T. auch carbonathaltiges Ausgangssubstrat, sofern die Dauer der Pedogenese entsprechend lang war und es zur Entbasung und Versauerung kommen konnte (Bodenbildungsfaktor Zeit). Typische Vegetation auf Podsolstandorten sind Nadelhölzer und Ericaceen, die eine schwer zersetzbare Streu liefern. Podsole zeichnen sich durch Verlagerung von Fe und Al mit organischen Stoffen („gebleichter", grauer Ae-Horizont) und teilweise Wiederausfällung in tieferen Bodenbereichen (grauschwarzer Bh- bzw. rostbraune Bs-Horizonte) aus (Podsolierung). Bh- und Bs-Horizont sind oft durch Übergänge miteinander verbunden, resp. es bilden sich zapfenartige Ausbuchtungen der Horizonte an Stellen mit bevorzugter Sickerwasserbewegung. Podsole entwickeln sich v. a. aus Rankern, sauren Braunerden und Parabraunerden. Bei kultivierten Podsolen sind die Auflagehumushorizonte abgebaut. Da meist grobkörnige sandige Substrate vorliegen, ist bei einer ackerbaulichen Nutzung Düngung und z.T. Bewässerung notwendig (vgl. Kap. 4.1.1).

Pseudogley

Pseudogley (WRB: verschiedene Bezeichnungen, z.B. Planosol, stagnic Luvisol): Ein Boden mit Ah-Sw-Sd-C-Profil mit redoximorphen Merkmalen infolge von gestautem Sickerwasser (Pseudovergleyung). Der Wechsel von Vernässung (O_2-Mangel) und Austrocknung führt zur Lösung sowie Umverteilung von Fe und Mn und zur Bleichung, Marmorierung und Bildung von Rostflecken und Konkretionen insbesondere im Inneren der Aggregate. Da kein horizontaler Wasserspiegel wie beim Gley ausgebildet ist, kommt es nicht zur Ausbildung getrennter Oxidations- und Reduktionshorizonte, sondern zu einem engen räumlichen Nebeneinander von Fe- sowie Mn-Anreicherungs- und Verarmungszonen in Abhängigkeit von der jahreszeitlichen korngrößen- und porengrößenabhängigen Durchfeuchtung und Austrocknung des Substrats. Die Konkretionen entstehen v.a. in der Stauzone (Sw). Der Staukörper (Sd) weist gebleichte Aggregatoberflächen und Marmorierung auf. Pseudogleye bilden sich dort, wo durch einen verdichteten Unterboden die Wasserwegsamkeit behindert ist, häufig aus Parabraunerden oder Pelosolen (Böden aus tonreichem Ausgangssubstrat). Pseudogleystandorte sind oft unter Grünland- oder Waldnutzung.

Gley (WRB: Gleysol): Ein Boden mit Ah-Go-Gr-C-Profil und redoximorphen Merkmalen infolge von Grundwassereinfluss (Vergleyung). Der Oxidationshorizont (Go) besitzt durch die Oxidation von Eisen eine rostbraune Färbung. Im Reduktionshorizont (Gr) herrscht Luftmangel, so dass die Fe- und Mn-Verbindungen reduziert werden und sich eine graue, graugrüne oder auch grauschwarze Färbung einstellt. Mit dem kapillar aufsteigenden Grundwasser werden die gelösten Stoffe (Fe und Mn) in den Go-Horizont verlagert und unter Beteiligung von Sauerstoff als Oxide ausgefällt. Bei hohen Fe- oder $Ca(HCO_3)_2$-Gehalten kann es zu einer Verlagerung der gelösten Stoffe mit dem Hangzugwasser und lokaler starker Anreicherung im Bereich des Go-Horizontes in Form von sog. Raseneisenstein bzw. Wiesen- oder Almkalk kommen. Aufgrund der z.T. hohen Fe-Gehalte wurden diese Vorkommen in historischer Zeit als Erz abgebaut. Gleye kommen v. a. in Tälern und Niederungen auf sehr unterschiedlichen Gesteinen vor. Die Eigenschaften werden dabei vom Ausgangsgestein und den vergesellschafteten Böden beeinflusst. Gleye sind Standorte nässeverträglicher Pflanzengesellschaften wie z.B. Erlenbruchwälder. Die ackerbauliche Nutzung hängt vom Grundwasserstand ab und ist z.T. erst nach Grundwasserabsenkung möglich.

Gley

Marschen (WRB: Fluvisol, Gleysol): Dieser Boden mit Ah-Go-Gr-C-Profil wie beim Gley ist aus Sedimenten des See-, Brack- oder Flusswassers im Einflussbereich der Gezeiten an flachen Meeresküsten entstanden. Der Go-Horizont ist rostfleckig, der Gr-Horizont dagegen durch Eisensulfide häufig schwarz oder graublau gefärbt. Die Marschen werden in Kalk-, Klei- und Knickmarsch differenziert (vgl. Kap. 4.3.2).

Marschen

Moore (WRB: meist Histosol): Böden mit > 30% organischer Substanz (Torf) und > 3 dm mächtigem Humus-Horizont. Torf entsteht in wassergesättigtem Milieu, wenn infolge Luftmangels der Abbau der organischen Substanz stark gehemmt ist und es zur Anhäufung unvollständig zersetzten Pflanzenmaterials kommt. Wie bei keinem anderen Bodentyp entsteht daher mit seiner

Moore

Bildung zugleich das Ausgangsmaterial. Böden mit < 3 dm mächtigen Torflagen und Humusgehalten von < 30% werden als Moorgley oder Anmoorgley bezeichnet. Nach den Bildungsbedingungen und der von der Pflanzengesellschaft gebildeten Streu wird zwischen Niedermoor und Hochmoor differenziert.

Niedermoore (Verlandungsmoore) entwickeln sich oft am Rande von Seen durch Verlandung, wenn sich im Flachwasserbereich die Pflanzenreste von Schilf (Phragmites), Rohrkolben (Typha) und Seggen (Carex) nur langsam zersetzen können, oder in Geländesenken unter dem Einfluss ansteigenden Grundwassers (topogene Niedermoore, Versumpfungsmoore). Nach entsprechender Torfakkumulation stellt sich Erlen-(Alnus) oder Weiden-(Salix) Bruchwald ein. In Regionen mit nährstoffarmen Ausgangsgesteinen wachsen zudem anspruchslose Pionierbaumarten wie Moorbirke (Betula) und Kiefer (Pinus). Nach zunehmender Torfanreicherung und Herauswachsen über den Grundwassereinflussbereich verstärkt sich der Nährstoffmangel, es siedeln sich erste anspruchslose Hochmoorpflanzen an und es entsteht ein Übergangsmoor, bis schließlich die Rückstände von Wollgras (Eriophorum) und Torfmoosen (Sphagnum) das häufig konvex gewölbte Hochmoor bilden. Hochmoore (ombrogene oder Regenwasser-Moore) sind unabhängig vom Grundwasser, werden vom Niederschlagswasser gespeist und sind daher sehr nährstoffarm.

Stichwort

Bodenvergesellschaftung

Innerhalb einer Landschaft kommen Böden mit verschiedenen Eigenschaften vor, die in ihrer Gesamtheit eine Bodenlandschaft bilden in der bestimmte Bodentypen vergesellschaftet sind. In Mitteleuropa ist die Struktur vieler Bodenlandschaften sehr heterogen, da die bodenbildenden Faktoren (z.B. Gestein, Relief, Wasserhaushalt) oft kleinräumig wechseln, was unterschiedliche Bodeneigenschaften zur Folge hat. Die charakteristische Bodenvergesellschaftung einer Landschaft lässt sich am besten mittels einer Catena charakterisieren. Eine Catena (Reliefsequenz oder Toposequenz) ist der Schnitt durch eine Bodenlandschaft resp. die typische reliefbestimmte Abfolge von Böden.

4.3.2 Bodengesellschaften Mitteleuropas

Die Bodengesellschaften (Vergesellschaftung von Bodentypen einer Landschaft) Mitteleuropas sollen für ausgewählte Landschaftseinheiten anhand der Abb. 4.5 dargestellt werden. Das gemäßigt-humide Klima erklärt die weite Verbreitung von Braunerden und Parabraunerden. Aufgrund weiterer, die Pedogenese beeinflussender Bodenbildungsfaktoren wie insbesondere Gesteinsausprägung, Relief und Grundwassereinfluss ergibt sich ein differenziertes Bild der Bodenvergesellschaftung. Die quartären Lockersedimente (insbesondere Löß, Flugsand, Geschiebesand, -lehm, -mergel, Schmelzwassersande, Fließerden und Solifluktionsschutt) spielen als Ausgangssubstrat der Bodenbildung in Mitteleuropa eine große Rolle.

Betrachtet werden soll ein Nord-Südprofil durch die dominierenden Landschaftseinheiten von Norddeutschland bis zu den Alpen.

Jungmoränenlandschaft

Im Bereich der Jungmoränenlandschaft im Umkreis der Ostseeküste haben sich häufig Parabraunerden aus Geschiebelehm entwickelt. Vergesellschaftet sind diese Böden mit Braunerden und Pseudogleyen bzw. Übergangsformen aus diesen Bodentypen wie z. B. pseudovergleyte Parabraunerden. Nach der sukzessiven Entkalkung konnte Tonverlagerung stattfinden. Sie gehören aufgrund des Basengehalts und der günstigen physikalischen Bodeneigenschaften zu den besten Böden in Norddeutschland und sind heute i. d. R. ackerbaulich genutzt. Aus Geschiebesand oder Flugsand haben sich saure Braunerden oder podsolierte Braunerden entwickelt. In den Tälern kommen zudem Gleye und Niedermoore vor, so dass die Bodenverbreitung im Jungmoränengebiet an die typische Abfolge der glazialen Serie (Grundmoräne, Endmoräne, Vorschüttsander, Urstromtal) angelehnt ist. Die Moorbildung wurde in Norddeutschland durch einen Anstieg des Grundwasserspiegels im Zuge des Meeresspiegelanstiegs während des Holozäns begünstigt.

Altmoränenlandschaft

Südlich bzw. westlich in Schleswig-Holstein schließt sich die Altmoränenlandschaft an. Dieses Gebiet unterlag während des Weichsel-Glazials der periglazialen Überprägung. Periglaziale Prozessdynamik, insbesondere Solifluktion und Abluation (korngrößenselektive Abspülung), führte zu einer Nivellierung des Reliefs. Äolische Prozessdynamik hatte Flugsandüberdeckung zur Folge. Insgesamt bildet hier häufig Sand das Ausgangssubstrat der Bodenbildung (Geschiebedecksand, Flugsand, Schmelzwassersande der Vorschüttsander) mithin dominieren saure Braunerden und Podsole. In Senken sind zudem Gleye und Niedermoore entwickelt. Dort wo Geschiebelehm vorkommt, ist aufgrund der längeren Zeitdauer eine stärkere Entbasung zu verzeichnen, so dass ebenfalls pseudovergleyte Braunerden, podsolierte Braunerden oder schwach ausgeprägte Podsole vergesellschaftet sind. Letztere unterliegen heute forstwirtschaftlicher Nutzung (meist Nadelwald). Die sandigen Ausgangssubstrate beider Landschaften begünstigen die Bodenerosion durch Wind, weshalb verbreitet Windschutzhecken die Ackerflächen parzellieren.

Marschen

Eine Besonderheit sind in Norddeutschland an der Nordseeküste die im jüngeren Holozän durch marine und fluviale Sedimentation von feinkörnigen Substraten (Sand und Schlick) entstandenen Marschen (See-, Brack- und Flussmarschen). Nach Auswaschung der Salze durch das Niederschlagswasser entsteht die Kalkmarsch. Sind auch die Carbonate ausgewaschen geht die Bodenentwicklung durch zunehmende Versauerung, Silikatverwitterung und

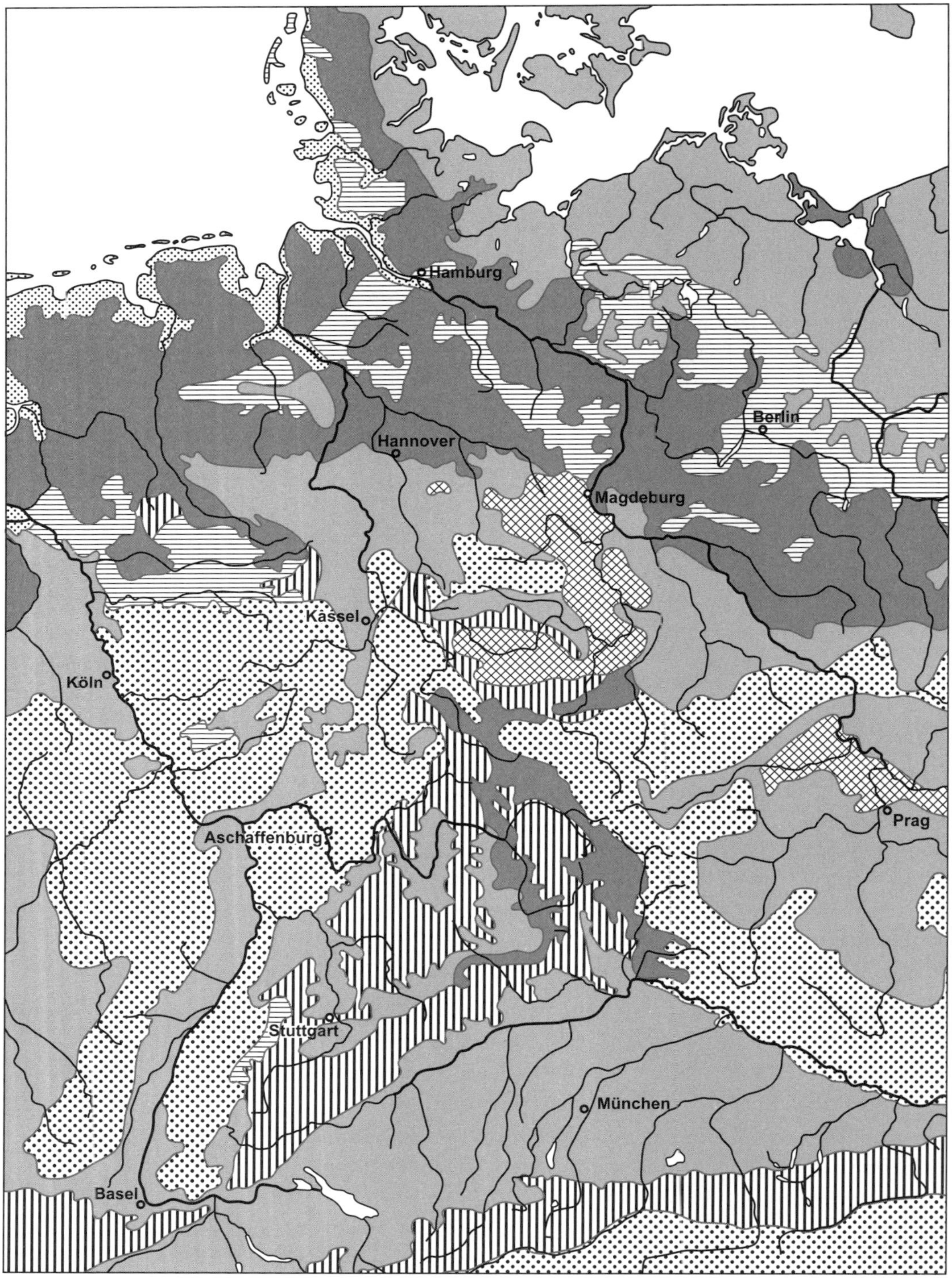

Abb. 4.5 Bodengesellschaften Mitteleuropas (verändert nach Schroeder, 2007).

Tonverlagerung über die Kleimarsch bis zur Knickmarsch. Die jungen $CaCO_3$-haltigen Kalkmarschen gehören zu den fruchtbarsten Böden Mitteleuropas.

Lößbörden

Am Mittelgebirgsrand schließen sich die sog. Lößbörden an (Hildesheimer und Magdeburger Börde). Hier dominieren Parabraunerden, schwarzerdeähnliche Böden und in einigen Bereichen auch degradierte Schwarzerden. Die Schwarzerden sind als Reliktböden anzusehen, die im Frühholozän (Präboreal, Boreal) unter warm-trockenen kontinentalen Klimaverhältnissen entstanden sind und seit dem Atlantikum mit humider gewordenen Klimabedingungen zunehmend degradieren. Im Regenschatten des Harzes bei vergleichsweise trockenen Verhältnissen kommen Schwarzerden in verschiedenen Degradationsstufen bis hin zur Parabraunerde vor.

Stichwort

Bodenfunktionen und Bodenschutz

Nach dem Bundes-Bodenschutzgesetz kommen den Böden natürliche Funktionen und Nutzungsfunktionen zu. Zu den natürlichen Funktionen zählen, Boden als Lebensgrundlage und Lebensraum für Menschen, Tiere, Pflanzen und Bodenorganismen, Bestandteil des Naturhaushaltes, als Abbau-, Ausgleichs- und Aufbaumedium für stoffliche Einwirkungen aufgrund der Filter-, Puffer- und Stoffumwandlungseigenschaften, insbesondere auch zum Schutz des Grundwassers. Zu den Nutzungsfunktionen zählen Böden als Rohstofflagerstätte, Fläche für Siedlung und Erholung, Standort für land- und forstwirtschaftliche Nutzung, Standort für sonstige wirtschaftliche Nutzung, Verkehr, Ver- und Entsorgung.
Im Bundes-Bodenschutzgesetz wird der Boden als elementarer Bestandteil der Natur neben Wasser und Luft als drittes wichtiges Medium geschützt. Ziel des Gesetzes ist es, die Bodenfunktionen zu sichern resp. wieder herzustellen. Hierzu zählen insbesondere Vermeidung und Minimierung von Bodenbelastungen (Überdüngung, Verdichtung etc.), Bodenerosion, Flächenversiegelung und Flächenverlusten (Renaturierung und Rekultivierung von Altlastenstandorten).

Mittelgebirgsregionen

Die Mittelgebirgsregionen zeigen eine große Mannigfaltigkeit in der Vergesellschaftung der Böden. In den kristallinen Grundgebirgen (z.B. Harz, Spessart, Odenwald, Erzgebirge, Schwarzwald, Bayerischer Wald, Böhmerwald) dominieren meist nährstoffarme Braunerden, die insbesondere in den höheren Lagen der Mittelgebirge aufgrund der umfangreicheren Nieder-

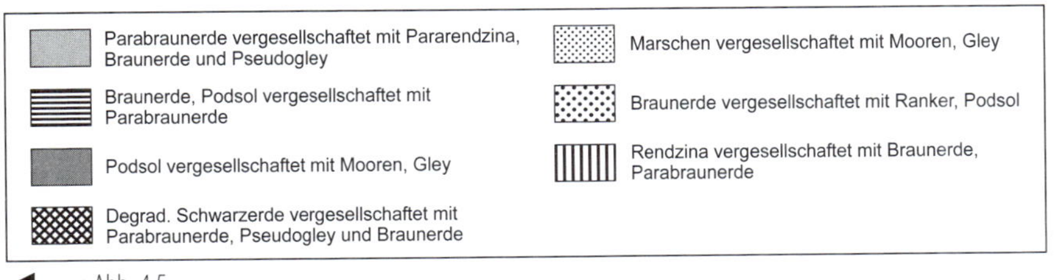

◀ zu Abb. 4.5

schläge podsoliert sind oder in Gebirgspodsole übergehen. Aufgrund des Reliefeinflusses sind zudem flachgründige Braunerden und Ranker vergesellschaftet.

Im südwestdeutschen Stufenland ist die Bodenverbreitung vom Vorkommen von Sandstein, Kalkstein, Tonstein und Mergel geprägt. Entsprechend sind Podsole, Braunerden, Rendzinen, Kalksteinbraunlehme (Terra fusca), Pelosole (Böden aus tonreichem Ausgangssubstrat) und Parabraunerden vergesellschaftet. Letztere sind insbesondere auf den lößbedeckten Gäuflächen (z.B. Kraichgau, Ochsenfurter Gau, Dungau) verbreitet und mit Pararendzinen vergesellschaftet.

Weitere Lößgebiete mit entwickelten Parabraunerden und Pararendzinen finden sich in der Kölner Bucht und im Oberrheintal.

Alpenvorland

Im von der Vergletscherung der Alpen geprägten Alpenvorland kommen in Abhängigkeit von der Verbreitung der quartären Lockersedimente im Jungmoränengebiet mit lehmig-sandigen, kalkhaltigen Moränenablagerungen und auf Löß Parabraunerden, Pararendzinen vergesellschaftet mit Braunerden vor sowie Braunerde, Parabraunerde, Rendzina und Pararendzina aus glazialen und postglazialen kalkhaltigen Schottern. Im nördlichen Alpenvorland sind ebenfalls entlang der Flussniederungen Niedermoore entwickelt (z.B. Donau-Moos).

Die Alpen können in die nördlichen Kalkalpen mit vorherrschenden, flachgründigen Braunerden, (Gebirgs-)Rendzinen bzw. Syrosemen und in die Zentralalpen mit kristallinem Ausgangsgestein und Gebirgspodsolen bzw. Rankern und Syrosemen differenziert werden.

Stichwort

Bodenbildung unter besonderen Bedingungen – Beispiel Hochgebirge

Im Hochgebirge zeigen die bodenbildenden Faktoren sowohl eine starke horizontale als auch vertikale Variabilität was sich in einem komplexen Muster aus unterschiedlichen Bodentypen z.T. auch unterschiedlichen Alters äußert. Mit der Höhe ändern sich viele der bodenbildenden Faktoren insbesondere als Folge der höhenabhängigen Temperaturabnahme und unterschiedlicher Vegetationszusammensetzung. Faktoren wie das Ausgangssubstrat der Bodenbildung oder das Relief sind stärker von der geologisch-geomorphologischen Entwicklung und den quartären Klimaschwankungen bestimmt. Sedimente und Ablagerungen unterschiedlichen Alters (z.B. glaziale und glazifluviale Sedimente, gravitativer Hangschutt, solifluidale und äolische Sedimente, Felssturzmaterial etc.) bedecken z.T. das anstehende Gestein (vgl. Veit, 2002). Die Bodenbildung wird mithin häufig durch geomorphologische Prozesse beeinflusst resp. „gestört", weshalb nur an geomorphodynamisch stabilen Standorten tiefgründigere Bodenentwicklungen vorzufinden sind, ansonsten sind Ah/C-Böden und Rohböden weit verbreitet. In der periglazialen Höhenstufe und an Sonderstandorten kann zudem der vorkommende Permafrost die Bodenentwicklung beeinflussen. (vgl. auch Egli et al. 2006; Kneisel et al. 2015).

4.3.3 Bodenzonen der Erde

Die Bodenzonen der Erde sind in vereinfachter Form auf Basis der FAO-Weltbodenkarte in Abb. 4.6 wiedergegeben. Die Entstehungsbedingungen der dominierenden Böden innerhalb der Bodenzonen der Erde sollen nachfolgend beispielhaft anhand zweier Profile dargestellt werden. Zur weiteren Veranschaulichung empfiehlt sich der Bildatlas „Böden der Welt“ von Zech und Hintermaier-Erhard (2014).

Das erste Profil verläuft durch Asien und reicht von der Frostschutt- und Tundrenzone im Norden bis zum Kaspischen Meer.

Cryosol-Zone

Die wald- und eisfreie Polar- und Subpolarzone umfasst die **Frostschutt-** und die **Tundrenzone**. Das weit verbreitete Vorkommen von Permafrost und die Frostdynamik (Gelifluktion, Kryoturbation) beeinflussen die Bodenbildung in dieser Zone nachhaltig (Cryosol-Zone). Im äußersten Norden, in der Frostschuttzone, dominiert die physikalische Verwitterung, die Bodenbildung geht nicht über das Rohbodenstadium hinaus. Flachgründige Rohböden (WRB: Leptosol, Regosol bzw. Cryosol) sind mit „Frostmuster- oder Strukturböden“ als bodenähnliche Formen vergesellschaftet. Kryoturbation verursacht eine Durchmischung des Substrates. In der Tundrenzone mit geschlossener oder nahezu geschlossener Vegetationsdecke und Permafrost im Untergrund dominieren die Gelic Gleysols (Tundrengleye). Der gefrorene Untergrund verhindert die Perkolation des Niederschlags- bzw. Schmelzwassers und wirkt als Wasserstauer, wodurch die Böden hydromorph geprägt sind. Vergesellschaftet sind diese Bodentypen zudem mit Histosols (Moore), in besser drainierten Bereichen und fortgeschrittener Bodenentwicklung mit Gelic Cambisols (Arktische Braunerden). Kommt Permafrost nahe der Geländeoberfläche vor (< 2 m), spricht man von Cryosols.

Podzol-, Histosol- und Cambisol-Zone

Im **borealen Nadelwald (Taiga)** nimmt die Bedeutung der chemischen Verwitterung mit zunehmender Sommerwärme zu. Die schwere Zersetzbarkeit der Koniferennadeln und der Blätter vieler Zwergsträucher (z.B. von Erica, Vaccinium, Calluna) sowie das kühl-humide Klima führen zur Akkumulation der organischen Substanz in Form von Rohhumus oder Torf im Falle lang anhaltender Stau- oder Grundwassereinwirkung. Der zonale Bodentyp ist der Podsol, vergesellschaftet mit Mooren und Braunerden (Podzol-, Histosol-, Cambisol-Zone) bzw. Cryosols, sofern Permafrost vorkommt.

Luvisol- und Cambisol-Zone

Auf die Nadelwaldregion folgt nach Süden die sommergrüne **Laub- und Mischwaldzone** der feuchten Mittelbreiten mit den auch für Mitteleuropa typischen zonalen Böden Braunerde und Parabraunerde (Luvisol-, Cambisol-Zone). Die insgesamt günstigeren Bodenentwicklungsbedingungen manifestieren sich in den im Vergleich zur borealen Zone besseren Humusformen (Mull und Moder) und den sekundären Mineralneubildungen, insbesondere den für die Bodenfruchtbarkeit wichtigen Dreischicht-Tonmineralen (vgl. Kap. 4.1.1).

Phaeozem-, Chernozem-, Kastanozem-Zone

Nach Süden folgt auf die Laubwaldzone die Zone der **trockenen Mittelbreiten (Steppenzone)**. Unter den kontinentalen Klimabedingungen (trockene Sommer, kalte Winter) ist sowohl die Auswaschung bzw. Entbasung als auch der Humusabbau gebremst. In Abhängigkeit von der Durchfeuchtung der Böden als Resultat der Klimabedingungen in Form von Niederschlag und Verdunstung ergibt sich die typische Abfolge von Nord nach Süd in Phaeozems, Chernozems und Kastanozems (Phaeozem-, Chernozem-, Kastanozem-Zone). In den feuchtesten Bereichen der winterkalten Waldsteppe mit 500–700 mm Niederschlag dominiert der humusreiche, aber aufgrund der höheren Niederschläge entkalkte und verbraunte Phaeozem.

In der Langgrassteppe bei 400–550 mm Niederschlag herrscht der tiefgründig humose und meist kalkreiche Chernozem vor. Die sommerlichen Niederschläge reichen für ein üppiges Wachstum der Gräser und Kräuter. Hohe Verdunstung aufgrund der Sommerwärme und Wasserverbrauch der Vegetation verhindern jedoch eine nennenswerte Auswaschung. Im Winter wird zudem eine Ausspülung durch die tiefreichende Bodengefrornis verhindert. Die ausgeprägte Bioturbation bedingt eine Einarbeitung der organischen Substanz durch Kleinsäuger wie Hamster und Ziesel sowie Regenwürmer. Hierdurch erklärt sich der teilweise bis über einen Meter mächtige Ah-Horizont.

Weiter südlich gehen die Langgrassteppen in die Kurzgrassteppen über. Ab etwa 400 mm Niederschlag werden die Chernozems von den Kastanozems abgelöst. Die größere Trockenheit behindert die chemische Verwitterung und die Humusproduktion. Der Ah-Horizont ist weniger humos und weist eine geringere Mächtigkeit auf. Die Gehalte an Kalk, Gips und Natriumsalzen sind hingegen höher als beim Chernozem. Die Kastanozems leiten bei zunehmender Aridität (150–250 mm Jahresniederschlag) über in die Zone der humusarmen, oft gips- und salzangereicherten, wenig entwickelten Halbwüstenböden (Calcisol-, Arenosol-, Solonetz-Zone).

Calcisol-, Arenosol- und Solonetz-Zone

Das zweite Profil verläuft durch Afrika und reicht von den winterfeuchten Subtropen am Mittelmeer bis zu den immerfeuchten Tropen am Äquator.

Chromic Luvisol- und Calcaric Cambisol-Zone

Die **sommertrockenen Subtropen** sind durch relativ milde, feuchte Winter und trockene, warme Sommer gekennzeichnet. In den Sommermonaten hemmt die Trockenheit die chemische Verwitterung und die Auswaschung. Es herrschen daher mäßig saure, oft rötlich gefärbte Böden, die mediterranen Braunerden (Chromic Cambisols, Terra fusca), z. T. mit sekundärer Kalkanreicherung (Calcic Cambisols), oder tonreiche Chromic Luvisols (Terra rossa) vor (Chromic Luvisol-, Calcaric Cambisol-Zone). Die Rotfärbung wird durch die Bildung wasserarmer Fe-Oxide, insbesondere Hämatit Fe_2O_3, verursacht. Bei stärkerer Carbonatisierung (sekundärer Kalkanreicherung) dominieren Calcisols.

Calcisol-, Arenosol-, Solonetz-Zone und

Südlich schließt sich wiederum mit zunehmender Aridität als schmales Band die Calcisol-, Arenosol-, Solonetz-Zone an, die zur Zone der Wüstenrohböden überleitet (Leptosol-, Arenosol-, Regosol-, Solonchak-Zone). Die Trockenheit wird hier durch den Subtropisch-randtropischen Hochdruckgürtel mit starken Absinkbewegungen der Luftmassen und Wolkenauflösung bestimmt. Ausgangssubstrat der Bodenbildung in den Wüstengebieten sind Lockersedimente verschiedener Korngröße. Neben der Trockenheit und der fehlenden Vegetation erschwert die äolische Dynamik eine Bodenentwicklung im engeren Sinne. Neben Rohböden sind bodenähnliche Formen verbreitet. Arenosols sind grobtexturierte, feinkornarme Böden, die aus äolisch umgelagerten Sanden oder durch Verwitterung quarzreicher Gesteine entstandenen sind. Hinzukommen am Rande der Trockengebiete der Na-reiche Solonetz sowie die typischen Salzböden (Solonchaks). Aufgrund der starken Erwärmung wird Sickerwasser und Grundwasser in den Trockengebieten kapillar nach oben gesaugt. Mit dem Wasser werden gelöste Salze (Chloride, Sulfate, Karbonate) mittransportiert, das Wasser verdunstet, und die Salze können im Extremfall als Krusten an der Oberfläche angereichert werden.

Leptosol-, Arenosol-, Regosol-, Solonchak-Zone

Südlich dieser Zone schließt sich entsprechend der Klimazonierung erneut die Calcisol-, Arenosol-, Solonetz-Zone an.

Mit zunehmender Annäherung an den Äquator verlängert sich die Regenzeit in den **wechselfeuchten Tropen**. In den Savannengebieten sind insbesondere Lixisols und Nitisols verbreitet (Lixisol-, Nitisol-, Acrisol-Zone). Aufgrund höherer Feuchtigkeit steigt in dieser Zone die Intensität der chemischen Verwitterung wieder an. Sekundäre Mineralbildungen entstehen in Form von Tonmineralen (allerdings oft der sorptionsschwache Kaolinit) und verschiedener Sesquioxide. Infolge der Oxidation des Eisens entsteht Hämatit, welcher eine intensive Rotfärbung verursacht (auch Rubefizierung genannt). Besonders im Bereich der Feuchtsavannen ist die Tonverlagerung stark ausgeprägt, wodurch Lixisols aus Lockergestein, saure Acrisols aus silikatarmen, quarzreichen Ausgangsgesteinen (z.B. Sandstein, Granit) bzw. Nitisols aus silikatreichen neutralen bis basischen Gesteinen (z.B. Basalt, Glimmerschiefer) entstehen.

Lixisol-, Nitisol- und Acrisol-Zone

Im Bereich der wechselfeuchten Tropen und Subtropen sind auf tonigen Sedimenten zudem lokal, z.B. in abflusslosen Senken oder Ebenen, Vertisols verbreitet. Als Tonminerale dominieren die quellfähigen Smectite, wodurch diese Böden durch intensive Peloturbation, die durch starke Quellung und Schrumpfung verursacht wird, gekennzeichnet sind. Vertisols sind zwar nährstoffreich, aber aufgrund des Wechsels von Austrocknung und Wiederbefeuchtung schwer zu bearbeiten.

Im Bereich der **immerfeuchten Tropen und Subtropen** ist bei hohen Temperaturen und vorhandener Bodendurchfeuchtung die chemische Verwitterung und Auswaschung sehr stark. Der Bodentyp mit der größten Verbreitung ist der intensiv und tiefgründig verwitterte Ferralsol (Ferralsol-Zone). Als typisch gilt der ferrallitisierte, d.h. mit Fe- und Al-Oxiden angereicherte Bu-Horizont. Ferralsols entwickeln sich aus verschiedenen Ausgangsgesteinen während sehr

Ferralsol-Zone

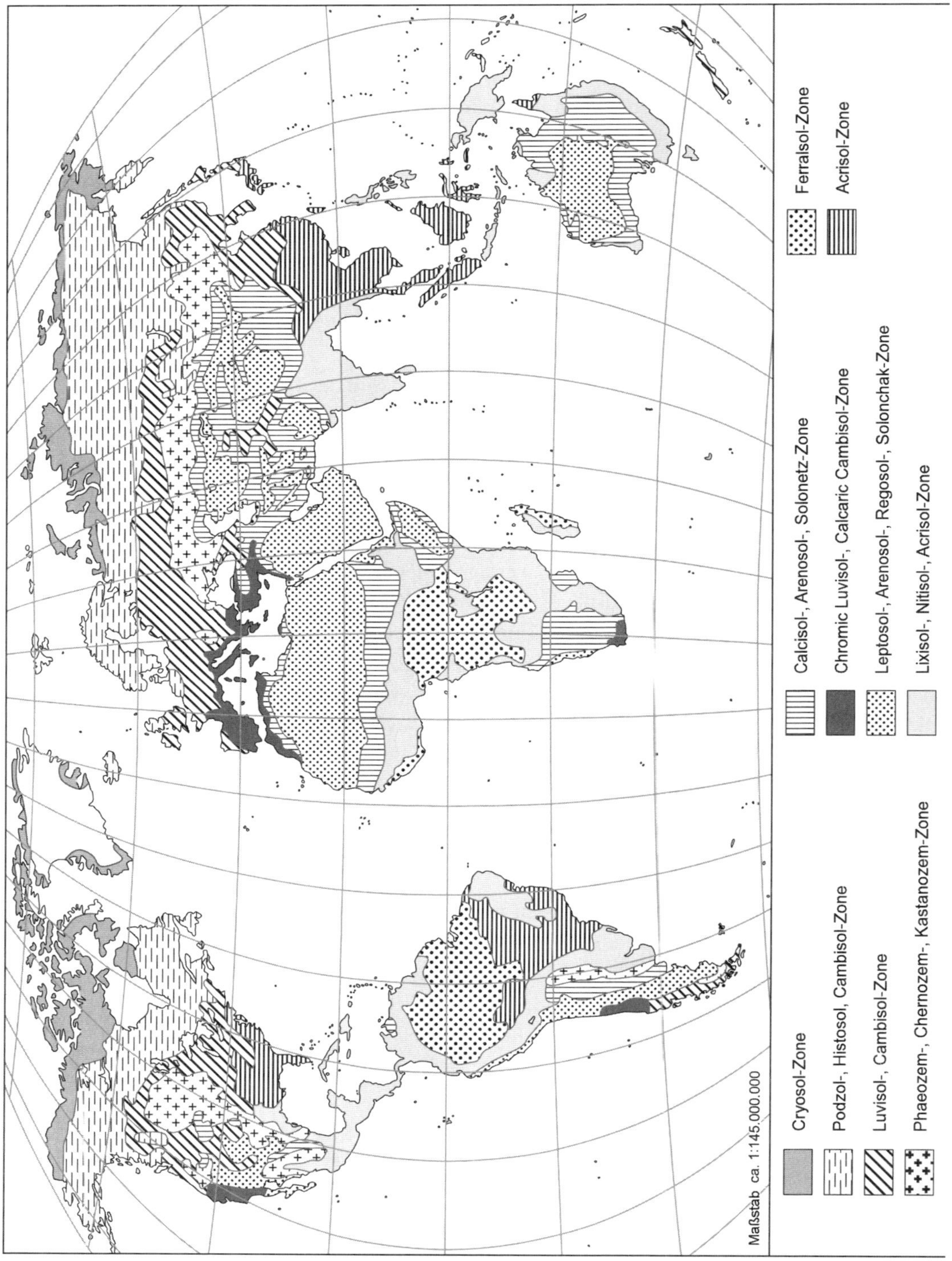

Abb. 4.6 Bodenzonen der Erde (vereinfacht und verändert nach Eitel & Faust, 2013 und FAO-Weltbodenkarte).

langer bis ins Tertiär reichender Zeiträume. Das immerfeucht tropische Klima führte zur Auswaschung von Kieselsäure und Alkali- und Erdalkali-Ionen. Desilifizierung und Ferralitisierung sind mithin die prägenden Bodenbildungsprozesse. Vergesellschaftet sind die Ferralsols v.a. mit Nitisols und Acrisols. Im Vergleich zu den Ferralsols sind die Acrisols weniger stark verwittert und enthalten daher meist noch primäre Silikate.

Wissens-Check

1. Wie ist der Begriff „Boden" definiert und aus welchen Bestandteilen setzt er sich zusammen?
2. Was beschreibt die Bodenart? Wie wirkt sich die Bodenartenzusammensetzung auf die Bodeneigenschaften aus?
3. Was sind Tonminerale und wie entstehen diese? Wie lassen sie sich nach ihrem strukturellen Aufbau gliedern und über welche besonderen Eigenschaften verfügen sie?
4. Was unterscheidet den Prozess der Mineralisierung von der Humifizierung? Welche Bodenhorizonte sind durch diese Prozesse geprägt?
5. Was versteht man unter Bodenacidität und welchen Einfluss hat sie? Erläutern Sie die Ursachen sowie die verschiedenen Puffersysteme.
6. Nennen Sie die bodenbildenden Faktoren und beschreiben Sie deren Einfluss auf die Pedogenese.
7. Welche Bedeutung hat der Faktor Zeit für die Pedogenese?
8. Was versteht man unter zonalen, intrazonalen und azonalen Böden?
9. Welche bodenbildenden Prozesse sind an der Ausbildung der typischen Bodenprofile von Braunerden, Parabraunerden und Podsolen beteiligt?
10. Wann kommt es zu einer Vergleyung bzw. zu einer Pseudovergleyung und was sind die erkennbaren Merkmale im Bodenprofil?
11. Welcher pedogenetische Prozess ist charakteristisch für immerfeucht-tropisches Klima?
12. Welche Bodengesellschaft entsteht in einer Lößlandschaft in Mitteleuropa?
13. Welche geomorphologischen und pedologischen Prozesse sind charakteristisch für die Jung- und Altmoränenlandschaften Norddeutschlands?

Literaturhinweise

Blume, H.-P., Horn, R., Thiele-Bruhn, S. (2010): Handbuch des Bodenschutzes. Bodenökologie und Bodenbelastung; vorbeugende und abwehrende Schutzmaßnahmen. 4. vollst. überarb. Aufl. Weinheim.

Egli, M., Wernli, M., Kneisel, C., Haeberli, W. (2006): Melting glaciers and soil development in the proglacial area Morteratsch (Swiss Alps): I. Soil type chronosequence. Arct. Antarct. Alp. Res. 38 (4), 499–509.

Kneisel, C., Emmert, A., Polich, P., Zollinger, B., Egli, M. (2015): Soil geomorphology and frozen ground conditions at a subalpine talus slope having permafrost in the eastern Swiss Alps. Catena, 133, 107–118.

Kuntze, H., Roeschmann, G., Schwerdtfeger, G. (2001): Bodenkunde. 5., erw. Aufl., Stuttgart.

Scheffer, F., Schachtschabel, P. (2010): Lehrbuch der Bodenkunde. 16. Aufl. Heidelberg.

Zech, W., Hintermeier-Erhard, G. (2014): Böden der Welt – Ein Bildatlas. 2. Aufl. Heidelberg, Berlin.

5 Vegetationsgeographie

Christof Kneisel

Überblick

Die Vegetationsgeographie ist die physisch-geographische Teildisziplin, die sich mit dem unterschiedlichen Charakter der Vegetation in den verschiedenen Regionen der Erde befasst. Die Pflanzengemeinschaften werden v. a. hinsichtlich ihrer Verbreitung, ihrer Wuchsmerkmale und ihren Wechselbeziehungen zu den Umweltfaktoren betrachtet, wodurch das Forschungsfeld dem botanischen Teilbereich der Geobotanik ähnelt.

potenziell natürliche Vegetation

Im Sinne einer allgemeinen Einführung liegt die Fokussierung auf einigen wichtigen grundlegenden Aspekten der Botanik/Geobotanik. Im regionalen Teil folgen ausgewählte vegetationsgeographische Aspekte Deutschlands bzw. Mitteleuropas sowie ein Überblick über die Vegetationszonen der Erde. Vorrangig wird jeweils die **potenziell natürliche Vegetation** und nicht die **aktuelle („reale") Vegetation**, die sich unter den mannigfaltigen Einwirkungen des Menschen (z.B. Landnutzung) entwickelt, dargestellt. Es sei daher nochmals auf die weiterführende Literatur im Anhang verwiesen.

5.1 Geobotanische Grundlagen

Die **Vegetation** umfasst die Gesamtheit der in einer Region verbreiteten Pflanzengemeinschaften mithin die Pflanzendecke, die sich aus der Vergesellschaftung der einzelnen Pflanzensippen zusammensetzt. Die Gesamtheit der **Pflanzensippen** (Arten, Gattungen, Familien etc.) bilden die **Flora** eines Gebietes.

Stichwort

Florenreiche – Beispiel Holarktis

Die Strukturierung der Vorkommen der unterschiedlichen Pflanzensippen auf der Erde nach floristisch-taxonomischen Kriterien führt zu einem System von Regionen, den sog. Florenreichen. Global betrachtet lassen sich sechs Florenreiche, die Holarktis, Paläotropis, Neotropis, Capensis, Australis und Antarktis differenzieren. Die sechs Florenreiche lassen sich in kleinere Teilgebiete weiter untergliedern. Nordamerika, Europa und Asien weichen pflanzengeographisch nur wenig voneinander ab und bilden das größte Florenreich, die Holarktis. Im Vergleich zu

Nordamerika und Ostasien ist die Gehölzflora in Europa ärmer an Gattungen und Arten, da infolge der mehrfachen Vereisungen kälteempfindliche Arten ausgestorben sind und diese aufgrund der Barriere durch das Mittelmeer nicht wie in Amerika nach Süden ausweichen konnten. Als Florengrenzen wirken neben Ozeanen auch Hochgebirge und Wüsten, die eine Ausbreitung der Pflanzensippen verhindern (vgl. Frey & Lösch 2010).

5.1.1 Primäre und sekundäre Standortfaktoren

Primäre und sekundäre Standortfaktoren

Die Pflanzen entwickeln sich in Abhängigkeit des Zusammenwirkens der verschiedenen Umweltfaktoren, die sich weiter in abiotische und biotische Faktoren differenzieren lassen (Abb. 5.1). Klima, Relief, Boden und die biotische Umwelt (insb. Konkurrenz um Licht, Wasser, Nährstoffe) sind indirekt wirksame, sog. sekundäre Standortfaktoren. Zu den ökophysiologisch direkt wirksamen primären Standortfaktoren zählen: Licht, Wasser, Wärme, chemische (z.B. Nährstoffe, Schadstoffe) und mechanische Faktoren (z.B. Wind, Tierverbiss, Viehtritt) (vgl. hierzu Abb. 5.2).

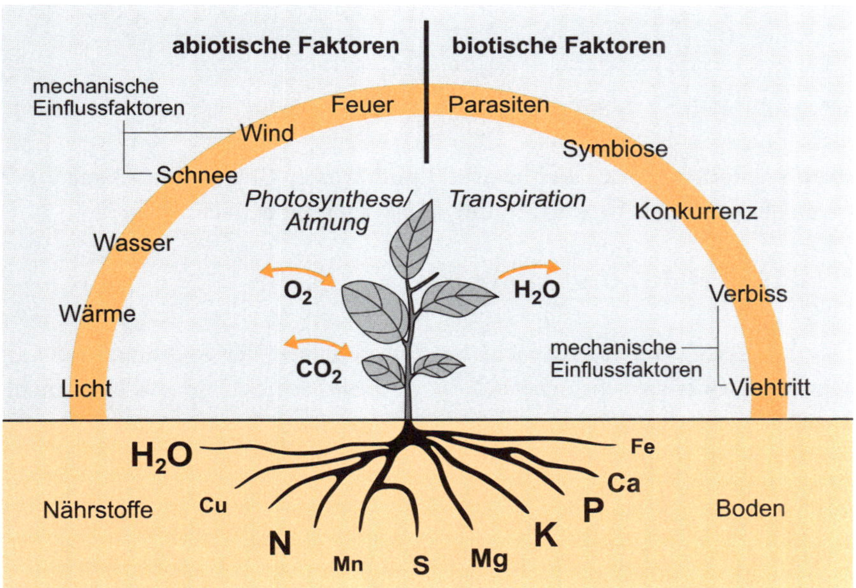

Abb. 5.1 Beziehung Pflanze – Umwelt.

Licht und Wärme

Das „sichtbare" Licht im Wellenlängenbereich von 0,38–0,78 µm ist der photosynthetisch wirksame Teil der kurzwelligen Einstrahlung der Sonne (vgl. Kap. 2.3.1, Tab. 2.3 und Abb. 2.7). Mit Hilfe des Chlorophylls (Blattgrün) können die grünen Pflanzen die Sonnenenergie nutzen, um über die Photosyn-

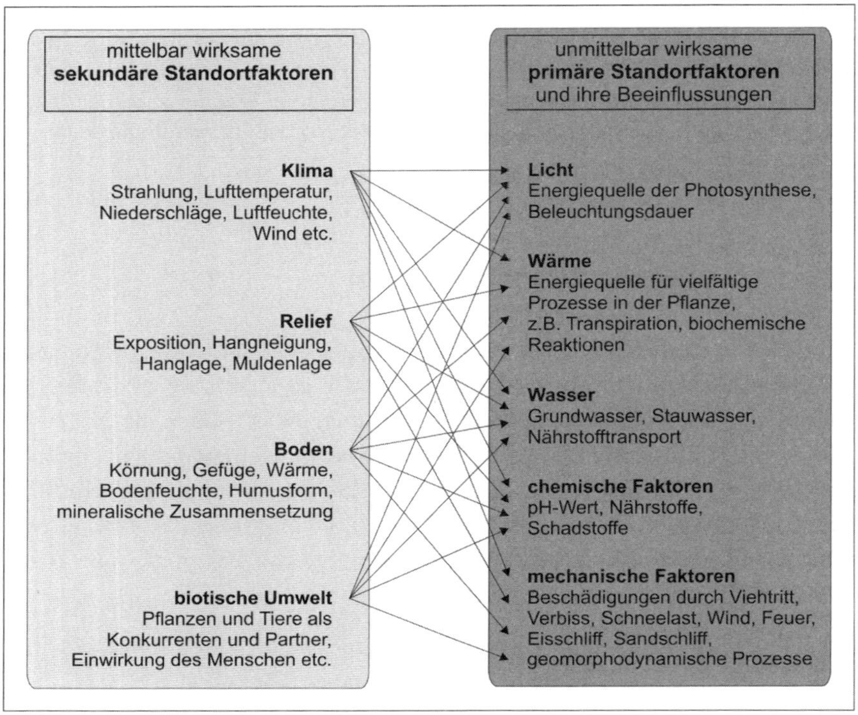

Abb. 5.2 Verflechtung von sekundären und primären Standortfaktoren.

these (Assimilation) aus Kohlendioxid und Wasser Glukose aufzubauen; der gegenläufige Prozess wird als Atmung (Dissimilation bezeichnet)

$$6CO_2 + 12\,H_2O \leftrightarrow C_6H_{12}O_6 + 6O_2 + 6\,H_2O$$

Die Verfügbarkeit von Licht beeinflusst neben der Richtung und Geschwindigkeit des Wachstums auch die vertikale (Schichtung) und horizontale Struktur (Artenverteilung, -zusammensetzung) der Pflanzendecke. Aufgrund verschiedener Beleuchtungsverhältnisse haben die Pflanzen unterschiedliche morphologische und physiologische Anpassungsformen entwickelt.

Lichtfaktor

Der Lichtfaktor bestimmt die kleinräumige Differenzierung der Vegetation in Pflanzengesellschaften und Wuchsformen. In Abhängigkeit der unterschiedlichen Beleuchtungsverhältnisse siedeln sich **Licht- und Schattenpflanzen** an. Stark lichtbedürftige Pflanzen besiedeln Offenlandstandorte, schattenertragende Arten können auch im dichten Waldbestand gedeihen. Entsprechend der Standortbedingungen bzw. der Stockwerksverteilung im Wald entwickeln sich Licht- bzw. Schattenblätter. Als Anpassungsstrategie der Pflanzen um den Konkurrenzfaktor Licht kann hier das rasche Längenwachstum der Lianen (z.B. im tropischen Regenwald, aber auch in schattigen Pflanzenbeständen

Mitteleuropas mit z. B. Hopfen, Clematis-Arten sowie unter den krautigen die Wicken, Vicia-Arten) genannt werden. Weiterhin sind hier die Epiphyten (nichtparasitäre Aufsitzerpflanzen) zu nennen, die auf der Wirtspflanze siedeln und so die günstigeren Lichtverhältnisse im Kronenraum nutzen.

Pflanzensukzessionen

Bei Pflanzensukzessionen (Vegetationsabfolge bei der Besiedelung von Standorten im Laufe der Zeit), z. B. auf Waldbrandflächen in Mitteleuropa stellen sich zunächst lichtbedürftige Pionierbaumarten ein (Birke, Zitterpappel), die in den Folgestadien bzw. im End- oder Klimaxstadium von konkurrenzstärkeren Schattenholzarten verdrängt werden (Buche, Eiche). Sukzessionen gibt es als **primäre Sukzession** (Rohböden, z. B. im Gletschervorfeld, die erstmals von Pflanzen besiedelt werden) und **sekundäre Sukzession** (z. B. Kahlschlag, Waldbrandflächen), die wieder besiedelt werden.

In unseren heimischen Laubwäldern sind Geophyten Lebensformen (s. u.) mit Überdauerungsorganen im Boden, die im Frühjahr vor der Laubentwicklung der Bäume und mithin bei besseren Lichtverhältnissen blühen (z. B. Bärlauch, Buschwindröschen, Waldmeister).

Temperatur

Die Temperaturen spielen v. a. für die Vegetation in den gemäßigten Mittelbreiten und den Subpolar- und Polargebieten eine Rolle. Die Extremtemperaturen sind für die Pflanzen entscheidender als die Mitteltemperaturen, dennoch wird die Dauer der Vegetationsperiode über Monatsmitteltemperaturen abgegrenzt. In der Tundra und im borealen Nadelwald erzielen die Pflanzen bereits bei 5 °C Monatsmitteltemperatur einen deutlichen Stoffgewinn durch Photosynthese. Der Schwellenwert von 5 °C gilt daher als Beginn der Vegetationsperiode. Die meisten Kulturpflanzen der Mittelbreiten benötigen mindestens 7 °C, die Laubwälder sowie die Steppenpflanzen der Mittelbreiten 10 °C Monatsmitteltemperatur. In den Tropen besteht keine jahreszeitliche Beschränkung der thermischen Vegetationszeit.

Höhenstufung

Im Gebirge sinkt die Temperatur mit zunehmender Meereshöhe und es bildet sich eine charakteristische Höhenstufung der Vegetation aus. Über der planar-kollinen Stufe folgt die submontan-montane Stufe. Die hochmontane Stufe leitet über in die subalpine Stufe, in der der Wald lichter und schließlich die Waldgrenze erreicht wird. Die alpine Stufe oder Mattenstufe ist die Höhenstufe der alpinen Rasen. In der subnivalen Stufe dominieren Polsterpflanzen. In der nivalen Stufe überdauern Moose und Flechten. Die Höhenlage der einzelnen Höhenstufen hängt von der Kontinentalität/Ozeanität, dem Regionalklima und der Größe des Gebirges ab. Grundsätzlich steigen die Höhenstufen mit zunehmender Kontinentalität an (siehe auch Abb. 5.5).

Infolge der Temperaturabnahme mit der Höhe und der gleichzeitigen Zunahme der Niederschläge weist die vertikale Abfolge der Vegetation in den einzelnen Höhenstufen der Alpen gewisse Ähnlichkeiten mit der polwärtigen horizontalen Abfolge der Vegetationszonen auf. Die subalpine Nadelwaldstufe zeigt einige Übereinstimmungen mit der borealen Zone, die alpine Stufe mit der subpolaren Tundrenzone und die subnivale Stufe mit der polaren Frostschuttzone (vgl. Kap. 5.3.3).

Sowohl gegen Kälte als auch gegen Hitze und Trockenheit haben die Pflanzen unterschiedliche Anpassungsstrategien entwickelt wie z. B. Isolation der Oberfläche durch Haarfilz, Borke, flacher Polsterwuchs der Hochgebirgspflanzen, Anlage der Überdauerungsorgane unter die Bodenoberfläche etc. (siehe hierzu weiterführende Literatur z. B. Larcher, 2001; Kadereit et al., 2014).

Wasser und Nährstoffe

Das Bodenwasser stammt zum größten Teil aus den Niederschlägen der Atmosphäre. Wasser und Nährstoffe werden bei den meisten Landpflanzen über die Wurzeln aufgenommen. Wasser ist Träger der für die Pflanzen lebensnotwendigen Nährelemente und Bestandteil des Photosyntheseprozesses (s. o.). Die Wasserabgabe der Pflanze an die Atmosphäre erfolgt v. a. über die Spaltöffnungen (Stomata) in Form der stomatären Transpiration.

Neben CO_2 für die Photosynthese und O_2 für die Atmung benötigen die Pflanzen für ihr Wachstum auch die wichtigen Hauptnährstoffe Stickstoff (N), Phosphor (P) und Kalium (K). Weitere Hauptnährelemente, die jedoch i. d. R. von den Pflanzen in geringerem Umfang benötigt werden, sind Ca (Calzium), Magnesium (Mg) und Schwefel (S). Spurennährelemente werden nur in sehr geringem Umfang und nicht von allen Arten gleichermaßen benötigt. Hierzu zählen u. a. Eisen (Fe), Mangan (Mn), Kupfer (Cu), Zink (Zn), Molybdän (Mo), Bor (B). Die Nährelemente werden durch Verwitterung anorganischer bzw. Mineralisierung organischer Substanzen freigesetzt und an Bodenkolloiden reversibel gebunden (vgl. Kap. 4.1.1). Die Pflanzenwurzeln setzen HCO_3^- und H^+-Ionen frei, die an den Bodenkolloiden mineralische Nährstoffionen mobilisieren die über die Pflanzenwurzeln aus der Bodenlösung aufgenommen werden können.

Stichwort

Austauschprozesse zwischen Boden und Pflanze

Nährstoffe liegen im Boden entweder fixiert (nicht direkt pflanzenverfügbar), gebunden (reversibel an Bodenkolloiden und daher indirekt pflanzenverfügbar) und vor Auswaschung geschützt oder als freies Ion in der Bodenlösung (direkt pflanzenverfügbar) jedoch nicht vor Auswaschung geschützt, vor. Ein integrierendes Maß für die Nährstoffverfügbarkeit in einem Boden ist die KAK (siehe Kapitel Bodengeographie Stichwort KAK). Die Pflanzenwurzeln scheiden Stoffwechselprodukte aus, die den Bodenorganismen als Nahrung dienen. Die Bodenorganismen wiederum beeinflussen die Pflanzen durch ihre Fähigkeit organische Substanzen zu zersetzen und mineralische Bestandteile zu lösen. Durch diese Interaktionen zwischen Pflanzen und Bodenorganismen werden zu einem großen Teil die Nährstoffe erst pflanzenverfügbar gemacht. Darüber hinaus werden Mikronährstoffe durch Wurzelausscheidung reduzierender Substanzen mobilisiert und sind dann pflanzenverfügbar (vgl. Frey & Lösch 2010).

Aufgrund der Bedeutung des Wassers als Standortfaktor haben die Pflanzen in unterschiedlichen Regionen verschiedene Anpassungsmerkmale an den Wasserhaushalt entwickelt. Es werden die folgenden sog. Wasserhaushaltstypen differenziert:

Wasserhaushaltstypen

- Xerophyten (Pflanzen trockener, warmer Standorte) können längere Trockenperioden überstehen; xerophytische Merkmale sind sklerenchymreiche (Sklerenchym = Festigungsgewebe) Blatt- und Sprossorgane, gerollte, gefaltete oder stark reduzierte Blätter, Einsenkung der Spaltöffnungen, Behaarung, Wachsüberzug etc. zur Reduzierung der Transpiration, tiefreichendes Wurzelsystem. Eine Untergruppe stellen die Sukkulenten (z.B. Kakteen) mit Wasserspeichergewebe dar.
- Mesophyten (Pflanzen mäßig feuchter bis mäßig trockener Standorte) haben weder ausgeprägt xeromorphe noch hygromorphe Merkmale (nehmen Zwischenstellung ein), viele Arten der Laubmischwälder zählen hierzu.
- Hygrophyten (Pflanzen dauernd feuchter Standorte) sind angepasst an ausreichende Wasserversorgung, haben große, leicht welkende Blätter und wenig Sklerenchym (Stützgewebe).
- Helophyten (Sumpfpflanzen) sind an Wasserüberschuss im Wurzelraum angepasst (Aerenchym = Durchlüftungsgewebe).
- Hydrophyten (Wasserpflanzen) sind an ständigen Wasserüberschuss angepasst (Aerenchym, Schwimmblätter).

Mechanische Einflussfaktoren

Unter den mechanischen Einflussfaktoren, die zur Verformung oder Zerstörung der Pflanze führen können, sind sowohl abiotische als auch biotische aufzuführen. Zu den wichtigsten abiotischen zählen Schnee und Wind (Abschleifende Wirkung der Schnee-, Eiskristalle, Schneebruch, Windbruch). In Regionen mit einer vorherrschenden Windrichtung insbesondere in Gebirgen und an Küsten entstehen winddeformierte Kronen an Bäumen und Sträuchern (z.B. sog. „Windflüchter" an den Küsten Norddeutschlands).

Bodenkriechen führt zum sog. Hakenschlagen oder Säbelwuchs von Bäumen. Feuer durch Blitzschlag ist in semiariden Graslandschaften, in den sommertrockenen Subtropen aber auch im borealen Nadelwald ein natürlicher Standortfaktor. Viehtritt und Verbiss natürlicherweise durch Großwildherden (Prärien in Nordamerika, Savannen Afrikas) und anthropo-zoogen induziert durch die Weidetiere der Menschen sind als biotisch-mechanische Faktoren zu nennen.

Biotische Einflussfaktoren

Abgesehen von der **inter- und intraspezifischen Konkurrenz** soll hier kurz die Symbiose genannt werden. **Symbiosen** sind Wechselbeziehungen zwischen zwei Organismen, von denen beide Partner einen Vorteil besitzen. Stellvertretend sei hier die Symbiose zwischen den Knöllchenbakterien (Rhizobien) und den Leguminosen erwähnt. Die Knöllchenbakterien sind in der Lage den Stickstoff aus der Luft zu binden, der den Leguminosen zugutekommt, diese wiederum liefern den Rhizobien Kohlenstoffverbindungen.

Ökologisches Optimum

Jede Pflanze besitzt einen optimalen Lebensbereich (physiologisches Optimum) bzw. einen bestimmten Toleranzbereich (physiologisches Potenzial). Das physiologische Optimum wird durch die Konkurrenz anderer Arten (interspezifische Konkurrenz) jedoch häufig auf das sog. ökologische Optimum eingeschränkt. Die meisten mitteleuropäischen Baumarten besitzen bezüglich der Bodenfeuchte und der Bodenreaktion ein annähernd gleiches physiologisches Optimum. Aufgrund der Konkurrenzkraft der Rotbuche (*Fagus sylvatica*) werden jedoch konkurrenzschwächere Arten wie z.B. Waldkiefer (*Pinus sylvestris*), Stieleiche (*Quercus robur*) und Esche (*Fraxinus excelsior*) aus ihrem physiologischen Optimum verdrängt (vgl. hierzu auch Abb. 5.3).

Die Zusammensetzung von Pflanzengesellschaften und ihre Verbreitung hängen somit von den abiotischen Standortfaktoren, insbesondere von Wärme, Wasser, Licht und den biotischen Faktoren, v. a. der Konkurrenzkraft und den Vermehrungs- bzw. Verbreitungsmöglichkeiten der Art, ab.

5.1.2 Pflanzen als Indikatoren für eine ökologische Standortbewertung

Natürliche bzw. naturnahe Pflanzengesellschaften können als Indikatoren der Standortbedingungen herangezogen werden, was auch für die bodenkundliche bzw. forstliche Standortskartierung von Bedeutung ist. Entsprechende Artenkenntnis vorausgesetzt, lässt sich so vor Ort eine qualitative Einschätzung wichtiger Standorteigenschaften, wie insbesondere Bodenfeuchte und Bodenreaktion, vornehmen.

Zeigerwerte

Folgende Standortfaktoren werden im System der Zeigerwerte von Heinz Ellenberg (vgl. Ellenberg et al., 1992) erfasst (vgl. Tab. 5.1):

- Klimatische Faktoren: Licht (L), Wärme (T) und Kontinentalität (K)
- Bodenfaktoren: Feuchte (F), Reaktion (R) und Stickstoffversorgung (N)
- Salztoleranz (S) und Schwermetallresistenz (B, b) der Pflanzen.

Für die oben aufgeführten sechs Hauptstandortfaktoren wird das ökologische Verhalten nach einer Skala von 1-9 bewertet, wobei 1 das geringste und 9 das höchste Ausmaß des Faktors bedeutet. Arten mit ähnlichen Standortsansprüchen werden als ökologische Gruppen zusammengefasst (vgl. Ellenberg und Leuschner, 2010).

Die Lichtzahl (L) bewertet das Vorkommen in Beziehung zur relativen Beleuchtungsstärke von sehr geringer Beleuchtungsstärke (1 = Tiefschattenpflanze) bis hin zu ungemindertem Lichteinfall (9 = Volllichtpflanze). Die Temperaturzahl (T) bewertet das Vorkommen im Wärmebereich der polaren

Zone bzw. der alpinen Höhenstufe (1 = Kältezeiger) bis ins mediterran geprägte Tiefland (9 = extremer Wärmezeiger). Die Kontinentalitätszahl (K) bewertet das Verbreitungsschwergewicht von der europäischen Atlantikküste (1 = hochozeanisch) bis ins innere Asien (9 = hochkontinental).

Die Feuchtezahl (F) bewertet das Vorkommen auf flachgründigen, trockenen Felsstandorten (1 = Starktrockniszeiger) bis zu nassen Moorböden (9 = Nässezeiger). Die Reaktionszahl (R) bewertet das Vorkommen in Abhängigkeit von extrem sauren (1 = Starksäurezeiger) bis zu alkalischen (kalkreichen) Böden (9 = Basen- und Kalkzeiger). Die Stickstoffzahl (N) wurde ursprünglich als Maß für die Mineralstickstoffversorgung (NH_4^+ und NO_3^-) verwendet (1 = extremer Stickstoffarmutzeiger, 9 = extremer Stickstoffzeiger). Bisweilen wird (N) aber auch als Nährstoffzahl interpretiert (neben N, auch K, P und Mg).

Lebensform

Als zusätzliche Information wird die Lebensform angegeben, die auf der Klassifikation des Botanikers Raunkiaer basiert und die Merkmale der Pflanzen v. a. die Lage der Erneuerungsknospen zur Überdauerung der ungünstigen kalten und/oder trockenen Jahreszeit zusammenfasst. Die höheren Pflanzen werden in fünf Hauptgruppen differenziert:

- Phanerophyten (P): Knospen liegen in beträchtlicher Höhe über dem Boden, differenziert in Makrophanerophyten (Bäume über 2 m) und Nanophanerophyten (Sträucher bis 2 m).
- Chamaephyten (C): Erneuerungsknospen liegen bis max. 25 cm über dem Boden (Zwergsträucher, krautige Pflanzen, bspw. Heidekraut, Heidelbeere, Silberwurz).
- Hemikrypthophyten (H): krautige Pflanzen mit eng am Boden liegenden Knospen, oberirdische Teile sterben in der ungünstigen Jahreszeit ab (bspw. Gräser, Rosettenpflanzen).
- Geophyten (G): Überdauerungsorgane im Boden meist mit Speicherorganen, oberirdische Teile sterben ab (Knollen-, Zwiebel-, Rhizom-Geophyten, bspw. Kartoffel, Tulpen, Buschwindröschen).
- Therophyten (T): Einjährige Pflanzen, die die ungünstige Jahreszeit als Samen überdauern (Bsp. Getreidearten, Ackerwildkräuter).

Ökogramm

Im Ökogramm sind die wichtigsten mitteleuropäischen Laubwaldverbände und -unterverbände nach Feuchte- und Säurebereich (Bodenreaktion, Basensättigung des Bodens, insbesondere Gehalt an pflanzenverfügbaren Ca^{2+}-Ionen vgl. Kap. 4.1.1) eingeordnet (vgl. Ellenberg und Leuschner, 2010). Das Ökogramm zeigt den Einfluss des Bodenwasserhaushalts und der Bodenreaktion sowie die Dominanzbereiche der einzelnen Baumarten als Ergebnis der Konkurrenz untereinander (vgl. Abb. 5.3). Aufgrund ihrer hohen Konkurrenzkraft und vergleichsweise großen ökophysiologischen Amplitude dominiert die Rotbuche unter natürlichen, nicht durch den Menschen beeinflussten

Tab. 5.1 Beispiele einiger im Text genannter mitteleuropäischer Pflanzen und ihrer Zeigerwerte (nach Ellenberg et al., 1992)

Pflanzenname	L	T	K	F	R	N	Bemerkung	Lebensform
Bärlauch *(Allium ursinum)*	**2**	×	2	6	**7**	8	Schattenpflanze, Basenzeiger	G
Drahtschmiele *(Avenella flexuosa)*	6	×	2	×	**2**	3	Säurezeiger	H
Lerchensporn *(Corydalis cava)*	**3**	6	4	6	**8**	8	Schattenpflanze, Basenzeiger	G
Silbergras *(Corynephorus canescens)*	**8**	6	5	**2**	3	2	Trockniszeiger	H
Silberwurz *(Dryas octopetala)*	**9**	**2**	7	4	8	4	Vollichtpflanze, Kältezeiger	C
Wollgras *(Eriophorum scheuchzeri)*	9	2	×	**9**	4	2	Vollichtpflanze, Nässezeiger	H
Waldmeister *(Galium odoratum)*	2	5	2	**5**	6	5	Schattenpflanze, Frischezeiger	H
Hainsimse *(Luzula luzuloides)*	4	×	4	5	**3**	4	Säurezeiger	H
Pfeifengras *(Molinia caerulea)*	7	×	3	**7**	×	2	Feuchtezeiger	H
Gletscherhahnenfuß *(Ranunculus glacialis)*	8	**1**	4	5	3	2	Lichtpflanze, Kältezeiger (Hochgebirgspflanze)	H
Stengelloses Leimkraut *(Silene acaulis)*	9	**1**	3	4	8	1	Lichtpflanze, Kältezeiger (Hochgebirgspflanze)	C
Brennnessel *(Urtica)*	×	×	×	6	**7**	**9**	Stickstoffzeiger	H
Heidelbeere *(Vaccinium myrtillus)*	5	×	5	×	**2**	3	Säurezeiger	C

× = indifferentes Verhalten bzgl. des Faktors (weite Amplitude)

Bedingungen in den meisten Wäldern ohne extreme Standortverhältnisse. Andere konkurrenzschwächere Arten (z. B. Waldkiefer) werden von der Buche an Standorte mit suboptimalen Wachstumsbedingungen verdrängt. Der Verband der Rotbuchenwälder gliedert sich in die Unterverbände der frischen bis mäßig feuchten Mull-Buchenwälder auf nährstoffreichen, oft kalkreichen Böden, die stärker säuretoleranten Moder-Buchenwälder und die auf warm-trockenen, kalkreichen Standorten gedeihenden Orchideen-Buchenwälder. Wärmeliebende Eichen-Mischwälder besiedeln noch trockenere Standorte. Feuchte, aber auch nur mäßig frische bis trockene, basenreichere Standorte werden von Eichen-Hainbuchenwäldern eingenommen. Die nässeverträglichen Eschen-Erlen-Mischwälder gehen bei zunehmender Bodenfeuchte in die Erlenbruchwälder über. Zusammen mit den Birkenbruchwäldern und den bodensauren Nadelwäldern leiten sie zu den Nieder- und Hochmooren über. Auf stark sau-

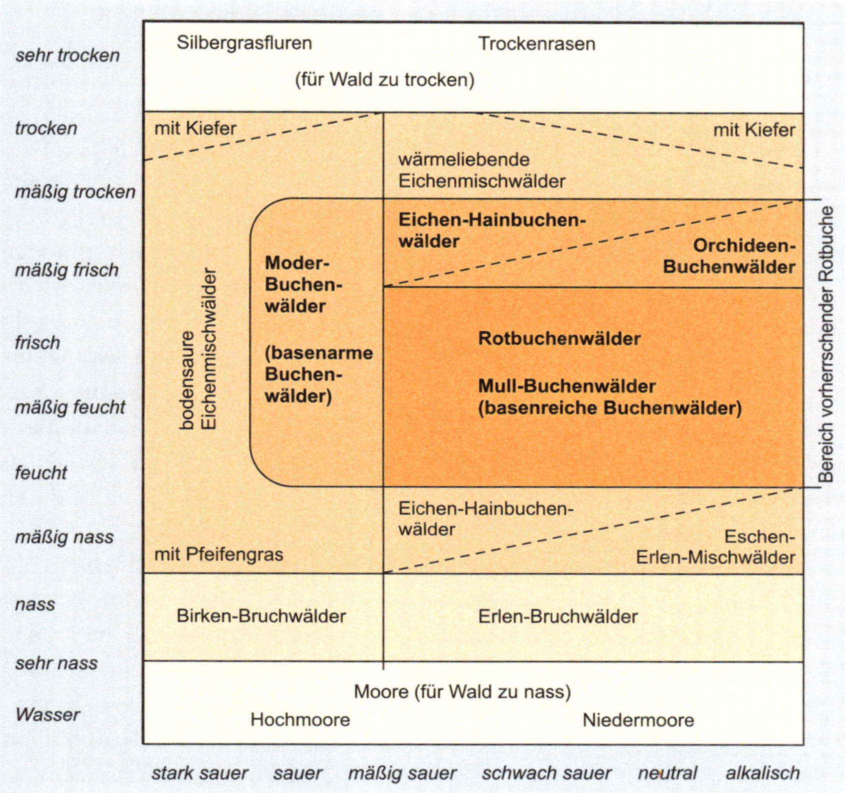

Abb. 5.3 Ökogramm zum ungefähren Feuchte- und Säurebereich mitteleuropäischer Laubwaldgesellschaften (verändert nach Ellenberg & Leuschner, 2010 und Klink, 1998).

ren Böden wachsen jenseits der Verbreitungsgrenze der Buchen nur mehr artenarme Birken-Eichenwälder.

Die ökologische Amplitude der meisten krautigen Arten ist nicht zuletzt aufgrund der höheren Konkurrenz der zahlreicheren Arten in der Krautschicht deutlich enger als die der Baumarten. Für die Bewertung der Standortbedingungen ist die Artenzusammensetzung der Krautschicht daher aussagekräftiger. Ökologische Amplitude

Stichwort

Charakterarten – Kennarten

Als Charakterarten (Kennarten) werden in der Geobotanik Pflanzenarten verstanden, die in einer Pflanzengesellschaft ihren Verbreitungsschwerpunkt haben. Differentialarten (Trennarten) kommen hingegen in mehreren Pflanzengesellschaften vor.
Über die Charakter- und Differentialarten erfolgt die Kennzeichnung von Pflanzengesellschaften.

5.2 Vegetationsentwicklung in Mitteleuropa im Spät- und Postglazial

Das Quartär war durch einen Wechsel von Kalt- und Warmzeiten geprägt. Während der Kaltzeiten verschoben sich die Klima- und Vegetationszonen nach Süden. Die tertiäre Vegetation, die im Alttertiär (Paläozän bis Oligozän, 65–25 Mio. Jahre) auf dem europäischen Festland unter subtropisch-humiden Klimabedingungen noch in Gestalt einer immergrünen Gehölzflora vorhanden war – später im Pliozän bereits in Form von sommergrünem Laubwald mit Nadelbäumen – wurde verdrängt. Baumlose Tundren dominierten, Bäume kamen nur noch in Refugien im Mittelmeerraum vor. Die Tundren- und Kältesteppenvegetation ist durch einen hohen Anteil an Süß- und Sauergräsern (Poaceae und Cyperaceen), Beifuß (Artemisia) und der Silberwurz (Dryas octopetala) gekennzeichnet. Die spätglaziale Vegetationsentwicklung ist durch die von Klimaschwankungen charakterisierte Erwärmung geprägt.

Wiederbewaldung

Die Wiederbewaldung erfolgte entsprechend der unterschiedlichen Umweltansprüche der einzelnen Baumarten und den postglazialen Klimaschwankungen in verschiedenen Phasen (vgl. Tab. 5.2). Die Erwärmung im frühen Spätglazial ermöglicht die Einwanderung subarktischer Gehölze. Erwärmung (Bölling, Alleröd) und Abkühlung (Älteste, Ältere, und Jüngere Dryas) wechseln in der Folge ab. Ab dem Alleröd etabliert sich ein lichter Kiefernwald mit Birken. Die postglaziale/holozäne Vegetationsgeschichte beginnt im Präboreal. Zusätzlich zu Birke und Kiefer wandert die Hasel ein, die insbesondere in der frühen Wärmezeit (Boreal) zur Dominanz gelangt. An die Stelle von Birken und Kiefern treten in der Folge Eichen, Ulmen und Linden. Die stärkere Verbreitung der anspruchsvolleren Laubhölzer Linde, Ahorn und Esche ist charakteristisch für die mittlere Wärmezeit (Atlantikum), in der Eichenmischwälder dominieren. Die Verbreitung der Kiefer und Birke ist nunmehr auf arme Sandböden beschränkt, wo ähnlich wie heute die Konkurrenten fehlen (vgl. Abb. 5.3). An noch trockeneren Standorten siedeln sich Trockenrasen- und Steppenvegetation an. Im Subboreal (späte Wärmezeit) wandern unter Abnahme der Temperatur und Zunahme der Niederschläge Buche und Tanne ein; die Buche (*Fagus sylvatica*) gelangt insbesondere im Subatlantikum (Nachwärmezeit) zur Dominanz. In den Niederungen mit hoch anstehendem Grundwasserspiegel bilden sich Erlenbruchwälder. Die Gebirgswälder setzen sich aus Mischwäldern, aus Buchen und Tannen (*Abies alba*) bzw. in höheren Lagen Fichten (*Picea abies*) oder Arven/Zirben (*Pinus cembra*) zusammen.

Mitteleuropa war natürlicherweise eine fast geschlossene Waldlandschaft. Nur Moore, Küstendünen, Blockhalden, Blockmeere, Felsgebiete und die alpinen Rasen oberhalb der Waldgrenze waren natürlicherweise waldfrei. Seit der späten Jungsteinzeit (Neolithikum), dem Sesshaftwerden und dem Beginn des

Ackerbaus in den lößbedeckten Gunsträumen (Altsiedelland, heutige Börden- und Gäulandschaften), jedoch insbesondere seit der Eisen- und Römerzeit (Beginn des Subatlantikums), kommt es zu nennenswerten Eingriffen der Menschen in die natürliche Vegetationsdecke. Im Mittelalter (jüngeres Subatlantikum) wird der Wald durch großflächige Rodungen zurückgedrängt und auch die Mittelgebirgsräume besiedelt (Jungsiedelland). Durch die Waldnutzung (Bau- und Brennholz, Beweidung, Streunutzung) entstehen Sekundär- und Nutzwälder. Die Waldzerstörung bewirkte zudem ein größeres Ausmaß der Bodenerosion insbesondere durch Wasser. Das abgespülte Bodenmaterial wurde in den Flusstälern als Auenlehm abgelagert. Auf den daraus sich bildenden Auenböden entwickelten sich die Hartholzauen als standörtlich angepasste Waldvegetation (s. Kap. 5.3.2). Nach Trennung von Wald und Weide erfolgte der „Wiederaufbau" des Waldes durch Aufforstung (Entstehung der Kulturforste seit dem 18. Jahrhundert). Auf den sandigen Geestböden Nord-

Tab. 5.2 Gliederung des Spät- und Postglazials in Mitteleuropa

Geologische Gliederung		Zeit vor heute (B.P.)	Klimaentwicklung	Vegetationsphasen
		Gegenwart		
Holozän	Subatlantikum (Nachwärmezeit)		Heutiges gemäßigt-humides Klima (ozeanisch)	Buchen- und Buchenmischwälder, Fichte, Rodung während Eisenzeit und historischer Zeit, Kulturforste, Acker, Wiesen, Weiden
		3.300		
	Subboreal (späte Wärmezeit)		Kühl, feucht, einzelne trockenere Perioden	Mischwald mit Buche, Eiche Tanne und Fichte. Bronzezeit
		5.200		
	Atlantikum (mittlere Wärmezeit)		Warm, feucht (ozeanisch)	Eichenmischwald, Rodungen seit Beginn des Neolithikums, Fichtenwald in den Hochlagen
		7.500		
	Boreal (frühe Wärmezeit)		Warm, trocken (kontinental)	Hasel-Birken-Kiefern-Wälder
		9.000		
	Präboreal (Vorwärmezeit)		Erwärmung (kühl, kontinental)	Kiefern-Birken-Wälder. Beginn des Mesolithikums
		10.300		
Weichsel/Würm-Spätglazial	Jüngere Tundrenzeit (Dryas)		Kalt	Baumarme Tundra mit Birke und Kiefer. Ende des Paläolithikums
		11.000		
	Alleröd		Vorübergehend wärmer	Lichter Wald mit Birke und Kiefer
		11.800		
	Ältere Tundrenzeit (Dryas)		Abkühlung, Kalt	Tundra
		12.200		
	Bölling		Geringe Erwärmung	Baumarme Tundra mit Birke
		13.000		
	Älteste Tundrenzeit (Dryas)		Kalt (arktisch)	Baumlose Tundra
		14.000		

westdeutschlands (vgl. Kap. 4.3.2) entstand nach Übernutzung des Waldes die atlantische Zwergstrauchheide. Die ursprüngliche, natürliche Vegetation auf den sandigen Böden war ein Birken-Stieleichen- bzw. Buchen-Eichenwald. Die Zwergstrauchheide (z.B. Lüneburger Heide) kann als anthropo-zoogene Pflanzenformation angesehen werden, bedingt durch den Menschen und sein Vieh. Im 19. Jh. wurden ausgedehnte Heideflächen mit Waldkiefer aufgeforstet.

Stichwort

Kaltzeit- oder Glazialrefugien der Pflanzen

Bezüglich der Frage wie und wo Pflanzen in Mittel- und Nordeuropa die Kaltzeiten des Quartärs überlebt haben gibt es unterschiedliche Ansichten. Zum einen geht man von einem großflächigen Artensterben in den vergletscherten Gebieten und Überleben in peripheren Refugien mit anschließender Wiedereinwanderung aus, zum anderen wird ein Überleben der Arten innerhalb der vergletscherten Bereiche auf eisfreien Flächen angenommen. Mithin werden drei Typen von Kaltzeit- oder Glazialrefugien differenziert: Nunatak-Glazialrefugien, periphere Glazialrefugien und Tieflands-Glazialrefugien (vgl. Frey & Lösch 2010).

5.3 Vegetationsgeographische Grundlagen

Die großräumige Verbreitung der Vegetation ist hauptsächlich durch das Klima bestimmt (**zonale Vegetation**). Die **extrazonale Vegetation** ist durch das Relief bzw. Geländeklima bedingt (z.B. Sonnen-, Schattenhang, Muldenlage) und die kleinräumig auftretende **azonale Vegetation** wird meist durch spezielle Bodeneigenschaften (edaphische Faktoren) geprägt (z.B. Auenwald, Moore). Zonale Vegetationstypen stellen sich auf durchschnittlichen vom Klima und Substrat geprägten Böden ohne extreme Eigenschaften aufgrund der großklimatischen Verhältnisse ein. Sie sind charakteristisch für die planare und kolline Höhenstufe und werden hauptsächlich von Klimaxgesellschaften (Schlussgesellschaften) gebildet, die im Einklang mit dem rezenten Klima stehen (Klink, 1998). Regionalklimatische Besonderheiten können eine Veränderung der Artenzusammensetzung bedingen, wobei die hinzukommenden Arten meist einer benachbarten Klima- und Vegetationszone entstammen (bspw. Fichtenwälder in der hochmontanen Höhenstufe der Mittelgebirge und subalpinen Stufe der Nordalpen).

Klimaxgesellschaften

Die zonalen Vegetationstypen repräsentieren die Verbreitung der Pflanzengesellschaften in Abhängigkeit vom Klima. Mit den Klimazonen korrespondieren jedoch nicht nur die Vegetationszonen, sondern auch die zonalen Böden (vgl. Kap. 4.3.3).

5.3.1 Zonale Vegetationstypen Deutschlands

Die klimatischen Verhältnisse in Deutschland begünstigen sommergrüne Laubbäume mit mesomorphen (ohne anatomische Besonderheiten) Blättern. Kennzeichnend für die potentiell natürliche Vegetation sind daher Buchen- und Buchenmischwälder in verschiedenen Ausprägungen (Abb. 5.4), die von der planar-kollinen bis in die submontan-montane Höhenstufe verbreitet sind. Nur in den höheren Lagen der Mittelgebirge (z. B. Bayerischer Wald, Schwarzwald, Harz) wird der Laubwald von Nadelwäldern aus Tanne (*Abies alba*) und Fichte (*Picea abies*) abgelöst (vgl. Abb. 5.5). Die folgenden Erläuterungen beziehen sich auf die klimazonal und regionalklimatisch einzuordnenden Waldgesellschaften bzw. Vegetationstypen.

Buchen- und Buchenmischwälder

Die Buchenwälder werden zwar jeweils von der Buche dominiert, je nach Standortsverhältnissen sind jedoch weitere Baumarten wie Bergahorn (*Acer pseudoplatanus*), Esche (*Fraxinus excelsior*), Traubeneiche (*Quercus petraea*), Stieleiche (*Quercus robur*) und Tanne (*Abies alba*) vergesellschaftet. Da die ökologische Amplitude der Buche relativ groß ist, wachsen Buchenwälder auf unterschiedlichen Böden. Die Spanne reicht von nährstoffreichen bis nährstoffarmen, stark sauren bis schwach alkalischen und mäßig trockenen bis mäßig feuchten Böden. Ihre Differenzierung erfolgt daher insbesondere über die Arten der Krautschicht (vgl. Kap. 5.1.2). Nur an sehr trockenen und staunassen Standorten wird die Buche durch andere, mehr Nässe und Trockenheit ertragende Baumarten ersetzt (vgl. Abb. 5.3).

Moder-Buchenwälder

Die Moder-Buchenwälder wachsen auf sauren Böden mit Moder oder rohhumusartiger Humusauflage. Zu dieser ökologischen Gruppe zählen die Hainsimsen-Buchenwälder auf silikatischen Ausgangssubstraten in der submontanen Stufe, die eichenreichen Buchenwälder der planar-kollinen Stufe und die Buchen- und Buchenmischwälder der nährstoffarmen Böden des Norddeutschen Tieflandes (z. B. Drahtschmielen-Buchenwald der Altmoränengebiete).

Mull-Buchenwälder

Die Mull-Buchenwälder wachsen auf nährstoffreichen Böden (oft Braunerden und Parabraunerden) aus verschiedenen Ausgangssubstraten (z. B. basenreiche Silikatgesteine, Kalkgesteine, Geschiebemergel) mit Mull als Humusauflage. Hierzu zählen die Waldmeister-Buchenwälder, die Perlgras-Buchenwälder im subozeanischen Klimabereich, die im subkontinentalen Klimabereich von Platterbsen-Buchenwäldern ersetzt werden. Hauptsächlich oberhalb von 500 m NN sind die Zahnwurz-Tannen-Buchenwälder und die Hainlattich-Tannen-Buchenwälder verbreitet.

Orchideen-Buchenwälder

Die Orchideen-Buchenwälder wachsen an trockenen, flachgründigen Standorten meist auf Kalk. Neben den Orchideen (z. B. *Cephalantera*-Arten) sind hier verschiedene Seggenarten charakteristisch. Diese Trocken-Buchenwälder kommen z. B. im Mittel- und Süddeutschen Schichtstufenland an Hängen mit Süd- bis Westexposition vor.

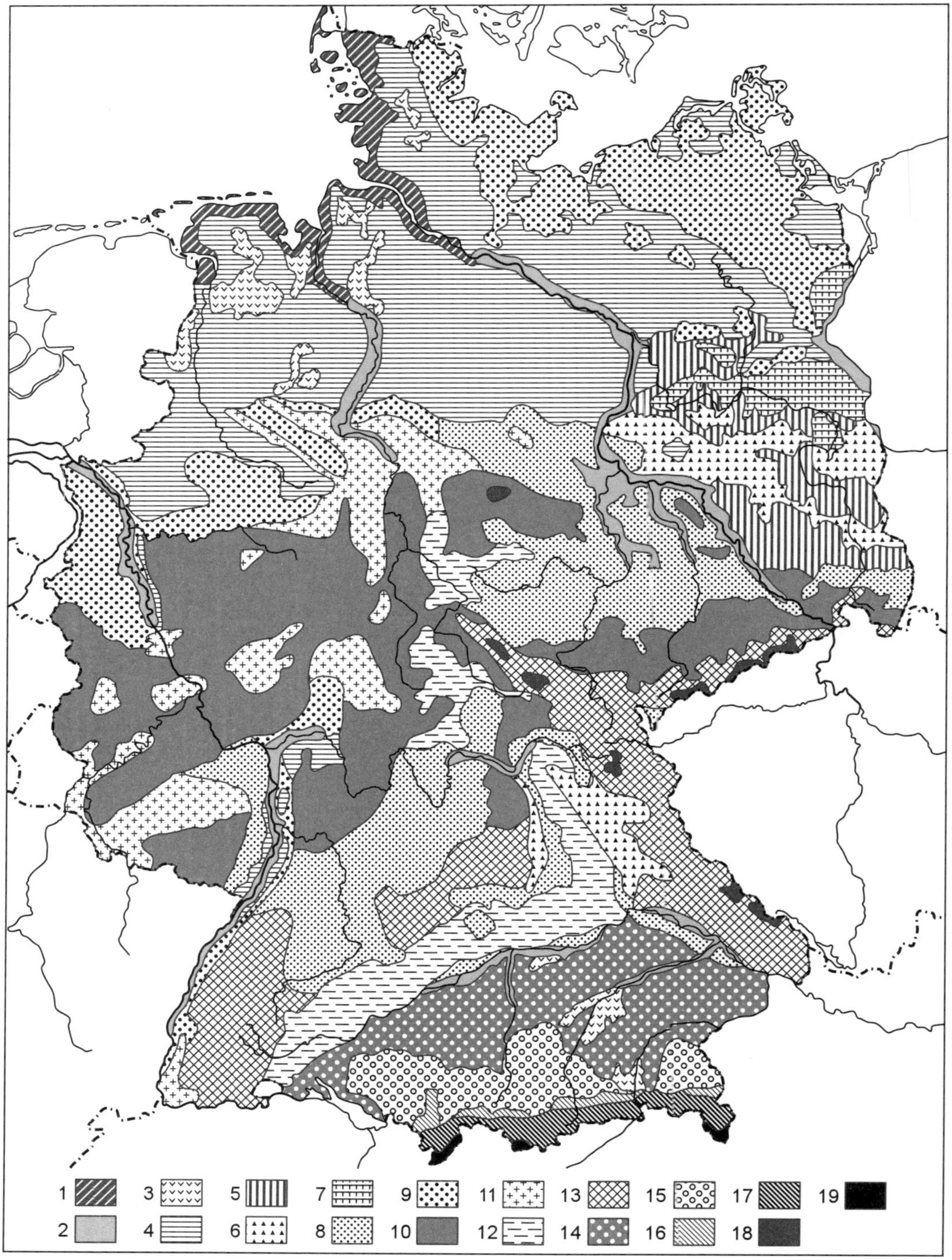

Abb. 5.4 Vegetationsgebiete Deutschlands (potenziell natürliche Vegetation) (verändert nach Klink, 1998).

◀ zu Abb. 4.4

Vegetationsgebiete sind Ökotopengefüge mit ökologisch einander mehr oder weniger nahestehenden Pflanzengesellschaften;

1 – Küstenvegetation: Salzvegetation des Außendeichlandes, Dünenvegetation, Zwergstrauchheiden, Vegetation der Marschen
2 – Auenvegetation der großen Stromtäler und feuchten Niederungen: Silberweiden- und Eichen-Ulmenwald, Erlen-Eschenwald, Stieleichen-Eschenwald und feuchter Sternmieren-Hainbuchenwald
3 – Moore und Bruchwälder: Flachmoore, baumfreie Regenmoore (Hochmoore), Birkenbruch, Erlenbruch und Erlen-Eschenwald, z.T. mit feuchtem Stieleichen-Hainbuchenwald; im Alpenvorland Kalkflachmoore, Bergkiefernmoore, edellaubbaumreiche Auenwälder (Eschen-Ulmen-, Eichen-Ulmen- und Erlen-Eschenwald) mit Grauerlenauen
4 – Subatlantische Eichen-Buchenwälder, Eichenmischwälder und Birken-Eichenwälder subatlantischer Traubeneichen- und Stieleichen-Buchenwald, Drahtschmielen-Buchenwald, Geißblatt-Eichen-Buchenwald; im Osten Eichenmischwald mit Kiefer, auf armen Sandböden trockener und feuchter Birken-Eichenwald, in Niederungen Erlenbruch, Erlen-Eschenwald, z.T. im Komplex mit feuchtem Stieleichen-Hainbuchenwald, Niedermoor, im Westen auch Hochmoor
5 – Subkontinentale Birken-Stieleichenwälder mit Kiefer im Wechsel mit Erlenbruch, Erlen-Eschenwald und feuchtem Stieleichen-Hainbuchenwald, Niedermoor
6 – Subkontinentale Kiefern-Eichen- und Kiefernwälder: Reitgras-Kiefernwald, Heidelbeer-, Moos-, Krähenbeer-Kiefernwald
7 – Subkontinentale Eichen-Hainbuchenwälder mit Winterlinde der planaren Stufe und subkontinentaler Kiefern-Eichenwälder (wie 6)
8 – Vorwiegend subkontinentale Eichen-Hainbuchenwälder der kollinen Stufe: in Mitteldeutschland Labkraut-Traubeneichen-Hainbuchenwald mit Winterlinde, Stieleichen-Hainbuchenwald mit Zittergras-Segge, z.T. mit Winterlinde, zwischen Mulde und Elbe auch mit Kiefer, Eichen-Hainbuchenwälder mit Rotbuche im feuchteren Übergangsbereich zu den thüringisch-sächsischen Mittelgebirgen; in Süddeutschland hauptsächlich Labkraut-Traubeneichen-Hainbuchenwald, z.T. mit Winterlinde im Komplex mit reichen Buchenwäldern (Waldmeister-Buchenwald, Platterbsen-Buchenwald, reicher Hainsimsen-Buchenwald)
9 – Tiefland-Buchenwälder und Sternmieren-Eichen-Hainbuchenwälder: Flattergras- Buchenwald, Perlgras-Buchenwald, auf ausgehagerten Standorten auch Drahtschmielen-Buchenwald, Sternschmieren-Eichen-Hainbuchenwald, z.T. mit Buche, Erlenbruch, Erlen-Eschenwald und Seggenmoor
10 – Hainsimsen-Buchenwälder und Hainsimsen-Buchenmischwälder: Hainsimsen-Buchenwald (in der hochmontanen Stufe des Harzes mit Fichte), Hainsimsen-Eichen-Buchenwald, in Ostthüringen im Komplex mit Birken-Eichenwald mit Kiefer
11 – Kolline bis montane reiche Buchenwälder im subatlantischen Klimagebiet: Seggen-(Trocken-)Buchenwald, Perlgras-Buchenwald, montaner Waldgersten-Zahnwurz-Buchenwald
12 – Kolline bis montane reiche Buchenwälder Mittel- und Süddeutschlands: Platterbsen-Buchenwald, Waldmeister-Buchenwald, Seggen-(Trocken-)Buchenwald, kleinräumig Steinsamen-Eichenmischwald mit Flaumeiche
13 – Tannen-Buchenwälder und Tannenwälder süd- und südostdeutscher Mittelgebirge: Hainsimsen-Tannenwald, Hainsimsen-Tannen-(Fichten-)Wald, Zahnwurz-Tannen-Buchenwald, Waldmeister-Tannen-Buchenwald, Labkraut-Tannenwald, Beerstrauch-Kiefern-(Fichten-)Tannenwald und Tannenmischwald, im Ostschwarzwald auch Wintergrün-Fichten-Tannenwald, außerdem im Vogtland Birken-Eichenwald mit Kiefer und Fichte
14 – Buchenwälder der älteren Moränen, Schotterplatten und Tertiärhügel des Alpenvorlandes: Hainsimsen-Buchenwald und reicher Hainsimsen-Buchenwald, auf älteren Moränen und Schotterplatten, Waldmeister-Tannen-Buchenwald, in tieferen Lagen Hainsimsen-Labkraut- und reicher Labkraut-Eichen-Hainbuchenwald, in Talauen Erlen-Eschenwald, Erlenbruch und hauptsächlich Kalkflachmoor
15 – Waldmeister-Tannen-Buchenwälder des Jungmoränen-Alpenvorlandes, edellaubbaumreiche Auenwälder, lokal auch Trockenauen-Kiefernwald, Kalkflachmoor, Bergkiefernmoor (Hochmoor)
16 – Labkraut-Tannenwald der Flysch-Voralpen mit Fichte und Buche, Peitschenmoos-Fichtenwald
17 – Hainlattich-Tannen-Buchenwälder und Fichtenwälder der Kalkalpen: Hainlattich-Tannen-Buchenwald, Hochstauden-Ahorn-Buchenwald, subalpiner Fichtenwald, in Leelagen nordalpiner Schneeheide-Kiefernwald, in den Berchtesgadener Alpen lokal subalpiner Lärchen-Zirbenwald
18 – Hochmontane Fichtenwälder auf Silikatgestein: Reitgras-Fichtenwald, Peitschenmoos-Fichtenwald, sonstige Fichtenwälder
19 – Gebiete subalpiner und alpiner Vegetation: Hochstaudenfluren, Alpenrosen-Latschenbusch, Grünerlenbusch auf schweren, wasserzügigen Böden, alpine Grasfluren, Fels- und Schuttfluren

Hochlagen-Buchenwälder

Zu den Hochlagen-Buchenwäldern der hochmontanen und subalpinen Stufe zählen z. B. die bergahornreichen Schatthangwälder der nördlichen Kalkalpen. Aber auch die Tannen-Buchenwälder in den höheren Lagen der Mittelgebirge (z. B. Bayerischer Wald, Rhön, Schwarzwald, Schwäbische Alb).

Birken-Stieleichenwälder

Neben den Buchenwäldern und Buchenmischwäldern folgen in der Bedeutung die von Eichen beherrschten Mischwälder. Immerhin ist die Eiche nach der Buche der wichtigste waldbildende Laubbaum Mitteleuropas, wobei drei Eichenarten vorkommen (Stieleiche, *Quercus robur*; Traubeneiche, *Q. petraea*; Flaumeiche, *Q. pubescens*), die sich z. T. deutlich in ihren Standortansprüchen unterscheiden. Die Stieleiche verträgt Winter- und Spätfröste, sowie nährstoffarme und nasse Böden besser als die Traubeneiche und kommt daher auch weiter im Osten in kontinentaleren Bereichen sowie im Norddeutschen Tiefland auf sandigen Böden in den Birken-Stieleichenwäldern und auf staunassen, besseren Böden in den Eichen-Hainbuchenwäldern vor.

Traubeneichen-Buchenwälder

Die Traubeneiche ist in ihren Standortsansprüchen buchenähnlicher als die Stieleiche, ist häufig im Moder-Buchenwald beigemischt und bildet in vielen Mittelgebirgen auf silikatischen Ausgangssubstraten und sauren Magmatiten zusammen mit der Buche kollin-submontane Traubeneichen-Buchenwälder. Zu dieser Gruppe zählen die Eichen-Buchenwälder im Spessart und Odenwald die auf Sandstein sehr gute Holzqualitäten erreichen.

Wärmeliebende Eichenmischwälder

Die Flaumeiche hat im Gegensatz zu den anderen beiden Eichenarten deutlich abweichende Standortansprüche und besiedelt nur warme, trockene Standorte der kollinen-submontanen Höhenstufe, auf denen sowohl die Buche, als auch der besser trockenheitsverträgliche Eichen-Hainbuchenwald nicht mehr gedeihen können. Diese Eichenmischwälder besiedeln Extremstandorte des Waldwuchses, in denen weitere wärmeliebende Bäume, z. B. Feldahorn (*Acer campestre*), Felsahorn (*Acer monspessulanum*), Elsbeere, Mehlbeere (*Sorbus torminalis, Sorbus aria*) und Sträucher (Felsenbirne, *Amelanchier ovalis*; Schneeball, *Viburnum lantana*; Liguster, *Ligustrum vulgare*; Hartriegel, *Cornus sanguinea*) wachsen. Diese wärmeliebenden Eichenmischwälder kommen insbesondere in Südwestdeutschland und der Schwäbischen Alb an südexponierten Hängen vor.

Eichen-Hainbuchenwälder

Eichen-Hainbuchenwälder (Hainbuche, *Carpinus betulus*) nehmen in Deutschland bei neutraler bis mäßig saurer Bodenreaktion und guter Nährstoffversorgung von der planar-kollinen bis submontanen Höhenstufe die Standorte ein, die für die Buche zu trocken oder zu nass sind. Einerseits leiten Traubeneichen-Hainbuchenwälder zu den wärmeliebenden Eichenmischwäldern über sowie andererseits die Stieleichen-Hainbuchenwälder zu den eschenreichen Hartholzauen mit Erlen und Ulmen. Im Westen Deutschlands ist der Sternmieren-Eichen-Hainbuchenwald und in den subkontinental geprägten Gebieten im Süden und Osten der Waldlabkraut-Eichen-Hainbuchenwald vergesellschaftet mit verschiedenen Buchenwaldgesellschaften.

Nadelwälder kommen in Deutschland natürlicherweise nur in Gebieten mit extremen Klima- und Bodenverhältnissen vor. Auf stark sauren Böden sind die Heidelbeer-Nadelwälder mit Fichte oder Waldkiefer konkurrenzfähig. Auf Standorten mit günstigeren Bodenverhältnissen gedeihen buchenwaldverwandte Nadelwälder mit Tanne und Fichte; auf kalkreichen Ausgangsgestein unter relativ trockenen Klimaverhältnissen die Schneeheide-Kiefernwälder.

Nadelwälder

Von Tannen dominierte Wälder bilden sich bei subkontinental geprägtem Klima v.a. auf tonreichen oft staunassen Böden (Pseudogley) und kommen hauptsächlich in der montanen Stufe süddeutscher Mittelgebirge und im Alpenvorland vor. Die Weißtanne (*Abies alba*) steht in ihren klimatischen Ansprüchen zwischen der subatlantischen Buche und der kontinentalen Fichte und kann als buchenähnlichste Nadelbaumart angesehen werden. Entsprechend weit ist die Verbreitung der Tannen-Buchenwälder auf Böden unterschiedlichen Nährstoff- und Wasserhaushaltes in mittel-, ost- und süddeutschen Mittelgebirgen, z.T. ist die Traubeneiche im Tannen-Eichen-Buchen-Mischwald vergesellschaftet. Bei zu niedrigen Wintertemperaturen, mit Januarmitteln unter -4 °C, werden die Tannenwälder von Fichtenwäldern verdrängt (Ellenberg und Leuschner, 2010).

Tannen-Buchenwälder

Fichtenwälder und von Fichten dominierte Mischwälder sind in der hochmontanen Stufe der östlichen Mittelgebirge und in der unteren subalpinen Stufe der Alpen verbreitet. Langandauernde Fröste und Spätfröste begünstigen die Fichte gegenüber der Buche und der Tanne. Durch die Forstwirtschaft kommt die Fichte heute auch jenseits ihrer natürlichen Arealgrenze z.B. auch in den westlichen Mittelgebirgen vor. Grundsätzlich wachsen Fichten sowohl auf sauren als auch auf basischen Böden. Fichtenwälder auf sauren Ausgangssubstraten überwiegen. In den bayerischen Alpen wird der montane Tannen-Buchenwald oberhalb von 1400–1500 m vom subalpinen Fichtenwald abgelöst, der am Alpennordrand zwischen 1600 und 1800 m die alpine Waldgrenze bildet. Die größte Wuchskraft erreicht die Fichte allerdings in der montanen Höhenstufe, so z.B. in den Fichten-Tannenwäldern im Schwarzwald, Bayerischen Wald und in den Fichten-Buchenwäldern des Thüringer Waldes. Außerhalb der zonalen Verbreitung in der hochmontanen und subalpinen Stufe kommen natürliche Fichtenwälder außerdem an den Rändern von Hochmooren, nicht mehr überschwemmten Flussauen und auf den Blockhalden in den Mittelgebirgen oft in Form von Krüppelfichtenbeständen vor.

Fichtenwälder

Fichten-Tannenwälder

An der oberen Waldgrenze geht der subalpine Fichtenwald über in das Alpenrosen-Latschengebüsch. Im Bereich des Krummholzgürtels dominiert die Latsche (*Pinus mugo*) vergesellschaftet mit verschiedenen Zwergsträuchern, neben der Alpenrose (Rhododendron) v. a. Schneeheide (*Erica herbacea*), Gemsheide (*Loiseleuria procumbens*) und Zwergwachholder (*Juniperus alpina*). In den Zentralalpen prägen die Lärchen (*Larix decidua*) und die Arve oder Zirbe (*Pinus cembra*) das Waldbild. In den kontinentalen Gebieten der

Lärchen-Arvenwälder

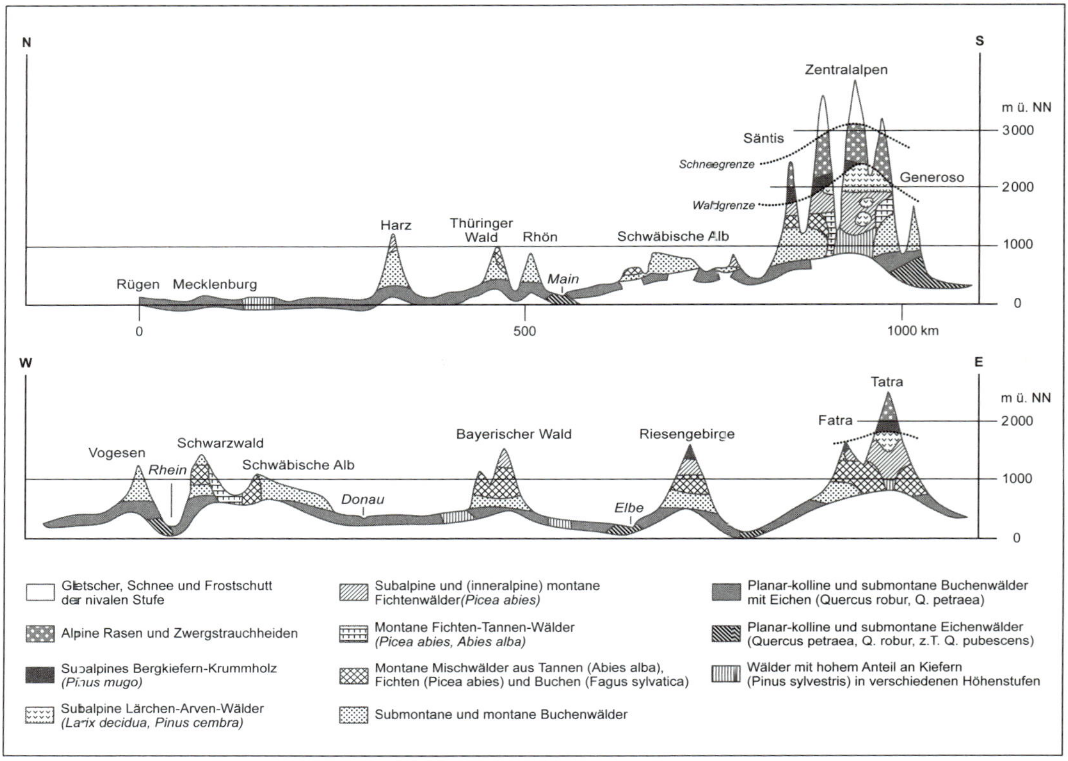

Abb. 5.5 Vegetationsprofile durch Mitteleuropa (verändert nach Ellenberg & Leuschner, 2010 und Klink, 1998).

Zentralalpen zeigen die Höhenstufen aufgrund des Massenerhebungseffektes eine charakteristische Aufwölbung. Hier liegt die Waldgrenze bei 2400 m und wird von Lärchen-Arvenwäldern gebildet (vgl. Abb. 5.5).

Kiefernwälder

Natürliche Kiefernwälder sind in Deutschland v. a. in den nordöstlichen und östlichen subkontinentalen Gebieten auf sandigen, nährstoffarmen und trockenen Böden verbreitet. Unter diesen Standortbedingungen ist die Konkurrenz von Buche, Tanne und Fichte gering. Nur die Stiel- und Traubeneiche ist konkurrenzfähig und den Kiefernwäldern beigemischt. In Tälern der Bayerischen Alpen z.B. im Wettersteingebirge, gedeihen an südexponierten Hängen auf Rendzinen mit Tangelhumus die Schneeheide-Kiefernwälder. Kennzeichnend sind in den lichten Wäldern die Schneeheide (*Erica herbacea*) und der Zwergbuchs (*Polygala chamaebuxus*).

5.3.2 Azonale und extrazonale Vegetationstypen Deutschlands

Die Vegetation an Sonderstandorten wird in erster Linie durch die besonderen edaphischen (azonale Vegetation) bzw. geländeklimatischen (extrazonale Vegetation) Verhältnisse bestimmt. Hierzu zählen die Pflanzengesellschaften der wassergeprägten Standorte (Moore, Auen, Bruchwälder, Küstenvegetation) sowie die Laubwälder schuttreicher Schatt- und Sonnhänge.

Eschen-Ahorn-Schatthangwald

Der Eschen-Ahorn-Schatthangwald (Schluchtwald) ist in der submontanen bis montanen Stufe der Mittelgebirge an Standorten mit hoher Luftfeuchte und kühlen Temperaturen infolge der Lage an schattigen Nordwest- bis Osthängen verbreitet. Neben Esche und Bergahorn (*Acer pseudoplatanus*) bilden Ulme (*Ulmus glabra*) und Sommerlinde (*Tilia platyphyllos*) die Baumschicht. Die Krautschicht ist durch Hochstauden und Farne mit den Charakterarten Silberblatt (*Lunaria rediviva*), Christophskraut (*Actaea spicata*), Schild- (*Polystichum aculeatum*), Hirschzungen- (*Phyllitis scolopendrium*) und Ruprechtsfarn (*Gymnocarpium robertianum*) gekennzeichnet.

Ahorn-Linden-Block- und Geröll-Hangwald

Das Gegenstück bildet der Ahorn-Linden-Block- und Geröll-Hangwald auf Sonnhängen im Mittelgebirgsraum mit Sommerlinde (*Tilia platyphyllos*) im subozeanischen Klimabereich und Winterlinde (*Tilia cordata*) im subkontinentalen Klimabereich.

Auenwälder

Die Auenwälder der breiten Talauen lassen sich differenzieren in die **Weichholzauen** und **Hartholzauen**. In den regelmäßig überschwemmten Weichholzauen dominiert die Silberweide (*Salix alba*) und die Purpurweide (*Salix purpurea*) sowie die Schwarzpappel (*Populus nigra*), in der Krautschicht sind Rohrglanzgras (*Phalaris arundinacea*) und Brennnessel (*Urtica dioica*) charakteristisch, die die gute Wasser- und Nährstoffversorgung widerspiegeln. Auf den etwas grundwasserferneren Standorten der Hartholzaue gedeihen **Eschen-Ulmen-Auenwälder** auf tiefgründigen braunen Auenböden. An Standorten mit tiefer liegendem Grundwasserspiegel tritt die Esche zurück und die Stieleiche bildet die dominierende Baumart zusammen mit Flatterulme (*Ulmus laevis*) und Feldulme (*Ulmus minor*) im Eichen-Ulmen-Auenwald, der zum feuchten Eichen-Hainbuchenwald überleitet (s. o.).

An den Oberläufen der kleinen Flüsse und Bäche gedeiht meist ein nur schmaler Ufersaum aus Bach-Eschenwäldern mit Schwarzerlen (*Alnus glutinosa*). Im Überflutungsbereich der Alpenflüsse auf Schotterterrassen und Schwemmfächern mit nur gering entwickelten Auenböden dominiert die Grauerle (*Alnus incana*). Diese Pionierbaumart verfügt in ihren Wurzelknöllchen über symbiotisch lebende Actinomyceten, die Luftstickstoff binden.

Bruchwälder

Als Bruchwälder (Sumpfwälder) werden nasse, zeitweilig überstaute, sumpfige Wälder bezeichnet, die im Gegensatz zu den Auenwäldern auf permanent grundwassernahen Böden vorkommen. Überschwemmung findet – je nach topographischer Lage – seltener statt, daher ist die Akkumulation von mineralischen und organischen Nährstoffen geringer bzw. fehlt ganz. Zudem besteht der Oberboden aus einer mindestens 10 bis 20 cm mächtigen, vom Wald selbst erzeugten Torfschicht (Bruchwaldtorf) aus mehr oder weniger zersetztem Pflanzenmaterial (Anmoor, Niedermoor vgl. Kap. 4.3.1). Trotz dieser Unterschiede gibt es natürlicherweise Übergänge zwischen Bruch- und Auenwäldern. **Schwarzerlenbrücher** gedeihen in der planaren und kollinen Höhenstufe auf Niedermoorböden mit Nährstoffeintrag über das Grundwasser (z.B. im norddeutschen Tiefland in vermoorten Niederungen abseits der Flüsse und an verlandenden Seen). Auf entwässerten Hochmooren und an Niedermoorstandorten mit basenarmen Grundwasser entstehen anstelle der Erlenbruchwälder die **Birkenbruchwälder** z.B. in Nordwestdeutschland mit der Moorbirke (*Betula pubescens*) als namensgebende Baumart. Im subkontinentalen Klima weiter östlich kommen zudem **Kiefernbruchwälder** vor.

Moore

Moore sind Wasserüberschussgebiete, die von speziell angepasster, Torf bildender Vegetation besiedelt werden. Torf entsteht in wassergesättigtem Milieu, wenn infolge Luftmangels der Abbau der organischen Substanz stark gehemmt ist und es zur Anhäufung unvollständig zersetzten Pflanzenmaterials kommt (vgl. Kap. 4.1.2). Es wird zwischen Nieder-, Übergangs- und Hochmoor unterschieden. **Niedermoore** (topogene Moore) sind vom Grundwasser beeinflusst, **Hochmoore** (ombrogene Moore) sind hingegen vom Niederschlagswasser abhängig. Der Stoffhaushalt der Hochmoore ist aufgrund fehlenden Nährstoffeintrags über das Grundwasser (wie bei den Niedermooren) durch ausgeprägte Nährstoffarmut und stark saures Milieu gekennzeichnet. Durch das Wachstum der Torfmoose (Sphagnum) wachsen die Hochmoore nach und nach über das Niveau der Umgebung. Sie sind in Nord- und Nordwestdeutschland z.B. auf nährstoffarmen Schmelzwassersanden und entkalkten Moränen, in den Hochlagen der Mittelgebirge auf sauren Silikatgesteinen, anzutreffen. Viele Hochmoore im Nordwestdeutschen Tiefland wurden jedoch abgetorft, entwässert, landwirtschaftlich in Wert gesetzt und mithin zerstört.

Stichwort

Moore – Landschaftsbegriff, Bodentyp und extremer Lebensraum

Moore sind komplexe Lebensräume mit zumindest teilweise torfbildender Vegetation, in denen organische Substanz unter anaeroben Zersetzungsbedingungen schneller produziert als abgebaut wird. Der Landschaftsbegriff Moor bezeichnet ein Gebiet, welches sich durch das Vorhandensein von Torf, den Moorböden und der charakteristischen Vegetation auszeichnet. Die Moore stellen eine Abteilung in der deutschen Bodenklassifikation dar, unterteilbar in zwei Typen, Niedermoor und Hochmoor. Hauptkriterium für die Differenzierung der Moore ist der Ursprung des für die Moorbildung verantwortlichen Wassers. Unterschieden werden die Niedermoore (minerotroph, topogen), Hochmoore (ombrotroph, ombrogen) und die wegen ombrominerotropher Entstehungsbedingungen zwischen beiden erstgenannten Typen stehenden Übergangsmoore. Nach topographischen Gegebenheiten und hydrologischen Verhältnissen lassen sich die Moortypen weiter differenzieren in z.B. Kesselmoor und Verlandungsmoor (Bsp. Toteisseen), Quellmoor und Hangmoor. Weltweit betrachtet haben Moore ihre größte Verbreitung in kühlen Klimaten, weil die Aktivität der Streuzersetzer durch die niedrigen Temperaturen stärker gehemmt ist als das Pflanzenwachstum. Da in den Torfen Pollen und pflanzliche Großreste konserviert werden, geben Moore wichtige Hinweise über die holozäne Vegetationsentwicklung. Mit Hilfe von Radiokarbondatierungen ist es möglich, den Vegetationswandel mit zeitlichem Bezug zu rekonstruieren und Rückschlüsse über die Klimaentwicklung anzustellen.

Küstenvegetation

Als weiterer azonaler Vegetationstyp ist die Küstenvegetation (Salzwiesen, Dünenvegetation) aufzuführen. Der unterschiedliche Nährstoff- und Salzgehalt der verschiedenen Substrate führt zu verschiedenen Standortbedingungen, die in der Zusammensetzung der Pflanzenarten zum Ausdruck kommen. Den Übergangsbereich von Meer und Land bildet im Bereich der nordwestdeutschen Küste das Watt. Der chloridreiche Schlick kann nur von Salztoleranten Arten (Halophyten) besiedelt werden. Die Vegetation der **Salzwiesen** besteht daher aus artenarmen Lichtpflanzen. Wichtige Pionierpflanzen sind die verschiedenen Arten des Quellers (Schlickqueller, *Salicornia stricta*), Vorlandqueller (*Salicornia ramosissima*) und die Strandsode (*Suaeda flexilis*). Queller und Strandsoden bilden landwärts oft dichtere Bestände, in denen bei Hochflut mitgeführte Schwebstoffe sedimentieren können. Bei zunehmender Aufschlickung werden die Quellerfluren vom Andelgras (*Puccinellia maritima*) verdrängt. Mit sukzessiver Entsalzung stellen sich Bottenbinsen- und Rotschwingel-Salzwiesen mit Grasnelke (*Armeria maritima*), Strandflieder (*Limonium vulgare*) und Strandaster (*Aster tripolium*) ein.

Dünenvegetation

Auf den Düneninseln mit ihren Sandstränden verläuft die Vegetationsentwicklung synchron mit der Bodenentwicklung und geht von den Strandhafer-, über Kleinrasengesellschaften zu Strauchheiden- bis hin zu Waldgesellschaften. Die Abfolge - vom Meer zum Land gesehen - umfasst im wesentlichen Sandstrand, Spülsaum, Vordünen, Weißdünen, Graudünen zwischen-geschaltete Dünentäler und die Braundünen. Oberhalb des Spülsaums, der nur von annuellen Spezialisten wie z. B. dem salztoleranten Meersenf (*Cakile maritima*) und Salzmiere (*Honckenya peploides*) besiedelt werden kann, bilden ebenfalls salzresistente Gräser, insbesondere die Strandquecke (*Agropyron junceum*), wichtige Sandfänger, die die Bildung der Vordünen (Primärdünen) ermöglichen. Die zunehmende Erhöhung der Dünen führt zur Bildung der Weißdünen (Sekundärdünen) bei denen der Salz- oder Brackwassereinfluss vollständig außerhalb des Wurzelraumes der typischen besiedelnden Pflanzen wie Strandhafer (*Ammophilla arenaria*) und Strandroggen (*Elymus arenarius*) liegt. Beide Arten bilden meterlange Wurzelsysteme und vertragen Übersandung. Im Lee der Weißdünen, wo die Sandüberwehung geringer ist, siedeln sich Sandschwingel (*Festuca rubra* ssp. *arenaria*) und weitere an Trockenheit angepasste Strandpflanzen an. Im Übergang zur Graudüne (Tertiärdüne) kommen (Zwerg-)Straucharten hinzu wie Kriechweiden, Sanddorn und die eingeführte Kartoffelrose (*Rosa rugosa*). Nach fortschreitender Bodenentwicklung mit Anzeichen von Verbraunung bilden sich Braundünen mit Heidegesellschaften aus Krähenbeere (*Empetrum nigrum*), Besenheide (*Calluna vulga-*

ris) und Kriechweide (*Salix repens*). In den Dünentälern entwickeln sich je nach Vernässungsgrad verschiedene Röhrichte, Feuchtheiden, Seggen- und Binsensümpfe.

5.3.3 Vegetationszonen der Erde

Vegetationsformationen

Die am weitesten verbreiteten Vegetationsformationen der Erde sind Wälder, Grasländer und Wüsten. Wälder dominieren dort, wo die Vegetationsperiode lang genug und die Niederschlagsmenge hoch genug ist, um das Baumwachstum zu ermöglichen. Grasländer bestimmen die Vegetation, wenn Wärme- oder Wassermangel das Baumwachstum verhindert. Wüsten sind die vegetationsarmen Formationen, in denen nur die an extreme Temperatur (Hitze oder Kälte) und Trockenheit angepassten Lebensformen überdauern.

Von Nord nach Süd lassen sich die polare und subpolare Zone, boreale Zone, die temperierte Wald- und Steppenzone, die Subtropen, die wechselfeuchten Tropen und die immerfeuchten Tropen untergliedern (Abb. 5.6).

Polare/subpolare Zone

Die polare/subpolare Zone liegt überwiegend in der kontinuierlichen Permafrostzone, ist zirkumpolar ausgebildet und endet äquatorwärts an der polaren Baumgrenze. Die eisfreien Gebiete werden in die **Frostschutt- und Tundrenzone** unterteilt. In der Tundrenzone liegen die Temperaturmittel des wärmsten Monats zwischen +6 °C und +10 °C, maximal drei Monate über +5 °C. Charakteristisch sind extreme Schwankungen der Strahlungsbedingungen zwischen Polartag und Polarnacht (Jahreszeitenklima) mit langen und strengen Wintern sowie geringe Jahresniederschläge. Kurze Vegetationsperiode, kühle Temperaturen, vernässte aber auch trockene und nährstoffarme Böden bzw. bodenähnliche Formen erlauben nur wenigen Pflanzenarten die polaren Wüsten und Tundren zu besiedeln. Die vorherrschenden Lebensformen der Gefäßpflanzen sind Chamaephyten und Hemikryptophyten. Die Dominanz dieser beiden Lebensformen beruht darauf, dass die zwar oft nur zwischen 10–50 cm mächtige winterliche Schneedecke ausreicht, die bodennahen Sprossteile der niederwüchsigen Arten vor der extremen Kälte und der Windschur bzw. dem Windschliff zu schützen. Bei der Wiederaufnahme des Wachstums im Sommer ermöglicht das vorhandene Wurzel- bzw. Sprosssystem eine schnelle Ausbildung von Blättern und Blüten zur Photosynthese und Reproduktion. Therophyten fehlen nahezu, da die kurze Vegetationszeit mit niedrigen Temperaturen für die annuellen Arten ungünstig ist.

Nach dem Deckungsgrad der Vegetation wird die Zone in die polare Wüste (< 10 % Vegetationsbedeckung), die hocharktische Tundra (10–80 % Vegetationsbedeckung) und die niederarktische Tundra (> 80 % Vegetationsbedeckung) unterteilt. An windexponierten Standorten (kaum Schneeschutz im Winter, trocken im Sommer) ist die **Flechtentundra** teilweise mit niedrigen Spaliersträuchern (*Salix herbacea, Dryas octopetala, Erica tetralix, Cassiope* spp.) und Polsterpflanzen (*Silene acaulis, Saxifraga* spp.) zu finden. Auf spät ausapernden (lange schneebedeckten) Flächen und in Senken siedeln sich Moose, Wollgräser (*Eriophorum*), Seggen (*Carex*) und Schneetälchenpflanzen z. B. Krautweide (Salix herbacea), Gelbling (*Sibbaldia procumbens*) und Ruhrkraut (*Gnaphalium* spp.) an. Im Bereich mit ausreichend mächtiger, aber frühzeitig abtauender Schneedecke gedeihen die weniger winterharten Zwergsträucher (**Zwergstrauchtundra**; *Salix*-Arten). Auf nassen Standorten bilden Gräser und Seggen eine wiesenartige Vegetation (Wiesen-Rasentundra). Hier finden sich Schmielen (*Deschampsia*), Schwingel (*Festuca*) und Reitgräser (*Calamagrostis*), z. T. sind Krähenbeere (Empetrum nigrum), Vaccinium-Arten sowie Bärentraube (*Arctostaphylos uva-ursi*) und auch Zwergbirken (*Betula nana*) beigemischt. Die **Strauch- oder Waldtundra** (Kampfzone des Waldes) bildet den Übergang zur borealen Waldzone, mit Birken (in Europa), Kiefern und Lärchen (in Nordamerika und Sibirien). Der Verlauf der Baumgrenze liegt in etwa im Bereich der 10 °C-Juli-Isotherme.

Boreale Zone

Die **boreale Zone** ist zirkumpolar, allerdings nur auf der Nordhalbkugel ausgebildet. Die Vegetationsperiode (Mitteltemp $\geq 5\,°C$) umfasst 4-5 Monate. Mitteltemperaturen von $\geq 10\,°C$ treten in 1-3 Monaten auf. Unter diesen klimatischen Bedingungen stellt sich als dominierende Pflanzenformation der boreale Nadelwald ein. Die Niederschläge (250-500 mm) liegen höher als in der Tundrenzone. An der Nordgrenze der Zone werden Tageslängen von 24 Stunden, an der Südgrenze immerhin noch 16 Stunden erreicht. Ein Teil der Strahlungsenergie wird jedoch von der lang liegenden Schneedecke reflektiert bzw. bei der Verdunstung des Schmelzwassers in latente Wärme überführt. Von Bedeutung ist zudem der Grad der Kontinentalität/Ozeanität mit z. T. sehr großen Temperaturunterschieden zwischen Sommer und Winter.

Boreale Nadelwälder (Taiga)

Die artenarmen borealen Nadelwälder (Taiga) werden von Fichten (*Picea* spp.), Tannen (*Abies* spp.), Kiefern (*Pinus* spp.) und Lärchen (*Larix* spp.) dominiert, die auf den weit verbreiteten Podsolen wachsen. Zudem kommen in der Strauchschicht und als Pionierbaumarten nach Waldbränden Birken (*Betula* spp.), Pappeln (*Populus* spp.), Weiden (*Salix* spp.), und Eschen (*Fraxinus* spp.) vor.

Die immergrünen Nadelbäume haben gegenüber den laubwerfenden Bäumen einen geringeren Mineralstoffbedarf und können zudem im Frühsommer schneller mit der Photosynthese beginnen. Die Nadeln sind frosthärter als Laubblätter und überstehen Frosttrocknis und sommerliche Trockenheit besser. Die suboptimale Nährstoffversorgung kommt auch im lichten Bestand und der schlanken Wuchsform der Bäume zum Ausdruck. Aufgrund der im Vergleich zu mitteleuropäischen Nadelforsten günstigeren Lichtverhältnisse sind die Strauch- und Krautschicht besser entwickelt.

Wald- und Baumgrenze

Die Wald- und Baumgrenze wird häufig von der Fichte (als Flachwurzler auf Permafroststandorten mit geringer Auftautiefe im Vorteil) gebildet, außer in den stärker ozeanisch geprägten Regionen, in denen die Birke dominiert (z. B. Skandinavien, *Betula pubescens* spp. *tortuosa*) und in den hochkontinentalen Regionen (Sibirien), in denen die Lärche (*Larix sibirica*, durch Nadelabwurf minimale Transpiration im Winter und mithin geringere Gefahr der Frosttrocknis) vorherrscht.

Temperierte Wald- und Steppenzone

An die boreale Zone grenzt äquatorwärts die temperierte Wald- und Steppenzone **(feuchte und trockene Mittelbreiten)**. In den hochkontinentalen Bereichen der Nordhalbkugel fehlen die feuchten Mittelbreiten entweder ganz, oder sind nur als schmaler Übergangsbereich zu den winterkalten Steppen ausgebildet. Beide liegen im Bereich der Westwinddrift, jedoch herrscht im Innern der Kontinente sowie im Regenschatten der Gebirge jahreszeitliche Trockenheit, die Baumwuchs verhindert und wo sich stattdessen die charakteristische Steppenvegetation ausbildet.

Sommergrüner Laub- und Mischwald

Das kühlgemäßigte Vier-Jahreszeitenklima der **feuchten Mittelbreiten** zeichnet sich durch eine längere Vegetationsperiode und Niederschlagssummen zwischen 500–1000 mm aus. Die dominierende Vegetationsformation ist der sommergrüne Laub- und Mischwald aus sommergrünen Laubbäumen und immergrünen Nadelhölzern (siehe Kap. 5.3.1). Der sommergrüne Laubwald folgt i. d. R. einem dreischichtigen Aufbau; unter der Baum- und Strauchschicht ist eine geo- und hemikryptophytenreiche Krautschicht ausgebildet, die deutliche Anpassungen an den jahreszeitlichen Wechsel mit Belaubung und Laubabwurf und den winterlichen Schutz durch die Laubstreu zeigen. So treiben die krautigen Frühjahrsblüher aus vorhandenen Wurzelsystemen oder aus Überdauerungsorganen im Boden vor dem Laubaustrieb aus. Im Sommer gelangt bei voller Belaubung der Bäume wenig Licht an die Bodenoberfläche, so dass nur Schattenpflanzen gedeihen können.

Temperierte Nadel- oder Laubfeuchtwälder

Temperierte immergrüne Nadel- oder Laubfeuchtwälder bilden sich auf beiden Hemisphären zwischen 40° und 60° geographischer Breite in Regionen mit Küstengebirgen (z. B. Nord- und Südamerika). Wichtiger Faktor sind die orographisch bedingten hohen Niederschläge von 2000–3000 mm. In den pazifischen Nadelfeuchtwäldern Nordamerikas dominieren Hemlocktanne (*Tsuga heterophylla*) und Riesenlebensbaum (*Thuja plicata*), vergesellschaftet mit Sitkafichte (*Picea sitchensis*) und als Pionierbaumart auch die Douglasie (*Pseudotsuga menziesii*), die eine langlebige und ertragreiche Waldformation bilden.

Steppentypen

Die kontinentale Lage bzw. die Leelage bedingt in den **trockenen Mittelbreiten** geringere Niederschläge und größere Temperaturamplituden als in den in gleicher geographischer Breite gelegenen feuchten Mittelbreiten. Mit zunehmender Trockenheit bilden sich unterschiedliche Steppentypen (Wald-, Langgras-, Kurzgras- und Trockensteppe bzw. Prärie in Nordamerika) auf unterschiedlichen Steppenböden (Phaeozems, Chernozems und Kastanozems) aus (vgl. Kap. 4.3.3). Aufgrund der hochsommerlichen Trockenheit (das Niederschlagsmaximum liegt wegen der konvektiven Niederschläge zwar im Sommer, aufgrund der hohen Verdunstung in dieser Zeit steht den Pflanzen jedoch in den übrigen Jahreszeiten mehr Wasser zur Verfügung) und der winterlichen Kälteperiode müssen Steppenpflanzen ihren Entwicklungszyklus in wenigen Monaten durchlaufen, mit der produktivsten Phase im Frühsommer. Die Mehrzahl der krautigen Pflanzen gehört zu den Hemikryptophyten, daneben Geophyten und Therophyten. Die dünne winterliche Schneedecke bietet diesen Lebensformen ausreichend Schutz vor der Kälte. In Anpassung an den Dürrestress besitzen viele Pflanzen xeromorphe (an Trockenheit angepasste) Merkmale. Im Hochsommer vertrocknen die oberirdischen Pflanzenteile, deren Streu zur Humusbildung der Ah-Horizonte der Steppenböden führt.

Die winterkalten Steppen, insbesondere die Langgrassteppen (mittlerer Westen der USA, Eurasien) gehören aufgrund ihrer fruchtbaren Böden zu den sog. Kornkammern der Erde. Neben Weizen und Maisanbau im Bereich der Langgrassteppen werden die Kurzgrassteppen für die extensive Weidewirtschaft genutzt. Aus den Steppengräsern wurden unsere Getreidesorten gezüchtet.

Die **Waldsteppe** bildet den Übergangsbereich von der borealen Zone bzw. den feuchten Mittelbreiten zu den Trockengebieten. Mit zunehmender Annäherung an die Langgrassteppe löst sich der ohnehin lichte Baumbewuchs auf, bis nur noch Waldinseln übrig bleiben. In der baumlosen **Langgrassteppe** (Feuchtsteppe) erreichen die Gräser (u.a. *Stipa*-Arten) auf den tiefgründigen Chernozems Wuchshöhen von 50-100 cm. Neben den Gräsern sind zahlreiche Kräuter aus den Familien der Korbblütler und Leguminosen vertreten. Mit zunehmender Trockenheit geht die Langgrassteppe in die **Kurzgrassteppe** (Büschelgrassteppe) mit Wuchshöhen zwischen 20-40 cm über. Schließlich folgt die Wüstensteppe mit spärlicher Vegetationsbedeckung aus Zwerg- und Halbsträuchern und geringeren Anteilen an Gräsern und krautigen Pflanzen, die bereits zu den Halbwüsten überleitet.

Wüsten und Halbwüstenformationen

Die Wüsten und Halbwüstenformationen der Erde bilden sich bei Jahresniederschlägen von weniger als 250 mm. Sowohl in den trockenen Mittelbreiten als auch in den tropisch/subtropischen Bereichen gibt es Wüsten- und Halbwüsten, die an die feuchteren Trockensteppen (Zentralasien) oder an die Dornsavannen (Afrika) anschließen. In den Halbwüsten sind Geophyten, Zwergsträucher und xerophytische Gräser verbreitet, z.T. Sukkulenten. In den Vollwüsten überdauern Therophyten die langen Trockenzeiten als Samen, die dann nach den seltenen Regenfällen innerhalb weniger Tage keimen und blühen.

In den polaren Kältewüsten limitiert nicht nur die Kälte, sondern auch der Wassermangel das Pflanzenwachstum.

Wechselfeuchte und immerfeuchte Subtropen

Die wechselfeuchten und immerfeuchten Subtropen lassen sich differenzieren in die winterfeuchten Subtropen mit sommerlicher Trockenzeit an den Westseiten und die immerfeuchten Subtropen an den Ostseiten der Kontinente. Im Sommer liegen die **winterfeuchten Subtropen** im Einflussbereich des Subtropisch-randtropischen Hochdruckgürtels (sommerliche Trockenzeit), im Winter mit der Verschiebung der Luftdruck- und Windgürtel im Einflussbereich der zyklonalen Westwinddrift. Kaltlufteinbrüche und episodische Fröste sind möglich. In den winterfeuchten Subtropen dominieren immergrüne **Hartlaubwälder** mit Steineichen (*Q. ilex*) und Korkeichen (*Q. suber*) und z. T. Pinienwälder. Die Vegetation ist durch eine hohe Artenzahl und viele Hemikryptophyten, Geophyten und Therophyten gekennzeichnet. Ihren Namen hat diese Formation von der Hartlaubigkeit (Sklerophyllie) z. T. mit Haarbesatz als Verdunstungsschutz. Die natürlichen Hartlaubwälder sind unter dem Einfluss des Menschen meist zu Gebüsch- und Zwergstrauchformationen degradiert. Die mediterranen Hartlaub-Strauchformationen werden unter dem Sammelbegriff Matorral zusammengefasst, differenzierbar in höheren Matorral (Macchie) und niederen Matorral (Garrigue). Zu den typischen Fruchtbaumkulturen zählen der Öl- oder Olivenbaum, Mandel- und der Feigenbaum; von wirtschaftlicher Bedeutung sind zudem die Weinreben.

Die West-Ost-Asymmetrie im Bereich der Subtropen liegt in der Ausbildung von Hitzetiefs über den Kontinenten begründet. Aufgrund dieser monsunalen Effekte erklärt sich das Sommermaximum der Niederschläge im Bereich der **immerfeuchten Subtropen** an den Ostseiten der Kontinente. Die potenziell natürliche Vegetation besteht insbesondere an den Küsten aus Regenwäldern und halbimmergrünen Feuchtwäldern, die landeinwärts mit abnehmenden Niederschlägen von immergrünen Lorbeerwäldern abgelöst werden.

Sommerfeuchte Tropen

Die sommerfeuchten Tropen erstrecken sich zwischen den immerfeuchttropischen Regenwäldern am Äquator und den tropisch/subtropischen Trockengebieten. Äquatorwärts folgt an die Halbwüsten- und Wüstenzone eine Zone mit von Bäumen durchsetzten Grasfluren. Diese Savannen sind die prägenden Vegetationsformationen dieser Zone. Die Verlagerung der Innertropischen Konvergenzzone verursacht eine einfache oder doppelte Regenzeit. Der Lebensrhythmus der Pflanzen wird von der mehr oder weniger stark ausgeprägten Trockenzeit bestimmt. Im Unterschied zu den winterkalten Steppen gibt es in dieser Zone keine thermische, sondern nur eine hygrische Einschränkung der Vegetationszeit. Die Abgrenzung der Savannenzonen erfolgt nach der Dauer der Regenperioden in **Feucht-, Trocken- und Dornsavannen**. Bei dichterem Baumbestand spricht man auch von regengrünen Feucht- und Trockenwäldern.

Savannen

In der Feuchtsavanne mit 7-9 humiden Monaten gedeihen Langrasfluren mit durchschnittlich 1-3 m hohen Gräsern. In den humidesten Zonen innerhalb der Feuchtsavannenklimate bildet sich der sog. halbimmergrüne tropische Feuchtwald aus, der bereits viele Arten des immerfeuchten Regenwaldes

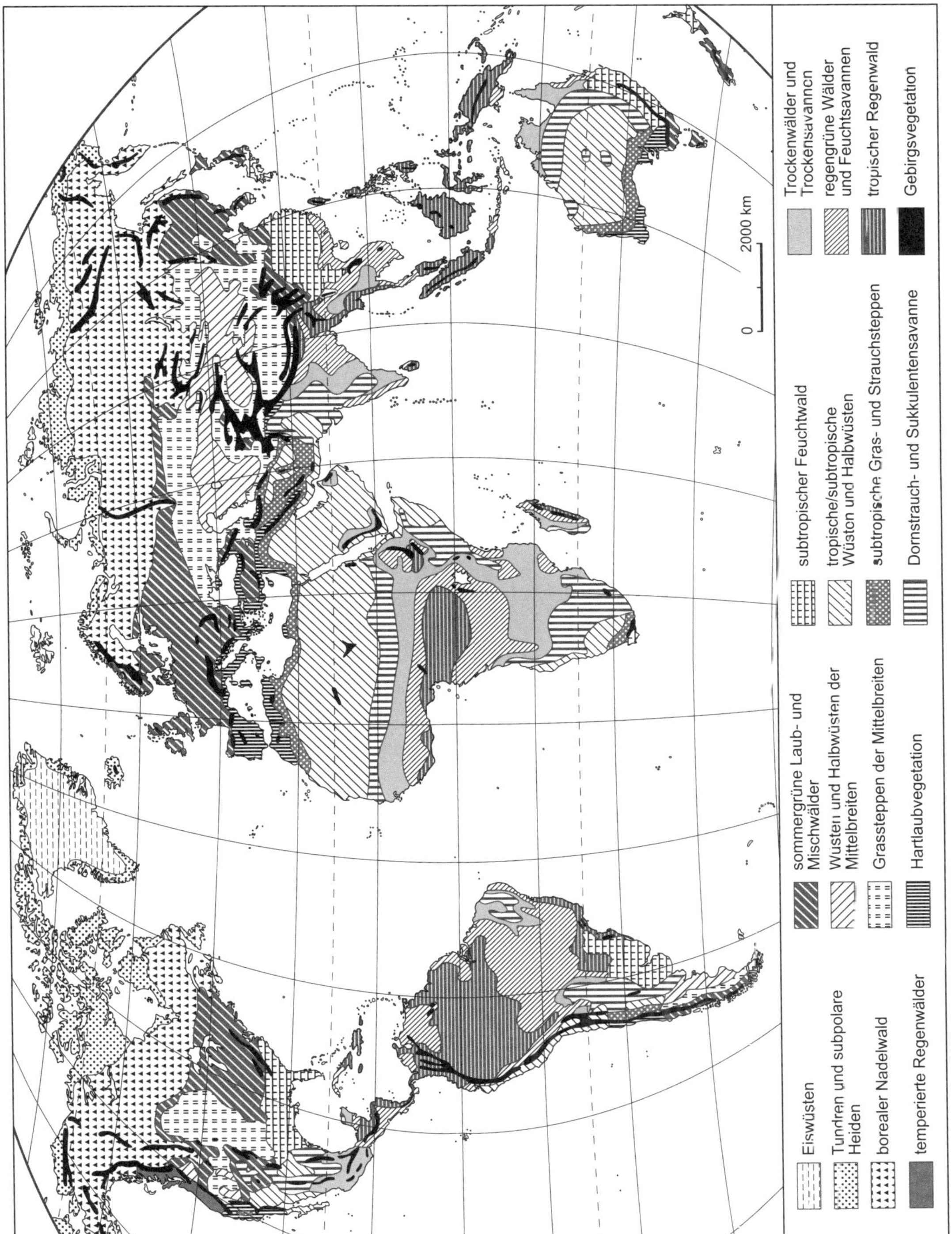

Abb. 5.6 Vegetationszonen der Erde (vereinfacht und verändert nach Goudie, 2008).

enthält, jedoch mit der Fähigkeit des fakultativen Laubabwurfs während der kurzen Trockenperiode.

In der Trockensavanne mit 5–6 humiden Monaten erreicht die Grashöhe 0,5–1,5 m und in der Dornsavanne mit einer Dauer der humiden Jahreszeit von 2–3 Monaten nur mehr 30–50 cm. Die Baumschicht der Trocken- und Dornsavannen wird von laubabwerfenden Holzgewächsen oft mit schirmförmiger Krone gebildet (z. B. Akazien, Flaschenbäume, Affenbrotbäume).

Immerfeuchte Tropen

Die immerfeuchten Tropen liegen zum größten Teil innerhalb von 10° N und 10° S. In Bereichen mit winterlichen Passatregen oder monsunalen Niederschlägen, die in Ergänzung zu den sommerlichen Zenitalregen fallen, reichen sie z. T. bis 20° N und 20° S. Das Tageszeitenklima ermöglicht ganzjähriges Pflanzenwachstum. Die zonale Pflanzenformation ist der **immergrüne tropische Regenwald**, der sich durch großen Artenreichtum und hohe Artendiversität auszeichnet. Die Pflanzen gehören überwiegend zu den Hygrophyten (Feuchtpflanzen), als Lebensform dominieren die Phanerophyten. Oberhalb der üppigen Kraut- und Strauchschicht bildet der tropische Regenwald häufig drei Kronenstockwerke aus. Die höchsten Bäume ragen mit 40 bis über 60 m Wuchshöhe über das 30 bis 40 m hohe mittlere Kronenstockwerk hinaus. Kennzeichnend für den tropischen Regenwald sind zudem Lianen und Epiphyten als Anpassungsformen an den Konkurrenzfaktor Licht. Die kälte- und trockenheitsangepassten Lebensformen Chamaephyten, Hemikryptophyten und Geophyten, die in anderen Zonen häufig sind, treten im tropischen Regenwald zurück. Typisch sind zudem die Ausbildung unterschiedlicher Wurzeltypen (Wurzelmatten, Brett-, Luft- und Stützwurzeln), häufige Symbiosen zwischen Wurzeln und Mykorrhiza-Pilzen und das Fehlen von Jahresringen (keine Jahreszeiten). Die Zersetzung der Streu erfolgt schnell, die dichte Durchwurzelung des Oberbodens, teilweise mit Wurzelmatten, ermöglicht die Aufnahme der bei der Mineralisierung freigesetzten Nährstoffe und hält die Nährstoffverluste durch Auswaschung gering. Dies ist umso bedeutender als die tiefgründig verwitterten Böden meist nur eine geringe Kationenaustauschkapazität besitzen und sehr sorptionsschwach sind (vgl. Kap. 4.3.3).

Wissens-Check

1. Erläutern Sie die Begriffe Vegetation und Flora.
2. Unterscheiden Sie die sekundären von den primären Standortfaktoren und erläutern Sie beispielhaft den Einfluss der primären Faktoren auf die Vegetation sowie jeweilige Anpassungsstrategien.
3. Was versteht man unter Sukzession?
4. Durch Säureabgabe der Pflanzenwurzeln werden Nährstoffionen mobilisiert und Austauscherplätze mit H^+-Ionen belegt, welcher natürliche Prozess wirkt einer zunehmenden Bodenversauerung entgegen?

5. Wozu dienen die Zeigerwerte nach Ellenberg?

6. Erläutern Sie das Ökogramm der mitteleuropäischen Laubwaldverbände

7. Wie verläuft die mitteleuropäische Vegetationsentwicklung im Spät- und Postglazial?

8. Wie unterscheiden sich zonale, extrazonale und azonale Vegetation?

9. Was ist in Deutschland nach den klimatischen Bedingungen die potenziell natürliche Vegetation? Geben Sie einige Beispiele für unterschiedliche Standorteigenschaften und Höhenstufen.

10. Was ist unter Sonderstandorten mit besonderen edaphischen oder geländeklimatischen Bedingungen gemeint? Welche Pflanzengesellschaften bilden sich dort aus?

11. Wie unterscheiden sich Auenwälder und Bruchwälder? Welche Bodentypen kommen vor und welche Baumarten dominieren?

12. Wie lassen sich die Vegetationszonen der Erde von Nord nach Süd gliedern? Beschreiben Sie anhand der charakteristischen klimatischen Bedingungen die Ausprägung der typischen Vegetationsformationen.

Literaturhinweise

Ellenberg, H., Leuschner, C. (2010): Vegetation Mitteleuropas mit den Alpen in ökologischer, dynamischer und historischer Sicht. 6. vollst. neu bearb. u. stark erw. Aufl. Stuttgart.

Ellenberg, H., Weber, H.E., Düll, R., Wirth, V., Werner, W., Paulißen, D. (1992): Zeigerwerte von Pflanzen Mitteleuropas. Scripta Geobotanica 18, Göttingen.

Frey, W., Lösch, R. (2010): Geobotanik – Pflanze und Vegetation in Raum und Zeit. Heidelberg.

Klink, H.-J. (1998): Vegetationsgeographie. 3. neu bearb. Aufl. Braunschweig.

Richter, M. (2001): Vegetationszonen der Erde. Gotha.

Schultz, J. (2016): Ökozonen der Erde. 5. bearb. Aufl. Stuttgart.

Literaturverzeichnis

Abele, G. 1997: Rockslide movement supported by the mobilisation of Groundwater-saturated valley floor Sediments. Ztschr. f. Geomorph. 41, S. 1–20.

Abrahams, A. D., Parsons A. J. (Hrsg.) 1994: Geomorphology of desert environments. London (Chapman & Hall).

Ahnert, F. 1987: Geomorphological models – theoretical and empirical aspects. Catena, Suppl.-Bd. 10.

Ahnert, F. 1994: Equilibrium, Scale and Inheritance in Geomorphology. Geomorphology, 11, S. 125–140.

Alexander, J., Eggert, A., Speicher, M., Zimmer, P. (Hrsg.) 1997: Einführung in die Allgemeine Zirkulation der Atmosphäre. Skript zur Vorlesung Allgemeine Klimageographie. 5., überarb. Aufl. Universität Trier.

Allen, P. A. 1997: Earth Surface Processes. Oxford (Blackwell Sci.).

Arbeitsgemeinschaft Bodenkunde 2005: Bodenkundliche Kartieranleitung. 5. Aufl. Hannover, Stuttgart (Schweizerbart).

Auerswald, K 1993: Bodeneigenschaften und Bodenerosion. Wirkungswege bei unterschiedlichen Betrachtungsmaßstäben. Berlin, Stuttgart (Borntraeger).

Aurada, K. D., Billwitz, K., Lampe, R. (Hrsg.) 1998: Abbildung von Prozessen und Strukturen in Geosystemen. Ztschr. f. Geomorph., N. F. Suppl.-Bd. 112.

Bagnold, R. A. 1980: An empirical correlation of bed-load transport rates in flumes and natural rivers. Proccedings of the Royal Society, 372A, S. 453–473.

Barsch, D. 1996: Rockglaciers. Indicators for the present and former geoecology in High Mountain Environments. Heidelberg (Springer).

Barsch, D., Stäblein, G. 1989: Geomorphological mapping in the Federal Republique of Germany – The GMK 25 and the GMK 100. Catena, Suppl.-Bd. 15, S. 343–347.

Barsch, D., Mäusbacher, R. 1993: Flüsse und Flusslandschaften. Die Erfassung der fluvialen Dynamik. In: Geogr. Rdsch. 45, S. 736–745.

Bauer, J., Englert, W., Meier, U., Morgeneyer, F., Waldeck, W. 2001: Physische Geographie. Hannover (Schroedel).

Baumgartner, A., Liebscher, H.-J. 1996: Allgemeine Hydrologie – quantitative Hydrologie. Lehrbuch der Hydrologie, Band 1., 2. Aufl. Stuttgart.

Baumhauer, R. 1990: Lagerungsverhältnisse von Basalt und Braunkohlentertiär am Südrand der Langen Rhön und im südlichen Vogelsberg. Ztschr. dt. geol. Ges. 141, S. 79–86.

Baumhauer, R., Busche, D., Sponholz, B. 1989: Reliefgeschichte und Paläoklima des saharischen Ost-Niger. In: Geogr. Rdsch. 41,9, S. 493–499.

Baumhauer, R., Hagedorn, H. 1990: Problems of Groundwater capture in the Kawar (Niger). Applied Geography and Development, 36, S. 99–109.

Baumhauer, R., Morel, A., Tillet, T. 1997: Southern Central Sahara: Air-Ténéré-Djado-Kawar. In: Tillet T. (Hrsg.) Sahara – Palaeoenvironments and Prehistoric Populations in the upper Pleistocene, Paris (L'Harmattan).

Benn, I. B., Evans, D. J. A. 1998: Glaciers and Glaciations. London (Arnold).

Besler, H. 1996: Granulometrische Sandtypen im Wüstenvergleich (Häufigkeitsverteilungen als Informationsträger). Ztschr. f. Geomorph. N.F. 40, S. 23–46.

Besler, H. 1997: Periods of aeolian activity and stability in the Great Sand Sea in Egypt. Zentralbl. f. Geol. u. Paläontol., Teil I, S. 23–39.

Bibus, E., Strahl, M. 2000: Zur Gliederung und Altersstellung der bayerischen Hochterrassen nördlich des Donauriedes. Ztschr. f. Geomorph. 44, S. 145–164.

Billwitz, K. 1997: Allgemeine Bodengeographie, Allgemeine Geoökologie. In: Hendl, M., Liedtke, H. (Hrsg.): Lehrbuch der Allgemeinen Physischen Geographie. Gotha (Perthes), S. 233-327, S. 635–720.

Blackwelder, E. 1933: The Insolation Hypothesis of Rock Weathering. American J. of Sci. 26, S. 97–113.

Bland, W., Rolls, D. 1993: Weathering. An introduction to the scientific principles. London/New York (Arnold).

Blättler, R., Hagedorn, H., Busche, D., Baumhauer, R. 1995: Sedimentary behavior of the alpine Ruetz River (Stubai Valley, Tyrol, Austria) in historical times. Ztschr. f. Geomorph., N. F. Suppl.100, S. 101–113.

Bleich, K. E. 1998: Zur Deutung und Bedeutung von Paläoböden im (süddeutschen) Löß. Eiszeitalter und Gegenwart 48, S. 50–56.

Bloom, A. L. 1978: Geomorphology. A Systematic Analysis of Late Cenozoic Landforms. New Jersey (Prentice-Hall Inc.).

Blume, H. (Hrsg.) 1976: Strukturbetonte Reliefs. Ztschr. f. Geomorph., N. F. Suppl.-Bd. 24.

Blume, H. 2004: Handbuch des Bodenschutzes. Bodenökologie und Bodenbelastung; vorbeugende und abwehrende Schutzmaßnahmen. 3. Aufl. Landsberg a. L.

Blume, H., Felix-Henningsen, P., Fischer, W. R., Frede, H.-G., Hörn, R., Stahr, K. 1996: Handbuch der Bodenkunde. Landsberg (ECOMED).

Blume, H.-P., Horn, R., Thiele-Bruhn, S. (2010): Handbuch des Bodenschutzes. Bodenökologie und Bodenbelastung; vorbeugende und abwehrende Schutzmaßnahmen. 4., vollst. überarb. Aufl. Weinheim.

Blümel, W. D. (Hrsg.) 1994: Geowissenschaftliche Spitzbergen-Expedition 1990–1992. (SPE 90–92). In: Ztschr. f. Geomorph., N. F. Suppl.-Bd. 97.

Blümel, W. D. 2015: Physische Geographie der Polargebiete. 2., neu bearbeitete Aufl. Stuttgart (Borntraeger).

Blüthgen, J., Weischet, W. 1980: Allgemeine Klimageographie. (= Lehrbuch der Allgemeinen Geographie, Bd. 2). 3., neu bearbeitete Aufl. Berlin.

Bögli, A. 1978: Karsthydrogeographie und physische Speläologie. Berlin, Heidelberg, New York (Springer).

Böhn, D., Schütt, B. 2002: Von der Beobachtung zur Modellbildung – das Beispiel des Wasserhaushaltes. Geographie und ihre Didaktik, 30, 57–72.

Bork, H.-R. 1988: Bodenerosion und Umwelt. Landschaftsgenese und Landschaftsökologie 13.

Bork, H.-R., Bork, H., Dalchow, C., Faust, B., Piorr, H.-P., Schatz, T. 1998: Landschaftsentwicklung in Mitteleuropa. Gotha, Stuttgart (Klett-Perthes).

Bork, H.-R., Dalchow, C. 2000: Reliefaufnahme. In: Barsch, H., Billwitz, K., Bork, H.-R.: Arbeitsmethoden in Physischer Geographie und Geoökologie. Gotha (Klett-Perthes), S. 143–172.

Böse, M. 1989: Methodisch geographische Studien und paläomorphologische Untersuchungen zum Pleistozän südlich der Ostsee.-Berliner Geogr. Abhandl. 51.

Boulton, G. S. 1979: Processes of glacier erosion on different substrata. J. of Glaciology, 23, S. 15–38.

Bremer, H. 1989: Allgemeine Geomorphologie. Methodik, Grundvorstellungen, Ausblick auf den Landschaftshaushalt. Berlin, Stuttgart (Borntraeger).

Bremer, H. 1989: On the geomorphology of the South German Scarplands. Catena, Suppl.-Bd. 15, 45–67.

Bridges, E. M. 1990: World Geomorphology. Cambridge (Cambridge University Press).

Brown, R. J. E. 1970: Permafrost in Canada. Toronto (University of Toronto Press).

Brückner, H. 2000: Küsten – sensible Geo- und Ökosysteme unter zunehmendem Stress. Petermanns Geogr. Mitt., Pilotheft, S. 6–21.

Brunnacker, K. 1982: Äolische Deckschichten und deren fossile Böden im Periglazialbereich Bayerns. Geol. Jb. F. 14, S. 15–25.

Brunotte, E., Garleff, K. 1989: Structural landforms and planation surfaces in Southern Lower Saxony. Catena, Suppl.-Bd. 15, S. 151–164.

Büdel, J., Hagedorn, H. (Hrsg.) 1975: Reliefgenerationen in verschiedenen Klimaten. Ztschr. f. Geomorph., Suppl.-Bd. 23, 162 S.

Bull, W. 1991: Geomorphic responses to climatic change. Oxford (Univ. Press).

Busch, P. 1986: Grundriss Allgemeine Geographie, Teil III: Geomorphologie. Paderborn (Schöningh).

Busche, D. 1998: Die zentrale Sahara. Oberflächenformen im Wandel. Gotha (Perthes).

Busche, D., Sponholz, B. 1988: Karsterscheinungen in nichtkarbonatischen Gesteinen der Republik Niger. Würzburger Geogr. Arb. 59, 9–43.

Carson, M. A., Kirkby, M. J. 1972: Hillslope Form and Process. Cambridge Geographical Studies 3, Cambridge (Cambridge Univ. Press).

Carter, R. W. G. 1988: Coastal environments. An introduction to the physical, ecological and cultural Systems of coastlines. London (Academic Press).

Carter, R. W. G., Woodroffe, C. D. (Hrsg.) 1994: Coastal evolution. Cambridge (Cambridge University Press).

Chow, V. T., Maidment, D. R., Mays, L. W. 1988: Applied Hydrology. New York (McGaw Hill).

Cooke, R. U., Warren, A., Goudie, A. 1993: Desert Geomorphology. London (UCL Press Ltd.).

Crozier, M. J. 1986: Landslides: causes, consequences & environment. London (Croom Helm).

Crozier, M. J., Mäusbacher, R. (Hrsg.) 1999: Magnitude and frequency in Geomorphology. Ztschr. f. Geomorph., N. F. Suppl.-Bd. 115.

Davis, R. A. 1985: Coastal sedimentary environments. New York (Springer).

Davis, W. M. 1899: The geographical cycle. Geol. Journal 14, S. 481–504.

Dawson, A. G. 1992: Ice age earth. London (Routledge).

Demuth, S. 2004: Niedrigwasser und Dürre – Eine europäische Perspektive. Hydrologie und Wasserbewirtschaftung 48, H. 4. S. 160–161.

Derbyshire, E. 1983: Geomorphological Processes. London (Butterworth).

Dikau, R. 1998: The Need for Field Evidence in Modelling Landform Evolution. In: Hergarten, S., Neugebauer, H. (Hrsg.): Process modelling and landform evolution. Heidelberg, Berlin (Springer), S. 9–19.

Dongus, H. 1980: Die geomorphologischen Grundstrukturen der Erde. Stuttgart (Teubner).

DVWK 1991: Hydraulische Berechnung von Fließgewässern. Merkblätter zur Wasserwirtschaft 220, (DK 551.51/54 Fließgewässer; DK 532.543 Hydraulik), Hamburg, Berlin (Parey).

Dyck, S., Peschke, G. (1983): Grundlagen der Hydrologie. Berlin.

Eckardt, K., Ulbrich, U. (2003): Potential impacts of climate change on groundwater recharge and streamflow in a central European low mountain range. Journal of Hydrology 284, No. 1–4, S. 244–252.

Ehlers, J. 1983: Glacial deposits in North-West Europe. Rotterdam (Balkema).

Eisbacher, G. H. 1996: Einführung in die Tektonik. Stuttgart (Enke).

Eissmann, E. 1994: Grundzüge der Quartärgeologie Mitteldeutschlands (Sachsen, Sachsen-Anhalt, Südbrandenburg, Thüringen). Altenburger Naturwissenschaftliche Forsch. 7, S. 55–135.

Eitel, B., Faust, D. 2013: Bodengeographie. 4., neubearb. Auflage. Braunschweig (Westermann).

Ellenberg, H., Leuschner, C. 2010: Vegetation Mitteleuropas mit den Alpen in ökologischer, dynamischer und historischer Sicht. 6., vollst. neu bearb. u. stark erw. Aufl. Stuttgart (UTB).

Ellenberg, H., Weber, H. E., Düll, R., Wirth, V., Werner, W., Paulißen, D. 1992: Zeigerwerte von Pflanzen Mitteleuropas. Scripta Geobotanica 18, Göttingen.

Embleton, C. (Hrsg.) 1988: Applied geomorphological mapping: methodology by example. Ztschr. f. Geomorph., N. F. Suppl.-Bd. 68.

Endlicher, W. 1991: Klima, Wasserhaushalt, Vegetation. Grundlagen der Physischen Geographie II. Darmstadt.

Engel, H. 1999: Eine Hochwasserperiode im Rheingebiet. Extremereignisse zwischen Dez. 1993 und Febr. 1995. Bericht Nr. 1–17 der KHR. Koblenz.

Engelhard, W. V. 1973: Die Bildung von Sedimenten und Sedimentgesteinen. Sediment-Petrologie, Teil III, Stuttgart (Schweizerbart'sche Verlagsbuchhandlung).

Ergenzinger, P. 1998: Chaos and order, the geometry of gravel bed braided rivers.Catena, Suppl.-Bd. 10, S. 85–95.

FAO 1998: WRB – World Reference Base for Soil Resources (www.fao org/docrep/W8594E/W8594E00.htm#Con tents)

FAO 2008: www.fao.org/ag/agl/agll/wrb/wrbdocs.stm

FAO 2016: http://www.fao.org/soils-portal/soil-survey/soil-maps-and-databases/faounesco-soil-map-of-the-world/en/

FAO 2016: WRB – World Reference Base for Soil Resources (http://www.fao.org/soils-portal/soil-survey/soil-classi fication/world-reference-base/en/

Felix-Henningsen, P. 1990: Die mesozoisch-tertiäre Verwitterungsdecke im Rheinischen Schiefergebirge. Aufbau, Genese und quartäre Überprägung. Berlin, Stuttgart (Borntraeger).

Felix-Henningsen, P., Bleich, K. 1996: Böden und Bodenmerkmale unterschiedlichen Alters. In: Blume, H.-P. et al. (Hrsg.) 1996: Handbuch der Bodenkunde, Landsberg (ECOMED), I, 4.5.1.

Fischer, K. 1976: Das Formenbild der Allgäuer Alpen. – Verband d. Höhlen- und Karstforscher 22, S. 43–48.

Fischer, K. 1990: Höhlenniveaus und Altreliefgenerationen in den Berchtesgadener Alpen. Mitt. d. Geogr. Ges. München 32, S. 1–14.

Flohn, H. 1950: Neue Anschauungen über die allgemeine Zirkulation der Atmosphäre und ihre klimatische Bedeutung. Erdkunde, H. 4, S. 141–162.

Fowler, C. M. R. 1990: The solid earth. Cambridge (Univ. Press).

Fraedrich, W. 1996: Spuren der Eiszeit. Landschaftsformen in Europa. Berlin, Heidelberg (Springer).

Frühauf, M., Bartmuss, H. J., Schellbach, A. 1993: Der Ostharz – Geographische Geschichte einer mitteldeutschen Landschaft. Mitt. d. Geogr. Gesell. zu Lübeck 58, S. 11–49

Furrer, G. 1991: 25000 Jahre Gletschergeschichte – dargestellt an einigen Beispielen aus den Schweizer Alpen. Neujahrsblatt Naturforsch. Ges. Zürich 193.

Ganssen, R. 1972: Bodengeographie. Stuttgart.

Ganssen, R., Hädrich, F. 1965: Atlas zur Bodenkunde. Mannheim.

Gellert, J. F. 1990: Verebnungsflächen und Gebirgsstockwerke als Leithorizonte der regionalen Morphochronologie und Morphotektonik. Ztschr. f. Geomorph. N.F. 34, S. 335–353.

Gellert, J. F., Demek, J. 1976: Handbuch der geomorphologischen Detailkartierung. Wien (Hirt).

Gerrard, A. J. 1981: Soils and Landforms, An Integration of Geomorphology and Pedology. London (Allen & Unwin).

Geyer, O. F., Gwinner, M. P. 1994: Geologie von Baden-Württemberg. Stuttgart (Schweizerbart'sche Verlagsbuchhandlung).

Glatthaar, D., Liedtke, H. 1984: Die tertiäre Reliefentwicklung zwischen Sieg und Lahn, ein Beitrag zur Entstehung der Oberflächenformen im Rheinischen Schiefergebirge. In: Ber. zur dt. Landeskunde, 58, S. 129–146.

Gohl, D. 1972: Karte 1:1000000: Deutsche Landschaften und Formen – Bau und Formen. Frankfurt (BfLR, IfAG). Forsch. zur dt. Landeskunde, 184.

Goldich, S. S. 1938: A study in rock weathering. In: Journal of Geology 46, 175 S.

Goudie, A. 1995: The Changing Earth. Rates of Geomorphological Processes. Oxford (Blackwell).

Goudie, A. (Hrsg.) 1998: Geomorphologie. Ein Methodenhandbuch für Studium und Praxis. Berlin, Heidelberg (Springer).

Goudie, A. 2008: Physische Geographie – Eine Einführung. 4. Aufl. Heidelberg. (Spektrum).

Gregory, K. J., Walling, D. E. 1973: Drainage basin, form and process. London (Edward Arnold).

Grotzinger, J., Jordan, T. H., Press, R., Siever, F. 2008: Allgemeine Geologie. 5. Aufl. Heidelberg.

Grunert, J. 1983: Geomorphologie der Schichtstufen am Westrand des Murzuk-Beckens (Zentrale Sahara). Relief, Boden, Paläoklima 2.

Grunert, J., Hardenbicker, U. 1991: Hangrutschungen im Bonner Raum. Ihre Genese und Kartierung für Planungszwecke. Berlin, Stuttgart (Borntraeger). Ztschr. f. Geomorph., N. F. Suppl.-Bd. 89, S. 35–48.

Habbe, K. A. 1989: Die pleistozänen Vergletscherungen des süddeutschen Alpenvorlandes – Ein Resümee. Mitt. d. Geogr. Ges. München, 74, S. 27–51.

Häckel, H. 2016: Meteorologie. 8., vollst. überarb. und erw. Aufl. Stuttgart (UTB).

Hagedorn, H. 1968: Über äolische Abtragung und Formung in der Südost-Sahara. Ein Beitrag zur Gliederung der Oberflächenformen in der Wüste. Erdkunde 22, 257–269.

Hagedorn, H. 1987: Wüstenforschung. Geogr. Rdsch. 39, 7–8, S. 376–385.

Hagedorn, J. (Hrsg.) 1995: Late Quarternary and present-day fluvial processes in Central Europe. Berlin, Stuttgart (Borntraeger). Ztschr. f. Geomorph., N. F. Suppl.-Bd. 100.

Hantke, R. 1978, 1980, 1983: Eiszeitalter. Die jüngste Erdgeschichte der Schweiz und ihre Nachbargebiete. Thun (Ott Verlag).

Hartge, K.-H., Hörn, R. 1993: Einführung in die Bodenphysik. Stuttgart (Enke).

Heathcote, I. W. 1998: Integrated watershed management. Principles and practice. New York (Wiley).

Heine, K. 1998: Climate change over the past 135000 years in the Namib Desert (Namibia) de-rived from proxy data – Palaeoecology of Africa 25.

Herget, J. 2000: Klimaänderungen in Mitteleuropa seit dem Tertiär. Petermanns Geogr. Mitt. 4, S. 56–65.

Higgins, C. G., Coates, D. R. (Hrsg.) 1990: Groundwater Geomorphology. The Role of Subsurface Water in Earth-Surface Processes and Landforms. Boulder, Colorado, USA (The Geological Society).

Hjulström, F. 1935: Studies of the morphological activity of rivers as illustrated by the river Fyris. Bull. of the Geological Institute, University of Uppsala, 25, 221–527.

Höllermann, P. 1976: Probleme der rezenten geomorphologischen Höhenstufung im Rahmen einer vergleichenden Hochgebirgsgeographie. 40. Deutscher Geographentag Innsbruck 1975. Tagungsbericht u. wiss. Abhdl., Wiesbaden (Steiner), S. 61–75.

Horton, R. 1945: Erosional development of streams and their drainage basins, hydrophysical approach to quantitative morphology. Bull. of the Geological Society of America, 56, 275–370.

Hupfer, P., Kuttler, W. (Hrsg.) 2006: Witterung und Klima. 12., überarbeitete Aufl. Stuttgart.

Hüser, K., Blümel, W. D., Eitel, B. 1998: Landschafts- und Klimageschichte des südwestlichen Afrikas. Geogr. Rdsch. 50, S. 238–244.

Jerz, H. 1993: Das Eiszeitalter in Bayern – Erdgeschichte, Gesteine, Wasser, Boden. Stuttgart (Schweizerbart'sche Verlagsbuchhandlung).

Kadereit, J.W., Körner, C., Kost, B., Sonnewald, U. 2014: Strasburger – Lehrbuch der Pflanzenwissenschaften. Heidelberg (Springer).

Karrasch, H. 1970: Das Phänomen der klimabedingten Reliefasymmetrie in Mitteleuropa. Göttinger Geogr. Abh. 56.

Karte, J. 1979: Räumliche Abgrenzung und regionale Differenzierung des Periglaziärs. Bochumer Geogr. Arb. 35.

Keller, E. A., Meehorn, W. N. 1978: Rhythmic spacing and origin of pools and riffles. Bulletin of the Geological Society of America, 89, S. 723–730.

Keller, R. 1961: Gewässer und Wasserhaushalt des Festlandes. Berlin (Haude & Spencer).

Kelletat, D., Psuty, N. P. (Hrsg.) 1996: Field Methods and Models to Quantify Rapid Coastal Changes. Ztschr. f. Geomorph., N. F. SuppL-Bd. 102.

Kirkby, M. J. (Hrsg.) 1994: Process Models and Theoretical Geomorphology. Chichester (Wiley & Sons).

Klengee, K. J., Pasek, J. 1974: Zur Terminologie von Hangbewegungen. Ztschr. Angew. Geologie 20, H. 3,8.128–132.

Klink, H.-J. 1998: Vegetationsgeographie. 3., neu bearb. Aufl. Braunschweig (Westermann).

Klostermann, J. 1999: Das Klima im Eiszeitalter. Stuttgart (Schweizerbart'sche Verlagsbuchhandlung).

Kneisel, C. 2005: Detecting mountain permafrost and hazard assessment of debris flows through the application of electrical resistivity tomography – a case study from the Swiss Alps. Ztschr. f. Geomorph. Suppl. 138: 1–10.

Kneisel, C., Haeberli, W., Baumhauer, R. 2000: Comparison of spatial modelling and field evidence of glacier/permafrost relations in an Alpine permafrost environment. In: Annals of Glaciology 31, S. 269–274.

Kostrewzski, A., Hagedorn, J. 1999: Vergletscherungen in europäischen Mittelgebirgen. Ztschr. f. Geomorph., N. F. Suppl.-Bd. 113.

Kraus, H. 2004: Die Atmosphäre der Erde. Eine Einführung in die Meteorologie. 3., erw. und aktual. Aufl. Heidelberg (Springer).

Krauter, E. 1994: Hangrutschungen und deren Gefährdungspotential für Siedlungen. Geogr. Rsch. 46, 422–428.

Kuntze, H., Roeschmann, G., Schwerdtfeger, G. 2001: Bodenkunde. 5., erweiterte Auflage, Stuttgart (UTB).

Lancaster, N., Nickling, W. G. 1994: Aeolian Sediment Transport. In: Abrahams, A. D., Parsons, A. J. (Hrsg.): Geomorphology of desert environments. London (Chapman & Hall), S. 447–473.

Larcher, W. (1984): Ökologie der Pflanzen. 4., überarb. Aufl. Stuttgart.

Larcher, W. 2001: Ökophysiologie der Pflanzen: Leben, Leistung und Stressbewältigung der Pflanzen in ihrer Umwelt. 6., völlig neubearb, Aufl. Stuttgart (UTB).

Lauer, W., Bendix, J. 2006: Klimatologie. 2., neu bearb. und korr. Aufl. Braunschweig (Westermann).

Lauer, W., Frankenberg, P. 1985: Versuch einer geoökologischen Klassifikation der Klimate. Geographische Rundschau 37, 359–365.

Lehmkuhl, F. 1989: Geomorphologische Höhenstufen in den Alpen unter besonderer Berücksichtigung des nivalen Formenschatzes. Göttinger Geogr. Abh. 88.

Leopold, L.B., Maddock, T. 1953: The hydraulic geometry of stream channels and some physiogeographic implications. USGS Prof. Paper 252, 56 S.

Leser, H. 1988: Schichtstufen und Talrandstufen in Südwestdeutschland. Berliner Geogr. Abh. 476, S. 129–147.

Leser, H., Haas, H.-D., Mosimann T., Paesler, R. (Hrsg.) 2010: Wörterbuch der allgemeinen Geographie. 2 Bände, 14. Aufl. Braunschweig.

Leser, H., Panzer, W. 1981: Geomorphologie. Braunschweig (Westermann).

Liedtke, H. 1989: The landforms in the north of the Federal Republic of Germany and their development. Catena Suppl.-Bd. 15, 11–24.

Liljequist, G. H. 2001: Allgemeine Meteorologie. 3. Aufl. Braunschweig (Westermann).

Livingstone, I. (Hrsg.) 1999: Aeolian Geomorphology. Ztschr. f. Geomorph., N. F. Suppl.-Bd. 116.

Louis, H., Fischer, K. 1979: Allgemeine Geomorphologie. In: Schmithüsen, J. (Hrsg.): Lehrbuch der Allgemeinen Geomorphologie. Berlin, New York (de Gruyter).

Löwe, I. J., Walker, M. J. C. 1997: Reconstructing Quarternary Environments. Harlow (Addison Wesley Longman).

Malberg, H. 2007: Meteorologie und Klimatologie. Eine Einführung. 5., erweiterte und aktualisierte Aufl. Heidelberg (Springer).

Maniak, U. 2010: Hydrologie und Wasserwirtschaft – Eine Einführung für Ingenieure. 6. Aufl. Heidelberg.

Matthess, G., Ubell, K. 1983: Allgemeine Hydrogeologie – Grundwasserhaushalt. Stuttgart (Borntraeger).

Mäusbacher, R. 1985: Die Verwendbarkeit der Geomorphologischen Karte 1:25000 (GMK 25) der Bundesrepublik Deutschland für Nachbarwissenschaften und Planung. – Berliner Geogr. Abh. 40.

Mäusbacher, R., Baade, J., Gude, M. (Hrsg.) 2000: Geomorphologische Prozessforschung. Ztschr. f. Geomorph., N. F. Suppl.-Bd. 121.

Mäusbacher, R., Schulte, A. (Hrsg.) 1996: High Mountain Geomorphology. Ztschr. f. Geomorph., N. F. Suppl.-Bd. 104.

Mensching, H. 1957: Geomorphologie der Rhön und ihres südlichen Vorlandes. Würzburger Geogr. Arb. 4/5, S. 47–88.

Mensching, H. 1990: Desertifikation – Ein weltweites Problem der ökologischen Verwüstung in den Trockengebieten der Erde. Darmstadt (WBG.).

Menzies, J. 1995: Modern glacial environments. Oxford (Butterworth-Heinemann).

Metz, B. 1992: Glaziale Formen und Formungsprozesse im Schwarzwald. Schwarzwald und Oberrheintiefland. Freiburger Geogr. H. 36, S. 57–80.

Miliman, J. D. 1997: Fluvial Sediment discharge to the sea and the importance of regional tectonics. In: Ruddiman, W. F. (Hrsg.): Tectonic uplift and climate change. New York (Plenum Press), S. 239–257.

Morisawa, M. 1968: Streams – their dynamics and morpholgoy. New York (McGraw-Hill).

Mückenhausen, E. 1993: Die Bodenkunde und ihre geologischen, mineralogischen, geomorphologischen und petrologischen Grundlagen. 4. Aufl. Frankfurt (DLG).

Müller, J. 1996: Grundzüge der Naturgeographie von Unterfranken. Gotha (Perthes).

Passarge, S. 1926: Geomorphologie der Klimazonen oder Geomorphologie der Landschaftsgürtel. Petermanns Geogr. Mitt. 72, 173–175.

Pfeffer, K. H. 1978: Karstmorphologie. Erträge d. Forschung Bd. 79. Darmstadt (WBG).

Pfeffer, K. H. 1993: Zur Genese tropischer Karstgebiete auf den Westindischen Inseln. Ztschr. f. Geomorph., Suppl.-Bd. 93, 137–158.

Press, F., Siever, R. 2000: Understanding Earth. 3. Aufl. New York (Freeman).

Press, R., Siever, F. 2003: Allgemeine Geologie. Eine Einführung. Heidelberg, Berlin, Oxford.

Richter, G. 1998: Bodenerosion. Analyse und Bilanz eines Umweltproblems. Darmstadt (WBG).

Richter, M. 1997: Allgemeine Pflanzengeographie. Stuttgart (Enke).

Richter, M. 2001: Vegetationszonen der Erde. Gotha (Perthes).

Rohde, H. 1977: Sturmfluthöhen und säkularer Wasserstandsanstieg an der deutschen Nordseeküste. Die Küste, 30, S. 52–143.

Rohdenburg, H. 1968: Zur Deutung der quartären Taleintiefung in Mitteleuropa. Die Erde, 99, S. 279–304.

Rohdenburg, H. 1970: Morphodynamische Aktivitäts- und Stabilitätszeiten statt Pluvial- und Interpluvialzeiten. Eiszeitalter und Gegenwart, 21, S. 81–96.

Rohdenburg, H. 1971: Einführung in die klimagenetische Geomorphologie. Gießen (Lenz).

Rosgen, D. 1996: Applied River Morphology. Pagosa Springs (Wildland Hydrology).

Rösner, U. 1990: Die Mainfränkische Lößprovinz. Sedimentologische, pedologische und morphodynamische Prozesse der Lößbildung während des Pleistozäns in Mainfranken. Erlanger Geogr. Arb. 51.

Rösner, U. 1995: Zur quartären Landschaftsentwicklung in den Trockengebieten Syriens. Relief, Boden, Paläoklima 10.

Rother, K. 1995: Die eiszeitliche Vergletscherung der deutschen Mittelgebirge im Spiegel neuerer Forschungen. Petermanns Geogr. Mitt., 139, S. 45–52.

Schaefer, I. 1995: Das Alpenvorland im Zenit des Eiszeitalters. Forschungen in seinem Kerngebiet zwischen Riß und Lech. 2 Bände, Stuttgart (Steiner).

Scheffer, F., Schachtschabel, P. 2008: Lehrbuch der Bodenkunde. 15. Aufl Heidelberg.

Schellnhuber, H.-J., Sterr, H. 1993: Klimaänderung und Küste. Berlin (Springer).

Schlichting, E., Blume, H.-P., Stahr, K. 1995: Bodenkundliches Praktikum. Eine Einführung in pedologisches Arbeiten für Ökologen, insbesondere Land- und Forstwirte und für Geowissenschaftler. 2. Aufl. Berlin (Blackwell).

Schlüchter, C. 1986: The Quarternary Glaciations of Switzerland, with special refernce to the Northern Alpine Foreland. In: Slbrava, V, Bowen, D. C., Richmond, G. M. (Hrsg.): Quarternary Glaciations in the Northern Hemispere. Quarternary Sci. Reviews 5, S. 413–419.

Schmidt, K.-H. 1984: Der Fluss und sein Einzugsgebiet. Hydrogeogeographische Forschungspraxis. Wiesbaden (Steiner).

Schmidt, K.-H., De Ploey, J. (Hrsg.) 1992: Functional geomorphology. Landform analysis and models. Catena Suppl.-Bd. 23, 212 S.

Schmitthenner, H. 1954: Die Regeln der morphologischen Gestaltung im Schichtstufenland. Petermanns Geogr. Mitt. 98, S. 3–10.

Schneider-Sliva, R., Schaue, D., Gerold, G. (Hrsg.) 1999: Angewandte Landschaftsökologie. Grundlagen und Methoden. Berlin, Heidelberg (Springer).

Schönwiese, Chr.-D. 2013: Klimatologie. 4., verbesserte und aktualisierte Aufl. Stuttgart (UTB).

Schreiner, A. 1992: Einführung in die Quartärgeologie. Stuttgart (Schweizerbart'sche Verlagsbuchhandlung).

Schröder, B. 1998: Känozoische Landschaftsgeschichte am Ostrand der Rhön – Vulkan- und Subrosionsschlote als Hauptindikatoren. Bochumer Geogr. Arb. Sonderreihe 13, (Festschr. für Liedtke, H.), S. 80–85.

Schroeder, D. 2007: Bodenkunde in Stichworten. 6. Aufl. Berlin (Borntraeger).

Schulte, A. 1995: Hochwasserabfluss, Sedimenttransport und Gerinnebettgestaltung an der Elsenz im Kraichgau. Heidelberger Geogr. Arb. 98.

Schulz, J. 2008: Die Ökozonen der Erde. 4., berarb. Aufl. Stuttgart (UTB).

Schumm, S. A. 1977: The fluvial System. New York (Wiley & Sons).

Schütt, B. 1993: Der Stoffhaushalt der Kall/Nordeifel – Untersuchungen zum Wasserhaushalt, Schwebstoffhaushalt und Haushalt gelöster Stoffe in einem Flusseinzugsgebiet auf silikatischen Gesteinen. Aachener Geogr. Arb. 27.

Schütt, B. 1998: Reconstruction of palaeoenvironmental conditions by investigation of Holocene playa-sediments in the Ebro Basin, Spain: Preliminary results. Geomorphology 23, S. 273–383.

Schwarzbach, M. 1974: Das Klima der Vorzeit Eine Einführung in die Paläoklimatologie. 3. Auflage. Stuttgart (Enke).

Schwoerbel, J. 2005: Einführung in die Limnologie. 9. Aufl. Stuttgart.

Schwoerbel, J., Brendelberger, H. 2013: Einführung in die Limnologie. 17. Aufl. Stuttgart (Kosmos).

Semmel, A. 1993: Grundzüge der Bodengeographie. Stuttgart.

Semmel, A. 1991: Relief, Gestein, Boden. Grundlagen der Physischen Geographie I. Darmstadt (WBG).

Semmel, A. 1993: Grundzüge der Bodengeographie. Stuttgart (Teubner).

Semmel, A. 1994: Periglazialmorphologie. Darmstadt (WBG).

Semmel, A. 1996: Geomorphologie der Bundesrepublik Deutschland. Grundzüge, Forschungsstand, aktuelle Fragen – erörtert an ausgewählten Landschaften. – Erdkundliches Wissen, H. 30. Wiesbaden (Steiner).

Seuffert, O. 1976: Formungsstile im Relief der Erde. Programmierung, Prozesse und Produkte der Morphodynamik im Abtragungsbereich. Braunschweiger Geogr. Studien, Sonderheft 1.

Seuffert, O. 1981: Zur Theorie der Fließwassererosion. Geoökodynamik 2, 141–164.

Simon, T. 1987: Zur Entstehung der Schichtstufenlandschaft im nördlichen Baden-Württemberg. Jh. Geol. Landesamt Baden-Württemberg, 29, S. 145–167.

Skinner, B. J., Porter, S. C. 1995: The dynamic Earth. An Introduction to Physical Geology. New York (Wiley & Sons).

Skowronek, A. 1987: Böden als Indikator klimagesteuerter Landformung in der zentralen Sahara. – Relief, Boden, Paläoklima 5.

Slaymaker, O. (Hrsg.) 1995: Steepland Geomorphology. Cichester (Wiley & Sons).

Smith, B. J. 1994: Weathering Processes and Forms. In: Abrahams, A. D., Parsons, A. J. (Hrsg.) 1994: Geomorphology of desert environments. London (Chapman & Hall), S. 39–63

Sponholz, B. 1994: Silicate karst associated with lateritic formations (examples from eastern Niger). Catena, 21, S. 269–278

Stäblein, G. 1984: Regionale Geomorphologie. Berl. Geogr. Abh. 36, S. 11–16.

Stäblein, G., Möller, K. 1986: Subrosionsformen im Bereich des Meißners in Nordhessen. Geol. Jb. Hessen, S. 295–310.

Sterr, H. 1991: Natürliche und anthropogene Gestaltung der Ostseeküste Schleswig-Holsteins. Wasser und Boden 43, S. 6–10.

Sterr, H., Preu, Chr. (Hrsg.) 1996: Beiträge zur aktuellen Küstenforschung, Aspekte – Methoden – Perspektiven. Vechtaer Studien zur Angewandten Geographie und Regionalwissenschaft, 18, S. 53–64.

Stingl, H., Garleff, K. 1987: Neue Ergebnisse zum alten Thema Struktur- und Skulpturformen. Ztschr. f. Geomorph., N. F. Suppl.-Bd. 66, S. 65–71.

Stingl, H., Veit, H., John, B. 1995: Zeitliche und räumliche Variabilität solifluidaler Prozesse und ihre Ursachen. Ztschr. f. Geomorph., N.F. Suppl.-Bd. 99, S. 107–122.

Strahler, A. H., Strahler, A. N. 1994: Modern Physical Geography. New York, Chichester, Brisbane, Toronto, Singapore (Wiley & Sons).

Strahler, A. H., Strahler, A. N. 2009: Physische Geographie, 4., vollst. überarb. u. erw. Aufl., Stuttgart (UTB).

Strasburger, E., Sitte, P., Weiler, E., Kadereit W., Joachim W. 2008: Lehrbuch der Botanik. 36. Aufl. Heidelberg (Springer).

Sugden, D. E., John, B. S. 1976: Glaciers and landscape: a geomorphological approach. London (Arnold).

Thomas, M. F. 1996: Geomorphology in the tropics. New York (Wiley & Sons).

Thomas, M. F. 2001: Landscape sensitivity in time and space – an introduction. Catena, 42, S. 83-98.

Thornes, C. E. 1988: Introduction to a theoretical geomorphology. Boston (Unwin Hyman).

Thornes, J. B., Brunsden, D. 1977: Geomorphology and Time. London (Methuen).

Tinapp, C., Meller, H., Baumhauer, R., Oexle, J. 2000: Geoarchäologische Untersuchungen zur holozänen Reliefentwicklung in der südlichen Leipziger Tieflandsbucht. Die Erde 131, S. 89–106.

Treter, U. 1993: Die borealen Waldländer. Braunschweig (Westermann).

Tricart, J., Cailleux, A. 1962–1969: Traite de géomorphologie. Paris. Bd. 1: Introduction à la geomorphologie climatique (1965). Bd. 2: Le modèle des regions periglaciaires (1967). Bd. 3: Le modèle glaciaire et nival (1962). Bd. 4.: Le modele des régions séches (1969). Bd. 5: Le modèle des régions chaudes, forets et savanes (1965).

Tricart, J. 1974: Structural Geomorphology. London (Longman).

Tricart, J., Cailleux, A. 1972: Introduction à la Géomorphologie Climatique. Harlow (Longman).

Troll, C. 1924: Der diluviale Inn-Chiemseegletscher – Das geographische Bild eines typischen Alpenvorlandgletschers. Forsch. zur dt. Volkskunde 23, 5.1–121.

Tsoar, H., Pye, K. 1987: Dust transport and the question of desert loess formation. Sedimentology 34, S. 139–154.

Ulbrich, U., Fink, A. 1996: The January 1995 flood in Germany: Meteorological versus hydrological causes. Phys. Chem. Earth 20. No. 5–6. S. 439–444.

Villiger, E. 1986: Untersuchungen zur Flussgeschichte von Aare-Donau/Alpenrhein und zur Entwicklung des Malm-Karsts in Südwestdeutschland. Jahresh. Geolog. Landesamt Baden-Württemberg 11, S. 141–203.

von Engelhardt, W. 1973: Die Bildung von Sedimenten und Sedimentgesteinen. Sediment-Petrologie Teil III. Stuttgart (Nägele u. Obermiller).

von Richthofen, F. 1886: Führer für Forschungsreisende. Anleitung zu Beobachtungen über Gegenstände der physischen Geographie und Geologie. Neudruck 1901. Hannover (Verlag von Gebr. Jänecke).

Wagner, G. 1960: Einführung in die Erd- und Landschaftsgeschichte mit besonderer Berücksichtigung Süddeutschlands. Öhringen (Hohenlohische Buch.).

Walter, R. 2007: Regionale Geologie von Mitteleuropa. Stuttgart (Borntraeger).

Wegener, A. 1915: Die Entstehung der Kontinente und Ozeane. 4. Aufl. 1929. Braunschweig.

Weischet, W., Endlicher, W. 2012: Einführung in die Allgemeine Klimatologie. 8. vollständig neu bearbeitete Aufl. Stuttgart (Borntraeger).

Wiemer, R., Gurwell, B. 1991: Die Ostseeküste in Mecklenburg-Vorpommern. Wasser u. Boden 43,5.13.17.

Williams, M. A. J., Dunkerley, D. E., De Dekker, P., Stokes, T. J. 1993: Quarternary Environments. London (Arnold).

Williams, P. W. (Hrsg.) 1997: Tropical and Subtropical Karst. Ztschr. f. Geomorph., N. F. Suppl.-Bd. 108.

Winkler, S., Hagedorn, H. 1999: Lateralmoränen – Morphologie, Genese und Beziehung zu Gletscherstandsschwankungen (Beispiele aus Ostalpen und West-/Zentralnorwegen). Ztschr. f. Geomorph., N. F. Suppl.-Bd. 113, 69–84.

Wirthmann, A. 1994: Geomorphologie der Tropen. 2. Aufl. Darmstadt (WBG).

Woldstedt, P., Duphorn, K. 1974: Norddeutschland und angrenzende Gebiete im Eiszeitalter. Stuttgart (Koehler).

WRB: siehe FAO (1998)

Yair, A., Berkowicz, S. M. 1989: Climatic and non-climatic controls of aridity. The case of the northern Negev of Israel. Catena Suppl.-Bd. 14, 145–158.

Zech, W., Hintermeier-Erhard, G. 2014: Böden der Welt – Ein Bildatlas. 2. Aufl. Heidelberg, Berlin.

Zeese, R. 1972: Die Talentwicklung von Kocher und Jagst im Keuperbergland. Tübinger Geogr. Studien 49.

Zeller, J. 1967: Flussmorphologische Studie zum Mäanderproblem. Geographica Helvetica, 22, 57–95.

Zienert, A. 1992: Grundzüge der Großformenentwicklung Südwestdeutschlands. Heidelberg (Selbstverl).

Zmarsly, E., Kuttler, W., Pethe, H. 2007: Meteorologisch-klimatologisches Grundwissen. Eine Einführung mit Übungen, Aufgaben und Lösungen. 3., neu bearb. Aufl. Stuttgart (UTB).

Zolitschka, B. 1990: Spätquartäre jahreszeitlich geschichtete Seesedimente ausgewählter Eifelmaare. Paläolimnologische Untersuchungen als Beitrag zur spät- und postglazialen Klima- und Besiedlungsgeschichte. Documenta naturae, 60.

Zöller, L. 1985: Geomorphologische und quartärgeologische Untersuchungen im Hunsrück-Saar-Nahe-Raum. Forsch. zur dt. Landeskunde 225.

Register